PARA COMPREENDER A CIÊNCIA

Uma perspectiva histórica

Obra publicada em coedição com
EDUC — Editora da PUC-SP

Ver com olhos diferentes
e constituir-se no veículo divulgador
da produção de conhecimento
afinado com o projeto educacional da PUCSP.
Da universidade para universidades,
da universidade para a sociedade.
Esta a proposta
e o projeto em desenvolvimento pela EDUC,
a editora da Pontifícia Universidade Católica
de São Paulo. Priorizando a publicação da
e para pesquisa
e procurando cobrir o mais amplo espectro
entre os ramos diversos do saber.
Constituir-se no canal que faça circular
entre os maiores interessados
produção de trabalhos originais de professores,
pesquisadores e alunos da PUC-SP.
Ser, enfim, um canal ativo e efetivo
de interação e integração da PUC
com as demais universidades
e a sociedade.
Esta é a proposta
este o projeto em movimento.

Obra publicada em colaboração com
EDUC — Editora da PUC-SP

Ver com olhos diferentes
e constituir-se no veículo divulgador
da produção de conhecimento
afinado com o projeto educacional da PUC-SP.
De universidade para universidades,
da universidade para a sociedade.
Esta a proposta
e o projeto em desenvolvimento pela EDUC,
a editora da Pontifícia Universidade Católica
de São Paulo. Priorizando a publicação de
e para pesquisa,
mas procurando cobrir o mais amplo espectro
entre os ramos diversos do saber.
Constituir-se no canal que faça circular
entre os meios interessados
a produção de trabalhos originais de professores,
pesquisadores e alunos da PUC-SP.
Ser, enfim, um meio ágil e útil
de interação/integração da PUC
com as demais universidades
e a sociedade.
Esta a proposta,
este o projeto em movimento.

Maria Amália Andery
Nilza Micheletto
Tereza Maria Pires Sério
Denize Rosana Rubano
Melania Moroz
Maria Eliza Pereira
Sílvia Catarina Gioia
Mônica Gianfaldoni
Márcia Regina Savioli
Maria de Lourdes Zanotto

PARA COMPREENDER A CIÊNCIA

UMA PERSPECTIVA HISTÓRICA

Co-edição
Editora Espaço e Tempo
EDUC — Editora da PUC-SP
Rio de Janeiro

Rua Francisco Serrador, 2 gr. 604 — Centro
20031 — Rio de Janeiro — RJ
Tel.: (021) 262-2011

Capa: Cláudio Mesquita

Ilustração de capa: Tela de Allen Jones, 1966

Diagramação: Helen Diniz

CIP-Brasil. Catalogação-na-fonte
Sindicato Nacional dos Editores de Livros, RJ.

P237 Para compreender a ciência / Maria Amália Andery... /et al./. — Rio de Janeiro : Espaço e Tempo ; São Paulo : EDUC, 1988.

Inclui bibliografia.
ISBN 85-85114-42-8

1. Filosofia brasileira. I. Andery, Maria Amália. II. Pontifícia Universidade Católica de São Paulo. III. Título.

88-0081 CDD — 199.81

SUMÁRIO

PARTE II

A FÉ COMO LIMITE DA RAZÃO: EUROPA MEDIEVAL

PARTE III

A CIÊNCIA MODERNA SE INSTITUI: A TRANSIÇÃO PARA O CAPITALISMO

INTRODUÇÃO

OLHAR PARA A HISTÓRIA: CAMINHO PARA A COMPREENSÃO DA CIÊNCIA HOJE

O homem é um ser natural, isto é, ele é um ser que faz parte da natureza; não se pode conceber o conjunto da natureza sem nela inserir a espécie humana. Ao mesmo tempo em que se constitui em ser natural, o homem diferencia-se da natureza, que é, como o diz Marx:[1] "o corpo inorgânico do homem"; para sobreviver ele precisa com ela relacionar-se já que dela provêm as condições que lhe permitem perpetuar-se enquanto espécie; não se pode, portanto, conceber o homem sem a natureza e nem a natureza sem o homem.

Na busca das condições para sua sobrevivência, o ser humano — assim como outros animais — atua sobre a natureza já que, através dessa interação, satisfaz suas necessidades; no entanto, a relação homem-natureza diferencia-se da interação animal-natureza no que diz respeito à forma de atuação.

A atividade dos animais, em relação à natureza, é biologicamente determinada; a sobrevivência da espécie se dá através de sua adaptação ao meio. O animal limita-se à imediaticidade das situações, atuando de forma a permitir a sobrevivência de si próprio e a de sua prole; isto se repete, com mínimas alterações, em cada nova geração.

Por mais sofisticadas que possam ser as atividades animais — por exemplo, a casa feita pelo joão-de-barro ou a organização de um formigueiro — elas ocorrem com pequenas modificações na espécie, já que a transmissão da "experiência" é feita quase exclusivamente

---

[1] Marx, K. *Manuscritos: Economia y Filosofia,* Madri, Alianza Editorial, 1984, p. 111.

pelo código genético; o mesmo se pode dizer em relação às modificações que provocam na natureza, por mais elaboradas que possam parecer. Assim, se a atuação do animal sobre a natureza permite a sobrevivência da espécie, isso se dá em função de características biológicas, o que estabelece os limites da possibilidade de modificações que a atuação do animal provoca seja na natureza, seja em si próprio.

O homem também atua sobre a natureza em função de suas necessidades e o faz para sobreviver enquanto espécie. No entanto, diferentemente de outros animais, o homem não se limita à imediaticidade das situações com que se depara; ultrapassa limites, já que produz universalmente (para além de sua sobrevivência pessoal e de sua prole), não se restringindo às necessidades que se revelam no aqui e agora.

A ação humana não é apenas biologicamente determinada, mas se dá principalmente pela incorporação das experiências e conhecimentos produzidos e transmitidos de geração a geração; a transmissão dessas experiências e conhecimentos — através da educação e da cultura — permite que, no homem, a nova geração não volte ao ponto de partida da que a precedeu.

A atuação do homem diferencia-se da do animal porque, ao alterar a natureza, através de sua ação, torna-a humanizada; em outras palavras, a natureza adquire a marca da atividade humana. Ao mesmo tempo, o homem altera a si próprio através dessa interação; o homem vai se construindo, vai se diferenciando cada vez mais das outras espécies animais. A interação homem-natureza é um processo permanente de mútua transformação: esse é o processo de produção da existência humana.

É o processo de produção da existência humana porque o ser humano vai se modificando, alterando aquilo que é necessário à sua sobrevivência. Velhas necessidades adquirem características diferentes; até mesmo as necessidades consideradas básicas — por exemplo, a alimentação — refletem a mudança ocorrida no homem; os hábitos e necessidades alimentares são hoje muito diferentes do que foram em outros momentos. A alteração, no entanto, não se limita à transformação de velhas necessidades: o homem cria novas necessidades que passam a ser tão fundamentais quanto as chamadas necessidades básicas à sua sobrevivência.

É o processo de produção da existência humana porque o homem não só cria artefatos, instrumentos, como também desenvolve idéias (conhecimentos, valores, crenças) e mecanismos para sua elaboração (desenvolvimento do raciocínio, planejamento...). A criação de instrumentos, a formulação de idéias e formas específicas de elaborá-los — características identificadas como eminentemente humanas — são fruto da interação homem-natureza. Por mais sofisticadas que possam parecer, as idéias são produtos de e exprimem as relações que o homem estabelece com a natureza na qual se insere.

É o processo da produção da existência humana porque cada nova interação reflete uma natureza modificada — pois nela incorporam-se criações antes inexistentes; reflete, também, um homem já modificado — pois suas necessidades, condições e caminhos para satisfazê-las são outros que foram sendo construídos pelo próprio homem. É nesse processo que o homem adquire consciência de que está transformando a natureza para adaptá-la a suas necessidades, característica que vai diferenciá-lo: a ação humana, ao contrário da de outros animais, é intencional e planejada; em outras palavras, o homem sabe que sabe.

O processo de produção da existência humana é um processo social; o ser humano não vive isoladamente, ao contrário, depende de outros para sobreviver. Há interdependência dos seres humanos em todas as formas da atividade humana; quaisquer que sejam suas necessidades — da produção de bens à elaboração de conhecimentos, costumes, valores... — elas são criadas, atendidas e transformadas a partir da organização e do estabelecimento de relações entre os homens.

Na base de todas as relações humanas, determinando e condicionando a vida, está o trabalho — uma atividade humana intencional que envolve formas de organização, objetivando a produção dos bens necessários à vida humana. Essa organização implica uma dada maneira de dividir o trabalho necessário à sociedade sendo determinada — e condicionando ao mesmo tempo, pelo nível técnico e pelos meios existentes para o trabalho, determinando relações entre os homens, inclusive no tocante à propriedade dos instrumentos e materiais utilizados e à apropriação do produto do trabalho.

As relações de trabalho — a forma de dividi-lo, organizá-lo, ao lado do nível técnico dos instrumentos de trabalho, dos meios disponíveis para a produção de bens materiais — compõem a base econômica de uma dada sociedade.

É essa base econômica que determina as formas políticas, jurídicas e o conjunto das idéias que existem em cada sociedade. É a transformação dessa base econômica, a partir das contradições que ela mesma engendra, que leva à transformação de toda a sociedade, implicando um novo modo de produção e uma nova forma de organização política e social. Por exemplo, nas sociedades tribais (comunais) o grupo social organizava-se por sexo e idade para produzir os bens necessários à sua sobrevivência. Às mulheres e crianças cabiam determinadas tarefas e aos homens, outras. Essa primeira divisão do trabalho, além de garantir a sobrevivência do grupo, gerou um conjunto de instrumentos, técnicas, valores, costumes, crenças, conhecimentos, organização familiar etc. A propriedade dos instrumentos de trabalho, bem como a propriedade do produto do trabalho (a caça, o peixe etc.) eram de toda a comunidade. A transmissão das técnicas, valores, conhecimentos etc. era feita, basicamente, através da comunicação oral e do contato pessoal, diferentemente do que ocorre atualmente. Já na Grécia Antiga, por volta de 800 a.C., o comércio fundado na exportação e importação agrícolas e artesanais, é a base da atividade econômica, e há um nível técnico de produção desenvolvido ao lado de uma organização política na forma de cidades-Estado. Nessa sociedade, além da divisão do trabalho cidade-campo, ocorre uma divisão entre os produtores de bens e os donos da produção; os produtores não detêm a propriedade da terra, nem os instrumentos de trabalho e nem o próprio produto de seu trabalho; são, em sua maioria, eles mesmos, propriedade de outros homens. Nessa sociedade, as relações estabelecidas entre os homens são desiguais, onde alguns vivem do produto do trabalho de outros e onde a produção de conhecimento é desenvolvida por aqueles que não executam o trabalho manual.

Ao analisar, em cada momento histórico, os produtos da existência humana, as idéias — sendo um desses produtos — não são exceções. As idéias são a expressão das relações e atividades reais do homem, estabelecidas no processo de produção de sua existência. Elas são a representação daquilo que o homem faz, da sua maneira de viver, da forma como se relaciona com outros homens, do mundo que o circunda e das suas próprias necessidades. Marx e Engels[2] afirmam: "A produção de idéias, de representações e da consciência está em primeiro lugar direta e intimamente ligada à atividade material e ao comércio material dos homens; é a linguagem da vida real (. . .). Não é a consciência que determina a vida, mas sim a vida que determina a consciência." Isso não significa que o homem

[2] Marx, K. e Engels, F., *A Ideologia Alemã*, vol. I, Lisboa, Editorial Presença, 1980. pp. 25 e 26.

crie suas representações mecanicamente: aquilo que o homem faz, acredita, conhece e pensa sofre interferência também das idéias (representações) anteriormente elaboradas; ao mesmo tempo, as novas representações geram transformações na produção de sua existência.

Novamente, percebe-se que o desenvolvimento do homem e de sua história não depende de um único fator. Seu desenvolvimento ocorre a partir das necessidades materiais; estas, bem como a forma de satisfazê-las, a forma de se relacionar para tal, as próprias idéias, o próprio homem e a natureza que o circunda são interdependentes, formando uma rede de interferências recíprocas. Daí decorre ser este um processo de transformação infinito, em que o próprio homem se produz. Nesse processo do desenvolvimento humano multideterminado e que envolve inter-relações e interferências recíprocas entre idéias e condições materiais, a base econômica será o determinante fundamental. Tais condições econômicas em sociedades baseadas na propriedade privada resultam em grupos com interesses conflitantes, com possibilidades diferentes no interior da sociedade, ou seja, resultam num conflito entre classes. Em qualquer sociedade onde existam relações que envolvam interesses antagônicos, as idéias refletem essas diferenças. E, embora acabem por predominar aquelas que representam os interesses do grupo dominante, a possibilidade mesma de se produzir idéias que representam a realidade do ponto de vista de outro grupo reflete a possibilidade de transformação que está presente na própria sociedade. Portanto, é de se esperar que, num dado momento, existam representações diferentes e antagônicas do mundo. Por exemplo hoje, tanto as idéias políticas que pretendem conservar as condições existentes quanto as que pretendem transformá-las correspondem a interesses específicos às várias classes sociais.

Dentre as idéias que o homem produz, parte delas constitui o conhecimento referente ao mundo. O conhecimento humano, em suas diferentes formas (senso comum, científico, teológico, filosófico, estético etc.), mesmo sendo incorreto ou parcial, ou expressando posições antagônicas, exprime condições materiais de um dado momento histórico.

A ciência é uma das formas do conhecimento produzido pelo homem no decorrer de sua história. Portanto, a ciência também é determinada pelas necessidades materiais do homem em cada momento histórico, ao mesmo tempo que nelas interfere. Não apenas o homem contemporâneo produz ciência: sociedades remotas a produziram. A ciência caracteriza-se por ser a tentativa do homem entender e explicar racionalmente a natureza, buscando formular leis que, em última instância, permitem a atuação humana.

Sendo histórica a ciência, o próprio significado que o entender e o explicar racional assumem se altera, refletindo o desenvolvimento e rupturas ocorridas nos diferentes momentos da História. Em outras palavras, os antagonismos presentes em cada modo de produção e as transformações de uma forma de produção a outra serão transpostos para as representações que o homem faz, inclusive, para o conhecimento.

Serão transpostos para a forma como explica racionalmente o mundo, buscando superar a ilusão, o desconhecido, o imediato; buscando compreender de forma fundamentada as leis gerais que regem os fenômenos. Estas tentativas de propor explicações racionais tornam o próprio conhecer o mundo uma questão sobre a qual o homem reflete.

Enquanto tentativa de explicar a realidade, a ciência se caracteriza por ser uma atividade metódica. É uma atividade que, ao se propor conhecer a realidade, busca atingi-la através de ações passíveis de serem reproduzidas. O método científico é um conjunto de concepções sobre o homem, a natureza e o próprio conhecimento, que sustentam um conjunto de regras de ação, de procedimentos, prescritos para se construir conhecimento científico.

O método não é único nem permanece exatamente o mesmo, porque reflete as condições históricas concretas (as necessidades, a organização social para satisfazê-las, o nível de desenvolvimento técnico, as idéias, conhecimentos já produzidos) do momento histórico em que o conhecimento foi elaborado.

A observação e a experimentação, por exemplo, procedimentos metodológicos que passam a ser considerados, a partir de Galileu (século XVI), como teste para conhecimento científico, não eram procedimentos utilizados para esse fim na Grécia e na Idade Média. Neste último período, a observação e a experimentação não eram critérios de aceitação das proposições, já que a autoridade de certos pensadores e a concordância com as afirmações religiosas eram o critério maior. A divergência com relação a que procedimentos levam à produção de conhecimento está sustentada pelas concepções que os geram; ao se alterar a concepção que o homem tem sobre si, sobre o mundo, sobre o conhecimento (o papel que se atribui à ciência, o objeto a ser investigado etc.), todo o empreendimento científico se altera. O pensamento medieval que concebe o mundo como hierarquicamente ordenado segundo qualidades determinadas por naturezas dadas e estáticas e que concebe o homem como sujeito aos desígnios de Deus — base de sua vida e de suas possibilidades —, gera uma concepção de conhecimento que, em relação indissolúvel e recíproca com as primeiras (homem e mundo), atribui à ciência um papel contemplativo dirigido para fundamentar e afirmar as verdades da fé. Essas concepções impedem que a comparação com o fenômeno observado leve à produção de um conhecimento que gere dúvidas sobre as proposições da Igreja, que apresenta suas idéias como inquestionáveis, já que reveladas por Deus.

Assim, a possibilidade de propor determinadas teorias, os critérios de aceitação bem como a proposição ou não de determinados procedimentos na produção científica refletem aspectos mais gerais e fundamentais do próprio método. A mudança das concepções implica necessariamente nova forma de ver a realidade, novo modo de atuação para obtenção do conhecimento, uma transformação no próprio conhecimento; muda, portanto, a forma de interferir na realidade.

O método científico é historicamente determinado e só pode ser compreendido dessa forma. O método é o reflexo das nossas necessidades e possibilidades materiais, ao mesmo tempo em que nelas interfere. Os métodos científicos transformam-se no decorrer da História. No entanto, num dado momento histórico, podem existir diferentes interesses e necessidades; em tais momentos, coexistem também diferentes concepções de homem, de natureza e de conhecimento, portanto, diferentes métodos. Assim, as diferenças metodológicas ocorrem não apenas temporalmente, mas também num mesmo momento e numa mesma sociedade.

As análises que serão apresentadas neste livro fundamentam-se na compreensão da ciência como parte das idéias produzidas pelo homem para satisfazer suas necessidades materiais, portanto, por elas determinadas e nelas interferindo. Só se pode entender a produção do conhecimento científico — que teve e tem interferência na direção tomada pelo ser humano — se forem analisadas as condições concretas que condicionaram e condicionam sua produção, sem excluir a análise da dinâmica interna da própria ciência (negar a relativa autonomia do conhecimento científico é fazer uma avaliação, pelo menos, simplista da relação que a ciência e a sociedade guardam entre si).

Na tentativa de recuperar as determinações históricas, o método adquire papel fundamental e privilegiado, pois sendo o método sujeito às mesmas interferências, determinações e transformações a que a ciência como um todo está sujeita, ele também depende tanto do estudo de sua relação com o próprio momento em que surge, quanto das alterações e interferências que sofre e provoca em diferentes momentos históricos. Assim, neste livro serão abordadas as concepções metodológicas que vigoraram em diferentes modos de produção — escravista, feudal, transição para o capitalismo e seu advento — assumindo o olhar para a História como caminho para compreensão da ciência hoje.

As Autoras

PARTE I

A DESCOBERTA DA RACIONALIDADE NO MUNDO E NO HOMEM: A GRÉCIA ANTIGA

Nas sociedades primitivas a produção de vida material era organizada de forma a garantir apenas o consumo necessário à sobrevivência do grupo, sem a produção de excedentes — os produtos materiais possuíam apenas valor de uso, não tendo valor de troca, já que esta praticamente inexistia. O trabalho era organizado coletivamente e envolvia todos os membros do grupo na produção, ocorrendo uma divisão "natural" (por sexo e idade) do trabalho. O produto desse trabalho também era coletivo, sendo dividido por todo o grupo. A propriedade da terra era igualmente coletiva. Socialmente, os grupos organizavam-se por relações de parentesco (em clãs) e em torno de um totem (usualmente, um animal, planta ou instrumento de trabalho importante para a economia do grupo). Os membros do grupo, a partir da iniciação pelo totem, passavam a identificar-se com este e com o grupo e a participar da produção da vida material. As sociedades primitivas estruturavam-se, portanto, em torno da produção e de rito mágico, que organizava, num certo sentido, a própria vida econômica. Segundo a análise que Thomson (1974a) faz da relação entre a magia e trabalho, estes foram gradativamente distinguindo-se um do outro. Tal distinção implicava o reconhecimento da objetividade dos processos técnicos e trouxe duas conseqüências principais: "No seio do processo de produção, o acompanhamento vocal deixa de ser parte integrante e torna-se um sortilégio tradicional que comunica aos trabalhadores as diretrizes apropriadas, e forma-se assim, pouco a pouco, por acumulação, um conjunto de tradições relativas ao trabalho. No rito mágico, a parte vocal serve de comentário à representação que, uma vez separada do trabalho, precisa ser explicada; forma-se, assim, um conjunto de mitos. Na realidade, evidentemente, as diferenças não são tão profundas. Trabalho e magia ainda se interpenetram, as tradições relativas ao trabalho estão cheias de crenças míticas e os mitos deixam entrever a sua ligação reconhecível embora longínqua, com os processos de produção" (p. 61). Existe, assim, uma certa consciência da objetividade do mundo exterior, uma objetividade inteiramente prática e com pouco poder de abstração.

O desenvolvimento das técnicas e utensílios e sua melhor utilização levaram a uma produção de excedente, uma produção que ultrapassava as necessidades imediatas do grupo. Isso foi acompanhado por uma nova divisão do trabalho, por novas relações entre os homens para produzir. Divisão entre os produtores e os que organizavam a produção, entre trabalho manual e intelectual. Com a especialização, a produção tornou-se cada vez menos coletiva, assim como o consumo. A apropriação dos produtos tornou-se cada vez mais individual, baseada na propriedade privada, levando a trocas e, pouco a pouco, à produção mercantil.

O desenvolvimento da produção mercantil, associado ao desenvolvimento do escravismo, são aspectos fundamentais para a compreensão da civilização grega. O entendimento dessas características da vida material da Grécia Antiga nos permitirá compreender o pensamento grego.

Foi na Grécia Antiga, num período que se estendeu do século VII ao século I a.C., que, pela primeira vez, o pensamento científico-filosófico tornou-se abstrato e surgiram tentativas de explicar racionalmente o mundo, em contraposição às explicações míticas produzidas até então.

A tentativa de elaborar o pensamento racional tem marcas próprias em cada período. Mas, de uma forma geral, é possível distinguir o pensamento mítico do racional.

O mito é uma narrativa que pretende explicar, através de forças ou seres considerados superiores aos humanos, a origem, seja de uma realidade completa como o cosmos, seja de partes desta realidade; pretende tambm explicar efeitos provocados pela interferência desses seres ou forças. Tal narrativa não é questionada, ela é objeto de crença, de fé; nessa medida se refere à religião, ao místico. Entretanto, o mito apresenta uma espécie de comunicação, de um sentimento coletivo; é transmitido através de gerações como forma de explicar o mundo, explicação que não é objeto de crítica ou discussão, ela une e canaliza as emoções coletivas, tranqüilizando o homem num mundo que o ameaça. É indispensável na vida social, na medida em que fixa modelos da realidade e das atividades humanas.

O mito se opõe ao pensamento racional. Razão, *logos* — em seu sentido original — significa, por um lado, reunir e ligar e, por outro, calcular, medir; ambas relacionadas ao pensar, uma atividade fundamental da inteligência. Segundo Granger (1955), razão, para os gregos, se opõe ao imperfeito, ao ilusório, (...) "ao conhecimento imediato dado pelo sentido, à opinião, à rotina, porque ela visa o universal e se acompanha de justificação" (p.10). O conhecimento racional é função de pensamento objetivo, é conhecimento (...) "autêntico e verificado que nos faz ultrapassar as aparências e alcançar a realidade" (p.10), tem essencialmente uma validação intersubjetiva. Racional não é só função de conhecimento, aplica-se também à prática, se reporta à ação.

O conhecimento racional se opõe ao mítico, pois é um conhecimento sobre o qual se problematiza e não simplesmente se crê; um conhecimento no qual a explicação é demonstrada através da discussão, da exposição clara de argumentos e não apenas relatada, revelada oralmente; um conhecimento que busca uma intersubjetividade e não é mero fruto de um sentimento coletivo; um conhecimento em que se busca explicar e não encontrar modelos exemplares da realidade; um conhecimento que possibilita um movimento crítico, que possibilita sua superação e a dos mitos, e não se propõe como acabado, fechado, capaz apenas de ser sucedido por um conhecimento igual (como o mito que é sucedido por outros mitos); um conhecimento onde as explicações deixam de ser frutos da ação de seres sobrenaturais e divinos, que agem a despeito do próprio homem, para se tornarem explicações baseadas em mecanismos imanentes à natureza ou ao próprio homem em sua ação sobre a natureza, ou seja, explicações que são fruto da sociedade e possibilitam ao homem participar ativamente no governo de seu destino.

Nesta parte, serão delineadas as primeiras tentativas humanas de propor explicações racionais, abordando as principais características do pensamento e do método na Grécia Antiga e suas relações com as condições de vida que marcaram este período da História. Para tanto, serão destacados os seguintes períodos da Grécia: *homérico* (séc. XII-VIII a.C.), *arcaico* (séc. VIII-VI a.C.), *clássico* (séc V-IV a.C.) e *helenístico* (séc. IV-II a.C.) e cada um deles será abordado em um capítulo.

CAPÍTULO 1

O MITO EXPLICA O MUNDO

PERÍODO HOMÉRICO

No período que se estendeu do século XII ao século VIII a.C., denominado *homérico,* desenvolveram-se as bases da civilização grega. Entretanto, as origens desse período podem remontar ao ano 2000 a.C., quando as primeiras tribos gregas-aqueus[1] passaram a ocupar, gradativamente, a Grécia continental, o Peloponeso e as ilhas do mar Egeu. Estabeleceu-se aí o que viria a ser denominado de civilização micênica (1700 a 1100 a.C.).

Baseada numa agricultura e num artesanato desenvolvidos e na utilização do bronze, essa civilização passou a ser dirigida por uma nobreza de nascimento, militarmente organizada, enriquecida pelo saque e pela posse de terra. Era em torno do palácio que girava a organização política, social, econômica, militar e religiosa, centralizada pelo rei. Nessa estrutura palaciana desempenhava papel fundamental a escrita, utilizada para fiscalização, regulamentação e controle da vida econômica e social. A vida rural, fundamental nesse

---

1 Diakov e Kovalev (1976) afirmam que os aqueus e jônios já se encontravam na Grécia a partir do ano 2000 a.C., havendo documentos que atestam a presença dos jônios no século XII a.C. A época do aparecimento dos eólios na região não está determinada, mas, segundo estes autores, a partir do século XI a.C. os gregos já são formados de aqueus, jônios, eólios e dórios.

Glotz (1980) afirma que os primeiros gregos eram conhecidos como aqueus, e que é uma parte deles que veio a ser chamada de jônios e de eólios.

período, baseava-se nos *gènê*[2] e mantinha certa independência em relação ao palácio. No entanto, o pagamento de tributos de várias espécies era obrigatório. O chefe do *gènê* tornava-se, após a morte, o seu protetor; o culto dos mortos e dos antepassados é uma religião da família, vinculado ao túmulo e necessita dos descendentes para continuá-lo. Além da religião vinculada aos mortos, existia a religião vinculada aos deuses.

Por volta de 1200 a.C., um outro grupo grego — os dórios — passou a ocupar a Grécia, tomando gradativamente, a Grécia continental, o Peloponeso e as ilhas do mar Egeu. Uma das conseqüências dessa invasão foi o primeiro movimento de colonização grega. Fugindo dos dórios, os eólios estabeleceram-se na Eólia e os jônios na Jônia, fundando as colônias gregas na Ásia Menor (voltar-se-á a falar destas colônias no período arcaico).

Os dórios organizavam-se política e economicamente num regime de *génos,* enquanto a sociedade micênica estava organizada num regime de servidão coletiva, em torno de um rei com poderes econômicos, políticos, militares e religiosos. Foi a organização na forma de *gènê* e tribos que passou a predominar a partir de então; isso significou a destruição de toda a estrutura palaciana e, com ela, o desaparecimento da escrita. Esta reorganização gentílica foi possível pois também os aqueus haviam mantido, em certa medida, tal forma de organização nos agrupamentos rurais em torno do palácio. Os dórios trouxeram ainda um importante conhecimento técnico — o do uso do ferro. A difusão do uso do novo metal implicou o aprimoramento das armas de guerra e uma grande expansão das forças

---

2 Glotz (1980), no livro em que discute a cidade grega, ao descrever os momentos que originaram a civilização grega, caracteriza os genos, as fratrias e as tribos, instâncias de organização que ele considera básicas. Afirma que: "Tinham por *pátria* o clã patriarcal a que precisamente chamavam *patriá* ou, mais amiúde, *génos,* onde todos os membros descendiam do mesmo antepassado e adoravam o mesmo deus. Esses clãs, reunidos em número mais ou menos grande, formavam associações mais extensas, confrarias no sentido mais amplo ou *phratríai* (fratrias), corporações de guerra, cujos componentes eram conhecidos pelos nomes de *phrátores ou phráteres, étai* ou *hetaîroi.* Quando as fratrias se lançavam a grandes expedições, grupavam-se num pequeno número, sempre o mesmo, de tribos ou *phulaí:* cada uma dessas tribos tinha um deus e um grito de guerra próprios, recrutava o seu corpo de exército, a *phúlopis,* e obedecia ao rei, o *phulobasileus:* mas, em conjunto, todas reconheciam a autoridade de um ser supremo, o *basileús — chefe*" (pp. 4, 5).

produtivas, a melhoria dos instrumentos de trabalho agrícola e o desenvolvimento do artesanato.

Esses fatores levaram à formação de um novo período na Grécia, que se caracterizou pela substituição da realeza (presente na civilização micênica) pela aristocracia. Em lugar de um rei todo-poderoso, desenvolveu-se durante esse período uma aristocracia que passou a tomar as decisões políticas e econômicas. A organização política, que antes girava em torno do palácio, passou a girar em torno de ágora,[3] sendo as decisões baseadas em discussões públicas, ainda que delas participasse apenas uma parcela da população — os cidadãos.

Nesse período, as comunidades estavam baseadas numa economia rural, com a produção de cereais, óleo, vinha, horticultura e pastoreio. Também a tecelagem, a fiação e o artesanato de metal e cerâmica eram atividades econômicas importantes. Eram trazidos de fora o metal necessário à produção de instrumentos de trabalho e os escravos, conseguidos pela pilhagem e troca na forma de presentes (que, freqüentemente, eram revestidos da conotação de compromissos de amizade ou cooperação).

Da união dos *gènê,* fratrias e tribos surgiram as cidades como centro de organização política. Nelas conviviam diferentes grupos sociais: a aristocracia, os artesãos, os trabalhadores liberais (arautos, médicos etc.), que geralmente mantinham profissões paternas, os pequenos proprietários e os trabalhadores sem terra e sem qualquer profissão especializada. Encontravam-se ainda escravos. Essa forma de escravidão caracterizou-se por ser, naquele momento, patriarcal ou doméstica em que o trabalho escravo era feito lado a lado com

---

[3] Glotz (1980) apresenta uma caracterização de ágora, a partir da qual se pode citar alguns de seus aspectos mais gerais: ágora era a praça onde as pessoas passeavam, discutiam e formavam opiniões; era utilizada, também, para o comércio, nela se realizavam as assembléias plenárias das cidades gregas, quer para comunicar decisões para os cidadãos, quer para estes tomarem decisões; o caráter político era tão marcante que a ágora era também parte dos acampamentos militares. O crescimento de algumas cidades gregas tornou necessária a construção de um outro local para as assembléias. Esses locais, entretanto, mantiveram seu caráter público e eram suficientemente grandes para abrigar grande número de cidadãos.

seu proprietário.[4] A aristocracia considerava-se descendente dos deuses e conservava cuidadosamente sua genealogia como forma de garantir condição privilegiada. No entanto, já começava a ser importante também a riqueza, e as propriedades passaram a ser vistas como fonte de poder.

A cidade grega não era a reunião de indivíduos isolados, mas sim do conjunto de *gènê* e fratrias que a compunham e que nela eram representadas nos conselhos e nas assembléias. A organização militar também era baseada nos *gènê,* fatrias e tribos que compunham a cidade. Havia um rei escolhido entre os chefes de tribos, *gènê* ou fratrias, e que era elevado a tal posição por apresentar a melhor genealogia dentro de todos. No entanto, esse rei era um entre outros reis, já que todos os chefes também eram reis e também detinham poder sobre aqueles que formavam seu *gènos.*

As decisões políticas, militares e econômicas eram tomadas pelos conselhos, geralmente compostos dos chefes dos *gènê* e fratrias, e as decisões mais importantes deviam ainda ser submetidas à assembléia à qual compareciam todos os cidadãos que pertenciam à cidade. No entanto, essas assembléias ainda não contavam com a participação ativa do povo que a elas comparecia. Nas assembléias, de uma maneira geral, o povo mantinha-se calado, e as decisões — já tomadas pelo conselho e/ou pelo rei — eram levadas à ágora, primordialmente, para serem ratificadas.

Assistiu-se, assim, ao surgimento da *pólis* que, pela sua organização econômica, política e administrativa, caracterizou a civilização grega. O processo de surgimento dessa nova forma de organização provocou não apenas profundas transformações na vida social, mas também alterações fundamentais nos hábitos e nas idéias. Vernant (1981) aponta algumas dessas alterações dentre as quais duas podem ser destacadas. A primeira delas refere-se ao reapare-

---

4 Segundo Thomson (1974b), podemos encontrar dois momentos na evolução da sociedade escravista: a) um período inicial no qual o comércio era pouco desenvolvido e a escravatura era patriarcal visando suprir, principalmente, as necessidades imediatas. É ainda característica desse momento a existência de grande número de camponeses, pequenos produtores e proprietários de terra; b) um período de desenvolvimento pleno da escravatura no qual se desenvolveram o comércio, a propriedade privada e as relações monetárias. Nesse momento, o escravo substitui o trabalhador livre e, diferentemente do momento anterior — quando era utilizado principalmente para atender às necessidades imediatas — era, então, utilizado para a produção de mercadorias. Caracteriza ainda este momento a *pólis* como forma de organização política.

cimento da escrita, por volta do século IX a.C., com uma função completamente diferente da que tinha durante a civilização micênica, quando estava restrita aos escribas e vinculada ao aparelho administrativo. A escrita reaparecia, agora, com a função de divulgar aspectos da vida social e política, tornando-se assim muito mais pública. Era pública no sentido de atender ao interesse comum e no sentido de garantir processos abertos a toda a comunidade, em oposição aos interesses exclusivos da estrutura palaciana à que atendia no período anterior. A segunda dessas alterações refere-se à especialização de determinadas funções sociais. Não cabia mais ao rei o comando absoluto na tomada de todas as decisões — fossem elas políticas, religiosas, econômicas ou militares. As decisões passaram a ser tomadas não mais de maneira absolutamente individual, mas dependiam da discussão e do apoio dos conselhos e até da assembléia. Dessa forma, as decisões militares, políticas e econômicas passaram a ser vistas como fruto de decisões humanas, resultado de discussões e deliberações dos homens e não de um único rei divino.

Essas características expressavam, já, dois aspectos da tomada de decisão intimamente relacionados ao conceito de cidadania, que foi tão fundamental no mundo grego: o caráter humano e o caráter público das decisões. Com isso, ampliou-se o controle dos destinos humanos pelos próprios homens e o acesso de todos ao mundo espiritual e ao conhecimento, aos valores e às formas de raciocínio, permitindo que todos se tornassem sujeitos à crítica e ao debate.

Essas características só se desenvolveriam plenamente, no entanto, bem mais tarde. É assim que se pode compreender o fato de que, ainda neste momento, as leis eram promulgadas e exercidas por aqueles que conheciam a tradição e os mitos e que (por serem aparentados com os deuses) interpretavam o presente e deliberavam de acordo com essa interpretação. A esse respeito é ilustrativa a afirmação de Glotz (1980): "Mediador dos homens junto aos deuses, o rei é ainda representante dos deuses entre os homens. Ao receber o cetro, recebeu também o conhecimento das *thémistes,* essas inspirações de origem sobrenatural que permitem remover todas as dificuldades e, especialmente, estabelecer a paz interior por meio de palavras justas." (p. 35) Assim, uma relação pessoal e intransferível entre alguns homens e os deuses, fosse no exercício da justiça, fosse no da religião (que regulava fortemente as atividades humanas), controlava a vida de outros homens de maneira subjetiva.

As obras de Homero (*Ilíada* e *Odisséia*) e as de Hesíodo (*Os trabalhos e os dias e Teogonia*), além de constituírem documentos importantes para o entendimento histórico desse período, permitem descortinar características do pensamento então produzido.

Homero, que possivelmente viveu na Jônia no século IX a.C., retrata em seus poemas *Ilíada* e *Odisséia* momentos diferentes. A *Ilíada* mostra um período de guerra (guerra de Tróia 1280-1180 a.C.) descrevendo o comportamento de heróis em luta. A *Odisséia* retrata uma época de paz (a vida doméstica, relações familiares). Essa diferença de conteúdos e situações ocorridas com diferenças de um século explica-se, possivelmente, pelo fato de os poemas homéricos terem sido compilados ou redigidos após existirem como tradição oral.[5] A redação, após vários séculos dos acontecimentos que os poemas retratam, possivelmente determina alterações nos fatos históricos apresentados e a dificuldade na delimitação precisa da época a que se referem: a *Ilíada* apresenta características e fatos que se desenrolaram durante a civilização micênica sendo, entretanto, difícil isolar os fatos que seriam de épocas posteriores; e a *Odisséia,* possivelmente, retrata o período posterior: relata, por exemplo, decisões tomadas não mais por um rei, mas por assembléia de nobres.

Hesíodo nasceu em Ascra, na Beócia, e viveu entre o final do século XIII a.C. e início do século VII a.C.. No poema *Os trabalhos e os dias* descreve a vida campestre, a vida vinculada ao trabalho, e na *Teogonia* propõe uma genealogia dos deuses e do mundo.

W. Jaeger (1986) faz uma análise de tais obras a partir da qual se pode depreender sua importância. Homero e Hesíodo escreveram a partir de locais sociais diferentes; enquanto Homero tem sua obra marcada pela descrição da vida e do mundo do ponto de vista de, e dirigida à aristocracia e a nobreza, Hesíodo coloca-se sempre numa perspectiva que é própria das camadas populares — especialmente os camponeses. Essa diferença marca as distintas concepções desenvolvidas por eles.

Homero associava a noção de homem à noção de virtude que, de alguma forma, definia o próprio homem. No entanto, as virtudes eram sempre, para Homero, virtudes que só podiam ser encontradas entre os aristocratas, seja porque eram em si típicas dessa camada social, seja porque só podiam ser desenvolvidas por aqueles que de nascimento as possuíam. A força, a destreza e o heroísmo eram

---

[5] Tal diferença é também explicada pela possibilidade de Homero não ter existido, ou de existir mais de um Homero.

virtudes a serem buscadas e desenvolvidas por homens que já as possuíam em germe, por nascimento. A elas associava-se a altivez, o direito que alguns possuíam (os nobres, os virtuosos) à honra e a serem reconhecidos como tal; ao lado dessas qualidades que permitiam ao homem atuar, deviam ainda desenvolver seu espírito, e assim, adquirir as capacidades da reflexão. O reconhecimento, por parte da comunidade, das virtudes e honradez de um homem, e mais, o reconhecimento público disso, era fundamental como medida desse homem — um homem era tão mais virtuoso quanto mais pudesse demonstrar e encontrar reconhecimento disso entre seus pares.

Já Hesíodo associava à concepção de homem a noção de que apenas pelo trabalho se atingia a virtude. O trabalho — apesar de árduo e difícil — não devia ser visto como uma carga, mas como a forma propriamente humana absolutamente necessária de se atingir a virtude. Assim, ao invés de pensar o homem como um guerreiro, pensava-o como um trabalhador. Não associava trabalho à acumulação desenfreada de riquezas e não o associava com a miséria do trabalho mal pago, mas apenas com a dignidade da produção de uma existência virtuosa. Outra noção central à sua concepção de homem era a de justiça. Enquanto entre os animais imperava o direito do mais forte, assumia que entre os homens imperava o direito de justiça. Para Hesíodo, essa era a distinção fundamental que marcava os homens e que devia ser buscada. O direito que assegurava a justiça era de todos os homens, e associado ao trabalho os trazia de volta a uma ordem natural onde era possível encontrar uma vida satisfatória e virtuosa.

Se a concepção de homem distingue de maneira radical Homero e Hesíodo, isso traduz a realidade de uma sociedade em que a vida dos indivíduos era marcada por profundas diferenças, dadas as condições sociais. No entanto, Homero e Hesíodo viviam um mesmo momento histórico em que todos os gregos emancipavam-se de velhas e arraigadas tradições e, a partir de uma herança comum, preparavam um novo modo de viver.

O culto aos mortos, essencialmente ligado ao túmulo, é interrompido em função das transformações dos costumes causadas pela invasão dória e pelas migrações; os ancestrais sobrevivem só nos mitos, e o culto não se renova em torno de novos chefes devido ao novo hábito de incineração dos cadáveres. Como afirma Brandão (1986), (...) "a alma do morto, separada para sempre do corpo, estava em definitivo excluída de seu domicílio e da vida de seus descendentes, não havendo, portanto, nada mais a temer nem a esperar da psiquê do falecido" (p. 120). O contato com grupos de origens e costumes muito diferentes favorecia a ruptura com as velhas tradições; fazia com que partissem do que eles tinham em comum com suas crenças religiosas. Os deuses perdiam sua sacralidade, ganhavam humanidade, podiam tornar-se objeto de narrativa, afastando-se o mistério. Assim, a religião dos deuses tomava lugar da religião dos mortos.

É aí, talvez, que se encontre a explicação para a preocupação que era comum a Homero e a Hesíodo: aproximar os deuses dos homens, criar um laço entre homens e deuses que tornasse a vida terrena mais racional e compreensível.

A relação homem-deuses — estabelecida tanto por Homero como por Hesíodo — tem um duplo caráter. De um lado, valorizava o homem, na medida em que humanizava os deuses que tinham forma e sentimentos humanos e na medida em que a ele cabiam as ações que possibilitavam o desenvolvimento pleno de suas virtudes. De outro lado, estabelecia uma dependência dos homens em relação aos deuses, que eram vistos como imortais e com poderes para interferir nas vidas humanas. Se isso submetia, de uma certa forma, o homem às divindades, também dava significado à vida humana que passava a ser vista como tendo uma certa razão de ser.

Outro aspecto que marcou a relação homem-deuses, nos mitos de Homero e Hesíodo, foi a busca da compreensão do Universo e de seus fenômenos, através da ordenação dos deuses que passaram a ser vistos como existindo dentro de uma certa ordem e segundo uma hierarquia que limitava, inclusive, seus poderes sobre a vida humana.

Tais mitos, chamados cosmogônicos ou teogônicos, buscavam descrever a ordem do Universo, do Cosmos, surgindo a partir do Caos, e de uma genealogia dos deuses. Essa preocupação com a origem era abordada no mito de maneira que lhe é própria. Segundo Vernant (1973), no mito a noção de origem se confunde com nascimento e a noção de produzir com a de gerar, assim (...) "a explicação do devir assentava na imagem mítica da união sexual. Compreender era achar o pai e a mãe: desenhar a árvore genealógica" (p. 301). Através de nascimentos sucessivos, frutos da união de forças qualitativamente opostas ou do confronto de tais forças, estabelecia-se a ordem no mundo e entre os deuses. O mundo dos deuses refletia o mundo dos homens e através da racionalização dos deuses e dos mitos estabelecia-se uma racionalidade para a vida humana.[6] A hierarquia que Homero estabelecia entre os deuses e na qual atribuía um poder maior a Zeus parece apontar nessa direção. Citando Jaeger (1986): "Assim, vemos na *Ilíada* um pensamento religioso e moral já bastante avançado debater-se com o problema de pôr em concordância o caráter originário, particular e local da maioria dos deuses com a exigência de um comando unitário do mundo." (p. 56).

A causa que Hesíodo encontrava para o trabalho como tendo sido instituído pelos deuses, a partir de um determinado momento, como fruto de um ato que era considerado imoral (o roubo), assim como o estabelecimento de uma genealogia clara para os deuses, em que se pode destacar o fato de a deusa da Justiça (Dike), representante de algo tão importante, ser filha de Zeus, o deus maior, também apontam para a busca de uma racionalidade entre os deuses que, em última instância, espelha a racionalidade do mundo, ao mesmo tempo em que justifica e garante essa racionalidade. A esse respeito, Jaeger (1986) afirma: "A identidade da vontade divina de Zeus com a idéia do direito e a criação de uma nova personagem divina, Dike, tão intimamente ligada a Zeus, o deus supremo, são a imediata conseqüência da força religiosa e da seriedade moral com que a nascente classe camponesa e os habitantes da cidade sentiram a exigência da proteção do direito." (p. 68)

Essa racionalidade mítica envolve uma ambigüidade: (...) "operando sobre dois planos, o pensamento apreende o mesmo fenômeno, por exemplo, a separação da terra das águas, simultaneamente como fato natural no mundo visível e como geração divina no tempo primordial." (Vernant, 1973, p. 300.) Caberá ao período que se segue superar a ambigüidade contida no mito e dar um novo caráter à elaboração do pensamento.

---

6 Pode-se dizer que se encontra uma racionalidade no âmbito do mito porque tanto o mito como o pensamento racional buscam uma ordem no universo. Entretanto, essa racionalidade está dentro dos limites do mito. A preocupação cosmológica dos primeiros jônicos, considerados como iniciadores do pensamento racional, já está presente nos mitos teogônicos de Hesíodo (como aponta Thomson, 1974a, a partir dos trabalhos de Cornford). Esses mitos apresentam os elementos da natureza — como água, terra etc. — se confrontando ou se segregando (e não mais se unindo sexualmente) para formar o cosmos, como farão posteriormente os físicos jônicos; entretanto tais elementos no mito mantêm características humanas que se perderão ao serem racionalizados. Assim, a transição do mito à razão não pode ser analisada como se uma mentalidade pré-racional fosse irredutível à racional.

CAPÍTULO 2

O MUNDO TEM UMA RACIONALIDADE, O HOMEM PODE DESCOBRI-LA

O período *arcaico* estendeu-se do século VII ao século VI a.C. e caracterizou-se, principalmente, pelo desenvolvimento da *pólis* em torno da qual passou a girar a civilização grega.

As *poleis,* ou cidades-Estado, compreendiam a cidade em si e as terras à sua volta que garantiam a sua produção agrícola; elas distinguiam-se por serem unidades econômicas, políticas e culturais independentes entre si.

A economia mercantil, baseada no comércio com outras cidades e povos, foi uma característica importante das cidades-Estado desse período. Os gregos produziam e vendiam vinho, azeite e utensílios de cerâmica (desenvolvida a princípio para transporte) e importavam cereais (que seu solo pobre não produzia em quantidade suficiente) e metais. Essa economia marcou-se, pela primeira vez na Grécia, por ser uma economia monetária. Cunharam-se moedas, usadas na troca de produtos e que representavam, também, (e segundo alguns autores, principalmente) a garantia e o símbolo de autonomia econômica, política e cultural da *pólis.*

Era nas grandes propriedades de terra, concentradas nas mãos da aristocracia que aumentava seus domínios através da obtenção de novas terras de pequenos proprietários endividados, que se produzia boa parte dos produtos agrícolas comercializados.

Esses grandes proprietários, na medida em que o comércio se intensificou, passaram também a possuir as oficinas responsáveis pela produção dos objetos artesanais. Ao lado desta aristocracia fundiária (que explorava, ainda, minas e pedreiras existentes em suas terras) desenvolveu-se, nas cidades, uma classe de comerciantes que, tendo enriquecido rapidamente, podia inclusive comprar terras.

Os pequenos proprietários de terra passaram por um processo de empobrecimento e, na cidade, os pequenos artesãos, os trabalhadores braçais e os marinheiros formavam a plebe. Nesta economia monetária, os laços políticos tornaram-se, cada vez mais, laços entre aqueles que detinham a riqueza monetária (opondo-se aos não detentores de riqueza), levando alguns autores, como por exemplo Glotz, a caracterizar este período como uma plutocracia. Ao lado destas diferentes camadas sociais, cresceu bastante o número de escravos que eram usados tanto na produção agrícola como na produção de artigos artesanais.

Por um lado, o aumento e a generalização do trabalho escravo — em substituição ao trabalhador livre e ao pequeno proprietário — levaram ao aviltamento dos ganhos e das condições de vida desses setores e ao recrudescimento das lutas entre os ricos e as camadas intermediárias e desprovidas. Por outro lado, foi esta larga utilização do trabalho escravo que permitiu aos cidadãos (pelo menos aos ricos) liberarem-se do trabalho produtivo que passou a ser executado, fundamentalmente, pelos escravos.

As diferenças de interesses econômicos e políticos levaram à necessidade de que também as camadas intermediárias, os pequenos proprietários, os artesãos e os trabalhadores livres se organizassem em partidos e passassem a reivindicar reformas que atendessem a seus interesses.

As crises políticas assim geradas, ao lado de um aumento de população, deram origem à tentativa de resolver economicamente o problema. Surgiu, assim, o segundo movimento de colonização na Grécia. Neste período estabeleceram-se dois tipos de colônias: as que se caracterizavam como unidades de produção agrícola e as que se caracterizavam como unidades comerciais de contato com outros povos e de entreposto para a compra e venda de mercadorias. Apesar de originárias de um processo de colonização, essas colônias se constituíram em cidades-Estado.

As crises deram origem, também, a tentativas de cunho propriamente político, como foi o caso das reformas propostas por Solon (eleito para o cargo de arconte, em 594 a.C.). Destacam-se, entre as reformulações então realizadas: libertação das pessoas escravizadas por dívidas, liberação das terras perdidas por dívidas, abolição da escravidão por dívidas, abolição do direito de progenitura, regulamentação dos direitos políticos e dos encargos, segundo a riqueza e não mais segundo a origem nobre, e extensão do direito do voto, na Assembléia, a todos os cidadãos.

É dentro desse quadro que se deve comprender a reivindicação primeira do partido não-oligárquico por leis escritas, como forma de garantir que fossem conhecidas por todos e como forma de fugir do arbítrio dos oligarcas, que até então interpretavam-nas subjetivamente e de acordo com seus interesses. Segundo Glotz (1980), "Os chefes dos grandes *gènê* perdiam para sempre o privilégio de determinar e interpretar segundo seu arbítrio as formas que deviam pautar a vida social e política". (...) "De uma só vez, aluía o regime gentílico, corroído na base. Estabelecia-se uma relação direta entre o Estado e os indivíduos. A solidariedade da família, tanto na forma ativa como na passiva, já não tinha razão de ser". (p. 88)

A identidade política e econômica da *pólis* levou ao desenvolvimento da noção de cidadania e democracia, sendo o cidadão responsável pela participação ativa nas decisões e organizações da sociedade. A noção de cidadania, entretanto, aprofundou também a diferenciação entre cidadãos de um lado e escravos, mulheres e estrangeiros, de outro, estes sem poder decisório e sem direito à participação.

Imerso neste complexo conjunto de relações e diferenciações entre atividades, entre grupos, entre indivíduos, e nas diversas formas e níveis de organização implicados na vida da *pólis,* o homem grego tornava-se capaz de transpor para o pensamento as várias instâncias presentes em sua vida: tornava-se capaz de reconhecer como distintos o próprio homem, a sociedade, a natureza, o divino; tornava-se capaz de refletir no conhecimento que produzia as abstrações que, cada vez mais, marcavam as várias instâncias de sua vida (como, por exemplo, a abstração envolvida no uso da moeda), tão distantes do mundo que se limitava a contatos práticos, sensíveis, que se limitava aos laços tangíveis de parentesco reproduzidos no mito; e tornava-se capaz de associar o conhecimento com discussão, com debate, com a possibilidade do diferente, da divergência, impossíveis dentro do mundo que havia dado origem ao conhecimento mítico, marcado pela pretensão do absoluto, pelo dogmatismo. Assim, por exemplo, a própria vida social das cidades-Estado tornava-se ponto de reflexão, o debate público nelas desenvolvido levava, segundo Vernant (1981), à discussão da ordem humana, procurando defini-la em si mesma e traduzi-la em fórmulas acessíveis à inteligência. As explicações sobre a natureza buscavam, também, a descoberta de uma ordem que lhe fosse própria; a partir de então, o universo deveria ser explicado sem mistérios, e o entendimento que dele se tinha devia ser suscetível de ser debatido publicamente, como todas as questões da vida corrente. E, mais que isso, um entendimento que pudesse ser submetido a uma crítica ao nível do próprio conhecimento: a apreensão do mundo, com toda a complexidade que então manifestava, deveria ser expressa em um discurso coerente internamente.

O desenvolvimento da *pólis* constituía, assim, fator fundamental para o nascimento do pensamento racional: criava as condições objetivas para que, partindo do mito e superando-o, o saber fosse racionalmente elaborado e para que alguns homens pudessem se dedicar à elaboração desse saber.

Na tentativa de caracterizar as principais concepções filosóficas que se desenvolveram neste período, serão destacados os pensamentos de Tales, Anaximandro, Anaxímenes (que compõem a Escola de Mileto); Pitágoras, Parmênides, Heráclito e Demócrito.

Tales (625-548 a.C. aprox.)
Anaximandro (610-547 a.C. aprox.)
Anaxímenes (585-528 a.C. aprox.)

> "Como nossa alma, que é ar, soberanamente nos mantém unidos, assim também todo o cosmo sopro e ar o mantém".
>
> (Anaxímenes)

Foi na Jônia, situada na Ásia Menor, onde primeiramente tais concepções se desenvolveram e pode-se compreender tal fato ao se considerar que, com a invasão dos dórios, essa região foi colonizada pelos jônios em condições que eram especiais.

De um lado, a Ásia Menor era, já antes disso, uma região densamente povoada e de solo pobre. Os gregos que lá chegaram e que originariamente organizaram-se em regime gentílico, absorveram em suas fratrias e *gènê* grupos de outras nacionalidades, ampliando assim a noção de comunidade, garantindo a paz e criando condições para que se libertassem, antes de outras regiões, de determinadas tradições. Por outro lado, as condições da região, de solo muito pobre, exigiam a criação de cidades voltadas para a indústria, o comércio e o intercâmbio com outros países, o que também contribuiu para que se aí se operassem, mais cedo que em outros lugares, determinadas transformações. Assim, naquelas cidades, a riqueza mobiliária desempenhou, desde cedo, papel preponderante sobre a aristocracia baseada na propriedade fundiária, estando o poder nas mãos de uma aristocracia mercantil e industrial, para a qual era extremamente importante o desenvolvimento de novas técnicas a serem aplicadas na produção de mercadorias, na navegação e no comércio. Caracterizando esta situação vivida na Jônia, nesse período, Bonnard (1968) afirma: "Proprietários de vinhas ou de terras cerealíferas; artesãos que trabalham o ferro, fiam a lã, tecem os tapetes, tingem os estofos, fabricam as armas de luxo, mercadores, armadores e marinheiros — estas três classes que lutam umas contra as outras pela posse dos direitos políticos — são arrastadas pelo movimento ascendente que leva o seu conflito a produzir invenções constantemente renovadas. Mas são os comerciantes, apoiados pelos marinheiros, que cedo tomam o comando da corrida. São eles que, alargando as suas relações do mar do Norte ao Egito e, para Ocidente, até a Itália meridional, apanham no Velho Mundo os conhecimentos acumulados ao acaso pelos séculos e vão fazer com eles uma construção ordenada". (p. 78) A essas características, Farrington (1961) adiciona o fato de que o escravismo não estava aí tão desenvolvido a ponto de se menosprezar a realização de atividades práticas.

Circunstâncias peculiares para romper com a antiga forma de viver e transformações sociais tão grandes permitem compreender o surgimento e o desenvolvimento em Mileto, uma das principais cidade de Jônia, das concepções de Tales, Anaximandro e Anaxímenes, os principais pensadores da Escola de Mileto. Pouco se sabe sobre a vida destes filósofos e o conhecimento que produziram é conhecido através de relatos de outros filósofos gregos e de alguns fragmentos do livro de Anaximandro e do de Anaxímenes. Atribui-se a Tales (o fundador da Escola de Mileto) e a Anaximandro participação política ativa em Mileto e o desenvolvimento de conhecimentos em astronomia, matemática, geometria; atribui-se, inclusive, a Tales a introdução da matemática na Grécia (possivelmente, a divulgação e o desenvolvimento de conhecimentos que adquiriu com os egípcios) e a Anaximandro a elaboração de um mapa do mundo.

A marca que estes filósofos deixaram na história da filosofia grega é devida, principalmente, às explicações que elaboraram sobre a origem e composição do universo: e cada um deles buscou esta origem em elementos diferentes.

Tales acreditava ser a água o elemento primeiro: "A maior parte dos primeiros filósofos considerou como princípios de todas as coisas unicamente os que são da natureza da matéria". (...) "Quanto ao número e à natureza desses princípios, nem todos pensam da mesma maneira. Tales, o fundador de tal filosofia, diz ser a água (e é por isso que ele declarou também que a terra assenta sobre a água), levado sem dúvida a essa concepção por observar que o alimento de todas as coisas é úmido e que o próprio quente dele procede e dele vive (ora, aquilo donde as coisas vêm é, para todas, o seu princípio). Foi desta observação, portanto, que ele derivou tal concepção, como ainda do fato de todas as sementes terem uma natureza úmida e ser a água, para todas as coisas úmidas, o princípio da natureza." (Aristóteles, *Metafísica,* I, 3.)[1]

Anaximandro não identificava a origem em nenhum elemento observável, mas em elemento indeterminado, do qual se formariam todos os demais elementos e ao qual voltariam, o que possibilitava a suposição da criação infinita de mundos sucessivos: "Dentre os que afirmam que há um só princípio, móvel e ilimitado, Anaximandro, filho de Praxíades, de Mileto, sucessor e discípulo de Tales, disse que o *ápeiron* (ilimitado) era o princípio e o elemento das coisas existentes. Foi o primeiro a introduzir o termo *princípio.* Diz que este não é a água nem algum dos chamados elementos, mas alguma natureza diferente, ilimitada, e dela nascem os céus e os mundos neles contidos". (...) "É manifesto que, observando a transformação recíproca dos quatro elementos, não achou apropriado fixar um destes como substrato, mas algo diferente, fora estes. Não atribui então a geração ao elemento em mudança, mas à separação dos contrários por causa do eterno movimento". (...) "Contrários são quente e frio, seco e úmido e outros." (...) "Segundo uns, da unidade que os contém, procedem, por divisão, os contrários, como diz Anaximandro." (Simplício, *Física,* 24, 13, em *Pré-socráticos,* Coleção Os Pensadores, p. 15.)[2]

Anaxímenes, possivelmente sintetizando as concepções de Tales e Anaximandro, propunha como origem de todas as coisas um elemento ilimitado mas sensível — o ar — e especificava os processos pelos quais deste elemento — do uno — se originavam todos os

1 Os trechos de Aristóteles, citados neste capítulo, foram retirados do volume *Aristóteles,* Coleção Os Pensadores, Editora Abril Cultural.

2 Os trechos de Simplício, citados neste capítulo, foram retirados do volume *Pré-socráticos,* coleção Os Pensadores, Editora Abril Cultural.

fenômenos, a multiplicidade: "Anaxímenes de Mileto, filho de Euristrates, companheiro de Anaximandro, afirma também que uma só é a natureza subjacente, e diz, como aquele, que é ilimitada, não porém indefinida, como aquele (diz), mas definida, dizendo que ela é o ar. Diferencia-se nas substâncias, por rarefação e condensação. Rarefazendo-se, torna-se fogo; condensando-se, vento, depois, nuvem, e ainda mais, água, depois terra, depois pedras, e as demais coisas (provêm) destas. Também ele faz eterno o movimento pelo qual se dá a transformação". (Simplício, *Física,* 24, 26, em *Pré-socráticos,* Coleção Os Pensadores, p. 51.)

Esses pensadores, apesar das diferenças nas explicações por eles elaboradas, caracterizaram-se por iniciar uma nova forma de ver o mundo — suas explicações constituíram-se no primeiro momento de ruptura com o mito. Ruptura porque, mesmo mantendo, em suas explicações, elementos de estrutura mítica (como, por exemplo, a busca da origem do universo em uma unidade), introduziram aspectos que possibilitaram a elaboração do pensamento racional: os fenômenos da natureza foram reconhecidos como tais e a própria natureza,[3] sua estrutura, foi assumida como o tema central a ser investigado. Vernant (1973) assim caracteriza a inovação introduzida pela Escola de Mileto: "As forças que produziram e que animam o cosmo acham-se, portanto, sobre o mesmo plano e do mesmo modo que aquelas que vemos operar cada dia quando a chuva umedece a terra ou quando um fogo seca uma roupa molhada. O original, o primordial, despojam-se do seu mistério: a banalidade tranqüilizadora do quotidiano. O mundo dos jônios, esse mundo "cheio de deuses", é também plenamente natural." (...) "Tudo o que é real é Natureza. E esta natureza, separada do seu pano de fundo mítico, torna-se ela própria problema, objeto de uma discussão racional. A natureza, *physis,* é força de vida e de movimento." (...) "Compreender (nos mitos), era achar o pai e mãe: desenhar a árvore genealógica. Mas, entre os jônios, os elementos naturais, tornados abstratos, já não se podem unir por casamento, à maneira dos homens. Assim, a cosmo-

---

[3] Conforme afirma Bornheim (1967), a utilização da palavra natureza para expressar a palavra grega *physis* pode ocasionar equívocos que dificultariam a compreensão do verdadeiro significado do pensamento pré-socrático; para evitá-los é preciso considerar que *physis* significava todo o existente, incluindo desde os fenômenos hoje considerados como da natureza, estendendo-se ao homem, suas obras e atividades, até os deuses; e incluindo também, o processo de gênese e do devir de todo o existente.

logia não modifica somente a sua linguagem, mas muda de conteúdo. Em vez de descrever os nascimentos sucessivos, definiu os princípios primeiros, constitutivos do ser. De narrativa histórica, transforma-se em um sistema que expõe a estrutura profunda do real." (pp. 300-301)

Dessa forma, e ainda segundo Vernant (1981), foram substituídas as explicações baseadas em agentes sobrenaturais que, através dos mitos, explicavam e justificavam a origem do mundo, sua composição e sua ordem (como nas epopéias homéricas), por explicações baseadas na própria natureza que, segundo esta nova forma de pensar, operava na sua origem da mesma maneira que fazia todos os dias. O cotidiano é que fornecia "os modelos para compreender como o mundo se formou e se ordenou" (p. 74).

Eleger a natureza em seu próprio âmbito como o tema a ser investigado e como a fonte das respostas é o aspecto que marca a ruptura com o mito — "Tudo o que é real é Natureza". Como entender a presença de deuses — "esse mundo cheio de deuses, é também plenamente natural" — num mundo assim concebido? Segundo Thomson (1974a), os jônios não estabeleciam diferença entre o material e o não-material, entre o natural e o sobrenatural e, "sem negarem a existência dos deuses, assimilavam o divino com o movimento, propriedade que pensavam ser inerente à matéria" (p. 197). Isto, possivelmente, é que deve ter permitido o manter-se no âmbito da natureza para explicar sua origem, procurando esta explicação na sua composição, na sua estrutura, e não em um início de uniões divinizadas ou antropomorfizadas, bem como o buscar na própria natureza explicações para todos os processos que nela ocorriam (por exemplo, tempestades, inundações), vendo tais processos como manifestações de regularidades, libertos de quaisquer intervenções alheias à natureza.

Na produção deste conhecimento, os filósofos da Escola de Mileto utilizaram, fundamentalmente, a observação de fenômenos naturais e foram, ao mesmo tempo, capazes de ultrapassar o plano do sensível: capazes de, através de elaboração intelectual, analisar os fenômenos, que estudavam (isto é, separar os elementos constitutivos destes fenômenos, identificar seus atributos determinantes, suas características gerais), chegando a conceitos que podiam ser generalizados. Em outras palavras, foram capazes de, partindo de observação dos fenômenos da natureza, elaborar conceitos ou idéias abstratas, construindo, assim, as marcas do primeiro momento de ruptura com o pensamento mítico.

Uma síntese das características do pensamento dos primeiros filósofos jônicos é apresentada por Farrington (1961), a partir de uma caracterização de Platão: "A opinião que atribui ele (Platão) aos naturalistas jônicos é a seguinte: os quatro elementos, terra, ar, fogo e água, existem todos natural e casualmente, e nenhum por desígnio ou providências. Os corpos que os sucederam, o sol, a terra, as estrelas, originam-se daqueles elementos que são totalmente inanimados e se movem por uma força imanente, segundo certas afinidades mútuas. Dessa maneira foi criado todo o céu e tudo que nele há. Também as plantas e os animais. As estações também resultam de tais elementos e não da ação de alguma mente, Deus ou providência, mas natural e casualmente. A intenção veio depois, independentemente delas, mortal e tem origem mortal. As diversas artes, materialização da intenção, surgiram para cooperar com a natureza, dando-nos artes como a medicina, agricultura e, ainda, a legislação" (pp. 33-34).

Em 494 a.C., com a invasão de Mileto pelos persas, o centro da cultura transferiu-se para Itália e Sicília, onde já existiam cidades-Estado gregas fundadas, principalmente, a partir do século VIII a.C.

PITÁGORAS (580-497 a.C. aprox.)

> "E, de fato, tudo o que se conhece tem número. Pois é impossível pensar ou conhecer algumas coisas sem aquele."
>
> (FILOLAU)

Nasceu numa ilha próxima a Mileto — Samos. Pouco se sabe sobre a vida de Pitágoras, havendo, inclusive, muitas lendas associadas a ela. Sabe-se entretanto, que foi para Crotona (na Itália), onde deu origem a um movimento não só intelectual, mas também político e religioso que teve influência no pensamento grego posterior.

Pitágoras não deixou obras escritas e é difícil distinguir as idéias que lhe são próprias, ou mesmo próprias do início do movimento por ele originado, daquelas que foram já frutos do desenvolvimento de seus ensinamentos, apresentadas por Filolau de Crotona (séc. V a.C.) e Arquitas de Tarento (séc. IV a.C.) — filósofos pitagóricos de cuja obra se encontram fragmentos. Há, entretanto, algumas noções que marcaram a proposição e o desenvolvimento do pensamento pitagórico: a noção de número, a noção de harmonia e a noção de alma.

Na busca da compreensão dos fenômenos do mundo, Pitágoras, como os primeiros pensadores jônios, procurou explicar como se compunha o mundo e as coisas nele existentes e tal como eles chegou a um elemento como base de todos os fenômenos, só que, nesse caso, este elemento era o número. Para os pitagóricos, o universo e todos os seus fenômenos eram formados por números: (...) "os chamados pitagóricos consagraram-se pela primeira vez às matemáticas, fazendo-as progredir, e penetrados por estas disciplinas, julgaram que os princípios delas fossem os princípios de todos os seres. Como, porém, entre estes, os números são, por natureza os primeiros, e como nos números julgaram (os pitagóricos) aperceber muitíssimas semelhanças com o que existe e o que gera, de preferência ao fogo, à terra e à água" (...) "além disso, como vissem nos números as modificações e as proporções da harmonia e, enfim, como todas as outras coisas lhes parecessem, na natureza inteira, formadas à semelhança dos números, e os números as realidades primordiais do Universo, pensaram eles que os elementos dos números fossem também os elementos de todos os seres, e que o céu inteiro fosse harmonia e número" (Aristóteles, *Metafísica,* I, 5).

O número não era, assim, visto como um símbolo, mas sim como o elemento que compunha a estrutura dos fenômenos da natureza; descobrir como se constituíam esses fenômenos era descobrir a relação numérica que expressavam: (...) "Pois a natureza do número dá conhecimento, é guia e mestre para cada um, em tudo o que lhe é duvidoso e desconhecido. Se não fosse o número e a sua essência, nada das coisas seria manifesto a ninguém, nem em si mesmas, nem em suas relações com outras (...)" (Filolau, fragmento 11.)[4] Como afirma Farrington (1961), essa concepção de número envolvia mais que matemática, ela constituía, também, física; o número era o elemento que compunha o universo e era associado a elementos geométricos: "Chamavam *Um* ao ponto, *Dois* à linha, *Três* à superfície e *Quatro* ao sólido, de acordo com o nú-

---

[4] Os fragmentos, citados neste capítulo, das obras dos pensadores Filolau e Arquitas foram retirados de Bornhein, *Os filósofos pré-socráticos;* e os das obras de Heráclito, Parmênides e Demócrito foram retirados do volume *Pré-socráticos,* coleção Os Pensadores, Editora Abril Cultural.

mero mínimo de pontos necessários para definir cada qual dessas dimensões. Os pontos, para eles, tinham tamanho; as linhas, altura, e as superfícies, profundidade". (. . .) "A partir de *Um, Dois, Três* e *Quatro* podiam construir um mundo. Não é estranho, pois, que dez, a soma destes números, tenha um poder sagrado e onipotente" (p. 37).

Na base deste mundo estava, assim, o *um,* a unidade: "O *um* (unidade) é o princípio de tudo". (Filolau, fragmento 8.) Entretanto, diferentemente dos primeiros jônios que viam da unidade surgir a multiplicidade dos fenômenos, para os pitagóricos esta unidade inicial era, ela própria, formada por dois princípios opostos: na união de um par fundamental de opostos — o limitado e o ilimitado — estava a origem do universo. O limitado e o ilimitado davam origem a uma unidade, ao Uno — que estava na base de todas as coisas — e, ao mesmo tempo, representavam outros pares de opostos (ímpar-par, por exemplo), que compunham os fenômenos do universo. Dessa forma, os números pares são associados ao ilimitado, os números ímpares ao limitado, mas a unidade, que tem o poder de transformar os pares em ímpares e os ímpares em pares, é composta de duas naturezas: do par e do ímpar. É assim que Thomson (1974b) se refere à concepção proposta por Pitágoras, que — vendo na unidade a base de todas as coisas — vê a própria unidade como uma dualidade: "O que é inovador e revolucionário é o postulado de que o número é a substância primordial. O par original, o limitado e o ilimitado, representa o número sob os seus dois aspectos: par em par. Como substância material, o número possui extensão. A forma como este agregado de quantidades foi constituído não é perfeitamente esclarecida, mas parece que se assimilava o ilimitado ao vazio e que a primeira unidade absorvia uma porção do ilimitado, limitando-o assim e simultaneamente dividindo-se em dois. Renovando-se o mesmo processo, dois engendram três e assim em seguida" (p. 115).

A compreensão desse universo — composto e formado por números — implicava, então, o reconhecimento dos opostos presentes na própria unidade, mas opostos que se fundiam na unidade, que se harmonizavam — intimamente relacionada à noção de número como constitutivo dos fenômenos, desenvolve-se a noção de harmonia. Pitágoras teria chegado à noção de harmonia através da música, teria descoberto a relação entre o comprimento das cordas e o som que elas, ao vibrar, produziam, o que tornava possível entender o som através de uma relação matemática. Estendida ao universo todo, a noção de harmonia significava a união de elementos opostos, a possibilidade de "concordar" o que era "discordante", de junção de desiguais em um único todo harmônico. Nos fragmentos da obra de Filolau, encontra-se assim caracterizada a harmonia: "As relações entre a natureza e a harmonia são as seguintes: a essência das coisas, que é eterna, e a própria natureza, admitem, não o conhecimento humano e sim o divino. E o nosso conhecimento das coisas seria totalmente impossível, se não existissem suas essências, das quais se formou o cosmos, seja das limitadas, seja das ilimitadas. Como, contudo estes (dois) princípios não são iguais nem aparentados, teria sido impossível formar com eles um cosmos, sem a concorrência da harmonia, donde quer que tenha esta surgido. O igual e aparentado não exige a harmonia, mas o que não é igual nem aparentado, e desigualmente ordenado, necessita ser unido por tal harmonia que possa ser contido num cosmos" (fragmento 6). "Harmonia é a unidade do misturado e a concordância das discordâncias" (fragmento 10).

O número e a harmonia presidiam todo o universo pitagórico e tornavam esse universo cognoscível. Pode-se dizer que eram, ao mesmo tempo, a condição de existência do universo, a condição de possibilidade de conhecimento e a expressão de conhecimento verdadeiro: (...) "Se não fosse o número e a sua essência, nada das coisas seria manifesto a ninguém, nem em si mesmas, nem em suas relações com outras". (...) "Nem a natureza do número nem a harmonia abrigam em si a falsidade. Pois ela não lhes é própria". (Filolau, fragmento 11.)

Inevitável, então, que as noções de número e harmonia fundamentassem o conhecimento produzido pelos pitagóricos, nas mais diferentes áreas: na música (estudaram os intervalos harmônicos e as escalas musicais); na astronomia (procuraram determinar o número e o movimento orbital dos planetas e chegaram — possivelmente Filolau — a afirmar que a Terra era um planeta móvel), e, especialmente, na matemática. Os pitagóricos desenvolveram conhecimento matemático já produzido pelos egípcios e babilônios e elaboraram uma completa teoria dos números. Ronam (1987) destaca alguns traços e descobertas desta teoria: a utilização de números figurados (representação dos números através de figuras geométricas), o estabelecimento de números "perfeitos" ("iguais aos seus divisores separados, quando somados", por exemplo: $6 = 1+2+3$); o estabelecimento de números "amigáveis" ("dois números em que cada um é igual à soma dos fatores do outro", por exemplo o par

220 e 284, possivelmente descoberto por Pitágoras e o único conhecido na Antigüidade); o estudo das médias aritmética, geométrica e harmônica (pp. 75 e 76). Ronam (1987) destaca, também, o envolvimento dos pitagóricos no estudo das figuras geométricas e aponta como a sua mais importante contribuição, no campo da matemática, o desenvolvimento do conhecimento decorrente do teorema atribuído a Pitágoras, que conduziu aos números irracionais, bastante problemáticos para a própria concepção pitagórica que via na unidade o elemento constitutivo de todo o cosmo: "De todo o conhecimento matemático atribuído aos pitagóricos, o mais importante foi decorrente do teorema de Pitágoras: o fato de que nem toda quantidade pode ser expressa por números inteiros. Porque, embora o lado maior ou hipotenusa de um triângulo retângulo possa ter seu comprimento expresso em números inteiros, na maioria das vezes isso não acontece; se pode ou não, depende dos comprimentos dos outros lados". (...) "Esse fato assustou os pitagóricos e também os matemáticos posteriores, uma vez que ameaçava a idéia de ser a geometria o fundamento da matemática, mas conduziu a um trabalho mais cuidadoso e, desse modo, agiu como estimulante." (p. 77)

Intimamente relacionada a esta concepção matemática e física, a teoria dos números iniciada por Pitágoras continha um aspecto místico; ao número era associado um poder extraordinário, pode-se dizer divino. E alguns números, em particular, manifestavam este poder, como é o caso do número dez e sua representação geométrica, que por várias razões, entre elas a de ser a soma dos quatro primeiros números, tinha um significado especial: "Devem-se julgar as obras e a essência do número pela potência do número dez (que está na década). Pois ela é grande, completa tudo e causa tudo, princípio e guia da vida divina e celeste, como também da humana". (Filolau, fragmento 11.) Esse caráter místico não se desenvolveu independentemente do que se pode considerar como a concepção físico-matemática do universo, ao contrário, associado a ela, deixou marcas no conhecimento produzido pelos pitagóricos, como pode ser ilustrado por este trecho, no qual Aristóteles se refere a estes pensadores: "Se nalguma parte algo faltasse, supriam logo com as adições necessárias, para que toda a sua teoria se tornasse coerente. Assim, como a década parece um número perfeito e parece abarcar toda a natureza dos números, eles afirmam que os corpos em movimento no universo são dez. E como os (corpos celestes) visíveis são nove, por isso conceberam um décimo, a Anti-Terra". (*Metafísica,* I, 5.)

O conhecimento e a religião estavam também intimamente relacionados: o conhecimento, revestido do caráter de doutrina a ser revelada somente aos membros do grupo religioso e, então, de objeto de reflexão, de meditação, era o caminho para a salvação. Este era um dos aspectos que caracterizavam o movimento religioso iniciado por Pitágoras e que ao mesmo tempo o distinguia do orfismo,[5] com o qual tinha muitas bases em comum. Tal como os órficos, os pitagóricos concebiam corpo e alma como distintos e a alma como imortal; entretanto, para eles, a purificação da alma imortal seria atingida através do conhecimento das coisas e do universo. A purificação plena, porém, exigia um longo percurso e, assim como os órficos, os pitagóricos supunham que a alma transmigrava e que a sua purificação plena implicava a sua libertação final do corpo; desta forma, com a purificação plena, a alma liberta do corpo — sua prisão temporária — voltaria à vida divina que originalmente partilhara.

O conhecimento parecia ter também, para os seguidores de Pitágoras, papel no estabelecimento de uma vida social harmônica. Apesar de as concepções políticas de Pitágoras e de seus primeiros seguidores ser assunto de controvérsia — Pitágoras tem sido apresentado ora como defensor da aristocracia fundiária, ora como defensor de uma democracia comercial, posição que pode ser ratificada pelo fato de ele ser um estrangeiro em Crotona — sabe-se que, por algum tempo, os pitagóricos detiveram o poder político em Crotona e em algumas outras cidades. E se o pensamento de um pitagórico posterior pode indicar traços do pitagorismo inicial, pode-se supor que o conhecimento era visto como um instrumento importante na resolução dos problemas sociais: (...) "Quando se conseguiu encontrar a razão, esta aumenta a concórdia fazendo cessar a rebelião. Já não há lugar para a competição, pois reina a igualdade. Por seu intermédio podemos reconciliar-nos com nossas obrigações. Devido a ela, recebem os pobres dos poderosos e os ricos dão aos necessitados, pois ambos confiam em possuir mais tarde com igualdade. Regra e obstáculo dos injustos, faz desistir os que sabem raciocinar, antes

[5] Movimento religioso, desenvolvido por volta dos séculos VII e VI a.C. Segundo Thomson (1974b), o orfismo teve sua origem na Trácia; nascido entre os camponeses, desenvolveu uma teogonia muito semelhante à de Hesíodo e expandiu-se, com facilidade, nas colônias gregas da Itália e Sicília. Os órficos acreditavam na imortalidade da alma, na transmigração da alma até que atingisse a salvação, na iniciação religiosa e nos cultos sagrados dedicados a Dionísio como meios de purificação.

de cometerem injustiça, convencendo-os de que não podem permanecer ocultos quando voltarem ao mesmo lugar; aos que não compreendem, revela-lhes a sua injustiça, impedindo-os de cometê-la". (Arquitas, fragmento 3.)

Com o movimento originado por Pitágoras, a elaboração do pensamento racional alcança um maior poder de abstração. Liberta dos aspectos místicos, a noção de número fornecia o instrumental necessário para que se pudesse ir além dos elementos sensíveis, permitia abstrações com as quais poder-se-ia compreender o que é fundamental na natureza, sem que isto implicasse que o conhecimento obtido não se referisse à própria natureza — o número, em última instância material, era a estrutura das coisas. Aristóteles, em uma das vezes que se referiu aos pitagóricos, ressaltou esta característica: "Os que são chamados pitagóricos recorrem a princípios e a elementos ainda mais afastados que os dos fisiólogos. A razão é que eles buscam os princípios fora dos sensíveis." (...) "No entanto, de nada mais discutem e de nada mais tratam senão da natureza. Dão geração ao céu, observam o que se passa nas suas diferentes partes e respectivas modificações e revoluções, e em tais fenômenos eles esgotam os princípios e as causas, como se partilhassem a opinião dos outros fisiólogos, para quem o ser é tudo o que é sensível, e contido no que chamamos céu". (*Metafísica,* I, 8). Ao lado disso, ligada à existência dos fenômenos, a noção de número não afastava necessariamente do contato direto com os objetos de estudo (como parecem indicar os estudos sobre a música, por exemplo), mas em função de suas características próprias — elemento não sensível — implicava a valorização da razão na produção de conhecimento.

Alguns autores (Hirschberger, 1969; Brun, s.d.) apontam, entre os seguidores de Pitágoras, dois grupos: os que se ativeram aos aspectos religiosos e místicos de sua concepção e os que se ativeram aos aspectos científicos e filosóficos. Independentemente disso, a concepção de Pitágoras, com suas diferentes facetas, exerceu influência significativa sobre o pensamento grego que se desenvolveu posteriormente.

HERÁCLITO (540-470 a.C.)

"A rota para cima e para baixo é uma e a mesma."

(Heráclito)

Nasceu em Éfeso, colônia grega da Ásia Menor; membro de uma família importante da aristocracia de sua cidade, Heráclito criticou a democracia e recusou-se a participar da vida política. De seu livro — *Sobre a natureza* — chegaram até nós pouco mais que 120 fragmentos.

A concepção de Heráclito apresenta alguns pontos em comum com as da Escola de Mileto, principalmente a busca de um elemento único que explicasse os fenômenos da natureza. Para alguns autores esta relação é bastante estreita; Mondolfo (1964), por exemplo, agrupa, sob o título de escola jônica, Heráclito e os pensadores da Escola de Mileto, já que, para ele, Heráclito desenvolveu os aspectos de maior importância contidos nas concepções de Tales, Anaximandro e Anaxímenes.[6] Entretanto, tanto na forma de caracterizar o elemento primordial quanto na maneira de caracterizar a forma de ser do universo, Heráclito introduziu tantas transformações que se poderia afirmar que deu origem a um novo modo de pensar a natureza.

Heráclito concebia o universo e todos os seus fenômenos como uma unidade: "Conjunção o todo e o não-todo, o convergente e o divergente, o consoante e o dissoante, e de todas as coisas um e de um todas as coisas". (fragmento 10.) Entretanto, a afirmação de que "tudo é um" (fragmento 50) assume em sua concepção um caráter completamente novo: a unidade só existe enquanto processo, a unidade não vista como algo que permanece na imutabilidade, só permanece enquanto movimento de transformações contínuas: "O deus é dia, noite, inverno, verão, guerra, paz, saciedade, fome; mas se alterna como o fogo, quando se mistura a incensos, e se denomina segundo o gosto de cada" (fragmento 67). Havia no mundo uma lei, uma racionalidade — *Logos* — que dirigia seu movimento — "De todas (as coisas) o raio fulgurante dirige o curso" (fragmento 64) — constituindo a sua unidade.

Era o fogo que permitia este fluir, este movimento: "Por fogo se trocam todas (as coisas) e fogo por todas, tal como por ouro mercadorias e por mercadorias ouro" (fragmento 90). O fogo assumia, assim, o papel de elemento primordial — o elemento que pos-

---

[6] Dentre os aspectos que Mondolfo (1964) aponta, destacam-se: de Tales, "o fluxo universal e a mobilidade da substância eterna"; de Anaximandro, "o ciclo da geração e da destruição e o devir como desenvolvimento dos contrários" e a concepção de unidade; de Anaxímenes, "a distinção de dois caminhos opostos" (p. 38).

sibilitava a transformação, que expressava a lei que regia o universo. Como ressalta Thomson (1974b), o fogo, aqui, representa "muito mais do que o fenômeno material conhecido sob esta designação: ele é o vivo, inteligente, o divino" (p. 138), e só pode ser considerado como elemento primordial porque expressa essa lei, que "é simbolizada com exatidão pelo elemento cujo movimento contínuo é manifesto e cujo contato transforma tudo. Mas não é mais que um símbolo. A realidade que ele envolve é uma abstração. Assim, em Heráclito, a substância primordial da cosmologia milesiana perde todo o valor concreto para se tornar numa idéia abstrata" (pp. 136 e 137).

Na medida em que o fogo tudo transformava e tudo se transformava em fogo, não havia oposição entre a unidade e a multiplicidade; todo fenômeno era ao mesmo tempo uno e múltiplo: "Nos mesmos rios entramos e não entramos, somos e não somos" (fragmento 49a). Os fenômenos podiam ser assim concebidos porque continham em si opostos que se encontravam em perpétua tensão, em perpétua busca de equilíbrio, em que, a cada momento, predominava um dos pólos dos contrários em tensão; era esta tensão dos opostos constituintes de um mesmo fenômeno que o mantinha ao mesmo tempo diverso, uno, que o mantinha em constante movimento, em constante transformação: "As (coisas) frias esquentam, quente esfria, úmido seca, seco umedece" (fragmento 126). Esta mudança, porque era busca de equilíbrio, era ordenada e expressava a harmonia presente em todos os fenômenos da natureza. Mas não se tratava, aqui, da visão de harmonia apresentada pelos pitagóricos, que envolvia a dissolução da oposição na, por assim dizer, construção da unidade. Mas, sim, tratava-se exatamente de uma harmonia na qual a oposição persistia: "Não compreendem como o divergente consigo mesmo concorda; harmonia de tensões contrárias, como de arco e lira" (fragmento 51); tratava-se da constante tensão de opostos que coexistiam em cada fenômeno e que constituíam sua unidade; era de forças opostas, em constante luta, que se operava, a um só tempo, a diversidade e a unidade — que o dia se fazia noite e a noite se tornava dia, que tornava a água do mar potável e impotável, que atribuía o valor da saúde somente em face da doença, o do repouso somente em face da fadiga.

O universo dessa forma concebido era eterno: sem começo — não havia um momento no qual tivesse se originado — e sem fim — era fruto de perpétua transformação: "Este mundo, o mesmo de todos os (seres), nenhum deus, nenhum homem o fez, mas era, é e será um fogo sempre vivo, acendendo-se em medidas e apagando-se em medidas" (fragmento 30). Se a noção de eternidade, ao significar ausência de início, distinguia Heráclito dos milesianos, distinguia-o de Parmênides, ao significar também movimento, pois, apesar de ambos suporem um universo eterno, para Heráclito isto não implicava um universo imóvel, ao contrário, a eternidade era decorrente de um movimento contínuo. O movimento, sim, era a única característica imutável do universo: "O mesmo é em (nós?) vivo e morto, desperto e dormindo, novo e velho, pois estes, tombados além, são aqueles e aqueles de novo, tombados além, são estes" (fragmento 88).

Para Heráclito, estas características do universo não se apresentavam de pronto aos homens: "Natureza ama esconder-se" (fragmento 123), o que tornava o conhecimento um empreendimento que exigia atividade, que exigia esforço: "Pois é preciso que de muitas coisas sejam inquiridores os homens amantes da sabedoria" (fragmento 35). O desvendamento do movimento do universo, da multiplicidade na unidade, do *Logos*, exigia que o homem ultrapassasse o elemento sensível imediato, que fosse além do particular, ao mesmo tempo em que afirmava a necessidade de se considerar as informações fornecidas pelos sentidos, pela observação do mundo exterior — "As (coisas) de que (há) visão, audição, aprendizagem, só estas prefiro" (fragmento 55), Heráclito afirmava que a verdade não transparecia nas coisas, não era apreendida na mera aparência, sem a razão a observação seria fonte de engano — "Más testemunhas para os homens são olhos e ouvidos, se almas bárbaras eles têm" (fragmento 107).

O *Logos*, presente em todo o universo, estava também presente no homem: "Limites de alma não os encontrarias, todo caminho percorrendo; tão profundo *logos* ela tem" (fragmento 45). O *Logos* como razão humana era partilhado por todos os homens e a todos os homens permitia conhecer, tanto o universo como a si mesmos: "Comum é a todos o pensar" (fragmento 113). Entretanto, nem todos os homens chegavam a compreender a verdadeira racionalidade do universo, mesmo que a compreensão dessa racionalidade lhes fosse apresentada, ou seja, mesmo diante do discurso (*logos*) que enuncia essa compreensão nem todos são capazes de entendê-lo e de, portanto, apreender a lei que rege o universo: "Desse *logos* sendo sempre os homens se tornam descompassados, quer antes de ouvir quer tão logo tenham ouvido; pois, tornando-se todas (as coisas) segundo esse *logos*, a inexperientes se assemelham embora experimentando-se em palavras e ações tais quais eu discorro segundo (a) natureza distinguindo cada (coisa) e explicando como se comporta. Aos outros homens escapa quanto fazem despertos, tal como esquecem quanto fazem dormindo" (fragmento 1). Esta concepção pessimista com relação aos homens pode estar associada à posição aristocrática de Heráclito, que o levava, inclusive, a desconsiderar, a menosprezar o homem comum e que, possivelmente, está também ligado a sua descrença na democracia: "Um para mim vale mil, se for o melhor" (fragmento 49).

Elaborando com um maior grau de abstração e complexidade o monismo dos pensadores da Escola de Mileto e rejeitando o dualismo de Pitágoras, Heráclito deu origem a uma nova maneira de conceber o universo e abordou problemas relativos ao processo de produção de conhecimento, tema que foi central no desenvolvimento do pensamento de Parmênides.

PARMÊNIDES (530-460 a.C. aprox.)

> "Indícios existem, bem muitos, de que ingênito sendo é também imperecível, pois é todo inteiro, inabalável e sem fim."
>
> (Parmênides)

Nasceu em Eléia, foi discípulo de Pitágoras e legislador de sua terra natal. Escreveu um poema — "Sobre a natureza" — do qual restam hoje inúmeros fragmentos. As concepções apresentadas por Parmênides e seus seguidores constituem o que é chamado de escola eleática e refletem, possivelmente, a influência do pensamento de Xenófanes de Colofão (século VI a.C.), considerado por vários autores como o precursor de tal escola.

Para Parmênides, o Ser era algo pleno, contínuo, fixo, sem começo e sem fim — eterno, intemporal, indivisível e imóvel: (...) "indícios existem, bem muitos, de que ingênito sendo é também imperecível, pois é todo inteiro, inabalável e sem fim; nem jamais era nem será, pois é agora todo junto, uno, contínuo" (...) (fragmento 8, 3-6). Ao afirmar que "o que é, é e não pode não-ser", Parmênides afirmava um ser já completo, nada mais a ele se poderia acrescentar e nem retirar; não sujeito a nenhuma mudança, o Ser imutável era o limite do real e do possível de ser pensado, não havia a possibilidade de pensar qualquer coisa como não existindo, a possibilidade de pensar o "não-ser" e de, portanto, o "não-ser, ser":

"Então, pois limite é extremo, bem terminado é, de todo lado, semelhante a volume de esfera bem redonda, do centro equilibrado em tudo; pois ele nem algo maior nem algo menor é necessário ser aqui ou ali; pois nem não-ente é, que o impeça de chegar ao igual, nem ente é que fosse a partir do ente aqui mais e ali menos, pois é todo inviolado; pois a si de todo lado igual, igualmente em limites se encontra" (fragmento 8, 42-49).

Ao apresentar esta concepção do Ser e ao afirmar que: (...) "pois o mesmo é o pensar e portanto o ser" (fragmento 3),[7] Parmênides introduzia um aspecto que marcou uma alteração qualitativa na elaboração do pensamento abstrato.

Com ela expressava uma transformação no objeto sobre o qual o pensamento racional deveria refletir; não mais a natureza enquanto tal, mas dever-se-ia buscar, pode-se dizer, a sua essência: buscar o Ser e seus atributos, o que exigia do pensamento um maior grau de abstração, uma feição nova de racionalidade. Ao caracterizar o movimento de elaboração do pensamento racional e o pensamento de Parmênides dentro desse movimento, Vernant (1974) afirma: "Entre os jônios, a nova exigência da positividade era erigida ao primeiro golpe em absoluto no conceito de *physis;* em Parmênides, a nova exigência de inteligibilidade é erigida em absoluto no conceito do Ser, imutável e idêntico". (...) "O nascimento da filosofia aparece, por conseguinte, solidário de duas grandes transformações mentais: um pensamento positivo, excluindo toda forma de sobrenatural e rejeitando a assimilação implícita, estabelecida pelo mito entre fenômenos físicos e agentes divinos, um pensamento abstrato despojando a realidade desta força de mudança que lhe conferia o mito, e recusando a antiga imagem da união dos opostos em benefício de uma formulação categórica do princípio de identidade." (p. 303)

---

7 Segundo Mondolfo (1964), a relação que Parmênides estabelece, neste e em outros fragmentos, sobre a relação entre o ser e o pensar foi interpretada de duas diferentes maneiras (a primeira afirma que para Parmênides a possibilidade de pensar e de, portanto, expressar algo era o "critério e prova da realidade" daquilo que foi pensado e expresso, já que "somente o real pode ser concebido (e expresso) e o irreal não se pode conceber (nem expressar-se)"; a segunda afirma que para Parmênides era verdadeira "a tese de identidade do ser e do pensar"), tendo a crítica contemporânea reconhecido a primeira como representativa do pensamento de Parmênides (p. 81).

Com ela se expressava a necessidade de rigor no conhecimento, um rigor que objetivava eliminar a contradição do pensamento — a possibilidade de se pensar que o ser é e não é — e que, ao fazê-lo, afirmava a identidade do ser — "o ser é". Introduzia, assim, o princípio da não-contradição como critério para se avaliar o conhecimento produzido e, mais que isto, como princípio mesmo que permitia a obtenção do conhecimento verdadeiro — só ele permitia que se apreendesse o ser em toda sua integridade — e ao mesmo tempo que introduzia este princípio lógico, afirmava o princípio ontològico da identidade do ser. Como afirma Bernhardt (1981): "Se se segue estritamente essa regra (o princípio da não-contradição) e se seu alcance é estendido à realidade, o caminho da lógica à ontologia é então perfeitamente definido e seu resultado, sob a reserva de novos desdobramentos" (...) "não sofre nenhuma contestação. Atentemos, todavia, para o fato de que é, em sentido inverso, a lógica formal que surgiu da ontologia: a necessidade de um pensamento firme e consistente só se desenvolveu em correlação subordinada com a necessidade religiosa de uma realidade objetivamente imutável" (p. 41).

O pensamento racional assim concebido só poderia ser elaborado através da razão, e, como afirma Thomson (1974b), através da razão pura, já que o objeto de sua reflexão é a pura abstração. É assim que se pode entender a distinção que Parmênides estabelecia sobre as duas vias para o conhecimento: a via da Verdade e a via da Opinião.[8] A via da Opinião ou da Aparência, baseada nas informações fornecidas pelos sentidos, podia fornecer conhecimento sobre o mundo sensível, mas exatamente por captá-lo como múltiplo, instável e transitório, era insuficiente e enganadora para apreender a essência deste mundo, o seu verdadeiro Ser. Este só seria apreendido pela via da Verdade que, desprezando e recusando as informações fornecidas pelos sentidos, fundava-se no uso da razão: "Pois bem, eu te direi, e tu recebes a palavra que ouviste, os únicos caminhos de inquérito que são a pensar: o primeiro, que é e portanto que não é não ser, de Persuasão é caminho (pois a verdade acompanha); o outro, que não é e portanto que é preciso não ser, este então, eu te

[8] Esta distinção das duas vias tem gerado interpretações controvertidas. Pode-se interpretá-la como negação do mundo sensível, ou pode-se interpretá-la como o reconhecimento de um determinado tipo de conhecimento, ao nível do mundo sensível, que se não revela a verdade do ser, pode, como afirma Thomson (1974b), preparar o caminho para sua revelação.

digo, é atalho de todo incrível; pois nem conhecerias o que não é (pois não é exeqüível), nem o dirias..." (fragmento 2).

O pensamento de Parmênides — que se diferenciava e se opunha às concepções milesianas, pitagóricas e heráclitas — exerceu grande influência no pensamento grego posteriormente desenvolvido. O problema que colocava sobre a contradição unidade-multiplicidade na concepção de Ser e suas decorrências para produção de conhecimento passaram a constituir objeto de reflexão indispensável para os pensadores que o sucederam.

Problema central para seus discípulos, entre eles, Zenão de Eléia (século V a.C.) que, respondendo às críticas feitas ao eleatismo e combatendo as posições diferentes dele, procurava demonstrar a contradição inerente às noções de multiplicidade e de movimento, utilizando-se para isso da análise lógica: da aplicação do princípio de não-contradição. O método que utilizava para apresentar seu pensamento — partindo da aceitação da afirmação que acabaria por negar, após denunciar as contradições presentes nela — fez com que fosse considerado por Aristóteles como o iniciador da dialética (tal, como é definida à página 122). Segundo Bernhardt (1981); "A reflexão começa, assim, a se tornar filosofia e a dialética de Zenão de Eléia, espécie de diálogo a uma só voz influenciado já pelo progresso da democracia, anuncia a abertura de espírito e os confrontos de idéias que marcarão, no sentido restrito, o nascimento da filosofia, da disciplina que quer submeter um trabalho de livre e clara demonstração à crítica de outrem" (p. 45).

Problema central para os que, buscando uma solução diferente da do eleatismo, já não poderiam fazê-lo sem considerar as exigências de rigor por ele estabelecidas. Podem ser destacados como exemplos Anaxágoras de Clazômenas (século V a.C.) e Empédocles de Agrigento (século V a.C.). Pensadores com concepções que também diferiam entre si, mas que se aproximam pela igual peculiaridade e importância que suas doutrinas tiveram. Bernhardt (1981), por exemplo, inverte uma possível ordem cronológica para encerrar o capítulo sobre os pensadores "pré-socráticos" com Anaxágoras, um possível elo entre o desenvolvimento do pensamento iniciado sob impulso da Escola de Mileto e as diferentes concepções que marcaram o período clássico; e destaca a tentativa de incorporação de diferentes concepções presente no pensamento de Empédocles, bem como a influência que exerceu com sua proposição dos quatro elementos constituintes do universo e que ultrapassou o período grego.

Procurando não incorrer no erro de desconsiderar exatamente as peculiaridades de cada uma destas concepções e, ao mesmo tempo, sem examiná-las em detalhe, pode-se dizer que se aproximam também pela tentativa de reafirmar a possibilidade de se reconhecer a pluralidade, sem com isso abrir mão do rigor lógico que deveria caracterizar o conhecimento. Anaxágoras reconhecia essa pluralidade nos próprios elementos constituintes do universo: esses elementos eram infinitos e cada um deles continha, em quantidades variadas, todos os opostos presentes no universo; um deles, mais puro que os demais e sempre idêntico — o *Nous,* o espírito — através de sua ação, impulsionava o movimento dos demais elementos, levando-os a se combinarem das mais diferentes formas, originando assim os fenômenos do mundo e suas transformações. Dessa forma, todas as coisas continham todas as coisas; "tudo contém uma parte de tudo", e todas eram igualmente divisíveis ao infinito. Empédocles, ao propor quatro elementos constituintes do universo — a terra. o ar, a água e o fogo — também afirmava a pluralidade. Esses elementos eram eternos, não continham início e nem fim, idênticos a si mesmos, e combinando-se, juntando-se ou separando-se, formavam a diversidade dos fenômenos do universo. A fonte propulsora dessa combinação estava em duas forças opostas: o Amor, que impulsionava a junção, e o Ódio, que impulsionava a separação. Desta forma, Empédocles justificava a multiplicidade, presente já no processo de constituição do universo, ao mesmo tempo que caracterizava as "raízes" do universo de forma semelhante ao Ser de Parmênides.

Pode-se ainda destacar um outro traço comum entre estes dois pensadores, traço, que, segundo Thomson (1974b), foi característico da tentativa de justificar a multiplicidade do mundo: "Para reafirmar a realidade do mundo material, era necessário encontrar uma causa para o movimento. Até aí supunha-se que o movimento era uma propriedade da matéria. Mas daí em diante há uma tendência cada vez mais forte para sustentar a hipótese inversa, segundo a qual a matéria é em si mesma inerte e só se move sobre a influência de qualquer força exterior" (...) (p. 174). E essa preocupação com o movimento marcará também a concepção atomista, que irá explicá-lo não mais como produzido pelo ódio ou amor, ou pelo espírito, mas como possibilitado pela existência do não-ser, do vazio, no qual o ser, o átomo, estaria em contínuo movimento.

DEMÓCRITO (460-370 a.C. aprox.)

"Por convenção há a cor, por convenção há o doce, por convenção há o amargo, mas na realidade os átomos e o vazio."

(Demócrito)

Nasceu em Abdera, colônia grega na costa da Trácia. Demócrito estudou os mais diversificados assuntos (entre eles: biologia, astronomia, matemática, física, moral) e parece ter escrito vários livros, de alguns deles restam hoje um conjunto de fragmentos. Demócrito foi discípulo de Leucipo de Mileto (século V a.C.) e deu continuidade à teoria dos átomos por ele proposta, desenvolvendo uma concepção de mundo que, pode-se dizer, reassume o monismo milesiano e, dentro desse âmbito, reafirma os atributos do Ser, tais como Parmênides os via; como afirma Bernhardt (1981) "o atomismo, como doutrina monista e tão pouco mística quanto possível, exprime uma vontade de renovação do naturalismo jônico e encontra o meio dessa renovação na adoção, cuidadosamente transposta, do rigor parmenidiano." (p. 53)

Para Demócrito o universo era composto por um número infinito de partículas finitas, de átomos. Os átomos — pontos materiais, corpúsculos indivisíveis — existiram sempre e eram indestrutíveis e imutáveis; idênticos uns aos outros quanto à sua natureza (substância), os átomos poderiam diferir quanto ao tamanho, posição, ordem e forma. O vazio, que era infinito, existia somente fora dos átomos, já que estes eram plenos, e era condição para seu movimento: "Leucipo "(...)" e o seu amigo Demócrito reconhecem como elementos o pleno e o vazio, a que eles chamam o ser e o não-ser; e ainda, desses princípios, o pleno e o sólido são o ser, o vazio e o raro o não-ser (por isso afirmam que o ser não existe mais do que o não-ser, porque nem o vazio (existe mais) que o corpo), e estas são as causas dos seres enquanto matéria. E como aqueles que afirmam ser una a substância como sujeito formam todos os outros seres das modificações dela, pondo o raro e o denso como princípios das modificações, da mesma maneira também estes filósofos pretendem que as diferenças são as causas das outras coisas. São, segundo eles, estas três: a figura, a ordem e a posição" (...) "Assim *A* difere de *N* pela figura, *AN* de *NA* pela ordem e *Z* de *N* pela posição." (Aristóteles, *Metafísica,* I, 4.) Os átomos, movimentando-se no vazio, em toda e qualquer direção, entrechocavam-se, juntavam-se e separavam-se ao acaso, dando origem a diferentes agrupamentos, constituindo os diferentes fenômenos do universo. O acaso significava, aqui, ausência de finalidade, recusa de qualquer concepção teleológica e não a negação da existência de causas: "Demócrito dizia que preferia descobrir uma etiologia a possuir o reino dos persas". (fragmento 118)

Demócrito explicava, assim, através das noções de átomo e vazio, a formação do mundo, supondo inclusive, e pelas mesmas razões, a possibilidade de existência de um número infinito de outros mundos. A formação da Terra explicava-se pelo encontro de átomos que, por serem maiores que outros, tendiam para o centro e que, num movimento turbilhonante, juntavam-se e expulsavam para outras regiões os átomos menores. Explicando desta forma a composição do mundo, eliminava a existência de um momento da criação, ou de qualquer interferência não material em sua formação. Da mesma forma explicava a formação de todos os fenômenos do universo, inclusive o homem. A vida e alma eram formadas por um tipo especial de átomo esférico, capaz de movimentar-se muito rapidamente — os átomos do fogo. Estes átomos, em permanente movimento, estavam espalhados por todo o corpo, saíam dele ou entravam nele através da respiração, mantendo-o vivo e em movimento até que se dispersassem; o que implicava uma visão de homem absolutamente material e natural e a negação de uma vida após a morte.

Baseado também na noção de átomo, Demócrito desenvolveu uma concepção sobre o processo de conhecimento. Para ele as sensações, apesar de dependerem de objetos externos, não são representativas destes objetos: "Por convenção existe o doce e por convenção o amargo, por convenção o quente, por convenção o frio, por convenção a cor; na realidade, porém, átomos e vazio" (. . .) "Nós, porém, realmente nada de preciso apreendemos, mas em mudança, segundo a disposição do corpo e das coisas que nele penetram e chocam." (fragmento 9) Esta afirmação só pode ser completamente entendida no âmbito da teoria dos átomos; o sensível, o contato com os objetos e as informações provenientes deste contato eram, como todos os demais fenômenos, explicados como movimento de átomos do objeto percebido que se chocavam com átomos do órgão perceptor ou que passavam através dele, indo chocar-se com os átomos da alma. O que significava que a sensação dependia também do sujeito, produzia modificações nele e as informações que fornecia dos objetos não traduziam os objetos tais quais eram, o que a tornava uma via pouco confiável para apreender os fenômenos. Isto aproximaria Demócrito de uma posição cética da possibilidade de conhecer, se com a sensação se esgotassem as possibilidades de conhecimento. Entretanto, segundo ele, existiam dois tipos de conhecimento o "obscuro", que era produto da sensação e a partir do qual o homem percebia as qualidades dos objetos, tais como a cor e o sabor; e o "genuíno", que era alcançado pela mente, pela razão e que possibilitava a descoberta dos átomos e do vazio — a verdadeira realidade dos fenômenos: "Há duas espécies de conhecimento, um genuíno, outro obscuro. Ao conhecimento obscuro pertencem, no seu conjunto, vista, audição, olfato, paladar e tato. O conhecimento genuíno, porém, está separado daquele. Quando o obscuro não pode ver com a maior minúcia, nem ouvir, nem sentir cheiro e sabor, nem perceber pelo tato, mas é preciso procurar mais finamente, então apresenta-se o genuíno que possui um órgão de conhecimento mais fino." (fragmento 11).

O conhecimento verdadeiro era, portanto, possível, mas exigia outra via, que conseguisse superar os limites impostos pela sensação; porém, mesmo essa outra via (qualquer que seja a denominação que lhe dão diferentes autores: espírito, pensamento, razão, inteligência) dependia também da existência de objetos externos afetando o sujeito que conhece: "Pois se nem é capaz de começar sem a evidência, como poderia ser digno de fé fundamentando-se naquela que lhe fornece os princípios? Ciente disso, também Demócrito, quando ataca as aparências dizendo: Por convenção há cor, por convenção há o doce, por convenção há o amargo, mas na realidade os átomos e o vazio, imagina os sentidos respondendo à inteligência: Pobre inteligência, em nós encontras as provas e nos derrubas! Para ti derrubar-nos é cair." (fragmento 125) Segundo Bonnard (1968), ao explicar sua teoria do conhecimento, Demócrito opta por "um sensualismo materialista", mas não sem encontrar dificuldades e mesmo incorrer em contradições, algumas delas reconhecidas pelo próprio Demócrito, como indicaria o último fragmento citado (pp. 102 e 103). Bernhardt (1981), diferentemente, não fala em contradições, mas sim em uma tentativa de unir, sem confundi-los e estabelecendo entre eles uma hierarquia, "um empirismo sensualista e um dogmatismo do pensamento supra (ou infra) sensível" (p. 56).

Com as concepções de Demócrito, a tentativa dos pensadores da Escola de Mileto em reconhecer a natureza como única fonte de problemas e de respostas — tentativa que caracterizou o primeiro momento de ruptura com o pensamento mítico — parece atingir sua mais completa expressão. Com Demócrito anuncia-se já, segundo Thomson (1974b), a noção de lei natural — toda e qualquer determinação passa a ser compreendida dentro do âmbito da natureza, e, com a necessidade de uma força exterior ao ser para explicar o movimento, esta determinação toma já as feições de determinação mecânica.

No âmbito do processo de elaboração de conhecimento, a solução atomista coloca problemas que, pode-se dizer, apontam os limites da própria solução proposta. Segundo Bernhardt (1981), "A vontade de não confundir o uno e o múltiplo obrigava de fato os atomistas a renunciar à noção de síntese (ou de unidade de uma pluralidade) e, por conseqüência, a dissolver teoricamente a especificidade dos fenômenos num convencionalismo desprovido de fundamento; eles não podiam reconhecer que o fenômeno enquanto tal possui uma certa espécie de realidade que é preciso situar e explicar." (...) (p. 57)

CAPÍTULO 3

O PENSAMENTO EXIGE MÉTODO, O CONHECIMENTO DEPENDE DELE

Durante o período *clássico* (século V a.C. e IV a.C.) como nos anteriores, o desenvolvimento das várias regiões da Grécia foi desigual, tanto na organização econômica como política. Algumas cidades-Estado da Grécia, no entanto, atingiram, neste período, seu mais alto grau de desenvolvimento: dentre estas cidades destaca-se Atenas.

Nestas *poleis* — em especial em Atenas — atingiu-se, nesse período, o aprofundamento e a consolidação da democracia grega, que permanecia fundada no trabalho escravo e acabava por implicar o desprezo dos cidadãos pelo trabalho manual. A riqueza dos cidadãos estava baseada na propriedade da terra, embora houvesse cidadãos não-proprietários, que se ocupavam de várias funções na cidade. Os pequenos proprietários de terras, que constituíam a maior parte dos cidadãos, trabalhavam com suas famílias na terra, em geral auxiliados por um ou dois escravos.

Os escravos que se constituíam na maioria da população eram fundamentais para a economia. Eram responsáveis pela extração de prata (única atividade proibida aos cidadãos por ser considerada degradante), trabalhavam nas oficinas artesanais, nas atividades domésticas, em várias tarefas de funcionários de Estado e nas propriedades rurais. Eram, ainda, alugados aos pequenos proprietários nas épocas de colheita e plantio.

Além dos escravos e cidadãos, a cidade-Estado contava também com grande número de estrangeiros (gregos de outras cidades e bárbaros). Estes, sem direito à propriedade da terra, eram na maioria artesãos e mercadores, importantes à economia tanto pela atividade produtiva, como pelos impostos obrigatórios que pagavam, dos quais os cidadãos eram isentos. O grande número de estrangeiros e a situação econômica vivida neste período deram origem a uma restrição do conceito de cidadão, que passou a ser apenas o indivíduo nascido de pai e mãe gregos.

A economia era baseada numa política de importação de alimentos, matérias-primas e escravos, e numa política de exportação de vinho, azeite e cerâmica. Em Atenas, também eram fundamentais à economia, a produção de prata e as contribuições compulsórias pagas por outras cidades gregas, pela sua proteção. Segundo B. Florenzano (1982), o excedente da economia (advindo das exportações) era investido basicamente na construção de monumentos, na manutenção dos escravos do Estado, do exército e da frota marítima e no abastecimento de cereais: e nunca reinvestido na produção. Outros autores salientam que a construção de monumentos e obras públicas, como os portos, tinha o objetivo de criar empregos para uma parcela de cidadãos, como os artesãos, que não eram possuidores de propriedades; e que gastos com a manutenção do exército e da frota marítima atendiam aos interesses de hegemonia militar e econômica de Atenas sobre outras cidades gregas.

Embora persistissem diferenças de poder político, associadas a diferenças de riqueza, a todos os cidadãos atenienses era garantido o direito de participação nas decisões políticas. Neste período, a democracia se expandiu de forma que a participação política incluía não apenas a aprovação de decisões, mas também a discussão e a tomada de decisão sobre os rumos e as leis da cidade e até mesmo, as decisões relativas ao poder judiciário, como o julgamento de pessoas e de atos executados por aqueles que estavam envolvidos em atividades públicas. O próprio preenchimento de alguns cargos públicos, como o de juiz, passou a ser feito por mandatos de tempo pré-fixado e por sorteio; e a participação nas assembléias assim como o desempenho das funções de Estado passaram a ser remuneradas, como forma de garantir a participação de todos os cidadãos e, não apenas dos mais ricos e, portanto, com tempo disponível.

Os séculos V a.C. e IV a.C. foram os séculos em que Atenas viveu seu apogeu econômico e político, mas foram também séculos de grande conturbação e crises constantes. As cidades-Estado gregas, neste período, estavam em constante guerra umas com as outras, na tentativa de garantir sua hegemonia. Atenas liderou várias lutas contra cidades lideradas por Esparta e por certo tempo manteve sua hegemonia, perdendo-a quando perdeu a guerra do Peloponeso[1]. Além da luta pela hegemonia entre as cidades-Estado, os persas mantiveram guerras com várias cidades gregas, inclusive Atenas, ameaçando, assim, a independência da civilização grega. Ao lado destas crises, as cidades-Estado, e dentre elas Atenas, foram marcadas por sucessivas conturbações internas. Dois partidos políticos, atendendo a diferentes interesses, alternaram seu domínio: de um lado o Partido Agrário ou Aristocrático, de outro o Partido Marítimo ou Democrático.

Todo o desenvolvimento de Atenas e a crise vivida pela cidade transformaram-na na cidade grega mais importante do período. Sua importância militar, econômica e política, refletiu-se em sua vida cultural e intelectual, e Atenas transformou-se em importante centro de debates e de efervescência política e cultural. À cidade acorriam os homens interessados nas artes e na filosofia e aí permaneciam os atenienses que se preocupavam com tais questões. Como resultado, a cidade conheceu, neste período, um surpreendente desenvolvimento das artes, da ciência e filosofia.

Finalmente, em 338 a.C., os macedônicos, que além dos persas vinham ampliando seu império, submeteram toda a Grécia, e Atenas também, a seu domínio. A partir daí todas as cidades gregas perderam sua independência política e econômica.

Do ponto de vista da produção de conhecimento, três pensadores marcaram este período — Sócrates, Platão e Aristóteles. Todos eles viveram em Atenas, pelo menos durante o período que marcou sua produção, e todos eles têm uma obra que marcou não apenas o momento histórico que viveram, mas também o próprio desenvolvimento da filosofia e da ciência.

Suas propostas, que são conservadoras no sentido político, talvez em decorrência do próprio momento histórico em que viveram, são, ao mesmo tempo, inovadoras no sentido político porque traziam uma análise e uma proposta para a sociedade grega; e são inovadoras do ponto de vista da produção de conhecimento rigoroso.

Sócrates, Platão e Aristóteles contrapunham-se aos pensadores jônicos porque traziam para o centro de suas preocupações o ho-

---

[1] Guerra iniciada em 431 a.C. e encerrada em 405 a.C., entremeada de períodos de paz. Duas ligas de cidades-Estado dela participaram, sendo a liga do Peloponeso liderada por Esparta e a liga de Delos liderada por Atenas; cidades que lutavam por uma hegemonia inclusive comercial. A batalha de Egos Potamos, vencida por Esparta, marcou o fim da hegemonia ateniense.

mem, em lugar da natureza física dos jônicos, e porque viam este homem como capaz de produzir conhecimento por possuir uma alma — absolutamente diferenciada do corpo, mas essencial. Suas explicações da origem e/ou do movimento do mundo físico apontavam para um deus. Ao lado da preocupação com o homem, estes pensadores caracterizaram-se por sua preocupação com as bases para a produção de conhecimento rigoroso. Todos eles estavam envolvidos na busca de formas de ação que levariam o homem a produzir conhecimento, e todos propuseram métodos para isto.

A proposição de métodos para a produção de conhecimento — do e para o homem, como preocupação básica destes três pensadores está associada à crença de que pela via do conhecimento das verdades, pela via do conhecimento objetivo, seria possível formar os cidadãos e, portanto, seria possível transformar a cidade para que esta fosse melhor e mais justa. Acreditavam que o conhecimento — filosofia — tinha uma função social, e a formação de suas escolas é demonstração disto. Pela primeira vez, fundavam-se instituições particulares com a preocupação de transmitir e produzir conhecimento (e não importa que cada uma delas fosse marcada por concepções metodológicas e prioridades diferentes). Pela primeira vez, também, a formação dos cidadãos foi encarada como sendo tarefa fundamental para que se pudesse transformar (ou manter) a sociedade.

SÓCRATES (469 — 399 a.C. aprox.)

> "Reputava a loucura contrária à sabedoria. Mas não considerava a ignorância como loucura, dissesse embora vizinhar a demência o não conhecer-se a si mesmo e acreditar se saiba o que se ignore."
>
> (Xenofonte)

Filho de um escultor ou pedreiro e de uma parteira, nasceu no século em que Atenas atingiu o apogeu na filosofia, em que fundou suas primeiras instituições filosóficas e em que a matemática e a astronomia desenvolveram-se enormemente.

Há controvérsias sobre o pensamento de Sócrates, chegando alguns autores a suspeitar que o pensamento a ele atribuído, foi, na realidade, elaborado por outros autores. Isto se deve ao fato de que Sócrates nada escreveu e tudo o que dele se conhece advém de escritos como os de Platão, Xenofonte, Aristóteles e outros. Outros autores, no entanto, apesar de reconhecerem a dificuldade histórica de descobrir o que, nos textos que a ele se referem, é, ou não, pensamento de Sócrates, não têm qualquer dúvida de sua existência e de sua importância como filósofo. O próprio fato de Sócrates nada ter escrito é interpretado por tais autores (Jaeger, 1986; Mondolfo, 1967; Wolff, 1984) como parte de seu compromisso com seu método, que exigia de cada um o autoconhecimento, que só poderia ser descoberto através do diálogo constante e da troca de idéias; o que não poderia ser obtido através de um texto estático e imutável.

Um dos primeiros fatos a se destacar sobre Sócrates é sua oposição a um importante grupo de pensadores da Grécia de sua época — os sofistas. Apesar de ter mantido contato com eles, Sócrates deles divergia tanto na sua maneira de pensar como de ser.

Na Grécia de então, e principalmente em Atenas, a participação política não apenas era valorizada, como exigida. Os sofistas eram homens que iam de cidade em cidade com o fim de transmitir aos filhos dos cidadãos, por um preço estipulado, uma educação que lhes garantisse a participação e o sucesso na vida pública e na política. Além de transmitirem conhecimentos vários, então considerados como relevantes para a formação do cidadão, valorizavam e ensinavam a retórica e a arte de argumentar como indispensáveis a tal formação. Acreditavam que o sucesso de um homem era devido à sua capacidade de convencer o outro de seus argumentos, independentemente da verdade ou validade do que se afirmava; e por isto foram chamados de relativistas. Acreditavam, também, que esta capacidade podia ser ensinada, que a natureza humana podia ser moldada ao se transmitir maneiras de comportamento e formas de atuação adequadas; e por isto foram considerados os primeiros pedagogos.

Além de pensarem que era possível preparar homens para a política através do ensino de uma argumentação e um raciocínio argutos e rigorosos, os sofistas pensavam as leis como um conjunto de convenções humanas arbitrárias que poderiam ser transformadas dependendo dos interesses humanos, e até de interesses individuais. Para tanto, bastava a habilidade para convencer outros. Talvez seu sucesso neste período pudesse ser explicado, assim, pelo fato de que com seu ensino instrumentavam os cidadãos a defenderem seus interesses.

Na medida em que os sofistas pensavam e defendiam a possibilidade de mudar os fatos, ou pelo menos a avaliação deles, na dependências de seus antecedentes, ou da necessidade de alguém, introduziram — num certo sentido — a ética, porque introduziram a noção de que era possível discutir o valor dos argumentos e o valor das próprias coisas. E na medida em que destacavam a lógica interna dos argumentos, a forma de apresentá-los, o convencimento pela linguagem, introduziram — de certa maneira — a reflexão sobre a linguagem e representaram, desta forma, uma transição entre uma reflexão cosmológica e uma filosofia centrada no homem.

Sócrates se opunha radicalmente ao relativismo dos sofistas. Acreditava e defendia que havia valores e virtudes permanentes e que precisavam ser conhecidos para serem seguidos em defesa do bem de todos e não de alguns. Diferentemente dos sofistas, não se preocupava com certas convenções, como a forma de se vestir, dado que acreditava que importante era o que ia dentro dos homens, sua alma. Era profundamente respeitador das leis e das normas da cidade, considerando-se e comportando-se como um bom cidadão. Além disso, supunha que, em princípio, todos os homens eram iguais e que todos poderiam descobrir em si mesmos a bondade e sabedoria que traziam em suas almas, se corretamente orientados para isto. Propunha-se a ensinar a todos quantos se dispusessem a aprender, também porque se acreditava como um escolhido dos deuses para tal função. Sua vida e forma de atuar eram, para ele e seus seguidores, um exemplo daquilo que defendia.

Para Sócrates, a sabedoria dependia de conhecer-se a si mesmo e do conhecimento e controle de seus próprios limites; o reconhecimento de sua própria ignorância, por parte de cada indivíduo, consistia, assim, no primeiro passo, absolutamente necessário, para o verdadeiro saber. Sócrates acreditava que os homens precisavam reconhecer que tinham conhecimentos errôneos, inclusive de si mesmos. Acreditava que esta era uma empresa difícil, mas fundamental. Mostrar-lhes tal ignorância também era sua tarefa. A partir deste passo, o conhecimento de si (e daquilo que importava, os universais) era possível e indispensável porque os homens, possuidores de uma alma indissociável de seu corpo, aspiravam o Bem, e só não eram capazes de reconhecê-lo e praticá-lo por causa de sua ignorância. O homem, (suas virtudes, seu comportamento e seu conhecimento) era o centro, portanto, das preocupações de Sócrates.

O conhecimento das virtudes humanas, como a coragem, a Justiça — dependia, para Sócrates, do conhecimento da virtude, do Bem; e isto era visto como algo imutável e universal. Era o conhecimento destes universais que os homens deviam buscar e, uma vez descobertos, tais conhecimentos naturalmente levariam os homens a praticá-los em seu benefício e do próximo. O conhecimento era, portanto, visto como mecanismo de aprimoramento do homem e da sociedade, e para Sócrates, o conhecimento era autoconhecimento, porque os homens já os traziam em sua alma, necessitando apenas descobri-lo pelo esforço da busca de si mesmos.

Na medida em que Sócrates acreditava poder descobrir o Bem, e que acreditava ser possível levar os homens a descobri-lo, destaca-se dos pensadores que o precederam por considerar e por incluir como fundamental a reflexão moral, a reflexão sobre o homem, como tema da filosofia e do conhecimento. Sócrates não busca o conhecimento da natureza, mas o conhecimento dos homens e da sociedade. Pelo menos tão importante como este aspecto, é o fato de Sócrates considerar que o conhecimento verdadeiro, mesmo em se tratando do homem e dos seus valores, é o conhecimento de universais e não de instâncias ou fenômenos particulares. A filosofia trataria de coisas permanentes e essenciais, e não do mutável. Segundo Mondolfo (1967), Sócrates (...) "Com a indução, trata sempre de obter dos exemplos particulares e conceito universal, em que se acham compreendidos todos os casos particulares, e quer determiná-los por meio da definição." (p. 252)

Assim é que a virtude e o Bem são entendidos como conceitos universais e imutáveis, que servem de critério e de guia para toda ação particular e para toda a vida da cidade; e como conceitos universais adquirem objetividade e podem ser descobertos e partilhados por todos que se submeterem a aprendê-los. Seu objeto de estudo é, assim, a descoberta destes universais e seu método de investigação, a maneira de a eles chegar, faz parte integrante de sua concepção. Sócrates pratica seu método na forma como atua e se relaciona com os outros. Seu método é a ironia.

A investigação que leva ao conhecimento, a ironia, só poderia, para Sócrates, ser praticada pelo diálogo. É através do diálogo que o aprendiz chegaria a descobrir em sua alma o conhecimento. Neste diálogo, Sócrates fazia o papel do animador e do filósofo, que coloca as perguntas e provoca o aprendiz, que o leva a penetrar em si mesmo e descobrir as verdades. Para Sócrates, o conhecimento não podia ser transmitido como mero conjunto de regras já estabelecidas. Tinha de ser descoberto pelo homem, pelo indivíduo, em si mesmo. Só assim os homens reconheceriam como conhecimento o que aprendiam e só aprendiam consigo mesmos. Por isto o diálogo, como forma de ensinar, como maneira de formar o homem, era tão fundamental. A ironia socrática (e o diálogo) compunha-se de dois momentos — a refutação e a maiêutica. O primeiro momento da investigação era, para Sócrates, a refutação. Sempre através do diálogo com outro, que não era fechado ou dogmático, mas, pelo contrário, aberto e sem um fim predeterminado; o aprendiz descobria os erros do que pretendia conhecer, descobria a sua ignorância e, assim, preparava-se para o verdadeiro conhecimento.

"Estrangeiro: *Quanto ao outro método, parece que alguns chegaram, após amadurecida reflexão, a pensar da seguinte forma: toda ignorância é involuntária, e aquele que se acredita sábio se recusará sempre a aprender qualquer coisa de que se imagina esperto, e, apesar de toda a punição que existe na admoestação, esta forma de punição tem pouca eficácia.*
Teeteto: *Eles têm razão.*
Estrangeiro: *E propondo livrar-se de tal ilusão, se armam contra ela, de um novo método.*
Teeteto: *Qual?*
Estrangeiro: *Propõem, ao seu interlocutor, questões às quais acreditando responder algo valioso ele não responde nada de valor; depois, verificando facilmente a validade de opiniões tão errantes, eles as aproximam em sua crítica, confrontando umas com as outras, e por meio deste confronto demonstram que a propósito do mesmo objeto, sob os mesmos pontos de vista, e nas mesmas relações, elas são mutuamente contraditórias. Ao percebê-lo, os interlocutores experimentam um descontentamento para consigo mesmos, e disposições mais conciliatórias para com outrem. Por esse tratamento, tudo que neles havia de opiniões orgulhosas e frágeis lhes é arrebatado, ablação em que o ouvinte encontra o maior encanto, e o paciente o proveito mais duradouro. Há, na realidade, um princípio, meu jovem amigo, que inspira aqueles que praticam este método purgativo; o mesmo que diz, ao médico do corpo, que da alimentação que se lhe dá não poderia o corpo tirar qualquer proveito enquanto os obstáculos internos não fossem removidos. A propósito da alma formaram o mesmo conceito: ela não alcançará, do que se lhe possa ingerir de ciência, benefício algum, até que se tenha submetido à refutação, e que por esta refutação, causando-lhe vergonha de si mesma, se tenha desembaraçado das opiniões que cerram as vias do ensino e que se tenha levado ao estado de manifesta pureza e a acreditar saber justamente o que ela sabe, mas nada além". (Platão,* Sofista, *230, c, d.)*

Descoberta sua ignorância, o aprendiz estava preparado para o segundo momento do método socrático, a maiêutica. Ainda através do diálogo, o aprendiz descobria os conhecimentos que já parecia ter dentro de si, em sua alma. Aqui o filósofo, o animador, como que conduzia o aprendiz para que ele retirasse de dentro de si um conhecimento que de certa forma preexistia, um conhecimento que transcendia casos particulares, portanto, conhecimento de um universal, e um conhecimento do homem sobre si mesmo, um conhecimento ético, moral.

"— E não ouviste, pois, dizer que sou filho de uma parteira muito hábil e séria, Fenareta?
— Sim, já ouvi dizer isso.
— E ouviste também que me ocupo igualmente da mesma arte?
— Isso não.
— Pois bem, deves saber que é verdade... Reflete sobre a condição da parteira e compreenderás mais facilmente o que quero dizer. Tu sabes que nenhuma delas assiste às parturientes, quando ela mesma se encontra grávida ou parturiente, mas unicamente quando não se acha em estado de dar à luz... E não é natural e necessário que as mulheres grávidas são melhor auscultadas pelas parteiras do que por outras?
— Certamente.
— E as parteiras têm remédios e podem, por meio de cantilenas, excitar os esforços do parto e fazê-los, se quiserem, mais suaves, e aliviar as que têm um parto muito laborioso, e fazer abortar quando sobrevém um aborto prematuro.
— Assim o é efetivamente.
— Ora bem, toda minha arte de obstetra é semelhante a essa, mas difere enquanto se aplica aos homens e não às mulheres, e relacionando-se com as suas almas parturientes e não com os corpos. Sobretudo, na nossa arte há a seguinte particularidade: que se pode averiguar por todo o meio se o pensamento do jovem vai dar à luz a algo de fantástico e de falso, ou de genuíno e verdadeiro. Pois acontece também a mim como às parteiras: sou estéril de sabedoria; e o que muitos têm reprovado em mim, que interrogo os outros, e depois não respondo nada a respeito de nada por falta de sabedoria, na verdade pode me ser censurado. E é esta a causa: que Deus obriga-me a agir como obstetra, porém veda-me de dar à luz. E eu, pois, não sou sábio, nem posso mostrar nenhuma descoberta minha, ge-

rada por minha alma; mas os que me freqüentam, a princípio (alguns também em tudo) ignorantes; mas depois, adquirindo familiaridade, como assistidos pelo deus, obtêm proveito admiravelmente grande, como parece a eles próprios e aos outros. E não obstante é manifesto que nada aprenderam comigo, mas encontraram por si mesmos, muitas e belas coisas, que já possuíam (. . .) "Confia então em mim, como filho de parteira, e parteiro que sou; e as perguntas que eu te fizer, trata de responder da maneira que puderes. E se depois, examinando alguma das coisas que disseres, eu julgá-la imaginária e não verdadeira, e por isso separá-la e a dissecar, não te ofendas, como fazem as primíparas com os filhinhos. (Platão, Teetetos, *148-151, em Mondolfo, 1967, pp. 163 e 164.)*

A importância do pensamento de Sócrates revela-se, não pelo fato de ter influenciado tão grandemente Platão (por exemplo, sua noção de conhecimento parece indicar a noção de reminiscência) e Aristóteles (o próprio Aristóteles é quem afirma que Sócrates introduz a questão dos conceitos universais e da indução), assim como outros pensadores. Sua importância é dada, também pelo fato de que Sócrates, indubitavelmente, respondendo às necessidades de seu tempo, foi capaz de somar à preocupação com o conhecimento da natureza a preocupação com o conhecimento do homem e da sociedade e de seus aspectos éticos e políticos. Com Sócrates a visão naturalista de homem é substituída, ou pelo menos complementada, por uma visão ética de homem. No entanto, esta ética é transformada, também com Sócrates, numa ciência, num conhecimento rigoroso. Mesmo o conhecimento sobre o homem é visto como conhecimento daquilo que é permanente e universal; e, desta forma, a ética, a política e o próprio homem como ser social tornam-se objetos de conhecimento exato e deixam de ser meros objetos de especulação.

PLATÃO (426 — 348 a.C. aprox.)

> "O corpo de tal modo nos inunda de amores, paixões, temores, imaginações de toda sorte enfim, uma infinidade de bagatelas que, por seu intermédio, não recebemos na verdade nenhum pensamento sensato, não, nem uma vez sequer!"
>
> (Platão)

Platão nasceu em Atenas, filho de família aristocrática. Viajou pelo menos duas vezes a Siracusa, onde parece ter atuado politicamente, aplicando suas idéias àquela cidade, sem sucesso. Passou todo o restante de sua vida em Atenas.

Diferentemente de Sócrates, com quem manteve contato e que o influenciou em sua juventude, Platão tem uma vasta obra escrita, da qual boa parte se conservou (é por seu intermédio, inclusive, que se tem acesso a muito do que se sabe de Sócrates). Sua obra foi escrita na forma de diálogo e, além do imenso valor literário, tem enorme importância para a filosofia e a ciência. O diálogo, além de permitir uma forma de expressão literária muito rica, parece ter tido, para Platão, importância do ponto de vista metodológico. Permitia-lhe demonstrar que o conhecimento, que para ele era fruto da reflexão do homem consigo mesmo, dependia, para ser atingido, da argumentação e da discussão que eram forma de se validar cada passo da reflexão.

A preocupação de Platão com a construção do conhecimento e com a formação dos homens explicitou-se não apenas através de sua obra escrita. Também esteve presente na fundação da Academia, em 387 a.C. A Academia pretendia ser uma escola onde se ensinaria aos futuros cidadãos a filosofia, a ciência, e que assim prepararia os possíveis futuros governantes. A Academia não era aberta a todo e qualquer cidadão. Platão acreditava que a obtenção de conhecimento e a sua transmissão (objetivos da Academia) não eram tarefas de e para todos os homens, mas apenas daqueles que, por natureza (por sua alma), tinham as condições para tanto. Estes, através do conhecimento, transformavam-se em homens melhores e preparavam-se para o governo da cidade.

Platão foi, no entanto, muito mais que um educador. Elaborou um sistema filosófico e um método de investigação que objetivava o que considerava o verdadeiro saber. Era esse saber que, para ele, permitiria aos homens construírem uma cidade justa e mais perfeita. A política, a transformação da sociedade e o governo constituíam-se, assim, na pedra de toque de seu sistema. Ao se propor a produzir conhecimento, a investigar o mundo, tinha como objetivo criar as condições que julgava necessárias para a construção de uma cidade justa. Para isto considerava indispensável descobrir as verdades sobre as coisas, ensinar pessoas a proceder a estas descobertas e, então, aplicá-las à constituição e governo da sociedade.

Platão, desta maneira, alinha-se a seu mestre, Sócrates. Buscava no conhecimento verdadeiro, no conhecimento daquilo que considerava a essência das coisas, o caminho para a solução da vida humana. Acreditava, ainda, que, o conhecimento que era possível, embora exigisse um árduo trabalho, era o conhecimento do próprio homem. Com isto não queria dizer o conhecimento de seu corpo, mas o conhecimento contido na alma, aquilo que tornava o homem humano. O conhecimento daquilo que a alma continha, era, para Platão, o conhecimento das verdades essenciais, imutáveis e fonte de tudo aquilo que existia no mundo sensível. Como Sócrates, Platão colocava a ciência, a filosofia a serviço da condição humana e, como Sócrates, Platão acreditava que este conhecimento não era conhecimento das técnicas e do mundo empírico, que certamente considerava importante para a reprodução da vida cotidiana do homem, mas que não conduzia os homens à felicidade e ao Bem. Desta maneira, o verdadeiro saber era, num certo sentido, teórico, era um saber contemplativo, um saber que não criava objetos, que apenas determinava parâmetros e critérios. No entanto, exatamente por permitir tais critérios, exatamente por permitir a contemplação da verdade, permitia aos homens atuar melhor, julgar com justiça e governar com sabedoria.

Platão acreditava que os homens eram dotados não apenas de corpo mortal, mas também de alma imortal, que era imaterial, de onde provinham todos os conhecimentos: (...) "a alma se assemelha ao que é divino, imortal, dotado de capacidade de pensar, ao que tem uma forma única, ao que é indissolúvel e possui sempre do mesmo modo identidade: o corpo, pelo contrário, equipara-se ao que é humano, mortal, multiforme, desprovido de inteligência, ao que está sujeito a decompor-se, ao que jamais permanece idêntico". (*Fedon*, 80 a, b)[2] Esta alma além de eterna, depois da morte do corpo, reencarnava-se em outro corpo, Platão abria exceção para a alma que: (...) "se ocupa, no bom sentido, com a filosofia, e que, de fato, sem dificuldade se prepara para morrer". (*Fedon,* 80 e, 81 a.) Esta alma (...) "se dirige para o que é invisível, para o que é divino, imortal e sábio" (...) "ela passa na companhia dos deuses o resto do seu tempo". (Fedon, 81 a.)

Os conhecimentos que os homens detinham eram possíveis, pois suas almas teriam já estes conhecimentos, antes de serem aprisiona-

---

2 Neste capítulo, as citações de Platão, com exceção daquelas referentes às obras *Timeu* e a *República,* foram retirados do volume *Platão,* Coleção Os Pensadores, Editora Abril Cultural.

das no corpo. Platão afirmava que: (...) "o (conhecimento) adquirimos antes do nascimento, uma vez que ao nascer já dele dispúnhamos, podemos dizer, em conseqüência, que conhecíamos tanto antes como logo depois de nascer, não apenas o Igual, como o Maior e o Menor", (...) "mas também o Belo em si mesmo, o Bom em si, o Justo, o Piedoso, e de modo geral, digamos assim, tudo o mais que é a Realidade em si". (*Fedon*, 75 c, d.)

Ao afirmar que o conhecimento preexistia na alma humana, Platão não estava afirmando que todos os homens possuíam (ou poderiam vir a possuir) os mesmos conhecimentos, assim como não estava afirmando que os homens tinham de pronto consciência deste conhecimento — que sabiam o que conheciam. Por considerar que nem todas as almas tinham tido igual acesso ao mundo das idéias, Platão não as supunha com igual capacidade ou possibilidade de conhecer. Por outro lado, o conhecimento verdadeiro — ou reconhecimento — exigia um metódico esforço do homem para que sua alma se lembrasse, para que o saber fosse, finalmente, adquirido.

Este saber real (e não a mera opinião) era o conhecimento daquilo que era uno e imutável. Era o conhecimento da idéia, da essência que era universal e não particular, imutável e não efêmera, necessária e não contingencial. É por isto que Platão buscava, por exemplo, a Justiça e não as qualidades que definem este ou aquele homem como justo, e buscava, acima de tudo, o Bem, aquilo que a tudo une e a tudo dá sentido.

Platão supunha a existência de dois mundos: o mundo das idéias, entendidas como invisíveis, eternas, incorpóreas, mas reais, e o mundo das coisas sensíveis, o mundo dos objetos e dos corpos. Parece ser isto que está dito quando, no *Timeu,* Platão, ao responder a questão sobre a origem do Cosmos — se o Cosmos existiu sempre, não tendo, portanto, nenhum começo, ou se se pode encontrar um começo para o Cosmos — afirmava que: "Nasceu posto que é visível e tangível, e porque tem corpo. Com efeito, todas as coisas deste tipo são sensíveis e tudo que é sensível e se apreende por intermédio da opinião e da sensação está evidentemente sujeito ao devenir e ao nascimento. Assim, segundo dissemos, é necessário que tudo que nasceu tenha nascido pela ação de uma causa determinada." (28 b c d.) Supondo, assim, a necessidade de um criador para o mundo, Platão esclarecia do que parte este criador para produzi-lo: "Assim, se o Cosmos é belo e o demiurgo (seu criador) é bom é evidente que põe seus olhares no modelo eterno" (...) "É absolutamente evidente para todos que levou em conta o modelo eterno. Pois o Cosmos é o mais belo de tudo o que foi produzido e o demiurgo é a mais perfeita e a melhor das causas. E, em conseqüência, o Cosmos feito nestas condições foi produzido de acordo com o que é objeto de intelecção e reflexão e é idêntico a si mesmo." (*Timeu,* 29 a.)

Esse artesão divino ao produzir o mundo produziu tanto os objetos sensíveis como suas imagens: "Eis, pois, as duas obras da produção divina: de um lado, a coisa em si mesma; e de outro, a imagem que acompanha cada coisa." (*Sofista,* 266 c.) Da mesma forma como o divino artesão, o homem também era capaz de produzir coisas e também o fazia em dois planos: "Mas que diremos da nossa arte humana? Não afirmaremos que, pela arte do arquiteto, se cria uma casa real, e, pela arte do pintor, uma outra casa, espécie de sonho apresentado pela mão do homem a olhos despertos?" (*Sofista,* 266 c.)

O poder de transformação do homem, no entanto, se restringia a apenas uma esfera da criação divina: o mundo das coisas sensíveis. Este mundo que não era imutável, que se transformava, se decompunha. O homem não operava, portanto, sobre o mundo das idéias, do qual o mundo empírico era uma cópia imperfeita. E a este respeito, Platão afirmava: "Estamos, pois, de acordo, quando, ao ver algum objeto, dizemos: 'Este objeto que estou vendo tem tendência para assemelhar-se a um outro ser, mas, por ter defeitos, não consegue ser tal como o ser em questão, e lhe é, pelo contrário, inferior.' Assim, para podermos fazer estas reflexões, é necessário que antes tenhamos tido ocasião de conhecer este ser de que se aproxima o dito objeto, ainda que imperfeitamente". (*Fedon,* 74 d, e.)

Sobre o mundo das idéias podia-se obter conhecimento, porém sem jamais ser capaz de transformá-lo. O conhecimento deste mundo só era possível porque (. . .) "poder-se-ia supor que perdemos, ao nascer, essa aquisição anterior ao nosso nascimento, mas que mais tarde, fazendo uso dos sentidos a propósito das coisas em questão, reaveríamos o conhecimento que num tempo passado tínhamos adquirido sobre elas. Logo, o que chamamos de 'instruir-se' não consistiria em reaver um conhecimento que nos pertencia? E não teríamos razão de dar a isso o nome de 'recordar-se'?" (*Fedon,* 75 e.) Relacionado à concepção da existência de dois mundos — o das idéias e o das coisas sensíveis — Platão distinguia dois tipos de conhecimentos possíveis, cada um deles relativo a um desses mundos: a opinião, referente ao mundo sensível (os objetos e suas imagens); e a ciência, a filosofia, referente ao mundo das idéias, que era visto como o real objeto do conhecimento.

Como já foi dito, o conhecimento do mundo sensível, para Platão, estava limitado ao nível de mera opinião. Embora necessário, era reduzido ao nível de simples técnica (*téchne*) que permitia a sobrevivência do homem. Já o conhecimento referente ao mundo das idéias era o verdadeiro saber, o verdadeiro conhecimento científico (*épisthéme*), filosófico, um conhecimento apenas contemplativo, mas que levaria o homem a ter possibilidade de tranformar e melhor governar a cidade.

Ao falar desses dois mundos e do conhecimento deles, Platão estabeleceu, em *A república*, uma analogia entre o Sol, (...) "cuja luz permite que os olhos vejam da maneira possível e os objetos visíveis sejam vistos" e a idéia do Bem (...) "que difunde a luz verdadeira sobre os objetos do conhecimento e confere ao sujeito conhecedor o poder de conhecer". (...) (*A república*, 508 a-c-d-e.) Esta analogia mostra que, para Platão, o verdadeiro conhecimento, ao mesmo tempo que iluminava o homem, permitindo-lhe melhor conhecer, era, ele próprio iluminador, o conhecimento esclarecia, dava transparência à realidade. No entanto, este conhecimento não era dado ao homem e, para a ele chegar, era necessário galgar vários degraus. Este percurso se iniciava no mundo sensível e terminava quando se atingia o mundo das idéias. Em continuação à analogia entre o conhecimento e a luz, Platão explicita este caminho:

"*— Concebe portanto, como dizemos, que sejam dois reis, um dos quais reina sobre o gênero e o domínio do inteligível e outro, do visível: não digo do céu, por medo de que vás pensar que jogo com palavras. Mas consegues imaginar estes dois gêneros, o visível e inteligível?*

— Imagino, sim.

— Toma, pois, uma linha cortada em dois segmentos desiguais, um representando o gênero visível e outro o gênero inteligível, e seciona de novo cada segmento segundo a mesma proporção; terás então, classificando as divisões obtidas, conforme o seu grau relativo de clareza ou de obscuridade, no mundo visível, um primeiro segmento, o das imagens — denomino imagens primeiro as sombras, depois os reflexos que avistamos nas águas, ou à superfície dos corpos opacos, polidos e brilhantes, e todas as representações similares; tu me compreendes?

— Mas sim.

— Estabelece agora que o segundo segmento corresponde aos objetos representados por tais imagens, quero dizer, os animais que nos circundam, as plantas e todas as obras de arte.

— Fica estabelecido.

— Consentes também em dizer — perguntei — que, com respeito à verdade e a seu contrário, a divisão foi feita de tal modo que a imagem está para o objeto que ela reproduz como a opinião está para a ciência?

— Consinto na verdade.

— Examina, agora, como é preciso dividir o mundo inteligível.

— Como?

— De tal maneira que, para atingir uma de suas partes, a alma seja obrigada a servir-se, como de outras tantas imagens, dos originais do mundo visível, procedendo, a partir de hipóteses, não rumo a um princípio, mas a uma conclusão; enquanto, para alcançar a outra, que leva a um princípio an-hipotético, ela deverá, partindo de uma hipótese, e sem o auxílio das imagens utilizadas no primeiro caso, desenvolver sua pesquisa por meio exclusivo das idéias tomadas em si próprias.

— Não compreendo inteiramente o que dizes.

— Pois bem! Voltemos a isso; compreenderás, sem dúvida mais facilmente, depois de ouvir o que vou dizer. Sabes, imagino, que os que se aplicam à geometria, à aritmética ou às ciências deste gênero, supõem o par e o ímpar, as figuras, três espécies de ângulos e outras coisas da mesma família, para cada pesquisa diferente; que, tendo admitido estas coisas como se as conhecessem, não se dignam dar as razões delas a si próprios ou a outrem, julgando que são claras a todos; que enfim, partindo daí deduzem o que se segue e acabam atingindo, de maneira conseqüente, o objeto que a sua indagação visava.

— Sei perfeitamente disso.

— Sabes, portanto, que eles se servem de figuras visíveis e raciocinam sobre elas, pensando, não nestas figuras mesmas, porém nos originais que reproduzem; seus raciocínios versam sobre o quadrado em si[3] *e a diagonal em si, não sobre a diagonal que traçam,*

---

[3] A expressão utilizada por Platão pode sugerir uma dupla interpretação como aponta R. Baccou, o comentador da tradução utilizada: "A expressão é ambígua, pois se poderia crer que ela designa a *idéia do quadrado.* Ora, é evidente que se trata no caso do *quadrado matemático,* que não é nem um quadrado qualquer, nem a idéia do quadrado, mas de uma noção intermediária." (p. 101)

e assim no restante; das coisas que modelam ou desenham, e que têm suas sombras e reflexos nas águas, servem-se como outras tantas imagens para procurar ver estas coisas em si, que não se vêem de outra forma exceto pelo pensamento.

— É verdade.

— Eu dizia, em conseqüência, que os objetos deste gênero são do domínio inteligível, mas que, para chegar a conhecê-los, a alma é forçada a recorrer a hipóteses: que não procede então rumo a um princípio, porquanto não pode remontar além de suas hipóteses, mas emprega, como outras tantas imagens, os originais do mundo visível, cujas cópias se encontram na seção inferior, e que, relativamente a estas cópias, são encarados e apreciados como claros e distintos.

— Compreendo que o que dizes se aplica à geometria e às artes da mesma família.

— Compreende, agora, que entendo por segunda divisão do mundo inteligível a que a própria razão atinge pelo poder da dialética, formulando hipóteses que ela não considera princípios, mas realmente hipóteses, isto é, pontos de partida e trampolins para elevar-se até o princípio universal que já não pressupõe condição alguma; uma vez apreendido este princípio, ela se apega a todas as conseqüências que dele dependem e desce assim até a conclusão, sem recorrer a nenhum dado sensível, mas tão-somente às idéias, pelas quais procede e às quais chega.

— Compreendo-te um pouco, mas não suficientemente, pois me parece que tratas de um tema muito árduo; queres distinguir, sem dúvida, como mais claro, o conhecimento do ser e do inteligível, que se adquire pela ciência dialética, daquele que se adquire pelo que chamamos as artes, às quais as hipóteses servem de princípios; é verdade que os que se aplicam às artes são obrigados a fazer uso do raciocínio e não dos sentidos: no entanto, como nas suas investigações não remontam a um princípio, mas partem de hipóteses, não crês que tenham a inteligência dos objetos estudados, ainda que a tivessem partindo de um princípio; ora, denominas conhecimento discursivo, e não inteligência, o das pessoas versadas na geometria e nas artes semelhantes, entendendo com isso ser este conhecimento intermediário entre a opinião e a inteligência.

— Tu me compreendes suficientemente — disse eu. — Aplica agora a estas quatro divisões as quatro operações da alma: a inteligência à mais alta, o conhecimento discursivo à segunda, à tercei-

ra a fé e à última a imaginação; e as ordena, atribuindo-lhe mais ou menos evidência, conforme os seus objetos participem mais ou menos da verdade.

— Compreendo — disse ele. — Estou de acordo contigo e adoto a ordem que propões." (A república, *VI, 509 c-d até 511 c-e.*)

Assim, pode-se concluir que o processo de conhecimento envolvia, para Platão, diferentes objetos e diferentes operações da alma necessárias à apreensão de tais objetos: o conhecimento começava com as imagens dos objetos sensíveis, às quais correspondia só uma "representação confusa". Passava-se a seguir aos próprios objetos do mundo sensível, aos quais correspondia uma "representação nítida", que levava à crença, à opinião; tanto a representação confusa como a representação nítida referiam-se ao mundo sensível, mundo este passível apenas de um conhecimento a nível da opinião. A partir do conhecimento deste mundo sensível para atingir as idéias, passava-se por um estágio intermediário em que se lidava com objetos distintos dos objetos do mundo sensível, mas que mantinham relação com ele (por exemplo, uma figura de quadrado) e ainda não eram idéias puras (não se lidava ainda com idéia de quadrado).

Este estágio envolvia o conhecimento e o uso da matemática. Segundo Jaeger (1986), as matemáticas permitiam (...) "uma idéia de saber de uma exatidão e perfeição da prova e da construção lógica como o mundo não sonhara sequer." (p. 619). Daí seu valor como instrumento para o conhecimento e como instrumento que, numa certa medida, preparava o homem para utilizar a dialética, último estágio metodológico para o conhecimento. Pela matemática,[4] a alma se transferia do mundo sensível para o conceitual. Partindo de fenômenos perceptíveis pelos sentidos, estabeleciam-se hipóteses — que não podiam ser justificadas — e, através da demonstração, elaboravam-se princípios que não mais se referiam ao sensível. Neste momento do conhecimento, portanto, não apenas se produzia um conhecimento que não mais se referia ao mundo sensível, mas sim

---

[4] Ao valorizar as matemáticas como procedimento e como instrumento necessário à educação, Platão, numa certa medida, valorizava Pitágoras e os pitagóricos. Ao associar, como Pitágoras, as noções de número (da aritmética) e de forma (da geometria), Platão deu um imenso passo em direção ao conhecimento abstrato, e, neste caso, sem grande dificuldade, visto que a noção de número é perfeitamente compatível com a noção de perfeição associada à idéia.

ao inteligível, como também se preparava o espírito para a utilização da dialética.

Ainda segundo Jaeger (1986), (...) "o dialético é o homem que compreende a essência de cada coisa |a idéia|, e sabe dar conta dela" (p. 473). A dialética ensina a "perguntar e responder cientificamente" de forma que se é capaz de se discernir a idéia, separála das demais e delimitá-la. Para isto, o diálogo era empregado de maneira positiva — isto é, com o objetivo de se obter uma resposta — em que cada passo deveria ser justificado e validado. Era, portanto, pelo diálogo que se penetrava a essência, a idéia. Na dialética, assim, além de se partir de um princípio e de se chegar a uma afirmação verdadeira, procedia-se por passos, numa discussão em que se submeteria à fiscalização e se fiscalizava todo o percurso do conhecimento, de forma que ele era, finalmente, trazido à tona pelo sujeito do conhecimento.

Segundo Allan (1970), "A dialética encontrara um fundamento comum para as hipóteses não demonstradas sobre as quais se baseia todo o raciocínio científico e que, em geral, integrará num único sistema coerente a nossa experiência fragmentária, não por mera reunião e conjunção dos fragmentos, mas sim através de uma apreensão intuitiva de uma verdade nuclear necessária (a forma do bem) donde poderá ser deduzida toda a verdade parcial sem risco de errar." (p. 135)

Filósofo era, para Platão, aquele que tivesse alcançado este estágio do conhecimento. Que tivesse, portanto, se desligado do mundo sensível e ascendido ao mundo inteligível, através do conhecimento das idéias. O filósofo era aquele que conhecia contemplativamente o real.

Toda essa concepção de conhecimento de Platão relaciona-se a sua concepção de social, mais do que isso: é preparatória e é justificativa daquilo que Platão defendia para sua sociedade — a cidade. Platão pretendia organizar a cidade de forma a mantê-la estável, ordenada. Esta organização e estabilidade — ditadas pela razão — dependiam basicamente da divisão do trabalho e do estabelecimento de leis. A divisão do trabalho (atribuindo a cada um atividade correlata à sua natureza) era estreitamente vinculada ao surgimento da cidade: "O que dá nascimento a uma cidade" (...) "é, creio, a impotência de cada indivíduo de bastar-se a si próprio e a sua necessidade de uma multidão de coisas" (...) (*A república* II, 309 a.C.) Tal organização refletia, ainda, uma concepção de hierarquia social que se baseava na natureza das coisas: (...) "a natureza não fez cada um de nós semelhante ao outro, mas diferentes em aptidões, e próprio para esta ou aquela função." (*A república* II, 369 e 370 d.) Assim é que Platão estabelecia três atividades fundamentais para a cidade: a produção, garantida pelos artesãos: a defesa, garantida pelos soldados, e a administração interna pelos guardiões.

Todos os homens tinham, por natureza, três características em suas almas e em cada homem uma era dominante. Os homens eram, assim, divididos, de acordo com seu caráter, em três tipos: o caráter de bronze, dominado pelos desejos sensíveis; o caráter de prata, dominado pelo ímpeto, e o caráter de ouro dominado pelo pensamento especulativo. Platão defendia que era preciso descobrir, em cada indivíduo, sua predisposição dominante para que se lhe pudesse atribuir sua função, seu papel na *pólis* e, assim, garantir sua felicidade, e o bem-estar e a justiça da *pólis*. Por exemplo, para exercer a função de guardião eram necessárias algumas aptidões naturais, entre outras: "sentidos aguçados para descobrir o inimigo, rapidez para persegui-lo logo que o descubra e força para combatê-lo, se necessário quando for alcançado"; "também a coragem para combater bem"; "irascível"; além de "uma índole filosófica". (*A república* II, 374 d. 375 a até 376- b-e.) Ainda a fim de garantir o bom funcionamento da cidade e possivelmente relacionando a esta concepção de aptidões naturais (que não diferenciava os indivíduos por sexo), Platão propunha que os casamentos deviam ser regulamentados pela cidade para que se garantissem as aptidões necessárias à *pólis*...

Para que a cidade se mantivesse una, Platão considerava também indispensável que a educação dos cidadãos ficasse a cargo do Estado. Isto garantiria uma educação que atendesse às necessidades da *pólis* como um todo e de acordo com as aptidões naturais de cada um. A legislação deveria ser estável, para que evitasse o maior mal da cidade: (...) "aquele que a divide e a torna múltipla em vez de Una", e que propiciasse o seu maior bem (...) "aquele que a une e a torna Una". (*A república* V, 462, a-d.)

O governo da cidade deveria estar a cargo de um rei filósofo, ou de um conjunto de reis filósofos. Escolhidos dentre os guardiães, alguns cidadãos passariam por anos de educação filosófica, até que atingissem o verdadeiro conhecimento — o saber contemplativo. Quando a *pólis* necessitasse, passariam a governá-la, não como um privilégio, mas como obrigação devida à cidade que os tinha educado (e isto seria um peso porque teriam de descer de sua contemplação para o mundo da cidade e dos negócios humanos). Esses sábios, sem ambições pessoais e conhecedores das verdades essenciais, seriam capazes de governar a cidade com justiça. O governo justo, a *pólis* perfeita, era aquela que visava o Bem de todos e não de grupos, isto seria possível somente se os seus governantes conhecessem o Bem, e se cada qual nela realizasse a função para a qual era, por natureza, mais apto, e para a qual tivesse sido educado.

Platão tem sido visto por muitos como o homem que realmente colocou em pauta a filosofia, por outros tem sido visto como aquele que definitivamente separou dos homens o conhecimento do mundo; de um lado, é tido como o homem que descobriu o verdadeiro objeto de uma área de conhecimento legítima, de outro, é tido como o homem que completou a tarefa ideológica de valorizar apenas o trabalho intelectual. Em qualquer das hipóteses não é possível retirar-lhe o mérito de ter abordado questões que eram e permaneceram essenciais.

A primeira delas refere-se ao fato de que o conhecimento da natureza, ou dos homens, não é um conhecimento dado, imediato. A segunda refere-se ao fato de que esse conhecimento só é possível através de um método de investigação rigoroso e árduo, mas que ao final propiciaria ao homem a oportunidade de compreender o mundo que o circunda, porque é, em última instância, um conhecimento objetivo, um conhecimento que tende a refletir as coisas tal como são.

Platão é, ainda, como Sócrates, um homem que aborda questões de seu tempo. A complexa vida da cidade grega, as crises e as dificuldades exigiam que se tentasse encontrar soluções. A sociedade escravista que desvalorizava, cada vez mais, todo contato com o trabalho, afastava os homens do conhecimento prático e do mundo empírico; a democracia que ressaltava a importância do homem, como indivíduo que era capaz de governar a si e aos demais, como cidadão capaz de construir a sociedade através do encaminhamento de propostas e de soluções aos problemas enfrentados, sem dúvida alguma, marcaram profundamente o pensamento de Platão. Marcaram-no por sua perspectiva de um mundo de verdades essenciais imutáveis e do conhecimento como mera contemplação. Por outro lado, também o marcaram por sua preocupação com o estabelecimento de um método que permitisse um conhecimento rigoroso e objetivo (em oposição à mera opinião), e por sua preocupação com um conhecimento que servisse ao homem e à sua organização social.

ARISTÓTELES (384 — 322 a.C.)

"É pois manifesto que a ciência a adquirir é a das causas primeiras, pois dizemos que conhecemos cada coisa somente quando julgamos conhecer a sua primeira causa."

(Aristóteles)

Nasceu em Estagira na Grécia setentrional, cidade grega sob domínio macedônico. Seu pai era médico do rei da Macedônia, Amyntas, pai de Filipe. Aristóteles chegou a Atenas em 367 a.C. e ingressou na Academia de Platão, aí permanecendo até 347 a.C., quando morreu Platão e Aristóteles deixou Atenas. Durante os anos 347 a 342 a.C., viveu em Assos e Mitilene; por volta de 342 a.C. passou a ser preceptor de Alexandre, filho de Filipe da Macedônia. É possível que tenha permanecido nesta função até 336 a.C., quando Alexandre subiu ao trono. Foi nesta época que Aristóteles voltou para Atenas, mas não para a Academia de Platão, fundou sua própria escola denominada Liceu. Permaneceu em Atenas até 323 a.C. quando, com a morte de Alexandre, Aristóteles e as pessoas suspeitas de terem colaborado com os macedônicos passaram a sofrer perseguições. Aristóteles, acusado de impiedade, parte para Eubéia (em Cálcis), terra natal de sua mãe, sem esperar julgamento. No ano seguinte, em 322 a.C., Aristóteles morreu.

Há uma controvérsia se, no início de sua obra, Aristóteles assumiu a teoria das idéias de Platão para posteriormente rejeitá-la, o que implicaria a existência de dois momentos na elaboração de seu pensamento. É certo, entretanto, que durante o tempo em que ocupou a direção do Liceu, produziu um conjunto de idéias que se afastavam das idéias platônicas, quer nas explicações que produziu, quer no método que utilizou.

Aristóteles abandonou a noção de um mundo das idéias, separado e modelo do mundo sensível. Apesar de — como Platão — enfatizar que o conhecimento científico se referia a conceitos universais, Aristóteles diferia de Platão na ênfase e no papel que atribuía à investigação do mundo sensível na construção de tais universais. Esta diferença entre ambos pode estar relacionada com a ênfase que Platão atribuiu à matemática e que Aristóteles atribuiu à biologia como modelos para a construção do conhecimento.

Foi também diferente o papel que cada um deles atribuiu ao estudo da política. Para Platão, além de objeto de conhecimento, a política era também objeto de ação já para Aristóteles, a política interessava apenas como objeto de estudo, o que poderia estar relacionado ao fato de ser um estrangeiro e, portanto, sem estatuto de cidadão ateniense.

A obra escrita de Aristóteles é muito vasta. No entanto, boa parte dela se perdeu, restando, basicamente, trabalhos que aparentemente serviram de base aos ensinamentos no Liceu. É esta a razão porque, inclusive, se divergiu tanto a respeito da aceitação ou não, por parte de Aristóteles, do platonismo, em seus primeiros escritos. Seu trabalho é vasto também pela ampla gama de temas que aborda. Além de temas como astronomia, física, biologia, botânica, política, discute, em vários momentos temas relativos à filosofia, à ciência, merecendo destaque, aqui, sua preocupação com o método de investigação. Também é característico de seus escritos sua preocupação em historiar o desenvolvimento do pensamento grego. Parece haver aí não apenas uma tentativa de sistematizar, através da descrição, o desenvolvimento do pensamento que o procedeu, mas, também uma tentativa de demonstrar que seu pensamento sintetizava e/ou ampliava o que já vinha sendo produzido e que podia, então, ser aceito sem reserva.

Desde o período arcaico, duas questões centrais vinham sendo debatidas pelos pensadores gregos: a questão da unidade ou multiplicidade do universo e a questão de seu movimento ou não. Estas questões foram fundamentais também para Aristóteles. Sua resposta a estes problemas não foi dada, no entanto, sem antes avaliar e comparar as posições defendidas por seus predecessores. Isto não quer dizer que Aristóteles tenha usado como parte de seu método de investigação a investigação histórica, mas apenas que considerava importante tornar claro que os problemas que abordava eram legítimos e que as respostas que fornecia superavam as anteriores. Com relação à questão do movimento ou não da natureza e de sua essência, por exemplo, Aristóteles não deixou de avaliar seus antecessores.

Caracterizava a posição imobilista de Parmênides, que a partir da postulação da inexistência do não-ser, negava qualquer possibilidade de movimento do ser, afirmando que: "... convencido de que, além do ser, o não-ser não é coisa alguma, ele pensa que, necessariamente, existe uma única coisa, o ser, e nada mais." (*Metafísica*, A, V, 11)[5]

---

[5] Neste capítulo, as citações de Aristóteles, com exceção daquelas que fazem outra indicação, foram retiradas do volume *Aristóteles*, coleção Os Pensadores, Editora Abril Cultural.

Sobre o mesmo tema, afirmava que os atomistas, como Demócrito e Leucipo, supondo a existência do não-ser, consideravam-no como condição de existência do movimento, e afirmava: ambos (...) "reconhecem como elementos o pleno e o vazio, a que eles chamam o ser e o não-ser; e ainda, destes princípios, o pleno e o sólido são o ser, o vazio e o raro o não-ser, (por isso afirmam que o ser não existe mais que o não-ser, porque nem o vazio |existe mais| que o corpo), e estas são as causas dos seres enquanto matéria." (*Metafísica*, A. IV, 7.)

Referindo-se à teoria das idéias de Platão, Aristóteles não apenas anunciava sua diferença como discutia a relação entre este e os pitagóricos. Aqui, tornava claro como esta concepção de idéia marcava o sistema platônico em relação à solução do problema sobre a multiplicidade e o movimento. Sobre Platão afirmava: "Tendo-se familiarizado, desde sua juventude, com Crátilo e com as opiniões de Heráclito, segundo as quais todos os sensíveis estão em perpétuo fluir, e não pode deles haver ciência, também mais tarde não deixou de pensar assim. Por outro lado, havendo Sócrates tratado as coisas morais, e de nenhum modo do conjunto da natureza, nelas procurando o universal e, pela primeira vez, aplicando o pensamento às definições, Platão, na esteira de Sócrates, foi também levado a supor que (o universal) existisse noutras realidades e não nalguns sensíveis. Não seria, pois, possível, julgava, uma definição comum de algum dos sensíveis, que sempre mudam. A tais realidades deu então o nome de 'idéias', existindo os sensíveis fora delas, e todos denominados segundo elas. É, com efeito, por participação que existe a pluralidade dos sinônimos, em relação às idéias. Quanto a esta 'participação', não mudou senão o nome: os pitagóricos, com efeito, dizem que os seres existem à imitação dos números. Platão, por 'participação', mudando o nome; mas o que esta participação ou imitação das idéias afinal será, esqueceram todos de o dizer. Demais, além dos sensíveis e das idéias diz que existem, entre aqueles e estas, entidades matemáticas intermédias, as quais diferem dos sensíveis por serem eternas e imóveis e das idéias por serem múltiplas e semelhantes, enquanto cada idéia é, por si, singular". (*Metafísica,* A, VI, 1, 2, 3.)

Para Aristóteles, estas eram questões importantes porque se propunha a construir um sistema explicativo — e para isso propunha também um método sobre os fenômenos que o rodeavam. Aristóteles não pensava que o conhecimento dos fenômenos da natureza física excluísse ou fosse incompatível com o conhecimento do homem ou da sociedade. Mais que isto, não supunha que a investigação de uma destas classes de fenômenos fosse muito diferente da outra. A partir destas suposições, tornava-se importante discutir e estabelecer bases seguras para a investigação científica e, para ele, esta se iniciava na proposição dos princípios relativos à caracterização dos objetos do conhecimento — todos os fenômenos da natureza.

A primeira questão a responder dizia respeito a sua concepção sobre o mundo físico e sua realidade. Aristóteles, ao definir o que entendia por Ser, não apenas definia-se por aceitar que os fenômenos da natureza têm uma essência que é própria de cada um deles, mas também traduzia de uma nova forma as questões da unidade — multiplicidade e do movimento ou não do Ser. A palavra Ser tinha para Aristóteles um significado próprio que esclarece sua perspectiva.

"A palavra *ser* usa-se em muitos sentidos... pois, de uma parte, significa a *essência* e a existência individual; de outra, a qualidade, a quantidade e cada um dos outros atributos de espécie semelhante. Mas, ainda empregando a palavra ser em tantos significados, é evidente que a essência é o ser primeiro entre todos estes, como a que manifesta a substância. De fato, quando queremos expressar uma qualidade de determinado ser, dizemos, por exemplo, que é bom ou mau, mas não de três côvados ou homem; quando queremos exprimir a essência, não dizemos: branco ou quente ou de três côvados, mas, por exemplo, homem ou Deus. As outras determinações chamam-se seres, porque são as quantidades, ou as qualidades ou as afecções ou algo semelhante, do ser assim considerado ... Nenhuma delas existe naturalmente de per si nem pode separar-se da substância... Mas parecem antes seres somente porque nelas há sujeito determinado, e este é a *substância* ou o *indivíduo,* que aparece em tal categoria: e, sem ele não se pode dizer: bom, ou sentado (ou algo semelhante). É claro, então, que só por meio deste pode existir cada um deles. De modo que a substância será o *primeiro ser,* e não qualquer ser, mas o ser simplesmente. Logo, em muitos sentidos diz-se o primeiro; não obstante, a substância é primeira entre todos pelo conceito, pelo conhecimento e pelo tempo. Nenhum dos outros predicados pode existir separadamente, mas unicamente ela. E é primeira pelo conceito, porque é necessário que o conceito de substância seja inerente a cada coisa. E quando sabemos *o que é* uma coisa, somente então é que acreditamos saber cada coisa... melhor do que quando sabemos qual, e quando e onde, pois também destas coisas conhecemos cada uma quando sabemos que é a quantidade ou a qualidade etc. E por isto, antes, agora e sempre, a investigação e o problema: "que é o ser", equivale a isto: "que é a substância." (*Metafísica,* VII, 1, 1028, em Mondolfo, 1967a, pp. 25 e 26.) Desde aí se percebe que, para Aristóteles, o ser, e cada Ser, continha uma substância que o definia, que era sua essência. Esta substância, constitutiva e indispensável à existência do Ser, é que caracterizaria aquilo que era definidor do fenômeno, seus atributos, e lhe dariam realidade. O conhecimento desta substância é que era tarefa do conhecimento científico.

Aristóteles não atribuía, como o fez Platão, a essência da coisa a algo externo a ela, mas considerava que cada coisa tinha uma essência que estava nela própria. Essa essência permanecia sempre a mesma, sem alterar-se, apesar de um Ser comportar diferentes modos de ser. Assim, para Aristóteles, tudo o que existe engloba o que é, e o que poderia vir a ser. Todas as coisas, os objetos e os fenômenos eram seres em ato, mas continham em si, ao mesmo tempo, determinadas possibilidades — potências. Com essa concepção, Aristóteles trazia para o próprio objeto do conhecimento, para o próprio Ser, sua essência, e o objeto do conhecimento transforma-se naquilo que é e não em algo que não está presente nas coisas que os homens experienciam. Ao mesmo tempo, a questão do movimento era resolvida quando afirmava que embora os fenômenos mudem e se transformem, de um lado, permanecem os mesmos em sua essência, e, de outro, só se transformam porque esta é a maneira de se realizarem, isto é, de permanecerem o que são, de permanecerem, neste sentido, imutáveis.

Nesta concepção, o movimento tornava-se parte do Ser e era importante que se estabelecesse como se dava. O movimento era, para Aristóteles, a passagem da potência ao ato, era a possibilidade de que se revelasse num Ser, que se revelasse em ato, aquilo que ele trazia em potência. Para que a potência se transformasse em ato, era necessário que um Ser já em ato, que algo externo ao próprio fenômeno ou evento, provocasse o movimento. O que provocava o movimento era uma causa, a chamada causa eficiente. Esta causa, no entanto, exatamente por ser — de certa forma — exterior ao próprio Ser em movimento não poderia dar conta da concepção aristotélica de Ser que envolvia as noções de ato e potência, de Ser que continha em si todas as suas possibilidades de transformação. Estas noções implicavam a necessidade de se estabelecer outras causas. Aristóteles afirmou a existência de outras três: causa formal, causa material e causa final. A causa formal era o que tornava um Ser ele mesmo, o que o identificava consigo mesmo, a causa material era a matéria de que era feito, a causa final era o estado final, o fim para onde o Ser se dirige.

Aristóteles assim se referia à causa: "É evidente, então, que necessitamos adquirir a ciência das causas primeiras (pois dissemos que sabemos cada coisa, quando cremos conhecer a causa primeira); mas a palavra *causa* usa-se em quatro sentidos, um dos quais é que consideramos como causa a substância e a essência [forma] (com efeito, o *porquê* reduz-se por último ao conceito, e causa e princípio são o *porquê* primeiro); o outro, a *matéria* e o substrato; um terceiro, aquele donde vem o princípio do movimento *causa eficiente;* um quarto, a causa oposta a esta, ou seja, o *fim* e o bem (pois este é o fim de toda a geração e de todo o movimento)." (*Metafísica* I, 3, 983, em Mondolfo, 1967, pp. 32 e 33.)

"Por exemplo, qual é a causa do homem como *matéria?* Não é talvez o mênstruo? E qual é como *motor*? Não é por acaso o esperma? E qual como *forma?* A essência. Qual como *fim?* A finalidade (do homem). Talvez estas duas últimas sejam a mesma coisa." (*Metafísica,* VIII, 4, 1044, em Mondolfo, 1967, p. 33.)

O conhecimento das causas era a tarefa primordial da ciência. Segundo Allan (1970): "Forma e matéria têm de ser distinguidas e diferenciadas porque" (...) "são ambas componentes de cada ente determinado. Em terceiro lugar, tem de descobrir-se a origem da mudança (a 'causa eficiente'). Em quarto lugar, deve indicar-se a finalidade que o processo visa atingir (a 'causa final'). (p. 44)

Alguns autores, ao discutir as quatro noções de causa de Aristóteles, reduzem-nas a duas. Bernhardt (1980): (...) "a causa material corresponde à receptividade da matéria, enquanto as outras três correspondem a diversos aspectos do papel da forma. De fato, a causa formal identifica-se com a forma, na medida em que a forma descreve propriedades que dela decorrem necessariamente; a causa final é a forma, na medida em que a forma, como objetivo e termo, descreve o processo que a conduz; a causa eficiente ou motora é ainda a forma, desta vez enquanto agente ou causa no sentido moderno deste processo, pois uma forma é sempre um última análise o agente específico dos processos que condicionam o surgir de uma forma idêntica (a forma é o agente de sua própria repetição)." (p. 105)

Mondolfo (1967) também afirma que as quatro causas poderiam, em última instância, ser reduzidas à causa formal e causa material. A causa final seria, numa certa medida, identificável à causa formal porque a finalidade do Ser é, na verdade, dada por sua forma; do mesmo modo, a causa eficiente, o agente, é também uma forma em ação. A substância do Ser seria dada, assim, pela unidade de sua forma e matéria.

Estas noções — de forma e matéria — estão subjacentes a toda a concepção aristotélica de Ser, de potência e ato e de causa. São elas que permitem a compreensão do Ser como aquele que contém uma substância, uma essência que o define e que o leva a transformar-se, embora esta mesma essência não seja passível de alteração. "Para essa essência ou forma não há devenir; a forma da esfera de bronze, que é a forma esférica, não nasce quando se fabrica a esfera de bronze. O nascimento ou devenir consiste, pois, na união de uma forma com um ser capaz de recebê-la; esse ser em potência, que se torna ser em ato, depois de ter recebido a forma, é propriamente aquilo que Aristóteles chama de matéria (*hylé*). A matéria é o conjunto de condições que devem ser realizadas para que a forma possa surgir; a arca em potência, ou, o que vem a dar no mesmo, a matéria da arca, é a madeira." (Bréhier, 1977, p. 162.) Para Aristóteles, portanto, a compreensão do Ser, a sua definição (tarefa da ciência) dependia de se descobrir, em cada fenômeno, sua causa, para que se pudesse descobrir o conceito, para que se pudesse compreender suas instâncias particulares a partir da compreensão de sua essência.

As concepções aristotélicas de Ser, de substância, de causa, estão presentes na explicação que forneceu para a Terra e o universo. Aristóteles propôs uma física e uma astronomia que trazem a marca destas suas concepções. Supunha que o universo era único e finito. Este universo era, por outro lado, entendido como eterno (sem começo ou fim). Nele se dispunham em esferas, os vários planetas e estrelas. Cada conjunto de corpos celestes estava disposto numa esfera. Estas esferas dispunham-se em forma concêntrica em relação à Terra, tendo cada uma delas seu próprio movimento. Estas esferas assim como os corpos celestes que nelas estavam, eram compostos de uma substância invisível e indestrutível — o Éter. O único movimento possível nestas esferas era o movimento circular, já que só este movimento tornava viável pensar que o universo fosse eterno (o movimento circular era considerado o único movimento que não tinha começo, ou meio, ou fim), e que fosse ao mesmo tempo finito (o movimento circular sempre percorre o mesmo caminho). Tal movimento e tais esferas não podiam ser mudados de nenhuma maneira ou por força alguma, já que o éter de que se compunham era considerado indestrutível. No interior e centro deste sistema estava a Terra, e nesta primeira esfera encontrava-se toda a chamada região sublunar. No limite extremo do sistema, estava a esfera que carregava as estrelas fixas. No mundo sublunar, todos os seres e a própria Terra não eram compostos de éter, mas sim de quatro elementos básicos — terra, ar, fogo e água —, compostos de um ou de combinações destes elementos. Embora a Terra fosse fixa e estivesse no centro do universo, os seres que nela existiam só podiam executar movimentos retilíneos, já que não eram compostos de éter. A determinação dos movimentos possíveis a cada ser ou corpo dependia dos elementos que predominavam na sua composição. Havia dois tipos de movimentos retilíneos — para baixo (o que queria dizer, para o centro da Terra); que era movimento natural aos seres compostos de terra ou água principalmente, e para cima (o que significa contrário ao centro da Terra), o movimento natural dos seres compostos de ar ou fogo principalmente. Estes dependiam, para Aristóteles, do peso — quanto mais pesado maior velocidade —, e os diferentes seres o(s) executavam espontaneamente para atingir seus chamados lugares naturais (lugares para os quais tendiam, por sua própria natureza, atingindo o repouso quando atingiam tais lugares). Tal movimento (ou repouso) só podia ser mudado ou interrompido quando algo externo ao próprio Ser ou corpo (no caso outro Ser ou corpo) aplicasse a ele alguma força, constituindo assim os chamados movimentos não-naturais.

Os seres na Terra eram divididos em animados — as plantas, os animais e o próprio homem — e os inanimados — os minerais. O que orientava o movimento dos seres animados, o que lhes dava finalidade, era sua alma, sua forma (*psique*). Já os seres inanimados não eram vistos como regidos por finalidades impressas neles mesmos, eram regidos pela natureza (*physis*). Havia, portanto, três tipos de movimentos; os movimentos celestes, os vitais e os naturais, a cada um correspondendo um motor diferente. Os movimentos vitais e naturais correspondiam aos seres e fenômenos do mundo sublunar. No entanto, todos os três motores compartilhavam uma mesma característica: eram imóveis. O sistema aristotélico consistia, assim, numa hierarquia em que corpos inferiores dependiam de corpos a eles imediatamente superiores, e assim sucessivamente, de forma que era do primeiro motor que, em última instância, se transmitia o movimento do céu até a Terra.

Quanto ao movimento dos corpos na Terra, Aristóteles não o pensava como movimento de corpos apenas no espaço. Para ele, estes corpos também estavam sujeitos a mudanças de qualidade e alterações de quantidade. A Terra, assim como o restante do universo aristotélico, era vista como eterna, mas nela os seres e fenômenos estavam constantemente se transformando porque os elementos que os compunham transformavam-se uns nos outros. Estas transformações ocorriam de maneira circular, de forma que o fogo, por exemplo, transformava-se em ar, este em água e a água em terra, que por sua vez voltava a ser fogo. Dessa forma, os fenômenos da natureza, na Terra, acompanhavam, como um todo, o movimento das esferas celestes do universo.

De qualquer maneira, o movimento — seja a mudança qualitativa, quantitativa, ou o deslocamento no espaço — era devido a uma finalidade e, por isto, jamais poderia ultrapassar as potencialidades já dadas e imutáveis em cada ser. Isto valia para a física aristotélica com suas noções de movimentos naturais e valia para sua biologia.[6] Aristóteles supunha que os seres vivos organizavam-se em graus crescentes de complexidade e que as diferenças entre as espécies próximas eram mínimas — o que parecia significar um contínuo. No entanto, as características de cada espécie e as diferenças entre elas eram consideradas imutáveis, não havendo qualquer possibilidade de transformação ou evolução no mundo dos seres vivos. No mais alto grau de complexidade, encontrava-se o homem, cuja distinção fundamental em relação às outras espécies era a capacidade de deliberadamente escolher e raciocinar.

No homem, como em todo ser vivo, corpo e alma compunham uma unidade. A alma garantia a vida, a realização das funções vitais; a alma era a forma, enquanto o corpo a matéria que precisava dessa forma para tornar-se em ato. Era a forma, a alma, que dava vida, que emprestava finalidade aos corpos animados. E assim como não se podia pensar em matéria destituída de forma, também o contrário era sem sentido. Dessa maneira, Aristóteles afastava-se de Platão também no que se referia à concepção de alma, já que não considerava o corpo como prisão da alma, negava a noção de transmigração da alma, e já que a questão da imortalidade da alma tem, pelo menos, de ser discutida diferentemente em Aristóteles. Corpo e alma transformavam-se em unidade aparentemente

---

6 Segundo Allan (1970), Aristóteles distingue apenas três ciências teóricas: física, matemática e a filosofia primeira. No entanto, seus sistemas contêm explicações e dados sobre uma infinidade de campos que modernamente se constituíram em ciências específicas. Daí o costume de se falar em uma astronomia, uma física, uma biologia, uma zoologia, uma botânica arisotélicas etc.

indissociável, e a alma adquiria, de certa maneira, um novo estatuto, aparentemente mais natural, o que se confirma pela concepção aristotélica de que o estudo da alma é pertinente ao campo da física.

"A alma é aquilo no qual primeiro vivemos, sentimos e pensamos, pelo que ela será razão e forma, não matéria ou sujeito... A matéria é polêmica, a forma e a ação (*enteléquia*), e, como o ser animado resulta de ambos, o corpo não é ação da alma, mas esta é ação de um certo corpo" (...) "Por isso, a alma é o ato primeiro de um corpo natural que tem a vida em potencial." (...) "e por isso não se deve pesquisar se a alma e o corpo são uma só coisa, como não se deve investigar se são um a cera e a figura, nem em geral a matéria de cada coisa e aquilo de que ela é matéria." (*De analíticos,* II, 1, 2, 412, em Mondolfo, 1967, p. 52.)

Todo ser vivo era, assim, portador de uma alma. Nas plantas a alma lhes permitia a nutrição e a reprodução (função nutritiva). Os animais inferiores tinham ainda, pelo menos, alguns sentidos e a capacidade de mover-se para se nutrir e reproduzir (funções sensorial e motriz). A alma humana, além de todas essas capacidades, tinha a faculdade da razão (função pensante). Esta faculdade parecia envolver, para Aristóteles, tanto a faculdade de intuir verdades (a mais superior de todas as capacidades), como as cognitivas, intelectivas, que lhe permitiam deliberar, deduzir, raciocinar.

"Em alguns seres acham-se presentes todas as faculdades da alma; em outros algumas, e em alguns uma somente: e chamamos faculdade à nutrição, ao apetite, à sensibilidade, à locomoção, ao pensamento." (...) "Entre os seres sensíveis, alguns possuem locomoção, e outros, não; enfim, pouquíssimos possuem raciocínio e pensamento: aqueles, de fato, entre os mortais, que possuem raciocínio, possuem também todas as outras faculdades; mas os que possuem somente uma não têm raciocínio." (*De analíticos,* II, 3, 414, em Mondolfo, 1967, p. 53.)

Segundo Allan (1970): "A cada nível, numa sucessão interminável, nascem indivíduos que lutam para se desenvolverem até a maturidade e, uma vez isto conseguido, lutam para exibir sua 'energia' característica ou atividade por um período de tempo próprio da respectiva espécie." (p. 64) Esta afirmação torna clara a concepção aristotélica finalista e a concepção de que tudo é num certo sentido, imutável e eterno, já que as próprias mudanças de cada ser se repetem na natureza com inexorável precisão. São estas noções que caracterizam o estudo dos seres animados como um estudo que exige classificação e ordenação, a fim de que se descubra em cada ser sua forma, seus atributos essenciais. A compreensão dos seres animados dava-se, para Aristóteles, a partir dos seres superiores, que continham, sempre, os graus de organização da matéria e da forma dos seres inferiores, reproduzindo-se, assim, na Terra, e no estudo dos seres terrenos, a concepção hierarquizada já existente no mundo celeste.

A concepção de natureza de Aristóteles marcava-se, no entanto, por uma concepção que classificava os seres pela complexidade da sua alma, o que o impedia muitas vezes, de proceder a .uma real classificação. Marcava-se, ainda, por ser uma concepção teleológica, em que cada um e todos os indivíduos cumpriam um determinado fim, e por ser uma concepção vitalista em que havia uma mudança qualitativa dos seres inanimados aos seres animados, não explicável em termos físicos.

O mundo e o universo, da maneira como Aristóteles os via, e que acabou por imperar no mundo ocidental por quase vinte séculos, eram finitos, hierarquizados, governados pela finalidade e onde imperavam as diferenças qualitativas. Neste universo hierarquizado, apesar de Deus não regular todos os fenômenos, e de não ser visto como seu criador, a Terra e suas criaturas eram ainda, de alguma forma, inferiores qualitativamente se comparados com o céu (só movimentavam-se de maneira retilínea, compunham-se e corrompiam-se) e estavam de alguma maneira mais distantes da divindade. Sua finitude estabelecia fronteiras claras e precisas, que só faziam aumentar a pequenez e a distância qualitativa que separava homens de astros, e sua concepção finalista só tornava possível a ação humana dentro de limites muito estreitos.

No entanto, mesmo que sua concepção tivesse dividido o universo em fenômenos não equivalentes e sujeitos a diferentes leis, representou um esforço considerável de criar um sistema natural e não divinizado de homem e mundo. Mesmo que suas concepções de causa, de movimento, de potência e ato pudessem ser consideradas incorretas, ainda assim repreesntam uma tentativa de explicação racional do mundo e universo.

O pensamento de Aristóteles não se esgotou na sua concepção de mundo ou na elaboração de explicações referentes aos mais diversos fenômenos. Ao contrário, parte fundamental de sua obra, que exerceu forte influência sobre pensadores posteriores, refere-se a como se chega ao conhecimento. Aristóteles ocupou-se não apenas com a explicação de que faculdades permitiam ao homem chegar ao conhecimento científico. Além disto, estabeleceu o que considerava o método que os homens deveriam utilizar para chegar ao conhecimento científico.

O processo de conhecimento para Aristóteles iniciava-se da sensação. "Por natureza, seguramente, os animais são dotados de sensação, mas, nuns, da sensação não gera a memória, e noutros, gera-se. Por isso, estes são mais inteligentes, e mais aptos para aprender do que os que são incapazes de recordar." (. . .) "É da memória que deriva aos homens a experiência: pois as recordações repetidas da mesma coisa produzem o efeito duma experiência, e a experiência quase se parece com a ciência e a arte. Na realidade, porém, a ciência e a arte vêm aos homens por intermédio da experiência, porque a experiência, como afirma Polos, e bem, criou a arte, e a inexperiência, o acaso. E a arte aparece quando, de um complexo de noções experimentadas, se exprime um único juízo universal dos (casos) semelhantes. Com efeito, ter a noção de que a Cálias, atingido de tal doença, tal remédio deu alívio, e a Sócrates também, e, da mesma maneira, a outros tomados singularmente, é da experiência; mas julgar que tenha aliviado a todos os semelhantes, determinados segundo uma única espécie, atingidos de tal doença, como os fleumáticos, os biliosos ou os incomodados por febre ardente, isto é da arte." (. . .) "Em geral, a possibilidade de ensinar é indício de saber; por isso nós consideramos mais ciência a arte do que a experiência, porque (os homens de arte) podem ensinar e os outros não. Além disso, não julgamos que qualquer das sensações constitua a ciência, embora elas constituam, sem dúvida, os conhecimentos mais seguros dos singulares. Mas não dizem o 'porque' de coisa alguma, por exemplo, porque o fogo é quente, mas só que é quente." (*Metafísica,* A, I, 2, 4, 5 e 9.)

A partir deste trecho pode-se concluir que, além da sensação — o nível mais elementar de conhecimento, entendido como base para o conhecimento científico — três outros níveis progressivos do conhecimento são possíveis: a memória que se constituiria na conservação das sensações, e que também seria básica para o conhecimento científico; a experiência que seria o conhecimento de relações entre fenômenos singulares e que por isto, não poderia ainda ser chamado de ciência; e, finalmente, o conhecimento dos universais que envolveria o conhecimento das causas das coisas, não enquanto ocorrências isoladas, mas enquanto universais. Para Aristóteles só este último tipo de conhecimento, constituía-se em conhecimento científico propriamente dito.

Este conhecimento da estrutura do Ser enquanto ser, este conhecimento de universais, que implicava a formulação de conceitos, só era possível, para Aristóteles, através da razão, através do uso sistemático do raciocínio. "O conhecimento científico é um juízo sobre coisas universais e necessárias, e tanto as conclusões da demonstração como o conhecimento científico decorrem de primeiros princípios (pois ciência subentende apreensão de uma base racional). Assim sendo, o primeiro princípio de que decorre o que é cientificamente conhecido não pode ser objeto de ciência, nem de arte, nem de sabedoria prática; pois o que pode ser cientificamente conhecido é passível de demonstração, enquanto a arte e a sabedoria prática versam sobre coisas variáveis. Nem são esses primeiros princípios objetos de sabedoria filosófica, pois é característico do filósofo buscar a *demonstração* de certas coisas. Se, por conseguinte, as disposições da mente pelas quais possuímos a verdade e jamais nos enganamos a respeito de coisas invariáveis ou mesmo variáveis — se tais disposições, digo, são o conhecimento científico, a sabedoria prática, a sabedoria filosófica e a razão intuitiva, c não pode tratar-se de nenhuma das três (isto é, da sabedoria prática, do conhecimento científico ou da sabedoria filosófica), só resta uma alternativa: que seja a *razão intuitiva* que apreende os primeiros princípios." (*Ética a Nicômaco,* VI, 6, p. 145.)

Para construir afirmações universais e necessárias sobre os fenômenos, para poder saber-lhes as causas (ou seja, para construir conhecimento científico), Aristóteles afirmava ser necessário, em primeiro lugar, descobrir as qualidades essenciais das coisas — seus atributos. Para conhecer os atributos, supunha necessário o uso dos órgãos dos sentidos, a observação de fenômenos singulares. A partir daí, era então possível construir, por raciocínio indutivo, asserções universais e necessárias sobre os fenômenos — construir conceitos, base de toda a ciência, e que deveriam, necessariamente, corresponder à realidade. O que possibilitava ao homem ascender, por via indutiva, da observação e classificação dos fenômenos (pelas quais se fazia asserções particulares) para conceitos e afirmações necessárias e universais sobre os seres, era uma faculdade natural humana — a razão intuitiva.

Este era o ponto de partida de todo conhecimento certo porque apenas a razão intuitiva permitia ao homem apreender os primeiros princípios que eram a base de todo conhecimento verdadeiro. Em relação à matemática, por exemplo, Aristóteles afirmava: "A matemática, constituídos os princípios, forma a sua teoria em torno de uma parte de sua matéria própria como linhas, ângulos inúmeros e quaisquer das outras quantidades considerando a cada uma delas, não enquanto entes mas como contínuos..." (*Metafísica,* XI, 4, 1061, em Mondolfo, 1967, p. 21.) Tais princípios referiam-se àqueles que eram próprios de cada ciência particular e referiam-se, também, aos princípios da demonstração, dos quais o mais importante era, sem dúvida o princípio da identidade — "é impossível que cada coisa seja ou não seja ao mesmo tempo; e todas as outras proposições do mesmo gênero". (*Metafísica,* III, 2, 996, em Mondolfo, 1967, p. 21.) Para Aristóteles, tais princípios, como já foi dito, não eram passíveis de demonstração: "De tais princípios, por si mesmos, não se dá demonstração... Pois não é possível derivar o raciocínio demonstrativo (silogismo) de algum princípio mais certo do que ele mesmo (princípio de demonstrar): o que seria necessário, se fosse possível dar uma demonstração em sentido próprio." (*Metafísica,* XI, 5, 1061, em Mondolfo, 1967, p. 24.)

Tendo como base estes princípios, tanto os particulares a cada ciência, como os princípios que se referiam ao raciocínio demonstrativo, a ciência buscava estabelecer demonstrativamente definições: "A definição concerne ao que uma coisa é e a sua essência." (*Analíticos posteriores* II; 3, 90, em Mondolfo, 1967, p. 23.) "Uma definição é uma frase que significa a essência de uma coisa." (*Tópicos,* I, 5, 102a.) O conhecimento científico era, portanto, o conhecimento de universais (como para Sócrates e Platão). Os universais referiam-se à forma, àquilo que definia os fenômenos porque lhes emprestava a um só tempo singularidade (a possibilidade de diferenciá-lo de outros fenômenos) e generalidade (a possibilidade de reconhecê-lo sempre). Como conhecimento do atributo essencial, o conhecimento científico referia-se ao conhecimento de verdades imutáveis, que constituíam os próprios fenômenos. (Aqui, mais uma vez, Aristóteles afastava-se de Platão, para quem a essência também existia e era objeto do conhecimento, mas era, de certa forma, exterior ao próprio fenômeno.)

Apenas porque o homem (diferentemente de Deus que tudo apreendia intuitivamente) não era perfeito, necessitava, para produzir conhecimento, usar de sua razão demonstrativa. O problema de como os homens chegavam a descoberta de universais tornou-se assim, uma preocupação central de Aristóteles. Sobre isto afirma: "A indução é o ponto de partida que o próprio conhecimento do universal pressupõe, enquanto o silogismo procede dos universais. Existem, assim, pontos de partida de onde procede o silogismo e que não são alcançados por este. Logo, é por indução que são adquiridos." (Ética a Nicômaco, VI, p. 143.) Para Aristóteles, portanto, duas vias de raciocínio eram indispensáveis à obtenção de conhecimento científico (estabelecimento de conceitos, de universais): a indução e a dedução (o silogismo).

A indução (...) "é a passagem dos individuais aos universais, por exemplo, o argumento seguinte: supondo-se que o piloto adestrado seja o mais eficiente, e da mesma forma o auriga adestrado, segue-se que, de um modo geral, o homem adestrado é o melhor na sua profissão. A indução é, dos dois |indução e dedução|, a mais convincente e a mais clara; apreende-se mais facilmente pelo uso dos sentidos e é aplicável à grande massa dos homens" (...). (*Tópicos* I, 12.)

Para Aristóteles, a indução não passava, no entanto, de um estágio inicial e preparatório do conhecimento científico, que permitia que se pudesse estabelecer, a partir do exame de casos particulares, uma regra geral que fosse válida para casos não examinados. Neste primeiro momento de elaboração do conhecimento científico, pelo raciocínio indutivo, a partir de observações, atingia-se uma definição, que deveria ser válida para todos os casos, observados e não-observados. O primeiro passo de cada ciência, para Aristóteles, consistia no estabelecimento destas definições. De posse destas verdades era possível e imprescindível proceder à dedução (ao silogismo), à demonstração, onde se concluia, a partir de duas verdades, necessariamente uma terceira verdade. A partir de princípios gerais respondia-se, assim, também à questão de porque tais princípios eram verdadeiros. Pelo silogismo, pela dedução, não apenas somavam-se afirmações gerais, mas também demonstrava-se sua validade (...) "as demonstrações propõem supor o que é uma coisa" (...) "A definição, pois, declara o que uma coisa é, e a demonstração, porque é ou não é |verdadeira| uma determinada coisa." (*Analíticos posteriores* II, 3, 90, em Mondolfo, 1967a, p. 23.) Era o raciocínio demonstrativo, a dedução, portanto, que se constituía na via de raciocínio mais importante para a construção do conhecimento científico. A dedução, o silogismo é que permitia ao homem chegar a verdades e explicá-las.

"O silogismo é um discurso em que, estabelecidas algumas coisas (premissas) se deriva necessariamente algo diferente das premissas estabelecidas [conclusão], pelo fato mesmo de que elas são. Digo pelo fato de que elas são, no sentido de que delas se deriva a conclusão: e digo que delas se deriva, no sentido de que não é necessário nenhum termo estranho para que se tenha necessidade (da conclusão)" (*Analíticos primeiros* I, 24; em Mondolfo, 1967, p. 23.) O silogismo permitia estabelecer critérios claros, explícitos e específicos, ou seja, normas que garantiam a correção do raciocínio. Pelo silogismo era possível atribuir um conceito — os atributos de um Ser particular — pelo silogismo era possível descobrir a causa deste Ser. O silogismo não tratava do conteúdo do que se afirmava. A dedução, desde que baseada em princípios gerais verdadeiros (e a ciência sempre deveria basear-se em princípios verdadeiros), levaria a conclusões também verdadeiras, desde que se seguisse as regras formais estabelecidas para este tipo de raciocínio. Ao mesmo tempo, para Aristóteles, apenas pela dedução, pelo silogismo, era possível demonstrar verdades sobre o Ser e atingir o ideal de conhecimento científico, porque apenas pela dedução era possível articular definições e princípios e assim ascender a afirmações sobre o que é um fenômeno e quais as suas causas. Com essas concepções, mais uma vez Aristóteles afastava-se de Platão. A dialética deixava de ser o método de obtenção de conhecimento científico para converter-se em exercício introdutório deste processo.

Ao descrever desta maneira o processo de obtenção de conhecimento científico e ao propor estas vias para sua consecução, Aristóteles não excluía deste processo a observação, assim como não excluía a indução, o que é indicativo de uma menor desconfiança, por parte de Aristóteles, dos dados sensíveis. No entanto, indubitavelmente, Aristóteles atribuía muito maior importância e considerava como fundamental não a experiência, mas o raciocínio, e como forma de raciocínio não a indução, mas a dedução por silogismo. O conhecimento científico e cada ciência particular assumiam, assim, o caráter de um conhecimento de verdades demonstradas. A preocupação central na construção de conhecimento passava a ser a correção lógica do raciocínio empregado, embora Aristóteles não tenha perdido de vista a noção de que as verdades afirmadas pelas ciências deviam ser verdades que se referissem aos fenômenos tal como realmente são.

Finalmente vale ressaltar alguns aspectos referentes à concepção aristotélica de sociedade. Aristóteles discordava, entre outras coisas, da organização econômica da cidade-Estado ateniense do seu tempo, voltada para o comércio e intercâmbio com o exterior, que, segundo ele, mantinha a cidade dependente e levava às guerras. Propunha que a cidade se organizasse em torno de uma economia natural, que devia basear-se na família, o que tornaria a cidade auto-suficiente na produção de bens agrícolas e de outros bens (*oicós* significa família, daí a palavra economia). Discordava, ainda, das concepções mais alargadas de cidadania e propunha restringir o estatuto de cidadão àqueles indivíduos completamente liberados de todo trabalho manual, não entrando nesta categoria os artesãos e os lavradores. Apenas aos cidadãos estava reservada a prática da virtude, que precisava ser exercitada para que se desenvolvesse a política. O trabalho manual devia ser executado por escravos completamente submetidos a seus senhores. Os escravos eram vistos como possuidores de almas diferentes — aptos ao trabalho e à servidão —, e a concepção de espécies fixas justificava a possibilidade de se manter indefinidamente tal estrutura. Assim como a concepção aristotélica de conhecimento como um conjunto de verdades imutáveis demonstradas (e neste sentido quase reveladas), sua concepção de sociedade traz a marca da contemplação de algo que não deve ser submetido a transformações, de algo que é e que deve permanecer como tal para que se mantenha o equilíbrio já existente. A concepção de hierarquia de Aristóteles — presente em sua concepção de mundo, de universo e de conhecimento — manifesta-se também aqui e é usada para defender a divisão, que pregava, entre trabalho manual e intelectual:

"Com efeito, os empíricos sabem 'o quê' mas não 'o porquê'; ao passo que os outros sabem o 'porquê' e a causa. Por isso, nós pensamos que os mestres-de-obras, em todas as coisas, são mais apreciáveis e sabem mais que os operários, pois conhecem as causas do que se faz, enquanto estes, à semelhança de certos seres inanimados, agem, mas sem saberem o que fazem, tal como o fogo (quando) queima. Os seres inanimados executam, portanto, cada uma das suas funções em virtude de uma certa natureza que lhes é própria, e os mestres pelo hábito. Não são, portanto, mais sábios os (mestres) por terem aptidão prática, mas pelo fato de possuírem a teoria e conhecerem as causas." (*Metafísica,* A, I, 7 e 8.)

Ao analisar as diferentes propostas de constituição para a *pólis* grega, mais uma vez Aristóteles anunciava sua visão social e política, e mais uma vez percebe-se a relação desta visão com sua concepção mais ampla de mundo: "Existem três espécies de constituição e igual número de desvios — perversões daquelas, por assim dizer. As constituições são a monarquia, a aristocracia, e em terceiro lugar a que se baseia na posse de bens e que seria talvez apropriado chamar timocracia, embora a maioria lhe chame governo do povo. A melhor delas é a monarquia, e a pior é a timocracia.

O desvio da monarquia é a tirania, pois que ambas são formadas de governo de um só homem, mas há entre elas a maior diferença possível. O tirano visa à sua própria vantagem, o rei à vantagem de seus súditos. Com efeito, um homem não é rei a menos que baste a si mesmo e supere os seus súditos em todas as boas coisas. Ora, um homem em tais condições de mais nada precisa, e por isso não olhará aos seus interesses, mas aos de seus súditos; pois o rei que assim não for terá da realeza apenas o título. Ora, a tirania é o contrário exato de tudo isso: o tirano visa ao seu próprio bem. E é evidente ser esta a pior forma de desvio, pois o contrário do melhor é que é o pior.

A monarquia degenera em tirania, que é a forma pervertida do governo de um só homem, e o mau rei converte-se em tirano. A aristocracia, por seu lado, degenera em oligarquia pela ruindade dos governantes, que distribuem sem eqüidade o que pertence ao Estado — todas ou a maior parte das coisas boas para si mesmo, e os cargos públicos sempre para as mesmas pessoas, olhando acima de tudo a riqueza; e destarte os governantes são poucos e maus, em lugar de serem os mais dignos.

A timocracia, por seu lado, degenera em democracia. Ambas são co-extensivas, já que a própria timocracia tem como ideal o governo da maioria, e os que não têm posses são contados como iguais aos outros. A democracia é a menos má das três espécies de perversão, pois no seu caso a forma de constituição não apresenta mais que um ligeiro desvio.

São estas, pois, as mudanças a que estão mais sujeitas as constituições, e estas as transições menores e mais fáceis.

Podem ser encontradas analogias das constituições e, por assim dizer, modelos delas nas próprias famílias. Com efeito, a associação de um pai com seus filhos tem a forma da monarquia, visto que o pai zela pelos filhos. Aí está por que Homero chama a Zeus de 'pai'; e o ideal da monarquia é ser uma forma paternal de governo. Entre os persas, no entanto, o governo dos pais é tirânico, pois ali os pais usam os filhos como escravos. Tirânico, igualmente, é o governo dos amos sobre os escravos, em que a única coisa que se tem em vista é a vantagem dos primeiros. Ora, esta parece ser uma forma correta de governo, mas o tipo persa é pervertido, uma vez que diferentes são as modalidades de governo apropriadas a relações diferentes.

A associação entre marido e mulher parece ser aristocrática, já que o homem governa como convém ao seu valor, mas deixa a cargo da esposa os assuntos que pertencem a uma mulher. Se o homem governa tudo, a relação degenera em oligarquia, pois ao proceder assim ele não age de acordo com o valor respectivo de cada sexo, nem governa em virtude de sua superioridade. Às vezes, no entanto, são as mulheres que governam, por serem herdeiras; e assim o seu governo não se baseia na excelência, mas na riqueza e no poder, como acontece nas oligarquias.

A associação de irmãos assemelha-se à timocracia, porquanto eles são iguais, salvo na medida em que haja diferença de idades; e por isso, quando diferem muito em idade, a amizade já não é do tipo fraternal. A democracia é encontrada sobretudo nas famílias acéfalas (onde, por conseguinte, todos se encontram num nível de igualdade), e naquelas em que o chefe é fraco e todos têm licença de agir como entenderem." (*Ética a Nicômaco,* VIII, 10, pp. 189, 190.)

As propostas políticas de Aristóteles, que se caracterizam por seu conservadorismo, parecem refletir o momento histórico em que viveu, um momento de muita conturbação e em que a defesa da ordem poderia significar a conservação de toda uma sociedade; mas, indubitavelmente, refletem também sua concepção mais geral de mundo e de conhecimento. Também aqui estão presentes uma visão estática, hierarquizada e teleológica.

A influência de Aristóteles não foi importante apenas no período imediatamente posterior a ele — embora possivelmente tenha sido importante no desenvolvimento de atividades como as do Museu de Alexandria. Por muitos séculos, até o Renascimento, sua visão de mundo, suas explicações e sua proposta metodológica imperaram como modelo de ciência. Sua influência é vista por muitos como tendo sido desastrosa e como tendo servido de freio a novas e mais corretas concepções e explicações.

No entanto, indiscutivelmente, Aristóteles foi responsável por um imenso avanço na discussão do processo de conhecimento. Ao abordar problemas que são centrais à construção do conhecimento científico, como a lógica, e ao construir um sistema capaz de abarcar uma explicação do mundo físico, do homem e um método de obtenção do conhecimento, Aristóteles construiu um paradigma, um sistema, capaz de dar conta de todas as áreas do conhecimento. Mesmo que tal referencial implicasse uma concepção de ciência contemplativa, de método como atividade quase exclusivamente teórica de conhecimento, como algo que se refere a um mundo acabado, fechado e finito, de verdades imutáveis; tal paradigma caracterizou-se por se constituir na forma mais acabada de pensamento racional que o mundo grego foi capaz de elaborar.

CAPÍTULO 4

O MUNDO EXIGE UMA NOVA RACIONALIDADE, ROMPE-SE A UNIDADE DO SABER

PERÍODO HELENÍSTICO

O período *clássico,* no seu final, foi marcado por conturbações relacionadas a um conjunto de aspectos: a luta entre as cidades-Estado gregas pela hegemonia; o confronto entre partidários da unificação da Grécia e partidários da autonomia da *pólis;* a necessidade de defesa contra invasões externas; e todos estes aspectos, permeados pela disputa entre os partidos Democrático e Aristocrático. Possivelmente, aproveitando-se destas conturbações, Filipe II invadiu o território grego e, em 338 a.C. derrotou os gregos na batalha de Queronéia. O domínio macedônico encontrou apoio entre os próprios gregos, tanto entre a aristocracia preocupada com a manutenção da propriedade e do regime escravista, como entre aqueles que viam no domínio macedônico a possibilidade de unificar a Grécia, tornando-a, assim, capaz de enfrentar os persas.

O domínio do território grego e a expansão do império macedônico continuou, a partir de 336 a.C., com Alexandre, filho e sucessor de Filipe II. Com a morte de Alexandre, em 323 a.C., a disputa entre seus generais dividiu o império em três reinos principais que se mantiveram em luta com o objetivo de estender seu domínio territorial. Ptolomeu conseguiu o domínio do Egito, Arábia e Palestina; os sucessores de Antígono, o domínio da Macedônia e do território grego; e Seleuco o domínio da Síria, Mesopotâmia e Ásia Menor.

A expansão do império macedônico e seu domínio sobre a Grécia deram origem ao chamado período helenístico. Assistiu-se neste período à fusão da cultura grega com a oriental; a cultura grega expandiu-se para o Oriente e recebeu elementos da cultura oriental.

Essa fusão, que gerou a cultura helenística, marcou-se fundamentalmente por uma certa descaracterização da *pólis* grega, uma vez que, como parte de um império, deixou de ser centro de decisões políticas, apesar de manter-se como centro econômico e administrativo. Difundiu-se por todo o império macedônico a noção de que um homem — o monarca — devia centralizar o poder, tomar as decisões, garantir a ordem. A este monarca atribuía-se caráter divino e prestava-se culto. Esta centralização do poder favorecia e era compatível com os interesses da aristocracia, especialmente no que se referia à manutenção da propriedade privada e ao fortalecimento da estrutura escravista. No entanto, nas cidades gregas manteve-se por um longo período, especialmente após a morte de Alexandre, um acirrado embate interno e externo na luta pela manutenção de sua liberdade e autonomia políticas, e como em períodos anteriores, estes conflitos envolveram sempre o confronto entre os democratas e aristocratas destas cidades. A expansão do império macedônico levou também à criação de novos centros econômicos e administrativos à fundação de novas cidades, como Alexandria, que gradualmente passaram a ocupar papel relevante não apenas do ponto de vista econômico e administrativo, mas também cultural e político.

Foi neste período, que, talvez pela primeira vez, assistiu-se à separação entre ciência e filosofia. Paralelamente ao desenvolvimento da filosofia e de certa maneira independentemente desta, ocorre neste período uma larga produção de conhecimento científico. Mesmo os centros de difusão foram diferenciados, como mostra o desenvolvimento de diferentes escolas filosóficas, concentradas em Atenas; e o desenvolvimento das ciências em Alexandria.

As escolas filosóficas, neste período, caracterizaram-se por abandonar a preocupação com a política e com a cidade e voltaram-se para o indivíduo. Havia uma forte preocupação com a salvação e a felicidade que passaram a ser vistas como possíveis de serem obtidas de forma individual e subjetiva, através de conjuntos de regras morais. O estabelecimento destas regras foi o grande objetivo dos diferentes movimentos filosóficos deste período dentre os quais três são, aqui destacados — o estoicismo, o epicurismo e o ceticismo.

O ESTOICISMO

"Deves sempre lembrar qual a natureza do universo, qual a minha, qual a relação entre esta e aquela, qual parte sou de qual universo e que ninguém te impede de fazer e dizer o que é conseqüência da natureza de que és parte."

(Marco Aurélio)

O estoicismo se desenvolveu a partir de Zenão de Cicio (322-264 a.C., aproximadamente), fundador da escola; Cleanto de Assos (264-232 a.C., aprox.) e Crisipo (232-04 a.C., aprox.). As concepções que tais pensadores tinham acerca do mundo, do homem e do processo de produção de conhecimento, são conhecidas basicamente através de seus seguidores: Sêneca (início da era cristã — 65 d.C.), Epicteto (50-125 ou 130 d.C.) e Marco Aurélio (121-180 d.C.), imperador em 161 d.C., propagadores do estoicismo que deixaram uma obra escrita.

Estes pensadores desenvolveram conhecimentos sobre a lógica, a física e a moral, e procuraram dar uma unidade a estas três áreas; tal unidade, que caracterizou toda a sua forma de pensar foi a marca de sua filosofia. Os estóicos acreditavam existir uma íntima relação entre as três partes da filosofia de tal forma que nenhuma poderia ser entendida sem outra.

Uma primeira manifestação desta unidade expressou-se na relação que propuseram entre Deus e o universo. Deus não era visto como um ente separado do universo; ao contrário, universo e Deus estavam em íntima relação: todas as coisas expressavam a presença de Deus; poder-se-ia dizer que Deus era o próprio cosmos. Tudo o que acontecia neste universo expressava, assim, sempre uma racionalidade imanente a ele.

A unidade a indissolubilidade do cosmos eram mantidas através do *pneuma,* uma espécie de sopro vital, que pela tensão garantiria que as partes do universo se mantivessem juntas e que cada ser mantivesse sua individualidade. A noção deste sopro vital — que manteria íntegros o universo e todos os fenômenos nele presentes — não implicou imobilidade e imutabilidade do mundo; ao contrário, os estóicos viam o universo como algo em constante movimento, em movimento livre (próprio do fenômeno que se movimenta) e não uniforme. Bréhier (1978), ao caracterizar a astronomia estóica, exemplifica esta concepção: (. . .) "cada planeta, feito de fogo concentrado, segue seu curso, livre e independente, sob a direção de sua própria alma, e descreve no céu movimentos não uniformes" (p. 51). Este tipo de movimento — livre e não uniforme — não significava o caos, mas simplesmente era a expressão da unidade do universo, a manifestação de sua racionalidade; já que era esta racionalidade imanente do universo que dava, por assim dizer, significado a coisas aparentemente incoerentes.

O processo de produção do conhecimento consistia em eliminar o irracional, supunha que tanto no comportamento humano como na natureza só a razão atuava. Este racionalismo não eliminava o dado sensível, como propunha Platão, ao contrário se impunha ao sensível. "Não se registra progresso algum do sensível ao racional, porque não há diferença entre um e outro." (Bréhier, 1978, p. 41.) Os estóicos imaginavam que o processo de conhecimento originava-se sempre das coisas sensíveis. Estas se imprimiam na alma dos homens provocando, assim a partir de objetos reais, as representações ou imagens desses objetos. Tais representações eram aceitas ou não pelos homens; quando aceitas dizia-se que a alma deu assentimento, que é voluntário, e se estas representações fossem corretas chegar-se-ia à compreensão (ou percepção) do objeto." É de se notar que |a alma|, neste caso, não se contenta em ter a imagem do objeto, mas o apreende de imediato e com integral certeza. Capta não a imagem das coisas, mas as próprias coisas." (Bréhier, 1978, p. 42.) Esta captação fiel constituía o critério de verdade. Era o conjunto de percepções (relacionamento delas) e a coerência que estas adquiriam o que se chamava conhecimento. Segundo Bréhier (1978), para os estóicos: "O conhecimento é a percepção segura porque é total, o que significa dizer que é sistemático e racional (...)" "Não se pode senão abstrair, juntar, compor, transpor, sem jamais abandonar os dados sensíveis." (pp. 45-46)

Além das coisas sensíveis, havia o que se podia dizer ou expressar pela linguagem. Para os estóicos a dialética se referia a enunciados das coisas, não às próprias coisas. Assumiam, assim, como distintas a representação do fenômeno expressa através da linguagem e os fenômenos em si mesmos.

De sua preocupação com os fenômenos da natureza e com a especificidade da linguagem, de sua concepção de mundo unitário enquanto totalidade, mas diverso na forma como expressavam-se as individualidades, e da sua preocupação com a explicação sistemática deste universo e de seus fenômenos, foi que, possivelmente, surgiu uma preocupação com a lógica como forma de exprimir esta racionalidade. Uma preocupação marcada pelo entendimento de que esta lógica devia servir não apenas para exprimir esta ordem mais geral do universo, mas também devia ser capaz de exprimir e permitir o raciocínio sobre os fenômenos particulares, que neste sistema eram tão importantes quanto as concepções abstratas mais gerais. É neste sentido que a lógica dos estóicos assumia como elemento mínimo e primordial a proposição — que deve conter sempre sujeito e predicado — e não o termo (como assumia Aristóteles), já que este expressava um conceito universal e abstrato, mas não um fato que envolvia um fenômeno, sua ação, sua qualidade, enfim seu destino. O que não impedia que a lógica continuasse sendo um instrumento pelo qual se estabelecia relações entre asserções, um instrumento de linguagem que expressava operações formais de raciocínio, e, neste sentido, não se referia a fatos.

O homem era, para os estóicos, parte do universo e neste sentido parte da ordem natural deste universo. Em sua vida almejava ou devia almejar o bem que era a preservação desta ordem natural, a qual era do mundo e dele mesmo enquanto homem. Tudo era regido, assim, por uma racionalidade, e o reconhecimento dela, embora difícil, devia ser garantia do Bem na vida humana. Era por via da vontade, e de uma vontade guiada pela razão, que o homem podia eliminar suas paixões, tendo como critério aquilo que era a ordem natural da sua vida — seu destino — segui-lo e assim alcançar o Bem e a virtude. O destino de cada Ser, que fazia parte do destino do Universo, devia, assim, ser compreendido e conhecido mas jamais alterado. Era a tentativa do conhecimento destes destinos, a sua aceitação e a proposta de uma vida em conformidade com estes que devia ser almejada pelos homens, que jamais deveriam sucumbir às contingências e paixões da vida.

A partir daí, pode-se compreender porque para os estóicos, mesmo o que aparece para um homem individual como injusto ou doloroso devia ser aceito, porque se inserido e compreendido dentro da ordem mais geral do universo, então, tornar-se-ia claro sua justiça. Compreende-se, assim, porque os estóicos constituíram uma ética e um conjunto de normas de conduta que valorizavam o consentimento e a resignação.

EPICURISMO

> **"O essencial para a nossa felicidade é a nossa condição íntima: e desta somos nós os amos."**
>
> **(Epicuro)**

Epicuro (341-270 a.C. aprox.) passou sua juventude em Samos viveu a partir de 232 a.C. em Atenas. Teve vários discípulos, entre eles Lucrécio (96-55 a.C. aprox.), propagador do epicurismo em Roma.

Os epicuristas preocupavam-se em buscar explicações para os fenômenos do mundo e para crenças humanas, de forma a torná-los compreensíveis e conhecidos. Esta busca era guiada pelo maior objetivo da filosofia epicurista — afastar os temores que assolam o homem. Em um mundo permeado de violência, insegurança e intranqüilidade, como era a Grécia de então, é perfeitamente compreensível que uma corrente filosófica se coloque tal objetivo. E mais, em tal mundo, em que as instituições sociais e políticas já não eram confiáveis, as soluções pareciam só poder existir a partir *do,* e *no* indivíduo. Nesta busca de respostas aos problemas humanos, onde o homem era concebido como sujeito único e absolutamente individual, epicurismo e estoicismo encontram-se.

Os epicuristas desenvolveram uma física na qual buscavam explicações materiais e concretas para o mundo e sua origem, aproximando-se, assim, dos jônios e afastando-se dos estóicos, já que não viam em uma entidade abstrata — um Deus — ou em um destino explicação para qualquer fenômeno.

Para os epicuristas, o universo — na sua origem, nas suas causas, ou no seu funcionamento — independia completamente de Deus ou dos deuses. Não negavam a existência de Deus, mas prescindiam dele para explicar o mundo físico, o universo ou o homem. Supunham que os destinos dos homens e do mundo não eram preocupações dos deuses que apenas existiam, em perfeita paz e em eterna contemplação.

Com os epicuristas ressurgia a teoria atômica de Leucipo e Demócrito, já que se utilizavam desta teoria para explicar o universo. O mundo era finito, havendo a possibilidade de existirem outros mundos. Os corpos e seres do universo eram compostos de átomos que se juntavam, em última instância, devido ao acaso. Estes átomos que diferiam em tamanho, forma e peso movimentavam-se no vácuo segundo uma velocidade constante, e sempre numa mesma direção — para baixo. (No enunciado desta explicação está a razão porque alguns dizem que os epicuristas explicavam o movimento dos átomos segundo a gravidade.) Tais átomos encontravam-se, compondo-se e dando origem a todos os diferentes seres e fenômenos do universo, porque eventualmente deslocavam-se de suas rotas. Um deslocamento ínfimo, para o qual os epicuristas não tinham explicação, que implicava choques e que levava à formação de todas as coisas. Esta concepção levava à noção de que não havia apenas um universo, de que este não era imóvel.

Para os epicuristas o conhecimento era fruto da sensação, a sensação era obtida pelo contato com os fenômenos — emanava dos objetos reais e existentes, para ser reconhecida pelo homem. Supunham que os objetos emanavam fluidos, simulacros, que eram reconhecidos pelos sentidos, de forma que as sensações eram sempre corretas. Tais fluidos sofriam alterações no tempo e espaço, durante seu deslocamento até atingirem os sentidos humanos, o que eventualmente levava o homem a ter sensações diferentes entre si, sobre um mesmo objeto. Acreditavam que as chamadas pré-noções não passavam, por assim dizer, da expectativa, criada por sensações anteriores, de se obter determinadas sensações diante de determinados objetos. Eram, assim, na realidade, fruto de sensações anteriores, não podendo ser concebidas como inatas. Acreditavam, outrossim, que tais noções eram necessárias ao homem para que pudesse acumular experiências e seus conhecimentos. Com este processo explicavam também a percepção de objetos invisíveis (que só eram assim considerados por emitirem fluidos tão tênues que os tornavam invisíveis) e, até mesmo, de noções tão abstratas como a de Deus. Desta forma, o processo envolvido, na apreensão de coisas visíveis e invisíveis não era qualitativamente diferente, já que todos os fenômenos eram igualmente compostos de átomos.

Esta maneira de conceber a possibilidade do homem conhecer implicava o reconhecimento de que todos os fenômenos existentes, apesar de aparentemente diferenciados (abstratos ou concretos, visíveis ou invisíveis), eram, na realidade, semelhantes — porque compostos de átomos — e podiam ser conhecidos. Implicava, também, o reconhecimento de que a explicação de qualquer evento ou fenômeno devia referir-se a causas ou processos naturais. Era com base nesta concepção, que, para os epicuristas, a explicação dos fenômenos, o conhecimento de como operavam e de suas causas, afastaria do homem os temores e lhes traria prazer.

Tal como os estóicos, os epicuristas preservavam e buscavam unidade entre sua concepção de física, de conhecimento e de homem. Afirmavam o homem como um ser livre e esta noção de liberdade humana estava intimamente associada à noção de que os átomos desviavam-se de suas rotas. Da mesma forma que não havia um destino pré-fixado para os homens — um destino traçado por Deus, por qualquer entidade ou mesmo por outros homens. Opunham-se, aqui, radicalmente aos estóicos, por não assumir a existência de um destino (inserido numa racionalidade universal) a ser respeitado ou temido pelos homens.

Também associada a esta concepção natural dos homens e do universo, desenvolveram a noção de que os homens buscavam, e deviam fazê-lo, o prazer. O prazer significava um estado de equilíbrio, um estado em que o homem não sentisse necessidades tais como sede ou fome. Afirmavam que em tal estado o homem teria suprimido, pela satisfação de uma necessidade, a dor, e assim, restabelecido o equilíbrio do corpo e obtido repouso.

Para os epicuristas, os homens deviam buscar o prazer de forma racional e reflexiva, o que quer dizer que deviam buscar a satisfação de necessidades que podiam ser satisfeitas e que eram insuprimíveis, e não de quaisquer outras. Com o estabelecimento deste critério, os epicuristas pensavam evitar a confusão entre o que era prazer real e verdadeiro — a satisfação de necessidades de outra maneira insuprimíveis — e prazer aparente — a satisfação de necessidades que num primeiro momento podiam trazer prazer, mas que levavam à dor. Ao mesmo tempo, criavam uma ética baseada na noção de que o prazer estava associado, de um lado, à satisfação de necessidades naturais, o que os distanciava da noção de que buscavam a volúpia, o luxo etc., e, de outro, a evitar a dor, a suprimir, mais do que a acrescentar.

Esta concepção do prazer-dor (prazer e dor eram indissociáveis, ou suprimia-se uma dor obtendo-se prazer ou chegava-se à dor pela obtenção de alguns prazeres) parece levar a estabelecer os critérios, chamados por eles de racionais, de que prazeres buscar, critérios que acabavam aproximando o homem da natureza. Por isto, pode-se dizer que além de uma concepção natural de homem, os epicuristas tinham uma visão naturalista de homem. Por isso, também, pode-se compreender a sua ética, como uma ética da simplicidade, e pode-se compreender o seu afastamento da vida pública, da vida política, e a sua defesa de que cada homem, livre como era, era livre para escolher sua vida e seu prazer, que acabava sempre por ser determinado pelo seu ser individual, mas que, como ser natural que era, encontrava na própria natureza os critérios que regulavam sua vida.

Portanto, sábios eram, para os epicuristas, aqueles homens que exercitavam e viviam sob esta ética, que assim, não se afastavam da natureza, que buscavam na simplicidade de seus prazeres verdadeiros sua felicidade, e que nesta simplicidade a encontravam.

O prazer e a felicidade eram encontrados, portanto, durante a vida dos homens, e mais uma vez coerentes com sua concepção natural e naturalista, os epicuristas afirmavam que a alma humana que animava a vida, mas que da mesma maneira que o corpo era composta de tomos, desintegrava-se junto com o corpo; e com isso afastavam o último e talvez o mais intocável dos medos, o medo da morte.

CETICISMO

> "O mesmo contraste aparece na natureza; os pintores admitem que os movimentos e pregas do rosto de quem chora se assemelham aos de quem ri. E, com efeito, contemplai um quadro antes que o pintor tenha acabado de dizer sequer que seu personagem chore ou ria: não sabereis ao certo o que vai exprimir: o riso confina com a lágrima."
>
> (Montaigne)

Atribui-se a Pirron (365-275 a.C., aprox.) nascido em Eléia, a origem desta forma de pensamento. Pirron nada escreveu e tudo que dele se sabe, ou a ele se atribui, provém de seu discípulo Tímon.

A preocupação fundamental do ceticismo referia-se à possibilidade de produção do conhecimento. Pirron afirmava que não se podia conhecer o mundo, ou dele ter opiniões porque todas as coisas eram iguais e instáveis. Iguais, porque cada coisa era ela mesma, tinha existência própria e mantinha sua individualidade. Instáveis, porque delas não se percebia o que eram na realidade, mas só aquilo que cada homem era capaz de apreender, apreensão que variava entre os homens e situações, o que a tornava completamente subjetiva. Por isto não se podia descobrir ou discutir a verdade das coisas, já que estas não podiam ser objetivamente conhecidas.

Associada a esta noção, os céticos propunham que os homens deviam — ao assumir a percepção das coisas como instáveis —

deixar de emitir opiniões, de ter crenças e, portanto, de fazer afirmações sobre o mundo. Deviam manter-se em silêncio sobre as coisas do mundo, como condição para eliminar suas perturbações e, assim, atingir o repouso. Aí estava a felicidade humana.

Mais uma vez, uma forma de pensamento deste período, preocupava-se com a busca da felicidade e só a supunha possível a nível individual. No entanto, diferentemente dos estóicos e epicuristas, para os céticos era a impossibilidade de conhecimento objetivo que levasse a um acordo entre os homens, que os dirigia para si mesmos. Enquanto para os seus contemporâneos era o conhecimento — do destino e da racionalidade para os estóicos, da liberdade e do mundo para os epicuristas — que devia e podia trazer a felicidade aos homens, para os céticos era a compreensão da instabilidade do conhecimento e de sua impossibilidade que a traria.

Depois de Pirron, nos séculos subseqüentes, o ceticismo teve vários adeptos e foi associado a diferentes escolas. Entretanto, sempre esteve marcado pela preocupação com a possibilidade do conhecimento e pela negação desta possibilidade. Tal impossibilidade foi vista como decorrência dos próprios fenômenos sobre os quais versa o conhecimento, ou como decorrência do próprio homem, do sujeito do conhecimento, mas esteve sempre presente nesta forma de pensar.

MUSEU DE ALEXANDRIA

O Museu se formou durante o governo dos primeiros ptolomeus — governantes egípcios sucessores de Alexandre — que reinaram entre 305 e 247 a.C.. Durou cerca de seiscentos anos, sendo os dois primeiros séculos os mais importantes. O Museu, originalmente o templo das musas chefiado por um sacerdote, constituiu-se num centro de pesquisa.

Os avanços da ciência, literatura, da medicina eram considerados pelos reis egípcios como parte do tesouro real. Além disso, necessitavam dos conhecimentos produzidos por engenheiros, geógrafos, médicos, técnicos etc., não só para manter suas conquistas (pois a guerra exigia maquinismos cada vez mais complexos), mas também para organizar vastos territórios. A nova organização imperial, que unificou as cidades-Estado, que ampliou mercados e o comércio, difundiu a cultura grega por todo o império, organizou a produção de conhecimento em função de seus interesses e, também, favoreceu o intercâmbio cultural, possibilitando o contato com culturas asiáticas antigas e orientais que influenciaram a produção do Museu em alguns campos do conhecimento.

Tais condições fizeram com que, pela primeira vez na história, uma instituição de caráter científico fosse organizada e financiada pelo Estado; as instituições do período anterior — a Academia e o Liceu — eram organizações pessoais. As condições fornecidas pelo Estado para a produção de conhecimento eram inusitadas: o Museu era dotado de laboratórios de pesquisa, jardins botânicos, zoológicos com animais da Índia e da África, observatório astronômico, salas de dissecação e uma biblioteca — essenciais para o trabalho de pesquisa. Os organizadores da biblioteca pesquisavam todas as línguas e culturas do mundo conhecido, preocupavam-se em sistematizar e compilar todo o conhecimento do mundo; para isto compravam bibliotecas, revistavam os navios mercantes que passavam por Alexandria, buscando livros que copiavam.

O conhecimento produzido no Museu seguia um plano de trabalho. Tal plano, inicialmente, sofreu influências do pensamento aristotélico. E as condições específicas em que se desenvolveu o trabalho no Museu — intervenção do Estado, facilidades financeiras e técnicas — possibilitaram que ele superasse o Liceu. O conhecimento aí produzido terá novas marcas, tanto no que se refere ao conteúdo, explicações, teorias como no desenvolvimento do conhecimento voltado para aplicações técnicas.

O conhecimento produzido no Museu não abordou todas as áreas de conhecimento abarcadas no período clássico, abandonou a preocupação dirigida para o social e concentrou-se na investigação da natureza. No período helenístico, como já foi visto, as explicações para a vida do homem dirigem-se a ele enquanto indivíduo, mesmo porque o cidadão deixou de participar da condução do Estado. As investigações científicas da natureza, principalmente em algumas áreas, tornaram-se importantes para a expansão e organização do império, estabelecendo-se entre ambas uma dependência recíproca, e levando ao desenvolvimento do conhecimento voltado para aplicações técnicas.

A investigação da natureza teve como marca um caráter muito mais especializado que qualquer período anterior, o que segundo Bernal (1975) (...) "refletia em grau muito elevado o isolamento do cidadão grego." (p. 225). O conhecimento se desenvolve em várias ramificações especializadas como a física, astronomia, matemática, medicina, geografia.

Na matemática, Euclides, que viveu em Alexandria na primeira metade do século III a.C., elaborou um compêndio que sistematizou todo o conhecimento matemático produzido até então. *Os Elementos* contém inúmeros teoremas demonstrados por seus precursores, e seu valor está em sistematizar o conhecimento geométrico produzido pelos antigos. Suas proposições são formuladas de forma universal e demonstradas de forma dedutiva, chegando sempre a conclusões a partir de um rigor lógico baseado em axiomas. Estabeleceu cinco postulados referentes à geometria e cinco axiomas de caráter mais geral dos quais deduziu sua geometria (como exemplo de seus axiomas podem ser apontados: duas coisas iguais a uma terceira são iguais entre si; o todo é maior que a soma das partes; se parcelas iguais forem adicionadas a quantidades iguais, os resultados serão iguais, etc.).

Em sua obra tratou da geometria plana — as propriedades das paralelas e perpendiculares, estudou os triângulos —; abordou as relações entre as áreas dos quadrados e dos retângulos, as propriedades dos círculos, dos ângulos inscritos, dos polígonos. Estudou a teoria dos números — aspectos vinculados à determinação do máximo divisor comum e processo de fatoração; estudou os números irracionais; desenvolveu noções sobre geometria no espaço — paralelepípedos, pirâmides, esferas etc.

Sua obra será a base do estudo da geometria até o século XIX, quando parte de seus postulados serão abandonados com a criação das geometrias não euclidianas.

Outros estudiosos se dedicaram ao cálculo e à geometria. Por exemplo, Arquimedes (287-212 a.C.) que desenvolveu e aplicou os método de Eudoxo para determinar o número π, a partir do estudo da relação entre o comprimento da circunferência e o diâmetro, dando início ao cálculo infinitesimal; seus estudos sobre elipse, parábolas, desenvolvidos por Apolônio de Perga (aproximadamente 220 a.C.), serão utilizados por Kepler e Newton para estudar as órbitas dos planetas.

Na física, Arquimedes desenvolveu a mecânica, a estática, hidrostática, propôs os fundamentos da mecânica — definiu os conceitos mecânicos de movimento — uniforme mecânico e circular. Estabeleceu um princípio básico que gera a hidrostática — todo corpo mergulhado num fluido recebe um impulso de baixo para cima igual ao peso do volume do fluido deslocado, a partir do que concluiu que os corpos mais densos que a água imergem, enquanto os menos densos flutuam. Esta força de deslocamento vertical equivale ao peso do fluido que é deslocado por seu volume. Materiais diferentes deslocam volumes de fluidos diferentes — o que lhe permitiu estabelecer com precisão o peso de alguns elementos, como o ouro e a prata.

A partir de tais noções, Arquimedes produziu vários maquinismos como: um planetário que reproduzia todos os movimentos dos corpos celestes, um parafuso para fazer subir a água usado na irrigação e em minas; sistemas de roldanas que possibilitavam deslocar grandes pesos, equipamentos de defesa, etc. Seu trabalho será retomado no Renascimento e estudado por Kepler, Galileu, Torriceli, Pascal e Newton.

Ctesíbio (aproximadamente 285 a 232 a.C.) desenvolveu conhecimentos não só no campo da hidrostática como da pneumática, produzindo vários engenhos à base de ar comprimido. Hero (aproximadamente 100) chegou a construir uma rudimentar máquina a vapor.

Na astronomia, o Museu produziu várias teorias. Destacam-se as de Aristarco de Samos (310-230 a.C.) e Ptolomeu (90-168). Aristarco de Samos foi o primeiro astrônomo a propor o sistema heliocêntrico, ou seja, o Sol no centro e a Terra girando em torno dele. Entretanto, seu sistema foi pouco aceito, pois parecia absurdo por contrariar os dados fornecidos pelos sentidos. Ptolomeu, seguindo as proposições de Aristóteles, adotou o sistema geocêntrico, segundo o qual em torno da Terra giravam Mercúrio, Vênus, Lua, Sol, Marte, Júpiter e Saturno, em círculos perfeitos. A teoria de Ptolomeu foi adotada pelos teólogos medievais, que rejeitavam qualquer teoria que não propusesse a Terra como centro. O sistema ptolomaico foi mantido até o século XV quando Copérnico, retomando as propostas de Aristarco, propõe a Terra como centro, o que foi confirmado por Galileu.

Destaca-se ainda na astronomia Hiparco (190-120 a.C.) que inventou vários instrumentos de observação e fez o primeiro catálogo das estrelas. Vinculada à astronomia, desenvolve-se a geografia. "O problema de construir um mapa é o de relacionar posições astronômicas sobre uma esfera, as linhas imaginárias dos paralelos e meridianos com as posições de cidades, rios e costas, tais como estas são descritas por viajantes e funcionários." (Bernal, 1975, p. 231.) Isto envolvia medir a dimensão da Terra. Eratóstenes de Cirene (275-194 a.C.) encontrou o valor da circunferência da Terra, com um erro de apenas 400 quilômetros, que só foi calculado com maior precisão no século XVIII.

Na medicina, Herófilo, que viveu aproximadamente em 300 a.C., identificou que o cérebro e não o coração era o centro da consciência, identificou o uso clínico da contagem das pulsações, distinguiu nervos motores dos sensoriais. Galeno, que viveu entre 130 e 200, demonstrou que os rins secretam a urina e as artérias contêm o sangue, descreveu o coração e o mecanismo da pequena circulação. Uniu as antigas idéias filosóficas com observações anatômicas de animais e propôs uma explicação que foi adotada pelos teólogos medievais e só contestada no século XVI, segundo a qual a vida psíquica animal e vegetal tem funções diversas, sendo o corpo instrumento da alma e cada organismo constituído segundo um plano lógico estabelecido por um ser superior.

A variedade de temas e assuntos estudados no Museu e o número e variedade de estudiosos que foi capaz de agrupar foi muito grande considerando os padrões da época.

Estes poucos exemplos demonstram a abrangência e os avanços do conhecimento produzido no museu, avanços que permitiram que, em grande parte, estes conhecimentos fossem recuperados pelos principais pensadores da ciência moderna.

O conhecimento produzido no Museu teve como marca seu interesse nas técnicas e a possibilidade de aplicação que parecia abrir. Tais possibilidades abertas pelas explicações dadas e pelos conhecimentos aí produzidos permitiram aos pensadores helênicos conhecer: forças energéticas diferentes da animal, como a energia hidráulica, a pressão do ar, a máquina, etc. Segundo Bernal (1975), "Os conhecimentos e realizações mecânicas da idade helenística eram, em si mesmos, suficientes para produzirem todos os principais mecanismos que deram origem à Revolução Industrial — maquinaria têxtil de condução múltipla e máquina a vapor"... (p. 234).

As aplicações técnicas desenvolvidas a partir do trabalho no Museu — como a construção de portos e instrumentos para bombear água e apagar incêndios, equipamento de guerra, equipamentos de precisão utilizados na pesquisa científica, etc. — adequavam-se às necessidades da época. Entretanto, contrapondo-se a este progresso do conhecimento e a suas aplicações tecnológicas, é marcante o fato de que vários conhecimentos produzidos no Museu permaneceram estéreis, perdidos, inutilizados por vários séculos, ou, pelo menos, seus usos não se generalizaram. A não-concretização das possibilidades contidas nestes conhecimentos foi causada pelas condições sócio-econômicas em que estava inserido.

Magalhães Vilhena (s.d.) aponta como fatores que impediram a utilização generalizada dos conhecimentos a inexistência de necessidades reais e os limites decorrentes do modo de produção escravista. A utilização da máquina a vapor na produção, por exemplo, seria possível, se houvesse um campo receptivo para sua aplicação generalizada que tornasse útil e rentável na produção, se o desenvolvimento das forças produtivas fosse necessário, se a mão-de-obra fosse assalariada. A mão-de-obra escrava tornava sua utilização supérflua. Além disso, o modo de produção escravista gera obstáculos ideológicos que dificultam a busca de novas soluções técnicas para a produção, ou mesmo, a idéia de aplicação.

O trabalho de investigação envolvia também uma contraposição. Ao mesmo tempo que a produção de explicações e técnicas desenvolvia procedimentos de investigação empíricos — como a observação e experimentação —, mantinham-se a valorização do ideal de conhecimento abstrato e a noção de que a base última da ciência, o seu critério de verdade, estava fundado na consistência interna das explicações e no rigor lógico de suas deduções. Euclides, por exemplo, ao acompanhar suas proposições com demonstrações, jamais o fez de forma indutiva e experimental, mas sim de maneira dedutiva, acompanhado de rigor lógico. Arquimedes não valorizava suas máquinas mecânicas, considerava-as acidentais e vulgares, dirigia seus esforços para a produção de um conhecimento puro; à vinculação do Museu aos interesses de Estado fica evidenciada pelo fato de que grande parte das teorias e explicações aí desenvolvidas deram origem a aplicações técnicas voltadas para a execução de ritos religiosos nos quais tais técnicas eram utilizadas para manter a crença popular nos ritos, criando a possibilidade de se associar aos cultos religiosos a impressão da intervenção divina, mantendo, assim, a ideologia religiosa então predominante. Farrington (1961), ao analisar a relação entre ciência e religião, no período alexandrino, nos fornece vários exemplos deste tipo de aplicação: "O princípio do sifão foi aplicado a uma grande variedade de meios engenhosos de fingir a transformação de água em vinho. A água despejada na extremidade de um sistema de sifão transformava-se em vinho, saindo pela outra extremidade. O poder de expansão do ar quente produzia movimentos sobrenaturais. Por exemplo, no altar havia uma câmara de ar contígua ao santuário do deus: quando se queimavam as ofertas no altar, o ar, expandindo-se, abria a porta do santuário impelindo para fora a divindade fazendo-a assim saudar o devoto." (p. 172)

Depois de um período áureo, o Museu entrou em decadência e grande parte do conhecimento aí produzido bem como as possibilidades abertas por ele acabaram por perder-se. Pode-se, conforme sugere Bernal (1979), encontrar a razão para tal acontecimento no fato de que o Museu só foi capaz, como não poderia deixar de sê-lo, de atender às necessidades da classe dominante que o havia instituído. Quando o Estado deixou de patrociná-lo não pôde o Museu persistir. E, além disso, os cientistas que aí trabalhavam fecharam-se num círculo de especialistas que se bastavam a si mesmos, passando a perder-se em discussões e preocupações meramente acadêmicas e específicas e tornando-se, assim, incapazes de atender a outros reclamos.

O conhecimento produzido pelos cientistas helenísticos demonstra a possibilidade de ocorrer uma antecipação do conhecimento em relação às necessidades mais gerais do contexto em que foi produzido. Mas este desajuste pode significar que ele fique despercebido por vários anos, até que necessidades se desenvolvam para sua efetiva aplicação.

REFERÊNCIAS BIBLIOGRÁFICAS

Allan, D. L. *A Filosofia de Aristóteles*. Lisboa, Editora Presença, 1970.

Bernal, J. D. *A Ciência na História*. Lisboa, Livros Horizonte, 1979, vol. 5.

Bernhardt, J. Aristóteles. Em Châtelet, F. (org.). *História da Filosofia*. Lisboa, Publicações Dom Quixote, 1980, vol. I.

———. O Pensamento Pré-Socrático: de Tales aos Sofistas. Em Châtelet, F. (org.). *História da Filosofia*. Rio de Janeiro, Zahar Editores, 1981, vol. I.

Bonnard, A. *Civilização Grega — de Antígona a Sócrates.* Lisboa, Editorial Estúdio Cor, 1968.

Bornheim, G. A. (org.) *Os Filósofos Pré-Socráticos*. São Paulo, Ed. Cultrix. 1967.

Brandão, J. S. *Mitologia Grega*. Petrópolis, Editora Vozes, 1986.

Bréhier, E. *História da Filosofia*. São Paulo, Editora Mestre Jou, 1977, tomo I, vol. I.

———. *História da Filosofia*. São Paulo, Editora Mestre Jou, 1978, tomo I, vol. II.

Brun, J. *Os Pré-Socráticos*. Lisboa, Edições 70, s.d.

Diakov, V. e Kavalev, S. *A História da Antiguidade — a Grécia*. Lisboa, Editorial Estampa, 1976.

Farrington, B. *A Ciência Grega*. São Paulo, Ibrasa, 1961.

Florenzano, M. B. *O Mundo Antigo: Economia e Sociedade*. São Paulo, Editora Brasiliense, 1982.

Glotz, G. *A Cidade Grega*. Rio de Janeiro, Difusão Editorial, 1980.

Granger, G. G. *Que Sais-je? La raison*. Paris, PUF, 1955.

Hirschberger, J. *História da Filosofia na Antiguidade*. São Paulo, Heider, 1969.

Jaeger, W. *Paideia*. São Paulo, Martins Fontes, 1986.

Magalhães, Vilhena, V. *Desarollo Científico, técnico y obstáculos sociales al final de la Antiguidad*. Madri, Editorial Ayoso, s.d.

Mondolfo, R. *O Pensamento Antigo*. São Paulo, Mestre Jou, 1964, vol. I.

———. *O Pensamento Antigo*. São Paulo, Mestre Jou, 1967 (b), vol. II.

Pessanha, J. A. M. (org.); (tradução de Vicenzo Cocco et al.) *Aristóteles*. São Paulo, Abril Cultural, 1979, col. Os Pensadores.

———. (seleção), (traduções de José Cavalcante de Souza et al.). *Platão*. São Paulo, Abril Cultural, 1983, col. Os Pensadores.

Platão. *A República*. São Paulo, Difusão Européia do Livro, 1965.

———. *Timeo*, Buenos Aires, Editora Aguilar, 1971.

Ronan, C. A. *História ilustrada da ciência*. vol. I. Das Origens à Grécia. Rio, Jorge Zahar Editor, 1987.

Souza, J. C. (Selec. e supervisão); (tradução de José Cavalcante et al.) de Souza. *Os Pré-Socráticos*. São Paulo, Abril Cultural, 1985. col. Os Pensadores.

Thomson, G. *Os Primeiros Filósofos*. Lisboa, Editorial Estampa, 1974 (a), vol. I.

Thomson, G. *Os Primeiros Filósofos*. Lisboa, Editorial Estampa, 1974 (b), vol. II.

Vernant, J. P. *Mito e Pensamento entre os Gregos*. São Paulo, Difusão do Livro, Editora da Universidade de São Paulo, 1973.

———. *As origens do Pensamento Grego*. São Paulo, Difusão Editorial, 1981.

Wolff, F. *Sócrates*. São Paulo, Editora Brasiliense, 1984.

BIBLIOGRAFIA CONSULTADA

Aquino, R. S. L., Franco, D. A. Lopes, O. C. *História das Sociedades: das Comunidades Primitivas às Sociedades Medievais*. Rio de Janeiro, Ao Livro Técnico, 1980.

Assis, J. E. P. Lógica. *Em Primeira Filosofia*. São Paulo, Brasiliense, 1984.

Ubuquenque, P. As Filosofias Helenísticas: estoìcismo, epicurismo, cepticismo. Em Châtelet, F. (org.), *História da Filosofia*. Lisboa: Publicações Dom Quixote, 1980, vol. I.

Brun, J. *Sócrates*. Lisboa, Publicações Dom Quixote, 1984.

Bonnard, A. *Civilização Grega — Da Ilíada ao Partenon*. Lisboa, Editorial Estúdio Cor, 1966.

———. *Civilização Grega — De Eurípedes a Alexandria*. Lisboa, Editorial Estúdio Cor, 1972.

Koiré, A. *Introdução a Leitura de Platão*. Lisboa, Editorial Presença, 1984.

PARTE II

A FÉ COMO LIMITE DA RAZÃO: EUROPA MEDIEVAL

CAPÍTULO 5

RELAÇÕES DE SERVIDÃO: EUROPA MEDIEVAL OCIDENTAL

A Idade Média tem, como referência temporal, o período que vai do século V ao XV; alguns autores citam 395 como marco inicial: neste ano ocorreu a divisão do império romano em império romano do Ocidente e império romano do Oriente; o ano de 1453 é visto como marco final: neste ano ocorreu a tomada de Constantinopla, pelos turcos otomanos.

Neste período (séculos V a XV), coexistiram civilizações com organizações econômico-político-sociais diferentes: as civilizações ocidentais, oriundas do antigo império romano do Ocidente; as orientais, oriundas do antigo império romano do Oriente, como é o caso da civilização bizantina e das civilizações orientais que não faziam parte do antigo império romano, como é o caso da civilização muçulmana e das civilizações da Ásia oriental. Dentre as orientais, serão destacadas as civilizações bizantina e muçulmana, por sua contribuição na divulgação de conhecimentos que seriam, posteriormente, assimilados e desenvolvidos pela civilização ocidental. Estas civilizações caracterizam-se por possuir poder centralizado, grande desenvolvimento de cidades, o comércio como uma das principais atividades econômicas e por ter formação étnico-cultural diversificada (grega, síria, egípcia, persa...).

Além disso, nas sociedades orientais, a religião teve papel diferente daquele das sociedades ocidentais. Na civilização bizantina, apesar do predomínio do Cristianismo[1], a religião era alvo de dis-

---

[1] O cristianismo foi declarado religião oficial do antigo império romano em 312.

cussões e debates que a questionavam (o que é demonstrado pelas heresias que surgiram) e a Igreja estava subordinada ao Estado. Na civilização muçulmana, onde predominava o islamismo, a religião possibilitou a coexistência de outras crenças e não teve papel monopolizador do conhecimento — uma vez que este não era produzido apenas por religiosos — tendo um caráter mais prático e utilitário.

Assim, estas civilizações, por suas características econômicas (o comércio era uma atividade bastante desenvolvida), político-institucionais (o poder era centralizado e a Igreja não tinha papel monopolizador) e étnico-culturais (havia diversidade), desenvolveram-se num processo diferente do ocorrido na Europa ocidental.

O contato com outras culturas fez com que as civilizações bizantinas e, principalmente, muçulmana detivessem conhecimentos que, respondendo às necessidades concretas existentes, resultaram no domínio técnico e no desenvolvimento de áreas de conhecimento que na Europa ocidental foram divulgados posteriormente.

É o caso, por exemplo, das técnicas de irrigação, canalização, aclimatação de plantas exóticas, papel, pólvora, imprensa, astrolábio, atrelagem de cavalo, relógio, bússola, leme de popa, muitas destas de procedência chinesa. Desenvolveram-se também conhecimentos matemáticos (geometria, álgebra, trigonometria, equações etc.) nos quais interferiam os conhecimentos dos hindus; conhecimentos na medicina (anatomia e doenças diversas), conhecimentos geográficos (astronomia e cartografia), estes últimos muito estimulados pelo incremento do comércio. Estudos sobre o pensamento grego foram também desenvolvidos, principalmente de Aristóteles que foi por eles traduzido e posteriormente divulgado na Europa ocidental.

Assim, não se pode ver a Idade Média como um todo homogêneo, uma vez que nela coexistiram diferentes organizações sociais. Considerando, no entanto, a amplitude de civilizações e a diversidade de suas características quanto ao modo de produção, limitar-se-á o estudo da produção de conhecimento do período medieval à região ocidental, embora não se deva esquecer a influência das contribuições orientais na sociedade feudal ocidental.

Há que se observar que, no que diz respeito ao modo de produção feudal ocidental, a passagem do escravismo ao feudalismo se deu num processo, isto é, as características essenciais do feudalismo não estavam totalmente presentes no seu início, bem como não permaneceram estáticas durante todo o período. Além disso, a formação do modo de produção feudal em diferentes regiões do

Ocidente se deu em épocas diversas. Didaticamente, no entanto, o modo de produção feudal ocidental será dividido em duas fases: a primeira, que vai do século V ao X, cuja base econômica é fundamentalmente agrícola (período em que se processa a substituição do escravismo pela servidão) e uma segunda, a partir do século XI, onde, além da agricultura, intensifica-se o comércio, período em que o feudalismo já está estruturado.

A seguir, serão abordadas as características do modo de produção feudal, no que diz respeito aos aspectos econômicos, políticos e sociais, assim como em relação ao conhecimento produzido.

FEUDALISMO: COMO TUDO COMEÇOU

Nos séculos III e IV, o império romano está em crise. Algumas condições econômicas, sociais e políticas contribuíram para a gradativa destruição do modo de produção escravista e a constituição dos fundamentos do sistema feudal.

Nestes séculos, com a interrupção da política expansionista, a mão-de-obra escrava, base da economia romana, torna-se dispendiosa e escassa; tendo por base o escravismo, cai a produção agrícola e artesanal, diminuindo o fluxo comercial; o empobrecimento dos pequenos proprietários de terra, já em minoria devido à concentração de terras nas mãos de poucos, torna-se maior em razão dos impostos cobrados pelo Estado; o empobrecimento da população reflete-se nas revoltas sociais internas que assolam a sociedade romana. Todos estes fatores contribuem para a instabilidade do Estado romano e para o enfraquecimento de seu poder. As condições estavam criadas: os grandes proprietários vão se tornando cada vez mais auto-suficientes e independentes.

Visando a afastar-se dos conflitos que freqüentemente assolavam as cidades, os grandes proprietários deslocam-se para suas vilas (propriedades rurais). Aí instalados, começam a arrendar partes de suas grandes propriedades a agricultores livres, que deviam, então, ceder ao proprietário uma parte da produção como forma de pagamento. A terra começa a ser essencial para a sobrevivência dos indivíduos: os proprietários conseguem manter seus privilégios arrendando parte de suas propriedades aos colonos; estes sobrevivem à custa de seu trabalho em terras alheias. Sendo essencial, a terra passa a adquirir um grande valor.

A ruralização iniciada pelos romanos no século III intensifica-se com as invasões dos povos germânicos (denominados "bárbaros" pelos romanos). A partir dessa infiltração, quer pacificamente, quer de forma belicosa, constituem-se os reinos romano-germânicos, nos quais predominam as relações de dependência pessoal. Enquanto no império romano as relações de dependência eram com o Estado, entre os povos germânicos as relações de fidelidade eram pessoais, dando-se entre o chefe do clã e seus companheiros de guerra; estas relações se baseavam na doação de terras que impunha deveres aos receptores em relação aos doadores. De acordo com Silva (1984), existe uma contradição inerente ao processo de estabelecimento de laços de fidelidade: ao mesmo tempo que garante uma relação de dependência entre receptor e doador, diminui o controle deste sobre a extensão territorial devido à fragmentação.

Este processo de fragmentação e auto-suficiência de territórios bem como o processo de estabelecimento de relações pessoais vão caracterizar o feudalismo na sociedade européia.

A VIDA NO FEUDO: PRODUÇÃO PARA A SUBSISTÊNCIA

Para conhecer o modo de produção feudal, é importante analisar como as pessoas se organizavam para produzir a sua existência, que relações decorriam desta organização e que valores, idéias e conhecimentos eram produzidos e veiculados.

No feudalismo, a unidade econômica, político-jurídica e territorial era o feudo; em outras palavras, numa dada extensão de terra, eram produzidos os bens necessários à manutenção de seus habitantes, realizadas as trocas de bens e elaboradas as leis e obrigações que nela vigoravam.

Do ponto de vista econômico, o feudo era praticamente auto-suficiente. Nele se desenvolvia a produção agrícola, a criação de animais, a indústria caseira e a troca de produtos de diferentes espécies, atividade limitada principalmente ao próprio feudo; as trocas eventuais entre os feudos ocorriam em menor escala e tinham pouca importância econômica. Sendo a produção essencialmente agrícola, a base econômica do feudalismo é a terra: além de essencial para a economia, a distribuição da terra interferiu nas relações que se estabeleceram neste período.

O essencial no feudalismo era o vínculo pessoal, que podia dar-se de duas formas: através da relação entre suserano e vassalo (quer entre nobre, quer entre clero) ou entre o senhor e o servo.

O proprietário[2] de grande extensão de terra, ao ceder parte dela a um indivíduo, recebia em troca a prestação de serviços; assim, criava-se um vínculo pessoal entre aquele que cedia a terra e o indivíduo que a recebia e embora existisse a relação de dominação, havia obrigações recíprocas entre as partes. As obrigações envolviam relações diretas entre quem cedeu e quem recebeu a posse da terra, podendo ainda multiplicar-se na medida em que um vassalo podia ceder parte de suas terras, transformando-se, assim, em vassalo-suserano.

Entre o suserano e o vassalo, as obrigações eram de ordem militar, financeira e jurídica. De acordo com Aquino e outros (1980), "a condição de vassalo acarretava determinadas obrigações para com o suserano, a saber: auxílio militar obrigatório durante quarenta dias por ano; auxílio financeiro para o resgate do suserano, para a participação nas Cruzadas, para armar cavaleiro o primogênito ou quando do casamento da filha mais velha do suserano; e auxílio judiciário. Em troca, o suserano devia proteger os vassalos e os que dependiam dele e proporcionar-lhes justiça" (p. 392). A proteção do feudo era feita pelos cavaleiros que o senhor sustentava em troca de serviços militares.

Os vínculos pessoais também existiam entre senhores e servos: enquanto o senhor tinha por obrigação proteger os servos de ataques, estes tinham duas formas de obrigação — prestar serviços (plantar na terra do senhor, consertar estradas, arrumar moinhos etc.) e dar ao senhor parte da produção agrícola.

As obrigações que recaem sobre um camponês podem ser observadas no seguinte documento do século IX: "Walafredus, um *colonus* e mordomo, e a sua mulher, uma *colona* (...) homens de Saint Germain, têm 2 filhos. (...) Ele detém 2 mansos livres, com 7 *bunuária* de terra arável, 8 acres de vinha e 4 de prados. Deve por cada manso 1 vaca num ano, 1 porco no seguinte, 4 *denários* pelo direito de utilizar a madeira, 2 *módios* de vinho pelo direito de usar as pastagens, 1 ovelha e 1 cordeiro. Ele lavra 4 varas para um

---

2 O termo proprietário é aqui usado para se referir àquele que de alguma forma pudesse dispor da terra, ou por lhe pertencer de fato, ou por ter adquirido o direito de fazê-lo através da relação de vassalagem.

cereal de inverno e 2 varas para um cereal de primavera. Deve corvéias, carretos, trabalho manual, cortes de árvores quando para isso receber ordens, 3 galinhas e 5 ovos (...)." (Monteiro, 1986, p. 47.)

O senhor, podendo dispor da terra, cedia ao servo o direito de nela se instalar; o servo, necessitando de terra para seu próprio sustento, ao se instalar na terra do senhor, passava a ser a ela vinculado impossibilitado de mudar-se, tornando-se obrigado a trabalhar para o senhor alguns dias da semana; além disso, era obrigado a dar parte dos produtos obtidos no pedaço de terra em que se instalara. Assim, o servo era taxado duplamente: de um lado, quando obrigado a trabalhar alguns dias da semana para o senhor, e de outro, quando, ao trabalhar para o seu próprio sustento, era obrigado a lhe dar parte da produção. Além destas obrigações, o servo pagava uma série de "impostos" ao senhor, como, por exemplo, pelo uso do moinho, pelo casamento etc.

Pelo casamento, por exemplo, o servo não só deveria pedir consentimento ao senhor como, também, pagar um imposto — o *maritaguim*. Segundo Monteiro (1986), o não cumprimento destas obrigações constituía um delito de cujas penas o servo só poderia se isentar pelo perdão do senhor. O texto, a seguir, exemplifica esta situação mostrando o papel da Igreja como mediador servo-senhor.

"Ao nosso mui querido amigo, o glorioso conde Hatton, Eginhardo, saudação eterna no senhor.

Um dos vossos servos, de nome Huno, veio à Igreja dos Santos Mártires Marcelino e Pedro pedir mercê pela falta que cometeu contraindo casamento, sem o vosso consentimento, com uma mulher de sua condição que é também vossa escrava. Vimos, pois, solicitar a vossa bondade para que em nosso favor useis de indulgência em relação a este homem, se julgais que a sua falta pode ser perdoada. Desejo-vos boa saúde com a graça do senhor." (Monteiro, 1986, p. 42).

No Feudalismo, enquanto o senhor era "proprietário" da terra e se apropriava da maior parte do produto do trabalho do servo, este era dono dos instrumentos utilizados para a produção (pelo menos da grande maioria) e era quem controlava seu próprio trabalho, isto é, tanto os instrumentos de produção quanto a forma de produzir eram de domínio do servo.

É importante lembrar que embora as relações pessoais suserano-vassalo e senhor-servo (relações de servidão) caracterizassem essencialmente o sistema feudal, existiam camponeses que eram proprietários de terras e artesãos que eram donos de oficinas; estes casos, no entanto, eram minoria e neles a produção era pessoal e familiar.

Embora o feudo fosse a base do sistema feudal, existiam cidades (burgos). Estas, até o século XI, tiveram importância reduzida e estavam estreitamente vinculadas ao feudo; além de situarem-se em terras de senhores feudais e pagarem impostos por eles cobrados a seus habitantes eram submetidas à sua jurisdição legal.

A pouca importância das cidades neste período está relacionada à forma como a sociedade feudal começa a se estruturar. Entre os séculos V e X ocorre um processo de ruralização e fragmentação. Os feudos tornam-se auto-suficientes conseguindo sobreviver com o que produziam — o produto do trabalho tem, portanto, exclusivamente valor de uso.

Neste contexto, pode-se entender, também, porque tanto o desenvolvimento técnico quanto o científico praticamente inexistiram. As poucas inovações, deste período, se deram em termos técnicos e foram trazidas pelo povos bárbaros que introduziram, por exemplo, o estribo para cavalos, o arado de rodas (construído de madeira) e o cultivo de cereais, até então, não produzidos.

Somente ao final deste período é que ocorre um certo desenvolvimento técnico, voltado sempre às atividades agrícolas: ocorrem o aperfeiçoamento dos instrumentos agrícolas (através do uso do ferro em sua construção), a rotação trienal de terra e a expansão dos moinhos d'água.

O DESENVOLVIMENTO DO COMÉRCIO E DAS CIDADES: ALTERAÇÕES NA SOCIEDADE FEUDAL

Se até o século XI as cidades não tiveram importância, a partir daí elas ressurgiram com vida própria, ao lado dos feudos. Elas passaram a ser centros produtores e comerciais — o que, por um lado, estimulou o crescimento do artesanato (desenvolvido por artesãos, agora geralmente habitando as cidades) e, de outro, facilitou um maior intercâmbio entre as pessoas de diversos locais — diferentemente do que ocorria quando estavam vinculadas ao feudo.

O desenvolvimento das cidades e a intensificação do comércio, se devem a fatores diversos e relacionados. Segundo Mason (1964), hábitos e técnicas trazidos pelos bárbaros teutônicos — que invadiram o império romano em desagregação — contribuíram para posteriores inovações técnicas. "Estas diversas inovações tiveram como conseqüência o fato de que a maioria dos homens ficou, então, aliviada de certa parcela do rude trabalho físico que lhe fora exigido na antigüidade, e de que um excesso de alimentos foi produzido, acima da necessidade de subsistência dos domínios senhoriais. Tais excedentes de provisões permitiram o desenvolvimento das cidades, com seus ofícios e comércios, e proporcionaram a riqueza necessária aos notáveis empreendimentos que deram lugar entre os séculos XI e XIII: as cruzadas, a construção das catedrais e a fundação das Universidades." (p. 81)

Já para Aquino e outros (1980), o renascimento das cidades e do comércio foi estimulado pelo crescimento populacional, possível pela menor incidência de mortes por epidemia. Este autor relaciona o aumento populacional ao aumento da produção agrícola, ao afirmar que "evidentemente, é difícil determinar o que começou primeiro, mas é certo que um estimulou o outro. O aumento da população significou multiplicidade da mão-de-obra disponível e ampliação do mercado de consumo, o que, é certo, influiu no aumento de produção agrícola.

Este foi possível devido às inovações técnicas na agricultura, as quais, por sua vez, acarretaram a produção de excedentes para as trocas comerciais e a liberação de uma parte da população para outras atividades econômicas, como o artesanato e o comércio." (p. 405)

Bernal (1976), entre outros aspectos que contribuíram para o renascimento das cidades, destaca que "a economia feudal em si era em grande parte o produto da desorganização produzida pelo colapso da economia clássica, e pelas invasões bárbaras e perturbações sociais que aquele provocara; uma vez que as condições se estabilizaram e que as guerras se tornaram menos freqüentes, a tendência para formas de organização que não estivessem tão diretamente ligadas à terra voltou a reafirmar-se". (p. 313)

Tal como no feudo, nas cidades havia uma forma de organização para a produção dos bens necessários; no caso, o trabalho artesanal, que era realizado por mestres e aprendizes. O aprendiz era o indivíduo que, para trabalhar com o mestre e com ele aprender o ofício, estabelecia relações de dependência e obrigações. Por outro lado, o aprendiz podia chegar a ser um mestre e ter aprendizes sob sua orientação. O mestre, geralmente o dono da oficina, era dono dos instrumentos, da matéria-prima, do produto que elaborava e era quem organizava sua própria forma de trabalhar.

O artesão elaborava um produto e era por ele responsável desde a compra e manuseio da matéria-prima, até sua transformação num produto final e sua venda. Portanto, embora houvesse profissões, dentro de cada uma delas não havia especializações.

Neste período, a produção de mercadorias deixa de caracterizar-se pelo valor do uso, para caracterizar-se pelo valor de troca. Isto ocorre tanto em relação à produção artesanal quanto à agrícola: certas culturas de alimentos, por exemplo, passam a ser substituídas por outras em função de seu valor comercial. Com o crescimento das cidades e o desenvolvimento do comércio, além da divisão cidade-campo, ocorre a divisão produtores-mercadores.

A partir do século XI, as condições da sociedade feudal são outras: a intensificação do comércio, o crescimento das cidades, o aumento populacional e o contato com as civilizações orientais — quer através do comércio, quer através das Cruzadas — caracterizam uma mudança em relação ao período anterior. Neste contexto, existe estímulo à produção de inovações técnicas, bem como à incorporação de inovações provenientes de outros povos. Neste estágio em que se encontra o modo de produção feudal destaca-se a influência oriental em relação às inovações incorporadas, as quais contribuíram para as transformações ocorridas na Europa ocidental no que diz respeito ao incremento da produção e do comércio.

Dentre as técnicas incorporadas à atividade agrícola podem ser citados o uso da charrua (em substituição ao arado), a atrelagem de cavalos, o uso da ferradura (com a conseqüente substituição dos bois pelos cavalos na direção da charrua) permitindo utilizar mais eficientemente a terra e a força animal, na moagem de grãos passou a ser utilizado o moinho de vento.

Na atividade têxtil ocorreu o aperfeiçoamento da roca e do tear, que permitiram maior produtividade; além disso, a força hidráulica passou a ser utilizada nos processos que visavam aumentar a densidade e durabilidade do tecido.

Com a necessidade de transportar mercadorias, houve condições para os aperfeiçoamentos náuticos — tais como o leme de popa e o mastro na proa do navio — que tornaram possíveis as viagens transoceânicas: com a introdução da bússola, o transporte marítimo pôde ser realizado, mesmo quando não era possível ter a terra e os corpos celestes como guia.

Podem-se citar, ainda, inovações técnicas como fundição de ferro, papel, imprensa, pólvora e canhão. Nas serralherias, a força hidráulica foi utilizada, permitindo chegar à fundição do ferro; com a introdução do papel e da imprensa, foi possível a divulgação mais fácil das idéias (por exemplo, da *Bíblia*); com a pólvora e a fabricação de canhões, alteraram-se profundamente as condições das guerras.

Neste período verifica-se, ainda, a intensificação na produção do conhecimento científico em diferentes campos como a astronomia, a ótica, a medicina, a química e a matemática, áreas estas em que também se observa a influência do conhecimento advindos do Oriente.

Em relação à produção científica, embora seu desenvolvimento tenha sido superior ao ocorrido até o século X, ainda assim foi bastante limitada e com características quc poderão ser melhor entendidas quando se considerar o papel que a Igreja desempenhou durante toda a Idade Média, o que será discutido no tópico seguinte.

A IGREJA: UM PODER DURANTE SÉCULOS

Durante o período em que predominou o modo de produção feudal, a Igreja teve um papel marcante.

A influência e a força da Igreja cresceram muito desde o império romano. Durante a crise deste império, o cristianismo surgiu como um questionamento às idéias e valores da sociedade escravista, pregando a crença na igualdade de todos os homens, filhos do mesmo Pai; ainda que perseguidos, seus adeptos, representava os anseios de grande parte da população conquistando cada vez mais seguidores, inclusive entre a aristocracia. De acordo com Aquino e outros (1980), numa sociedade onde reinava a insegurança e que estava sujeita a ameaças — o decadente império romano — a Igreja oferecia segurança e proteção de que a população necessitava; a salvação era buscada cada vez mais por adeptos que doavam terras e pagavam tributos para alcançá-la.

Se num primeiro momento a Igreja representava os anseios de um povo que vivia num regime de opressão, posteriormente passou a ter um importante papel na produção, veiculação e manutenção das idéias e estrutura social vigentes na sociedade feudal.

A Igreja era grande proprietária de terras, numa sociedade em que a terra era sinônimo de riqueza, tendo conseguido tal poder econômico graças a doações, esmolas, tributos, isenção de impostos e ao celibato, que garantia a manutenção das propriedades obtidas como seu patrimônio. Os bens de propriedade da Igreja foram cada vez mais se avolumando já que recebia terras de senhores, além de cobrar impostos em troca de proteção espiritual.

Além de forte poder econômico, a Igreja possuía uma estrutura que lhe garantiu, ainda mais, a hegemonia. Organizando-se de forma centralizada e hierarquizada, garantia sua unidade e o domínio que — diferentemente do exercido pelos senhores feudais — ultrapassava os limites físicos dos feudos. Acresce-se a isso, a detenção do monopólio do saber, em função do domínio das habilidades de leitura e escrita, restrito praticamente ao clero, e do controle do sistema educacional formal, que era da alçada exclusiva da Igreja.

A influência da Igreja se expressou nas idéias e princípios jurídicos, políticos, éticos e morais. A busca de organização destas idéias e princípios foi empreendida por representantes da Igreja, tais como Santo Ambrósio, São Jerônimo e Santo Agostinho. "Seus esforços concentraram-se na organização da disciplina e do culto, na fixação dos dogmas e da moral, a fim de fortalecer a unidade e dar aos homens da época um código de ética que norteasse suas ações, dizendo-lhes de antemão o que era certo e o que era errado, o que era o Bem e o que era o Mal. A Igreja assumia, assim, a tarefa de pensar por todos os homens da época... Por isso, as idéias religiosas eram colocadas em termos absolutos e inquestionáveis sob forma de dogmas e de uma moral rígida." (Aquino e outros, 1980, p. 364.)

Também na vida intelectual, a influência da Igreja se fez sentir: se por um lado, o monopólio do saber permitiu o controle da veiculação do conhecimento, por outro permitiu o controle da produção de conhecimento. Ao produzir conhecimentos, a Igreja uniu o saber greco-romano aos dogmas cristãos, buscando dar, assim, uma fundamentação sólida às doutrinas do Cristianismo. Toda a vida intelectual ficou subordinada à Igreja: a teologia, a filosofia e a ciência traziam, umas mais, outras menos explicitamente, a marca da religião.

Em relação aos conhecimentos produzidos, o domínio se faz sentir na medida em que estes não poderiam, em hipótese alguma, contradizer as idéias religiosas, mesmo porque o próprio clero estava envolvido na elaboração e veiculação dos conhecimentos da época.

Nesse contexto, pode-se entender por que a produção do conhecimento científico — que começou a se intensificar a partir do século XI — teve um caráter mais prático que explicativo. Isto pode ser exemplificado pela medicina, na qual a descrição de doenças e a identificação de remédios obtiveram resultados práticos satisfatórios no que diz respeito à terapêutica. Outro exemplo pode ser a química: na tentativa de transformar metais em ouro (tentativa ligada à alquimia) foram aperfeiçoados métodos de reações químicas, bem como elaborados instrumentos e procedimentos de destilação.

Quanto às explicações dadas aos fenômenos, estão impregnadas de valores defendidos pela Igreja: da noção de um mundo criado por Deus, de forma hierárquica e organizada, às noções místicas e especulativas, sente-se a limitação do espírito religioso da época. Novamente, pode-se citar a medicina como exemplo: ao tentar explicar doenças, como é o caso da peste negra, atribui-se-lhes causas tais como influências astrológicas ou anormalidades climáticas. Outro exemplo pode ser retirado da astronomia, onde são dadas explicações que incluem seres angelicais ligados aos corpos celestes. Até mesmo Roger Bacon, a despeito de realizar experimentos, é partidário da idéia de que, sem a ajuda de uma sabedoria superior (Deus), o conhecimento intelectual é impossível.

Outra característica da produção de conhecimento refere-se aos procedimentos metodológicos utilizados; os fatos, a observação e a experimentação não são critérios de aceitação ou rejeição das explicações. O maior peso é dado à autoridade que tem, como representação máxima, o pensamento de Aristóteles, já cristianizado.

Considerando-se que a observação e a experimentação constituem-se potencialmente em procedimentos que podem vir a gerar, com base em dados, novos conhecimentos contrários àqueles defendidos dogmaticamente com base na autoridade, pode-se entender por que tais práticas sofriam sanções da Igreja. Neste caso, encontra-se o frade Roger Bacon (século XIII) que, utilizando nos seus estudos de ótica a observação da ocorrência do fenômeno em diferentes situações, sofre pressões e fiscalização da ordem a que pertencia.

Apesar de poderem ser citados, também, Robert Grosseteste e Dietrich de Freiberg como exemplos da utilização da observação e da experimentação como procedimento metodológico, deve-se voltar a ressaltar que eles foram a exceção e não a regra. Embora tenham utilizado procedimentos que serão característicos da ciência moderna, utilizaram-nos num momento em que a sociedade da época não criava condições para generalizá-los.

A interferência da Igreja faz-se sentir também nas preocupações que predominavam na época: considerando que a Igreja constituía uma força do ponto de vista político-econômico, bem como da veiculação das idéias, não é de se estranhar que a preocupação dominante tenha sido basicamente a de discutir a vida espiritual do homem e seu destino, assim como a de justificar as doutrinas do cristianismo. De acordo com Bréhier (1977/1978) caracterizam o pensamento medieval: (. . .) "vida intelectual inteiramente subordinada à vida religiosa, os problemas filosóficos apresentando-se em função do destino do homem tal como o concebe o cristianismo" (p. 10).

Durante esse período, as discussões acerca do papel da razão e da fé, na justificativa das doutrinas cristãs, tomaram diferentes rumos, indo desde posturas que menosprezaram o papel da razão até as que lhe davam um papel de destaque na justificativa de verdades da fé. Embora variassem as ênfases dadas, quer à razão, quer à fé, a relação entre ambas é um aspecto característico das idéias deste período.

A fonte das doutrinas, comum aos pensadores da época, era a Bíblia. No trabalho de justificar tais doutrinas utilizavam-se os conhecimentos (explicações, concepções e procedimentos metodológicos) advindos da cultura grega. O pensamento de Platão, dos neoplatônicos, assim como de Aristóteles (boa parte via tradução dos árabes) foram retomados e adaptados de forma a se poder conciliá-los ao cristianismo. No pensamento medieval, a influência da filosofia platônica se fez sentir com maior intensidade durante o período denominado alta Idade Média (século V ao X); Santo Agostinho é um dos exemplos desta influência. A recuperação do trabalho de Aristóteles pelos árabes, a partir do século XI, possibilitou aos pensadores medievais ocidentais o contato com sua obra na qual passaram a se pautar para o desenvolvimento do conhecimento; Santo Tomás de Aquino pode ser citado como exemplo disto.

Outro traço característico do pensamento medieval é a concepção hierárquica e estática de universo, concepção que deverá permear a formulação dos princípios políticos, éticos e morais predominantes no feudalismo da Europa ocidental. Numa sociedade rigidamente estruturada, em que a Igreja encontra-se no topo da escala hierárquica, não é de estranhar que as concepções acerca do universo como algo ordenado, idéias advindas dos gregos, passassem a prevalecer. O caráter estático deste universo guarda relação com a própria estrutura da sociedade feudal.

CAPÍTULO 6

O CONHECIMENTO COMO ATO DA ILUMINAÇÃO DIVINA: SANTO AGOSTINHO (354-430)

> "No que diz respeito a todas as coisas que compreendemos, não consultamos a voz de quem fala, a qual soa por fora, mas a verdade que dentro de nós preside à própria mente, incitados talvez pelas palavras a consultá-la."
>
> (Santo Agostinho)

Nasceu em 354, em Tagaste, província romana da Numídia (África), e morreu em 430 em Hipona (África). Realizou estudos de letras e retórica, tendo sido professor em Milão. Apesar de viver em um período onde o cristianismo já era a religião oficial do império romano do Ocidente, só se converteu ao Cristianismo em 386.

Viveu no período de decadência do império romano, sentindo as graves conturbações sociais daquele momento e as invasões dos chamados povos bárbaros. Este momento bem como sua tardia conversão ao cristianismo parecem dar um significado às suas preocupações, não só no sentido de fundamentar e estruturar as noções do cristianismo, bem como no sentido de preocupar-se fundamentalmente com a condição da vida humana.

Afastando-se da preocupação com o universo físico, sua filosofia está voltada para a vida do homem e para a busca que, nesta vida, deve encaminhar-se para o Bem. É a este objetivo que se vincula o conceito da verdade em sua obra, a qual revela a influência do neoplatonismo — escola que imprime à filosofia platônica um cunho religioso.

Sem opor teologia e filosofia, afirma, segundo Pépin (1974), que "é sempre preciso crer para compreender e compreender para crer" (p. 78). Neste sentido, segundo Franco Jr. (1986), afirma serem as verdades da fé não demonstráveis pela razão, embora esta pudesse confirmar algumas verdades da fé. Algumas idéias caracterizam o pensamento de Santo Agostinho: as noções de beatitude, graça, predestinação e iluminação divina, todas ligadas ao conceito de Deus. Para Agostinho, Deus é o criador de todas as coisas: é bom, sábio, fonte do inteligível, fonte da verdade, realidade total, eterno e essência no mais alto grau.

Todo o Universo foi criado por Deus: todas as coisas, das mais elevadas às mais ínfimas, foram por ele criadas a partir do nada. Ao criar o mundo, Deus o teria feito de forma inacabada, colocando, no entanto, na matéria, princípios latentes segundo os quais o mundo se transformaria; segundo Peterson (1981), tais princípios imprimem aos seres uma transformação em direção à perfeição. Para Agostinho, a matéria e a forma foram criadas ao mesmo tempo; no mesmo momento, Deus deu origem à matéria e imprimiu-lhe uma forma.

"Enalteçam-vos as vossas obras, para que vos amemos! Que nós Vos amemos para que vossas obras Vos enalteçam! Elas têm princípio e fim no tempo, nascimento e morte, progresso e decadência, beleza e imperfeição. Portanto, todas elas têm sucessivamente manhã e tarde, ora oculta ora manifestadamente.

Foram feitas por Vós do nada, não porém, da Vossa substância ou de certa matéria pertencente a outrem ou anterior a Vós, mas da matéria *concriada,* isto é, criada por Vós ao mesmo tempo que elas, e que, sem nenhum intervalo de tempo, fizestes passar da informidade à forma." (*Confissões,* XIII, 33, 48, III sq.)

A noção de "criação a partir do nada" adquire um significado mais forte, ao se perceber que, para Santo Agostinho, a noção de tempo está vinculada à existência do universo. O tempo não existe para Deus; passa a existir a partir da criação do universo, que teve um início e que terá um fim. Diz Agostinho: "Como poderiam ter passado inumeráveis séculos, se Vós, que sois o Autor e o Criador de todos os séculos, ainda os não tínheis criado?" (...) "Criaste todos os tempos e existis antes de todos os tempos." (*Confissões,* XI, 13, 15 e 16, II sq.)

Como todas as outras criaturas, o homem é fruto do ato divino; no entanto, o homem é, entre as criaturas, um ser superior. Sua superioridade decorre do fato de que, sendo o único ser criado "à imagem e semelhança de Deus", é o único que tem razão e inteligência. Como afirma nas *Confissões:* "Vemos o homem, criado à Vossa imagem e semelhança, constituído em dignidade acima de todos os viventes irracionais, por causa de vossa mesma imagem e semelhança, isto é, por virtude da razão e da inteligência." (XIII, 32, 47, III sq.)

Apesar de destacar o homem, conferindo-lhe superioridade em relação aos outros seres devido à sua capacidade intelectiva, Agostinho limita o domínio do ser humano sobre o mundo, afirmando a impossibilidade de o homem poder atuar sobre os fenômenos tais como os céus os mares. Restringe seu controle a eventos de menores proporções de natureza animada ou inanimada. A possibilidade de "domínio" de certos fenômenos, como os celestes, tão buscada nos séculos posteriores, e marcante no Renascimento, é por ele negada, permanecendo como mistérios que não cabe ao homem desvendar. Segundo Santo Agostinho o ser humano "(...) não recebeu o poder sobre os astros do céu, nem sobre o próprio firmamento misterioso, nem sobre o dia e a noite, que chamastes à existência antes da criação do céu, nem sobre a junção das águas, que é o mar. Mas recebeu jurisdição sobre os peixes do mar, sobre as aves do céu, sobre todos os animais, sobre toda a terra e sobre todos os répteis que rastejam no chão." (*Confissões*, XIII, 25, 34, III sq.)

Para Santo Agostinho, Deus é o Bem Supremo e sendo bondade, Deus não poderia criar o mal; sendo criado por Deus, no mundo não existe o Mal, já que o princípio que rege o mundo é o Bem. O mundo foi criado perfeito em sua totalidade, portanto, aquilo que percebemos como mal é devido à visão parcial que temos de algo que, incluído no contexto geral do mundo, é na verdade um bem.

Se esta visão de Santo Agostinho permite explicar o que, para ele, pretensamente é visto como mal no mundo, ela não permite explicar aquilo que se identifica como o Mal, na ação dos homens. Ao abordar as ações humanas, Santo Agostinho introduz as noções de privação do bem e vontade. Para ele, o Mal é a privação do Bem e o homem, por sua vontade, pode distanciar-se de Deus afastando-se, desta forma, do Bem. A vontade é, para Agostinho, criadora e livre e é pela vontade que o homem deixa o corpo dominar a alma e chega à degradação.

"Em absoluto, o mal não existe para Vós, nem para as vossas criaturas pois nenhuma coisa há fora de Vós que se revolte ou que se desmanche a ordem que lhe estabelecestes. Mas porque, em algumas de suas partes, certos elementos não se harmonizam com outros, são considerados maus. Mas estes coadunam-se com outros, e por isso são bons *(no conjunto)* e bons em si mesmos" *(Confissões,* VI, 13, 19, II sq.)

"Esforçava-me por entender (a questão) — que ouvia declarar — acerca de o livre-arbítrio da vontade ser a causa de praticarmos o mal, e o vosso reto juízo o motivo de o sofrermos. Mas era incapaz de compreender isso nitidamente" (*Confissões*, VII, 3, 4, 5, I sq.)

"Procurei o que era a maldade e não encontrei uma substância, mas sim uma *perversão da vontade desviada da substância suprema* — de Vós, ó Deus — e tendendo para as coisas baixas: vontade que derrama as suas entranhas e se levanta com intumescência." (*Confissões*, VII, 16, 22, II sq.)

Segundo Pépin (1974), para Agostinho "Deus não quer o bem porque é bem, mas o bem é bem porque Deus o quer" (p. 94). No que se refere à moral, portanto, Deus criou os valores e como os criou pode mudá-los.

Para Santo Agostinho, a alma (que é imortal) deve sobrepor-se ao corpo, dirigindo-o; o corpo é a prisão da alma e é fonte de todos os pretensos males. Quando a alma se submete ao corpo, fica voltada para a matéria e não tem força para sair do estado de decadência em que se encontra. O homem deve, portanto, desvencilhar-se das coisas mundanas e carnais, voltando-se às espirituais, as quais lhe vão propiciar a aproximação de Deus, o sumo Bem. Embora a degradação humana ocorra por livre-arbítrio, voltar-se novamente para o Bem e para Deus não é mais opção do homem: ao contrário, é necessária a graça divina para tirar o homem do pecado.

A noção de salvação encerra, no entanto, uma contradição. Se ao relacionar pecado e vontade Santo Agostinho coloca nas mãos do homem a responsabilidade acerca do seu destino, acaba, por restringi-la quando postula uma predestinação absoluta. Pépin (1974) afirma que, segundo Santo Agostinho, "Deus primeiro escolhe seus eleitos, depois lhes dá os meios de corresponder a essa eleição; ela (predestinação) não leva em conta os méritos futuros que, ao contrário, dela decorrem" (...) (p. 94). A salvação pertence, portanto, aos predestinados, como ilustrado no trecho a seguir. "Igualmente não se pode ajuizar daquilo que distingue os homens espirituais dos carnais. Estes, meu Deus, são conhecidos aos vossos olhos. Ainda não se manifestaram a nós com nenhuma de suas obras, para quem, que pelos seus frutos os conheçamos'. Porém, Vós, Senhor, já os conheceis, já os classificastes, já lhes fizestes ocultamente o convite antes de ser criado o firmamento." (*Confissões*, XIII, 23, 33, II sq.)

A interferência de Deus está presente em todas as esferas da ação humana: Deus tem o poder de decidir sobre a salvação do homem — mediante a graça — e tem também o domínio sobre a possibilidade do conhecimento, mediante a iluminação.

Para Santo Agostinho, o conhecimento pode se referir às coisas sensíveis (provenientes dos sentidos) e às coisas inteligíveis (provenientes da razão): "Pois todas as coisas que percebemos, percebemo-las ou pelos sentidos do corpo ou pela mente" (De Magistro, XII). Em relação às primeiras, os sentidos fornecem imagens que são levadas à memória, imagens estas que são reunidas e organizadas interiormente pelo indivíduo; assim, os sentidos são necessários e imprescindíveis na elaboração deste tipo de conhecimento.

"Chego aos campos e vastos palácios da memória onde estão tesouros de inumeráveis imagens trazidas por percepções de toda espécie. Aí está também escondido tudo o que pensamos, quer aumentando quer diminuindo ou até variando de qualquer modo os objetos que os sentidos atingiram." (...) "O grande receptáculo da memória — sinuosidades secretas e inefáveis, onde tudo entra pelas portas respectivas e se aloja sem confusão — recebe todas estas impressões, para as recordar e revistar quando for necessário." (*Confissões*, X, 8, 12 e 13 II sq.)

Para Santo Agostinho, o conhecimento pode, porém, referir-se a coisas que não são provenientes dos sentidos — as chamadas coisas inteligíveis. Estas são percebidas apenas pela mente humana, através de um processo de reflexão interior.

Ao falar sobre este tipo de conhecimento, Agostinho recoloca a noção platônica de reminiscência uma vez que os sentidos funcionariam como um meio estimulatório da auto-reflexão; a partir deles emergem noções já existentes na memória que não foram aí colocadas pelos sentidos. Tal é o caso dos juízos de valor e das relações matemáticas que, para ele, não podem ter sido gravadas pelos sentidos, uma vez que "(...) não tem cor, nem som, nem cheiro, nem gosto, nem são táteis". (*Confissões*, X, 12, 19, II sq.) Ora, este conhecimento é revelado por uma luz interior e, neste caso, os sentidos funcionam como uma "provocação" à auto-reflexão. Como afirma, em relação às "(...) coisas que percebemos pela mente, isto é, através do intelecto e da razão, estamos falando ainda em coisas que vemos como presentes naquela luz interior de verdade, pela qual é iluminado e de que frui o homem interior (...)" (De Magistro, XII).

Segundo Santo Agostinho, a verdade autêntica é imutável e apreendida pela inteligência iluminada. Chega a esta conclusão usando o argumento de que, se a inteligência fosse mutável, ela não poderia ter a idéia de que o imutável é preferível ao mutável; ora existe esta idéia de imutabilidade. Portanto, só pode ser proveniente de algo superior, que dá fundamento à verdade: Deus. É através da iluminação divina que o homem, por um processo interior, chega à verdade; não é o espírito, portanto, que cria a verdade, cabendo-lhe apenas descobri-la e isto se dá via Deus. O conhecimento verdadeiro provém, portanto, de fonte divina — eterna e imutável — e não humana. A contemplação é atividade humana, mas só possível porque Deus fornece ao homem o material necessário para que ela possa ocorrer.

"Buscando, pois, o motivo por que é que (eu) aprovara a beleza dos corpos, quer celestes, quer terrenos, e que coisa me tornava capaz de julgar e dizer corretamente dos seres mutáveis: 'Isto deve ser assim, aquilo não deve ser assim', procurando qual fosse a razão deste meu raciocínio ao exprimir-me naqueles termos, descobri a imutável e verdadeira Eternidade, por cima da minha inteligência sujeita à mudança. (...) A esta (potência raciocinante) pertence ajuizar acerca das impressões recebidas pelos sentidos corporais. Mas esta potência, descobrindo-se também mutável em mim, levantou-se até a sua própria inteligência, afastou o pensamento das suas cogitações habituais, desembaraçando-se das turbas contraditórias dos fantasmas, para descortinar qual fosse a luz que a esclarecia, quando proclamava, sem a menor sombra de dúvida, que o imutável devia preferir-se ao mutável.

Daqui provinha o seu conhecimento a respeito do próprio Imutável, pois, se de nenhuma maneira o conhecesse, não o anteporia com toda segurança ao variável." (*Confissões,* VII, 17, 23, II sq.)

Quanto às noções relativas à sociedade e sua organização percebe-se, em Agostinho, que refletem suas concepções sobre o universo, homem, Deus e sobre a relação entre eles.

A idéia de que Deus conduz tudo o que ocorre no universo, inclusive a vida humana, implica a aceitação de tudo o que ocorre no mundo como bom, justo, consentido por Deus. Tal postura justifica inclusive o escravismo de seu tempo; segundo Peterson (1981), "(...) o escravo o é porque Deus o quer; Deus, o Todo-poderoso, permite a escravidão e esta, portanto, deve ser boa. O escravo deve ser humilde; deve se sujeitar ao seu mestre, que, por sua vez, deve submeter-se ao Império." (p. 69)

Santo Agostinho defende, ainda a idéia da existência de uma outra realidade, celestial, que denomina cidade de Deus, a qual seria edificada pelos eleitos por Deus. Segundo Franco Jr. (1986), a concepção da cidade de Deus guarda relação com o mundo das idéias de Platão, contrapondo a existência de uma realidade concreta, terrena, imperfeita, à de uma realidade transcendente, espiritual, perfeita. Na cidade terrena o homem é o cidadão e a Igreja representa, encarna a cidade de Deus, devendo por isto governar e ter supremacia sobre o Estado. Sendo os representantes de Deus na Terra, os chefes da Igreja não cometeriam erros, ao contrário dos governantes.

CAPÍTULO 7

RAZÃO COMO APOIO A VERDADES DE FÉ: SANTO TOMÁS DE AQUINO (1225-1274)

> "Todo efeito possui, a seu modo, uma certa semelhança com a sua causa, embora o efeito nem sempre atinja a semelhança perfeita com a causa agente. No que concerne ao conhecimento da verdade de fé — verdade que só conhecem à perfeição os que vêem a substância divina — a razão humana se comporta de tal maneira, que é capaz de recolher a seu favor certas verossimilhanças."
>
> (Santo Tomás de Aquino)

Descendente da nobreza (seus pais são descendentes dos condes de Aquino), nasceu em Nápoles em 1225 e morreu em 1274 em Campânia, não muito longe da cidade natal. Iniciou seus estudos na Itália, tendo se transferido, posteriormente, para Paris, onde atuou como professor. Viveu em uma época onde as estruturas feudais já estavam estabelecidas e num momento de intensificação do comércio, em que o intercâmbio entre povos facilitou o acesso a obras até então desconhecidas, principalmente via traduções árabes.

Além das obras aristotélicas, que marcaram profundamente seu pensamento, identificam-se influências de Santo Agostinho, Alberto Magno (seu professor) e Platão. Não se pode esquecer também as Sagradas Escrituras como fonte constante na elaboração de suas idéias.

Algumas noções caracterizam sua obra: a relação que estabelece entre razão e fé, as concepções de finalidade, de casualidade e de potência-ato. Santo Tomás destingue a Filosofia da Teologia, em função de seu objeto de estudo: cabe à filosofia preocupar-se com as coisas da natureza, utilizando-se da razão como instrumento de fundamentação; cabe à Teologia preocupar-se com o sobrenatural, cujo instrumento é a Fé. Neste sentido, existe uma delimitação de campos: o referente à razão e o referente à Fé, sendo possível chegar ao conhecimento, nos dois casos. Se a separação entre os objetos de estudo da Filosofia e da Teologia torna razão e fé independentes entre si, Santo Tomás acaba conciliando-as ao admitir ser possível fundamentar verdades da fé através da razão. A conciliação fé-razão expressa-se nas provas da existência de Deus: através de argumentos racionais que têm por premissas a observação da realidade, Santo Tomás procura provar a existência de Deus.

Considerando que Deus se revela na sua criação, procura, através do que considera manifestações (efeitos) da obra divina, chegar à prova de Sua existência (causa dos efeitos). Tomás de Aquino propõe cinco provas da existência de Deus, a partir: 1) do movimento identificado no universo; 2) da idéia de causa em geral; 3) dos conceitos de necessidade e possibilidade; 4) da observação de graus hierárquicos de perfeição das coisas, e 5) da ordem das coisas.

1) Deus existe porque existe movimento no Universo. Observa-se, no mundo, que as coisas se transformam. Todo o movimento tem uma causa, que é exterior ao ser movido. Sendo cada corpo movido por outro, é necessário existir um primeiro motor, não movido por outros, responsável pela origem do movimento. Este primeiro motor é Deus.

2) Deus existe porque, no mundo, os efeitos têm causa. Todas as coisas no mundo são causas ou efeitos de algo, não podendo uma coisa ser causa e efeito de si mesma. Assim, toda causa causada por outra leva à necessidade da existência de uma causa não-causada. Esta primeira causa é Deus.

3) Deus existe porque observa-se, no mundo, o aparecimento e o desaparecimento de seres. Se todas as coisas aparecem ou desaparecem elas não são necessárias, mas são apenas possíveis. Sendo apenas possíveis, deverão ser levadas a existir num dado momento por um ser já existente. Este ser existente e necessário por si próprio que torna possível a existência dos outros seres, é Deus.

4) Deus existe porque há graus hierárquicos de perfeição nas coisas do mundo. Dizer que existem graus de bondade, sabedoria... implica a noção de que estas coisas existam em absoluto, o que, inclusive, permite a comparação. A bondade e a sabedoria absoluta (em si) são Deus.

5) Deus existe porque existe ordenação nas coisas do mundo. No mundo verifica-se que as diferentes coisas dirigem-se a um determinado fim, o que ocorre regularmente e ordenadamente. Sendo tão diversas as coisas existentes, a regularidade e a ordenação não po-

deriam ocorrer por acaso; portanto, faz-se necessário que exista um ser que governe o mundo. Este ser é Deus.

Se por um lado Santo Tomás de Aquino ressalta a importância da razão seja na produção de conhecimento referente à realidade seja na demonstração de certas verdades reveladas, por outro lado limita esta importância e acaba por dar prioridade à fé, quando ressalta que alguns conhecimentos revelados (como, por exemplo, a substância de Deus), mesmo não podendo ser demonstrados, continuam verdadeiros, uma vez que advindos da revelação divina, sendo, portanto, superiores aos da razão.

Sobre Tomás de Aquino, diz Bréhier (1977/1978): "Conclui-se que nenhuma verdade de fé poderia infirmar uma verdade da razão, ou inversamente. Mas, como a razão humana é fraca, e como a inteligência do maior filósofo, comparada à inteligência de um anjo, é bem inferior à inteligência do campônio mais simples comparada à sua própria, deduz-se que, quando a verdade da razão parece contradizer uma verdade de fé, podemos estar certos de que a pretensa verdade da razão não é senão um erro e que a discussão mais profunda revelará a falsidade." (p. 135)

A noção de finalidade, essencial no pensamento de Tomás de Aquino, está relacionada as noções de causalidade e de ato-potência. Estes conceitos foram propostos originalmente por Aristóteles que, através de seu pensamento, exerceu profunda influência em Santo Tomás; tal influência é percebida nas concepções tomistas referentes ao universo, ao homem, ao conhecimento e, inclusive, nas provas que procura fornecer sobre a existência de Deus.

Segundo Tomás de Aquino, todas as coisas têm certa finalidade no mundo; tanto a planta quanto o homem existem para um determinado fim. Por sua vez, tudo o que existe no mundo passa por um processo de transformação: do ser em potência ao ser em ato. As coisas são o que são por terem, potencialmente, a possibilidade de transformar-se naquilo que são. Ao transformar-se naquilo que são, fazem-no em função de um objetivo, de uma finalidade; existe, portanto, uma causa final. Esta transformação da potência em ato permite que se dê uma forma à matéria e isto se dá através da atuação de certos meios. Além da causa final existem também as causas formal, material e eficiente.

As causas formal, material, eficiente e final, portanto, constituem a noção de causalidade para Santo Tomás, noção esta relacionada, como vimos, à noção mais ampla de finalidade e à de potência-ato. Estas noções permearão o pensamento de Tomás de Aquino no que se refere ao universo, ao homem, a Deus, ao conhecimento, à moral e à política.

Admitindo que tudo tem uma finalidade, Tomás de Aquino admite a ordenação e hierarquização do mundo, pois, apesar da diversidade dos seres, estes têm uma função e certo grau de perfeição dentro do universo: "Assim como estas substâncias (imateriais) dotadas de inteligência superam as outras em grau, da mesma forma é necessário que haja hierarquia de grau entre elas mesmas. Não podendo diferenciar-se uma das outras em virtude da matéria que não possuem, e sendo que existe pluralidade entre elas, necessariamente a diferença que as distingue provém da distinção formal, que constitui a diversidade de espécie. Ora, em quaisquer coisas em que reina diversidade específica, cumpre considerar nelas algum grau e alguma ordem.

A razão disto está em que, assim como nos números a adição ou a subtração das unidades variam a espécie da unidade, da mesma forma é pela adição e subtração das diferenças que as coisas da natureza se diferenciam especificamente. Assim, os seres apenas animados distinguem-se dos que, além de animados, são sensíveis, e os que são apenas animados e sensíveis diferenciam-se dos que, além de serem animados e sensíveis, são também racionais. É, pois, necessário que as mencionadas substâncias imateriais se diferenciem entre si por graus e ordens." (*Compêndio de Teologia,* 77, 135.)

"Ora, não seria razoável dizer que há mais ordem nas coisas produzidas pela natureza criada do que no primeiro agente da natureza (Deus), pois toda a ordem da natureza deriva d'Ele. É evidente, portanto, que Deus criou as coisas em vista de um fim." (*Compêndio de teologia,* 100, 193.) Os trechos acima evidenciam também a concepção de Santo Tomás sobre a origem do universo: o mundo foi ato da inteligência divina. A criação do mundo se deu a partir do nada, quando Deus deu origem à forma e à matéria no mesmo instante.

"Do que vimos expondo até aqui conclui-se necessariamente que as coisas que só podem ser produzidas por criação procedem diretamente de Deus. É manifesto que os corpos celestes só podem ser produzidos por criação. Pois na verdade não se pode dizer que se originaram de alguma matéria preexistente, visto que, se assim fora, seriam geráveis, corruptíveis e passíveis de mudanças contrárias, o que não acontece, conforme se pode depreender de seu movimento circular. Efetivamente, os corpos celestes caracterizam-se pelo movimento circular, e o movimento circular não admite contrário.

Segue-se, por conseqüência, que os corpos celestes foram criados diretamente por Deus". (*Compêndio de teologia,* 95, 179.)*

A união entre matéria e forma constitui todo o universo; a matéria, comum a todos os corpos, é seu elemento potencial enquanto que a forma é o que diferencia os corpos, constituindo-se em seu elemento ativo. De acordo com Giordani (1983), Tomás de Aquino defende que: "A essência dos corpos é constituída por dois princípios físicos: matéria-prima e forma substancial. A primeira é o elemento possível, potencial, indeterminado, fundamento da extensão e da multiplicidade, comum a todos os corpos. A segunda é o elemento ativo, fundamento da especificação, diverso para cada corpo. A matéria e a forma são substâncias incompletas. Na união de ambas a matéria é especificada pela forma" (p. 88 e 89).

A união matéria e forma constitui todos os corpos do universo, inclusive o homem; nele, o corpo (matéria) está unido à alma (forma). Na concepção de Santo Tomás, o conceito de alma não é exclusivo do homem, pois outros seres, tais como as plantas e os animais, possuem alma (respectivamente, vegetativa ou nutritiva e sensitiva). A alma humana, no entanto, diferencia-se da dos outros seres por uma potência que lhe é própria: a racional.

Na *Suma teológica,* Tomás de Aquino afirma: (...) "que as espécies e as formas das cousas diferem uma das outras, como o mais perfeito difere do menos perfeito. Assim, na ordem das cousas, os seres animados são mais perfeitos que os inanimados; os animais, que as plantas; os homens, que os brutos; e em cada um destes gêneros, há graus diversos (...) a alma intelectiva contém, pela sua virtude, tudo o que tem a alma sensitiva dos brutos e a nutritiva das plantas" (LXXVI, III).

No homem, a alma é única, porém apresenta diferentes potências: algumas destas potências atuam diretamente unidas ao corpo do homem (é o caso das funções nutritiva e sensitiva), enquanto outras (é o caso das funções racionais: intelectiva e volitiva) independem do corpo para atuar.

Segundo Tomás de Aquino, ao ser destruído o corpo perecem com ele as funções dele dependentes, subsistindo as relativas à alma

* Neste último trecho ficam claras não só a concepção de Tomás de Aquino acerca da criação do Universo, como também as idéias que defendia acerca do movimento dos corpos celestes, idéias estas que viriam a ser refutadas por cientistas de séculos posteriores.

racional, sendo esta, portanto, imortal. Isto se evidencia no trecho a seguir, quando afirma que: (...) "o homem se compõe só de duas substâncias: a alma e a sua razão, e a carne com seus sentidos. Logo, destruída a carne, as potências sensitivas não permanecem". (*Suma teológica,* LXXVII, VIII.)

A imortalidade da alma é característica do ser humano, pois, embora outros seres possuam alma (plantas e animais), estas perecem juntamente com o corpo, pois dependem dele para exercer suas funções.

Das funções da alma humana, a mais perfeita é a intelectiva; é através da atividade intelectiva que se pode chegar ao conhecimento. A concepção que Santo Tomás de Aquino tem sobre o processo de conhecimento deve ser relacionado à discussão feita anteriormente sobre a relação razão-fé.

Como já foi visto, Santo Tomás admite que alguns conhecimentos só podem ser obtidos através da revelação divina; ele procura demonstrar a existência de verdades que, sendo objetos de fé, não têm qualquer interferência seja da razão, seja dos sentidos.

"Uma outra conseqüência derivante da revelação sobrenatural consiste na eliminação deste vício que é a presunção humana, presunção que constitui a mãe de todos os erros. Certos homens, com efeito, confiam a tal ponto em suas capacidades, que timbram em medir a natureza inteira com o metro de sua inteligência, estimando verdadeiro tudo o que enxergam e falso tudo o que não enxergam. A fim de que o espírito humano, liberto de tal presunção, pudesse conquistar a verdade com modéstia, era necessário que Deus propusesse à sua inteligência certas verdades totalmente inacessíveis à sua razão." *(Súmula contra os gentios,* Cap. 5.)

Além das verdades reveladas, Santo Tomás admite ser possível chegar a verdades através do uso da razão e dos dados dos sentidos. O conhecimento neste caso é empírico e racional; é elaborado pelo homem que deve apreender a substância do objeto. Na elaboração do conhecimento conceitual — nome que Santo Tomás atribui a este conhecimento que não é fruto da revelação divina — estão envolvidos dois momentos: o sensível e o intelectual.

O primeiro momento de elaboração do conhecimento conceitual é a obtenção dos dados através dos sentidos; como não possui idéias inatas, o homem só pode chegar ao conhecimento se tiver "matéria-prima" para sua atuação e esta "matéria-prima" são os dados fornecidos pelos sentidos. O segundo momento é o intelectual, isto é, o momento em que o homem chega às essências, abstrai as coisas, entende conceitos, julga e raciocina.

Para Tomás de Aquino, diz Giordani (1983), os sentidos percebem o concreto em sua mutabilidade, o particular, os acidentes externos das coisas; cabe à atividade intelectiva chegar a abstrações e conceitos universais, prescindindo das particularidades e chegando ao conhecimento das essências. Assim, os sentidos, no conhecimento de uma planta, possibilitariam perceber sua cor, textura, tamanho etc., mas só a inteligência possibilitaria retirar desta observação o que caracteriza essencialmente a planta e que nos permite identificá-la enquanto tal.

"Cumpre ter presente que as formas existentes nas coisas corpóreas são particulares e materiais. No intelecto, entretanto, tais formas são universais e imateriais, o que é comprovado pelo modo de operar da inteligência. Com efeito, compreendemos de modo universal e imaterial. Ora, é necessário que o modo de compreender corresponda às imagens inteligíveis (*species intelligibilis)*, através das quais opera a inteligência. É necessário, por conseguinte, já que é impossível ir de um extremo ao outro sem passar pelo meio, que as formas inteligíveis provenientes dos seres corpóreos cheguem ao intelecto através de alguns meios. Tais são precisamente as potências sensitivas, as quais recebem as formas das coisas materiais, porém já isentas de matérias: no olho aparece a imagem da pedra, mas não a sua matéria, porém nas potências sensitivas as formas das coisas são recebidas de maneira particular (não universal), pois pelas potências sensitivas só podemos conhecer coisas particulares. Por isso, é necessário que o homem, para poder compreender, esteja dotado também de sentidos.

A prova disto está em que aquele a quem falta um dos sentidos, falta-lhe igualmente a ciência das coisas sensíveis abarcadas pelo respectivo sentido, assim como o cego de nascimento não pode ter conhecimento das cores." (*Compêndio de teologia,* 82, 143.)

Da caracterização do processo de conhecimento como a relação entre sentidos e inteligência decorre a noção de verdade postulada por Tomás de Aquino, que consiste na identidade da proposição com o real. (...) "...a primeira relação do ente com o intelecto consiste no fato de aquele corresponder a este, correspondência que se denomina assemelhação ou concordância entre o objeto e a inteligência, sendo nisto que se concretiza formalmente o conceito de verdade." (*Questões discutidas sobre a verdade.* art. I, III.) A "construção" desta verdade cabe, primordialmente, ao intelecto que, operando segundo regras lógicas, deverá chegar ao conhecimento, e que tem como fonte os sentidos. Assim atuando, a inteligência estará mantendo correspondência com as coisas do mundo sensível.

Para Santo Tomás, a razão distingue os homens dos outros seres e permite chegar à substância das coisas; é o elemento de mais alto nível da alma humana, constituindo-se na diretriz que deverá orientar quer a produção de conhecimento, quer as ações humanas do ponto de vista moral e político.

O conceito de vontade deixa claro como, para Tomás de Aquino, a razão é fundamental; a vontade, para ele, é uma potência intelectiva (portanto racional) que não se confunde com os apetites (concupiscência, ira...).

Além disso, na noção de livre-arbítrio, está subjacente o papel da razão: o homem é livre porque racional; o livre-arbítrio é a possibilidade de optar por uma ação através dos elementos que o próprio intelecto fornece. Neste caso, não existe predestinação, o que o diferencia de Santo Agostinho; para Santo Tomás de Aquino, as ações humanas devem buscar o Bem, finalidade determinada por Deus, e neste caminho a razão tem papel fundamental.

As noções de finalismo e busca do Bem podem ser identificadas na concepção política de Santo Tomás: para ele, a sociedade deve ter como fim chegar ao bem comum. De acordo com Frost Jr., Santo Tomás defende que, para que isto ocorra, a sociedade deve estar unida, sendo esta a forma de se opor aos inimigos. "Por conseguinte, a monarquia, na qual o poder se acha fortemente centralizado, é, segundo ele (Santo Tomás) a melhor forma de governo, o qual, porém, não deve oprimir seus membros. Não deve haver tirania." (Frost Jr., s.d., p. 194)

Ao admitir que o governo é de origem divina, que a legislação do Estado é para o bem do povo e que o governo deve submeter-se à Igreja, Santo Tomás defende uma postura de passividade e obediência da sociedade frente à situação vigente. De acordo com Frost Jr. (s.d.): "É injustificável a rebelião contra o governo. Santo Tomás de Aquino doutrinava que qualquer mudança de governo deve ser procurada pelos meios legais, pois o governo tem origem divina. Se não for possível ao membro obter, por meios legais, reparação por danos e males sofridos, deve deixar a questão a Deus que, no fim, resolverá tudo bem" (pp. 194-195). Como se observa nos itens até agora desenvolvidos — a noção de universo, de homem, de conhecimento e de aspectos morais e políticos — a presença de Deus é fundamental para o pensamento tomista, o que não é de se estranhar se atentamos para o fato de que, para Tomás de Aquino, Deus é ato puro (opondo-se às outras criaturas que são potência e ato), é o criador do Universo (portanto é o único ser por essência, ao contrário das outras criaturas que têm o ser por criação divina), é imóvel (colocando em movimento todas as outras coisas), é eterno (pois não pode começar a ser e deixar de ser, uma vez que é imóvel), é uno e bom.

REFERÊNCIAS BIBLIOGRÁFICAS

Aquino, R. S. L. e outros. *História das Sociedades:* das comunidades primitivas às sociedades medievais. Rio de Janeiro, Ao Livro Técnico, 1980.

Bernal, J. D. *Ciência na História.* Lisboa, Livros Horizonte, 1976, vol. II.

Bréhier, É. *História da Filosofia.* São Paulo, Mestre Jou, 1977 e 1978, tomo primeiro, livro terceiro.

Franco, Jr., H. *A Idade Média: o Nascimento do Ocidente.* São Paulo, Brasiliense, 1986.

Frost Jr., S. E. *Ensinamentos básicos dos grandes filósofos.* São Paulo, Cultrix, s.d.

Giordani, M. C. *História do mundo feudal.* Rio de Janeiro, Vozes, 1983, vol. II/2.

Mason, S. F. *História da Ciência:* as principais correntes do pensamento científico, Porto Alegre, Globo, 1964.

Monteiro, H. M. *O feudalismo: Economia e Sociedade.* São Paulo, Ática, 1986.

Pépin, J. Santo Agostinho e a patrística ocidental. Em Châtelet, F. (org.). *História da Filosofia — idéias, doutrinas,* Rio de Janeiro, Zahar, 1974, vol. II, pp. 73-95.

Peterson, M. A. *Introdução à filosofia medieval.* Fortaleza, Edições UFC, 1981.

Santo Agostinho. Confissões. Em *Santo Agostinho.* São Paulo, Abril Cultural, 1973, col. Os Pensadores.

———. De Magistro. Em *Santo Agostinho.* São Paulo, Abril Cultural, 1973, col. Os Pensadores.

Santo Tomás de Aquino. Compêndios de teologia. Em *Santo Tomás, Dante, Scot, Ockhan.* São Paulo, Abril Cultural, 1973, col. Os Pensadores.

———. Questões discutidas sobre a verdade. *Em Santo Tomás, Dante, Scot, Ockhan.* São Paulo, Abril Cultural, 1973, col. Os Pensadores.

———. Súmula contra os gentios. Em *Santo Tomás, Dante, Scot, Ockhan.* São Paulo, Abril Cultural, 1973, col. Os Pensadores.

———. *Suma Teológica.* São Paulo, Faculdade de Filosofia Sedes Sapientiae, 1947, vol. VII.

BIBLIOGRAFIA CONSULTADA

Abbagnano, N. *Dicionário de filosofia.* São Paulo, Mestre Jou, 1982.

Chauí, M. e outros. *Primeira filosofia: lições introdutórias,* São Paulo, Brasiliense, 1984.

Franco Jr., H. *O feudalismo.* São Paulo, Brasiliense, 1984.

Huberman, L. *História da riqueza do homem.* Rio de Janeiro, Zahar, 1981.
Jeauneu, É. *A filosofia medieval.* Lisboa, Edições 70, 1980.
Pépin, J. Santo Tomás e a filosofia do século XIII. Em Châtelet, F. (org.), *História da filosofia — idéias e doutrinas.* Rio de Janeiro, Zahar, 1974, vol. II, pp. 152-164.
Rassam, J. *Tomás de Aquino.* Lisboa, Edições 70, 1980.
Santos, M. F. *Dicionário de filosofia e ciências culturais.* São Paulo, Matese, 1963.
Silva, F. C. T. *Sociedade feudal: guerreiros, sacerdotes e trabalhadores.* São Paulo, Brasiliense, 1984.

PARTE III

A CIÊNCIA MODERNA SE INSTITUI: A TRANSIÇÃO PARA O CAPITALISMO

CAPÍTULO 8

DO FEUDALISMO AO CAPITALISMO: UMA LONGA TRANSIÇÃO

Numa era de transição, o velho e o novo freqüentemente se misturam. No período de transição de um regime social para outro, encontram-se características do velho regime, ao mesmo tempo em que traços do regime novo aparecem em determinados níveis da realidade social.

A transição do feudalismo ao capitalismo significou a substituição da terra pelo dinheiro, como símbolo de riqueza: foi o período em que um conjunto de fatores preparou a desagregação do sistema feudal e forneceu as condições para o surgimento do sistema capitalista.

É importante salientar, entretanto, que a passagem do regime feudal ao capitalista se deu com variações nos diversos países; além disso, num mesmo país, a passagem se deu de forma lenta e gradual, de modo que ao mesmo tempo em que surgem características do novo regime, persistem características do regime anterior.

Assim, "não podemos falar de verdadeira passagem ao capitalismo senão quando regiões suficientemente extensas vivem sob um regime social completamente novo. A passagem somente é decisiva quando as revoluções políticas sancionam juridicamente as mudanças de estrutura, e quando novas classes dominam o Estado. Por isso a evolução dura vários séculos". (Vilar, 1975, pp. 35, 36.)

Essa evolução não foi "natural", inexorável, e não se deu sem graves conflitos, muita violência no campo e nas cidades, luta pela tomada de poder. Os séculos XV, XVI e XVII (particularmente os dois últimos) são aqueles em que mais acentuadamente ocorrem mudanças que marcam a passagem do sistema feudal ao sistema capitalista. Nos séculos XV e XVI, na Europa, a descentralização feudal é gradualmente substituída pela formação de estados nacionais unificados e pela centralização de poder, com a formação das monarquias absolutas. Na Inglaterra, o processo de unificação foi favorecido pelo enfraquecimento da nobreza e, conseqüentemente, do parlamento — que tinha nela sua principal sustentação — em função da Guerra das Duas Rosas, iniciada em 1455, entre duas facções de nobres rivais. Esse enfraquecimento da nobreza e do parlamento propiciou o estabelecimento de uma monarquia absoluta, que teve como seus principais representantes Henrique VIII (1509-1547) e Elisabete (1558-1603). Na França, que desde o início do século XIV já praticamente concluíra sua formação territorial e em que os reis tinham já muita força, a ocorrência de uma guerra contra a Inglaterra — a Guerra dos Cem Anos (1337-1453) — favoreceu o aparecimento de uma consciência nacional, a derrocada do poder feudal e o surgimento de monarcas absolutos extremamente poderosos, a ponto de este país tornar-se o grande modelo dos regimes absolutos. A Espanha tornou-se um país unificado do ponto de vista político e territorial em 1515 com a incorporação do reino de Navarra. Antes disso, tinha havido já a incorporação do reino de Granada (1492) e a união das monarquias de Castela e Aragão (1469). Alemanha e Itália foram exceções no processo de unificação desenvolvido na Europa nesse período. Por essa época, a Alemanha era composta de inúmeros reinos independentes e não constituía um estado consolidado.

A Itália, no século XIV, estava dividida em uma infinidade de pequenos estados, alguns deles com formas de governo bastante democráticas. Entretanto, no curso desse século e do seguinte, todos eles caíram sob o domínio de governantes despóticos. Ao longo dos séculos XIV e XV, os estados maiores e mais poderosos foram anexando os menores, de forma que, no início do século XVI, cinco estados dominavam a península italiana: as repúblicas de Veneza e Florença, o ducado de Milão, o reino de Nápoles e os Estados da Igreja.

No século XV, a Itália detinha o monopólio das principais rotas comerciais do Mediterrâneo; a partir do descobrimento da América, os centros do comércio se transferiram para a costa atlântica. Esta alteração ocorreu em função de emprendimentos marítimos levados a efeito por países da Europa ocidental, visando à descoberta de uma rota marítima comercial para o Oriente, uma vez que as cidades italianas detinham o controle do Mediterrâneo. O primeiro país que se lançou nesses empreendimentos foi Portugal, que não apenas descobriu um caminho pelo Atlântico para chegar ao Oriente, como descobriu também novas terras, que se transformaram em colônias portuguesas. Portugal construiu nesse processo, durante os séculos XV e XVI, um império tricontinental: envolvia colônias na África, Ásia e América.

A Espanha, que logo em seguida a Portugal lançou-se em expedições marítimas, empreendidas com o apoio da coroa espanhola, também formou um vasto império colonial, incluindo parte dos Estados Unidos, o México, as Antilhas, a América Central e quase toda a América do Sul. A França e a Inglaterra também chegaram a diversos pontos da América, durante os séculos XV e XVI, mas por diversas razões aí não fixaram colônias imediatamente. Foi apenas no séculos XVII, tendo consolidado seus Estados Nacionais, que efetuaram essa tarefa. A Inglaterra — que já possuía colônias na África e na Ásia — iniciou a povoação do litoral atlântico, desenvolvendo colônias, como as treze colônias da América do Norte. A França, que também já possuía colônias na África, desenvolveu suas colônias na América, como o Canadá, a Guiana Francesa e as Antilhas.

Outro país que devido a atividades mercantis conquistou colônias foi a Holanda, que, em fins do século XVI e início do XVII, apoderou-se pela força de pontos na América (como a Ilha de Curaçao e litoral e Nordeste do Brasil), na África e no Oriente.

A colonização reintroduziu uma prática extinta há cinco séculos: a escravidão. Negros africanos eram trazidos para trabalhar como escravos nas plantações e nas minas das colônias, suprindo a necessidade de mão-de-obra não qualificada.

O CAPITALISMO

Somente se emprega o termo "capitalismo" quando se trata de uma sociedade moderna, "onde a produção maciça de mercadorias repousa sobre a exploração do trabalho assalariado, daquele que nada possui, realizada pelos possuidores dos meios de produção". (Vilar, 1975, p. 36.)

Na sociedade capitalista, as pessoas somente conseguem sobreviver se comprarem os produtos do trabalho uns dos outros, já que possuem atividades especializadas, não produzindo todos os bens de que necessitam. Assim sendo, deve haver troca entre os diversos produtos dos trabalhos privados.

A transformação da matéria-prima em produtos é feita pelo trabalhador, que vende sua força de trabalho ao capitalista em troca de um salário. O capitalista é dono dos meios de produção (matérias-primas, ferramentas, etc.) e se apropria dos produtos acabados. A sociedade capitalista tem como elementos fundamentais a propriedade privada, a divisão social do trabalho e a troca.

A seguir abordar-se-ão os acontecimentos que levaram ao desenvolvimento de uma sociedade com essas características a partir da sociedade feudal.

A FRAGMENTAÇÃO DA SOCIEDADE FEUDAL

O RENASCIMENTO DO COMÉRCIO E O CRESCIMENTO DAS CIDADES

A sociedade feudal era constituída de unidades estanques: os feudos. Estes eram auto-suficientes, com economia voltada para a subsistência. Os reinos então existentes eram, desta forma, fragmentados, e os reis — apenas nominalmente donos das terras — tinham poderes limitados, dadas as características do sistema feudal. As relações sociais fundamentais eram de dois tipos: a relação de vassalagem, através da qual se processava o modo de apropriação da terra; e as relações servis, onde o trabalhador possuía instrumentos próprios de produção e dele o senhor extraía um excedente de trabalho.

Na sociedade feudal, basicamente agrária, particularmente na primeira metade da Idade Média, em que se media a riqueza de uma pessoa pela quantidade de terras que possuísse, a importância das cidades era muito pequena. As trocas praticamente inexistiam e quando ocorriam, eram principalmente efetuadas dentro dos feudos, entre produtos e sem envolver dinheiro.

A partir da segunda metade da Idade Média, alguns fatores contribuíram para a ativação do comércio, dentre eles: a produção de excedentes agrícolas e artesanais, que podiam, então, ser trocados; e as Cruzadas, que deslocaram milhares de europeus através do continente. Estes indivíduos necessitavam de provisões, que lhes eram fornecidas por mercadores que os acompanhavam.

Como conseqüência do crescimento do comércio, cresceram também as cidades. Estas surgiram em locais estratégicos para a atividade comercial, como, por exemplo, o cruzamento de duas estradas. Estas cidades, entretanto, encontravam-se em terras pertencentes aos senhores feudais, que cobravam impostos e taxas de seus habitantes. Além disso, os senhores eram os dirigentes dos tribunais de justiça em suas terras, sendo, portanto, responsáveis pela resolução de uma série de problemas surgidos nas cidades, advindos das atividades comerciais, que não tinham capacidade para resolver. Por essas razões, as cidades rebelaram-se e muitas delas obtiveram a liberdade através de luta, compra ou doação.

Com a expansão do comércio, as cidades passaram a oferecer trabalho a um maior número de pessoas, que para lá se dirigiam; as cidades livres ofereciam asilo aos servos fugitivos dos domínios senhoriais.

As oficinas confiadas aos servos, nos feudos, para a fabricação de objetos de uso do próprio feudo, foram substituídas por oficinas urbanas. Neste período, os mercados eram locais e os produtores independentes organizavam-se em corporações de ofício.

Os habitantes das cidades dedicavam-se, fundamentalmente, ao artesanato e ao comércio e não produziam o alimento de que necessitavam para subsistir. Esta situação gerou a divisão do trabalho entre cidade e campo, de onde provinha o alimento para os habitantes da cidade. Para tanto, tornou-se necessário o crescimento da produção agrícola, o que levou à abertura de novas terras ao cultivo. Estas terras atraíram muitos camponeses que se libertaram dos feudos e passaram a cultivá-las, em troca de pagamento aos senhores feudais pelo seu arrendamento. Muitas terras incultas foram, assim, transformadas em terras produtivas.

Inúmeros servos foram libertados dos feudos porque o trabalho livre era mais produtivo para os senhores do que o trabalho servil. Alguns senhores, entretanto, e principalmente a Igreja não libertaram seus servos. Por esta razão, este foi um período de grandes conflitos. Camponeses por vezes invadiam e depredavam propriedades da Igreja e agrediam padres, muitas vezes ajudados pelos habitantes das cidades, que tinham, em geral, muitas razões para entrar em conflito com os senhores feudais.

Um fator que contribuiu para a liberdade dos camponeses foi a peste negra, no século XIV que, provocando enorme quantidade de mortes, valorizou o trabalho da mão-de-obra disponível. Isto gerou conflitos ainda mais violentos entre servos e senhores. Se anteriormente as revoltas dos camponeses eram apenas locais, agora a escassez de mão-obra "dera aos trabalhadores agrícolas uma posição forte, despertando neles um sentimento de poder. Numa série de levantes em toda a Europa ocidental, os camponeses utilizaram esse poder numa tentativa de conquistar pela força as concessões que não podiam obter — ou conservar — de outro modo." (Huberman, 1979, p. 59.)

"Em meados do século XV, na maior parte da Europa ocidental, os arrendamentos pagos em dinheiro haviam substituído o trabalho servil e, além disso, muitos camponeses haviam conquistado a emancipação completa. (Nas áreas mais afastadas, longe das vias de comércio e da influência libertadora das cidades, a servidão perdurava.)" (Huberman, 1979, p. 61.)

A ABERTURA DO COMÉRCIO PARA O MUNDO

A expansão marítima e do sistema colonial, no final do século XV, produziu muitas riquezas, que levaram a um maior desenvolvimento do comércio. As Cruzadas haviam contribuído para o incremento do comércio, tanto no que se refere à reabertura do Mediterrâneo oriental ao Ocidente (em especial Gênova e Veneza) quanto à difusão do consumo de produtos orientais. Por outro lado, as cidades italianas, aliadas aos muçulmanos do Oriente, passaram a ter o monopólio das principais rotas comerciais do Mediterrâneo, dificultando o comércio europeu. A superação desta dificuldade poderia ser conseguida uma vez que se chegasse ao Extremo Oriente por outra rota marítima, que não utilizasse o Mediterrâneo. Esse vultoso e caro empreendimento foi financiado pela burguesia, enriquecida pelo desenvolvimento comercial, gerando a expansão atlântica dos séculos XV e XVI. Nesta empresa, descobriram-se novas terras, que se transformaram em colônias de diversos países da Europa ocidental. A utilização do oceano Atlântico ocasionou uma grande transformação no comércio, já que este, agora, passou a envolver não só a Europa e a Ásia, como também essas novas terras — as colônias.

Estas colônias foram, também, importantes no fornecimento de metais preciosos para as metrópoles, nessa época em que o ouro e a prata eram muito necessários ao desenvolvimento do comércio.

A expansão atlântica trouxe outros efeitos. Um deles foi o desenvolvimento do mercantilismo. Segundo Huberman (1979) este "não era um sistema em nosso sentido da palavra, mas antes um número de teorias econômicas aplicadas pelo Estado, num momento ou outro, num esforço para conseguir riqueza e poder" (p. 129). Para atingir tal objetivo, os governantes incentivaram as atividades mercantis e as protegeram com políticas mercantilistas (que variaram no tempo e no espaço).

Nesse processo de extraordinária expansão comercial, desenvolveram-se instituições financeiras, bancos, bolsas etc., tendo em vista subsidiar as atividades mercantis. Além disso, desenvolveu-se o empréstimo usurário que passaria a ser juntamente com outras formas já citadas, uma das maneiras de se acumular capital nesse período. Para tanto, indivíduos que possuíssem dinheiro disponível emprestavam-no cobrando altas taxas de juros.

Segundo Huberman (1979), nas grandes feiras existentes na fase final da Idade Média, os últimos dias eram dedicados a negócios em dinheiro. Aí se trocavam os vários tipos de moedas, negociavam-se empréstimos, pagavam-se dívidas e fazia-se circular letras de câmbio e de crédito. Nessas feiras, os banqueiros da época realizavam grandes negócios financeiros. "Negociar em dinheiro levou a conseqüências tão grandes que passou a constituir uma profissão separada." (Huberman, 1979, p. 34.) Ainda segundo este autor, os banqueiros passaram a ser o poder atrás dos reis, porque estes necessitavam constantemente de sua ajuda financeira.

O sistema colonial também desempenhou importante papel no desenvolvimento do mercantilismo, tanto porque as colônias passaram a constituir mercados consumidores das manufaturas metropolitanas, como porque passaram a ser fontes de matérias-primas e metais preciosos.

O grande aumento no fornecimento desses metais, provindos das minas das colônias, duramente exploradas, permitiu uma rápida cunhagem de moedas, que entrou em desequilíbrio com o lento aumento da produção. Este fato levou a uma alta geral de preços na Europa, prejudicando os trabalhadores e a nobreza feudal, e fortalecendo a burguesia.

OS CAMPONESES SÃO EXPULSOS DA TERRA

Uma das formas de os donos de terra aumentarem seus rendimentos e fazerem frente ao aumento de preços foi o fechamento das terras, ocorrido no século XVI em algumas partes da Europa, basicamente na Inglaterra. Houve pelo menos dois tipos de cercamento: o que envolvia mudanças na forma de utilização da terra e o que envolvia as terras comuns do feudo.

Com o aumento do preço da lã, decorrente do crescimento da industrialização desta, surgiu a oportunidade dos senhores das terras ganharem dinheiro, através da transformação da atividade de agricultura em criação de ovelhas e da utilização da terra para pasto. Estas terras foram cercadas para tal fim, e muitos lavradores perderam o meio de sobrevivência, pois somente alguns foram empregados para cuidar das ovelhas.

Além disso, muitas vezes o senhor simplesmente expulsava o arrendatário das terras ou cercava terras comuns do feudo, que serviam de pastagem e eram de uso de todos os seus habitantes, deixando sem pasto o gado do arrendatário.

Além do cercamento, outro recurso utilizado pelos senhores para aumentar seus rendimentos foi a elevação da taxa a ser paga pelos arrendamentos de terra. O senhor elevou-a muito alto e o camponês que não podia pagar era forçado a abandoná-la.

O fechamento das terras e a elevação dos arrendamentos fizeram com que milhares de pessoas ficassem sem condições de sobrevivência, e no futuro, quando a indústria capitalista teve necessidade de trabalhadores, estas pessoas formaram parte da mão-de-obra por ela utilizada.

O ABSOLUTISMO E O FORTALECIMENTO DA BURGUESIA

O fechamento das terras e o aumento da taxa de arrendamento foram os efeitos mais distantes da alta geral de preços na Europa, que, por sua vez, foi conseqüência do mercantilismo. Este, por outro lado, relacionou-se inteiramente ao surgimento do absolutismo, ao fortalecimento do poder real.

Esse processo histórico veio se desenvolvendo a partir da baixa Idade Média, quando a burguesia, recém-formada pelo incremento do comércio, necessitava do estabelecimento de um mercado nacional regulamentado e unificado, por exemplo, em termos de pesos e medidas. Além disso, necessitava de apoio contra os nobres feudais e a Igreja, que retinham as riquezas da época, e de segurança contra bandos armados que a assaltavam, bem como de segurança contra os senhores feudais, que a exploravam através de taxas.

A solução para este problema constituiu-se no apoio dado pela burguesia às tentativas de centralização de poder nas mãos dos monarcas feudais.

Burguesia e realeza uniram-se, portanto, tendo em vista interesses comuns. Em troca de benefícios, como uma regulamentação que unificasse o mercado e ampliasse seu campo de atividades econômicas, a burguesia oferecia influência política e social, bem como recursos financeiros.

Este processo foi modificando o panorama territorial, político e social da Europa. "Surgiram nações, as divisões nacionais se tornaram acentuadas, as literaturas nacionais fizeram seu aparecimento, e regulamentações nacionais para a indústria substituíram as regulamentações locais. Passaram a existir leis nacionais, línguas nacionais e até mesmo Igrejas nacionais. Os homens começaram a considerar-se não como cidadãos de Madri, de Kent ou de Paris, mas como da Espanha, Inglaterra ou França. Passaram a dever fidelidade não à sua cidade ou ao senhor feudal, mas ao rei, que é o monarca de toda uma nação." (Huberman, 1979, p. 79.)

O DESENVOLVIMENTO DA INDÚSTRIA MODERNA

O início da indústria moderna foi possível graças à presença de duas condições: a existência de capital acumulado e a existência de uma classe trabalhadora livre e sem propriedades.

Como já vimos, antes da introdução do capitalismo, acumulava-se capital principalmente através da troca de mercadorias. Entretanto, esta não foi a única forma: pirataria, saque, conquistas e exploração em diferentes níveis tiveram importante papel na acumulação primitiva de capital, que serviu de base para a grande expansão industrial dos séculos XVII e XVIII.

Entretanto, além do capital acumulado, era necessária a existência de mão-de-obra disponível. O fechamento de terras e a elevação dos arrendamentos, no século XVI, forneceram a mão-de-obra necessária para a indústria, na medida em que expulsaram muitos camponeses de suas terras, criando uma classe trabalhadora livre e sem propriedades.

O CAPITAL E A PRODUÇÃO

O sistema doméstico

Enquanto o mercado era apenas local, o artesanato com a estrutura de corporação que lhe servia de apoio, era suficiente para suprir as necessidades do comércio. Quando, entretanto, o mercado se expandiu, tornando-se nacional e mesmo internacional, o sistema de corporações de artesãos independentes não mais respondia às crescentes exigências do comércio, tornando-se um entrave ao seu desenvolvimento. Sua superação exigia a subordinação da esfera produtiva ao capital mercantil. Neste momento, surgiu o intermediário, "o capitalista".

Segundo Huberman (1979), o mestre artesão era cinco pessoas numa só: à medida que comprava matéria-prima, era um negociante ou mercador; quando trabalhava esta matéria-prima, era um fabricante; se tinha aprendizes, era empregador; enquanto supervisionava o trabalho desses aprendizes, era capataz; e à medida que vendia ao consumidor o produto acabado, era um comerciante lojista.

Quando surgiu o intermediário, as funções de negociante e comerciante lojista foram subtraídas ao artesão. O intermediário, que podia ser um ex-artesão, um ex-camponês rico, por exemplo, entregava ao artesão a matéria-prima, que este trabalhava em sua casa, com seus ajudantes. O produto acabado era entregue ao intermediário, que o negociava. A este sistema de produção dá-se o nome de sistema doméstico (ou *putting-out*).

Com a expansão da economia a nível nacional, o "capitalista", que no sistema de corporações não tinha função de destaque, passou a ter importante papel, uma vez que as transações comerciais passaram a ocorrer numa escala muito mais ampla, envolvendo grandes quantidades de dinheiro.

Ao intermediário "capitalista" pertencia o produto, que era vendido no mercado com lucro. O mestre artesão e seus aprendizes eram trabalhadores tarefeiros. "Trabalhavam em suas casas; dispunham de seu tempo. Eram geralmente os donos das ferramentas (embora isso nem sempre ocorresse). Mas já não eram independentes (...)" (Huberman, 1979, p. 124.)

No sistema doméstico, não há uma revolução nas condições de produção: o que há é uma reorganização da produção, uma modificação na forma de negociação das mercadorias.

A manufatura

A expansão sempre crescente do comércio e o afluxo de trabalhadores sem propriedades levou as cidades a uma nova reorganização no sistema produtivo, dando surgimento ao sistema de manufatura. A manufatura, entretanto, nunca foi um sistema de produção dominante: ao seu lado persistiam sempre restos dos regimes industriais precedentes.

O sistema de manufatura implica a reunião de um número relativamente grande de trabalhadores sob um mesmo teto, empregados pelo proprietário dos meios de produção, executando um trabalho coordenado, num mesmo processo produtivo ou em processos de produção que, embora diferentes, são encadeados, com auxílio de um plano. Nesse sistema, portanto, os trabalhadores perdem os meios de produção, que passam a ser de propriedade do capitalista e passam a trabalhar em troca de um salário, vendendo sua força de trabalho. O proprietário dos meios de produção não realiza o trabalho manual; exerce apenas a função de orientar e vigiar a atividade de outros indivíduos, de cujo trabalho vive.

No sistema de manufatura, cada trabalhador realiza apenas parte do trabalho necessário à elaboração de um determinado produto. Este, para estar completo, depende do trabalho do conjunto de indivíduos no processo produtivo.

O parcelamento das tarefas leva à diminuição do tempo de trabalho necessário para se elaborar um determinado produto, levando, conseqüentemente, a um aumento da produção e, portanto, a uma maior valorização do capital.

O parcelamento das tarefas leva ainda: à desqualificação do trabalho (o trabalho da manufatura, por ser parcelar, exige menor qualificação do trabalhador e, conseqüentemente, menor aprendizado do que no artesanato), com a conseqüente redução do valor da força de trabalho; e à especialização das ferramentas que se vão adaptando às funções parcelares.

Na manufatura, o trabalhador é transformado em trabalhador parcial, mas ainda é ele, com sua habilidade e rapidez, quem comanda o processo de trabalho, quem determina o ritmo e o tempo de trabalho socialmente necessário para a produção de uma mercadoria.

E nisto estão os limites da manufatura, que vão constituir sérios entraves ao desenvolvimento do capital: em primeiro lugar, embora o trabalho seja desqualificado, ainda é o trabalhador com a ferramenta quem elabora o produto e este trabalhador especializado ainda necessita de um longo período de aprendizagem, o que lhe dá força ante o capital; em segundo lugar, como a manufatura tem sua base no elemento subjetivo, no trabalhador, ela está restrita pelo limite físico, orgânico, deste, que impede que a produtividade do trabalho aumente incessantemente.

Como conseqüência destas limitações, a manufatura não conseguiu eliminar o artesanato e o sistema doméstico e teve de coexistir com eles, em determinados setores da produção, contribuindo inclusive para fortalecê-los, na medida em que os instrumentos de produção empregados pela manufatura eram produzidos de forma artesanal.

Por todas estas razões, "o processo de acumulação de capital manufatureiro não tem meios de regular o próprio mercado de trabalho e este vai ser controlado através de legislação" (Oliveira, 1977, p. 23), tanto no que diz respeito à disciplina, como também no que diz respeito à regulação de salários e jornada de trabalho (os prolongamentos da jornada de trabalho marcam o período manufatureiro).

O sistema fabril

Diante de circunstâncias favoráveis, como o interesse cada vez maior no aumento da produção e as limitações impostas pela manufatura a essa expansão, a especialização das ferramentas (decorrente do parcelamento das tarefas executadas pelo trabalhador) criou condições para o surgimento da máquina, uma combinação de ferramentas simples, que, por sua vez, favoreceu a ocorrência do que veio a ser denominado revolução industrial, no século XVIII, na Inglaterra.

A ferramenta foi retirada das mãos do trabalhador e passou a fazer parte da máquina, rompendo-se a unidade entre o trabalhador parcelar e sua ferramenta, existente na manufatura.

A máquina, na medida em que permite a substituição da força motriz humana por novas fontes de energia no processo de produção (inicialmente o vapor, posteriormente o gás e a eletricidade), libera o processo produtivo dos limites do organismo humano, o que possibilita um grande aumento da produtividade do trabalho.

Com a introdução da máquina, elimina-se a necessidade seja de trabalhadores adultos e resistentes, seja de operários especializados e hábeis, uma vez que o operário nada mais tem a fazer senão vigiar e corrigir o trabalho da máquina. Há, assim, uma maior desqualificação do trabalho do operário, que não mais precisa passar por uma longa aprendizagem para exercer sua função: como conseqüência, torna-se possível a utilização de mão-de-obra não qualificada (principalmente mulheres e crianças).

Na produção mecanizada (sistema fabril), o trabalhador perde o controle do processo de trabalho. É ele quem se adapta ao processo de produção (e não mais o contrário, como acontecia na manufatura). A máquina determina o ritmo do trabalho e é responsável pela qualidade do produto. Também a quantidade de produção e o tempo de trabalho necessário à elaboração de um produto deixam de ser determinados pelo trabalhador.

A produção mecanizada elimina o artesanato, o sistema doméstico e a manufatura, onde quer que apareça. "O sistema fabril, com suas máquinas movidas a vapor e a divisão do trabalho, podia fabricar os produtos com muito mais rapidez e mais barato do que os trabalhadores manuais. Na competição entre trabalho mecanizado e trabalho manual, a máquina tinha de vencer. E venceu — milhares 'de pequenos mestres manufatores e independentes' (independentes porque eram donos dos instrumentos do meio de produção) decaíram à situação de jornaleiros, trabalhando por salário" (Huberman, 1979, pp. 177 e 178.)

O PENSAMENTO NO PERÍODO DE TRANSIÇÃO

As considerações anteriores reportam-se aos fundamentos econômicos do período que estamos denominando transição para o capitalismo. Um regime social, porém, não se compõe apenas desses fundamentos. "A cada modo de produção corresponde não somente um sistema de relações de produção, como também um sistema de direito, de instituições e de formas de pensamento. Um regime social em decadência serve-se precisamente deste direito, dessas instituições e desses pensamentos já adquiridos, para opor-se com todas as suas forças às inovações que ameaçam sua existência. Isto provoca a luta das novas classes, das classes ascendentes, contra as classes dirigentes que ainda acham-se no poder e determina o caráter revolucionário da ação e do pensamento que animam estas lutas." (Vilar, 1975, p. 47.) A colocação de Vilar (1975) aponta para o fato de que, na luta entre camadas sociais pelo poder político, as idéias, os pensamentos e o conhecimento já produzidos também serão utilizados pelas camadas dirigentes, como instrumentos para manter o estado de coisas que lhe traz vantagens, ou deter eventuais avanços da camada ascendente. Na medida em que o regime social entra num processo de decadência, há a tendência de substituição das idéias a ele relacionadas por outras mais condizentes com o momento então vivido.

Numa fase inicial do período de transição, a rejeição das idéias, da imagem do universo e das maneiras de pensar feudais gerou um certo vazio intelectual, uma vez que não foi imediatamente seguida pelo surgimento de uma nova imagem do universo, deixando sem respostas muitos dos problemas levantados. Bernal (1976) considera esta fase inicial fundamentalmente destrutiva, na medida em que a preocupação central foi a destruição da síntese aristotélica; mas afirma que, embora não se tenha, nesta fase, encontrado solução para a maioria dos problemas levantados, abriu-se caminho para sua solução durante a grande luta de idéias do momento posterior.

Esta espécie de vazio intelectual, que se sucedeu à demolição da visão de mundo medieval, levou a um período impregnado de misticismo, de superstições grosseiras, de credulidade meio cega, de crença irracional na magia. Mas, "se essa credulidade do 'tudo é possível' é o reverso da medalha, também existe um anverso. Esse anverso é a curiosidade sem fronteiras, a acuidade de visão e o espírito de aventura que conduzem às grandes viagens de descobrimentos (...) que enriquecem prodigiosamente o conhecimento dos fatos e alimentam a curiosidade pelos fatos, pela riqueza do mundo, pela variedade e multiplicidade das coisas" (Koyré, 1982, p. 48).

Na nova visão de mundo, que veio a substituir a visão medieval, o homem, no seu sentido mais genérico, era a preocupação central. As relações Deus-homem, que eram enfatizadas pelo teocentrismo medieval, foram substituídas pelas relações entre o homem e a natureza. Isto significava, com relação ao conhecimento, a valorização da capacidade do homem de conhecer e transformar a realidade. Foi proposta uma ciência mais prática, que pudesse servir ao homem, e que teve em Francis Bacon (1561-1626) seu maior defensor, em contraposição ao saber contemplativo da Idade Média, época de predomínio da Igreja e da nobreza feudal.

As crescentes necessidades práticas, geradas pela ascensão da burguesia, aliadas ao desenvolvimento da crença na capacidade do conhecimento para transformar a realidade, foram responsáveis pelo interesse no desenvolvimento técnico.

É importante notar que — diferentemente do que ocorre nos nossos dias, em que a ciência e técnica já não são mais separáveis e "a produção não só determina a ciência, como esta se integra na própria produção, como sua potência espiritual ou como uma força força produtiva direta" (Vazquez, 1977, p. 223) — na maior parte do período de transição, as inovações técnicas ocorreram em função de necessidades práticas e não como decorrência do desenvolvimento científico. Todavia, as exigências de incremento da produção material, relacionadas ao surgimento e ascensão da burguesia, impulsionaram a constituição e o progresso da ciência natural. Segundo Vazquez (1977), a época moderna é aquela em que as exigências que se apresentam à ciência adquirem grande amplitude e um caráter mais rigoroso.

Para Bernal (1975), no final do período de transição ao capitalismo, os interesses dos governos e das classes dominantes no comércio, navegação, manufatura e agricultura, levaram a realizações culminantes na ciência: aqui, portanto, já "se faz um esforço organizado e consciente para utilizar a ciência para fins práticos" (Bernal, 1976 b, p. 447.)

O humanismo subjacente à proposta de uma ciência mais prática esteve presente também nas artes e na filosofia e foi incentivado tanto pela burguesia como pelo desenvolvimento do absolutismo. Era interessante para a burguesia uma renovação de valores, de forma que estes representassem melhor seus interesses que os até então vigentes. Para a monarquia, esta renovação também era interessante, desde que representasse aproximar de si maior número possível de pessoas. A contraposição de valores que o período abrigou (antropocentrismo e teocentrismo; fé e razão; ciência contemplativa e ciência prática) significou, na realidade, uma luta entre camadas sociais pelo poder. Os valores por elas assumidos representavam interesses concretos, que era conveniente defender. A burguesia precisava destruir os obstáculos para seu desenvolvimento, representados pela Igreja, que atacava práticas capitalistas, mas que, por outro lado, retinha riquezas importantes para o incremento econômico do período. Esta é uma das razões que se encontram na origem do movimento da Reforma protestante. Outra razão foi o fato de os reis, uma vez fortalecidos, não quererem dividir seu poder com o Papa. Além disso, os camponeses, que desejavam pôr fim à servidão, viam com simpatia o movimento da Reforma; da mesma forma, viam com simpatia este movimento os nobres, interessados nas riquezas que a Igreja concentrava por quaisquer que fossem os métodos.

A Reforma protestante questionou as idéias religiosas que estavam na base do poder temporal da Igreja e provocou a divisão do mundo cristão. A Igreja reorganizou-se através da Contra-Reforma e reafirmou todos os dogmas católicos. Segundo Chauí (1984), a expressão mais alta e mais eficiente da Contra-Reforma foi a Companhia de Jesus, objetivando a ação pedagógica-educativa para fazer frente à escolaridade protestante. Além disso, a Igreja passou a enfatizar o direito divino dos reis, fortalecendo a tendência dos novos estados nacionais à monarquia absoluta de direito divino. "É no quadro da Contra-Reforma, como renovação do catolicismo para combate ao protestantismo, que a Inquisição toma novo impulso e se, durante a Idade Média, os alvos privilegiados do inquisidor eram as feiticeiras e os magos, além das heterodoxias tidas como heresias, agora o alvo privilegiado do Santo Ofício serão os sábios: Giordano Bruno é queimado como herege, Galileu é interrogado e censurado pelo Santo Ofício, as obras dos filósofos e cientistas católicos do século XVII, passam primeiro pelo Santo Ofício antes de receberem o direito à publicação e as obras dos pensadores protestantes são sumariamente colocadas na lista das obras de leitura proibida (O Index)" (Chauí, 1984, p. 68).

Foi neste contexto que surgiu a chamada ciência moderna, no século XVII, com Galileu (1564-1642), que precisou suplantar inúmeros obstáculos para ser instaurada. Foi necessário derrubar a visão de mundo proposta por Aristóteles, reinterpretada pelos teólogos medievais e oficialmente em vigor. "A dissolução do Cosmo significa a destruição de uma idéia, a idéia de um mundo de estrutura finita, hierarquicamente ordenado, de um mundo qualitativamente diferenciado do ponto de vista ontológico. Essa idéia é substituída pela idéia de um universo aberto, indefinido e até infinito, unificado e governado pelas mesmas leis universais, um universo no qual todas as coisas pertencem ao mesmo nível do Ser, contrariamente à concepção tradicional que distinguia e opunha os dois mundos do Céu e da Terra" (Koyré, 1932, p. 155).

O universo visto por Aristóteles era estático, com seres caminhando para um fim determinado e dispostos de acordo com uma hierarquia bem definida. Era um mundo fechado e dotado de qualidades não passíveis de mensuração matemática. A nova visão de mundo, instaurada neste período de transição, era mecanicista. Galileu e Newton (1642-1727), importantes construtores desta nova visão, perceberam as dimensões matemáticas e geométricas dos fenômenos da natureza e propuseram leis do movimento, leis estas mecânicas. Descartes (1596-1650) também se preocupou com as leis do movimento e tratou toda a natureza, inclusive o corpo do próprio homem, seguindo o modelo mecanicista. Hobbes (1588-1679) foi além, no que se refere à ampliação do campo de abrangência do modelo mecanicista: estendeu-o para o próprio conhecimento.

A formulação de uma nova imagem do universo exigia o repensar de toda a produção de conhecimento, suas características, suas determinações, seus caminhos. Estas considerações metodológicas fizeram parte das preocupações de diversos pensadores do período: Galileu, Bacon, Descartes, Hobbes, Locke (1652-1704) e Newton.

Aliada ao rompimento das idéias do mundo medieval, rompeu-se também a confiança nos velhos caminhos para a produção do conhecimento: a fé, a contemplação não eram mais consideradas vias satisfatórias para se chegar à verdade. Um novo caminho, um novo método precisava ser encontrado, que permitisse superar as incertezas. Surgem, então, duas propostas metodológicas diferentes: o empirismo, de Bacon e o racionalismo, de Descartes. Estes dois autores dedicaram parte de sua obra a discutir o caminho que conduziria ao verdadeiro conhecimento.

Embora não tenham elaborado uma teoria do conhecimento, também Galileu e Newton propuseram, na prática, caminhos para se chegar à verdade, que se contrapunham àqueles que vigoravam no período feudal.

A utilização da razão, de dados sensíveis e da experiência (em contraposição à fé) são traços que marcam o trabalho dos pensadores desse período, como conseqüência da transferência da preocupação com as relações Deus-homem para a preocupação com as relações homem-natureza. Esses traços aparecem, embora com ênfases muito diferenciadas, nos trabalhos de Galileu, Bacon, Descartes, Hobbes, Locke e Newton.

Ainda ligadas à preocupação com relação ao conhecimento, situam-se as considerações de Descartes e Locke quanto a sua origem. O primeiro defende a noção de idéias inatas, como fontes de verdade, enquanto que o segundo se coloca frontalmente contrário a esta noção, afirmando que todo conhecimento provém da experiência sensível.

Seguindo os novos caminhos traçados pelos pensadores que se destacaram neste período de transição, foi-se firmando um novo conhecimento, uma nova ciência, que buscava leis, e leis naturais, que permitissem a compreensão do universo. Esta nova ciência — a ciência moderna — surgiu com o surgimento do capitalismo e a ascensão da burguesia e de tudo o que está associado a este fato: o renascimento do comércio e o crescimento das cidades, as grandes navegações, a exploração colonial, o absolutismo, as alterações por que passou o sistema produtivo, a divisão do trabalho (com o surgimento do trabalho parcelar), a destruição da visão de mundo própria do feudalismo, a preocupação com o desenvolvimento técnico, a Reforma, a Contra-Reforma. A partir de então, estava aberto o caminho para o acelerado desenvolvimento que a ciência viria a ter nos períodos seguintes.

CAPÍTULO 9

A RAZÃO, A EXPERIÊNCIA E A CONSTRUÇÃO DE UM UNIVERSO GEOMÉTRICO: GALILEU GALILEI (1564-1642)

"Mas, meus senhores, afinal, se o homem decifra mal o movimento das estrelas, pode errar, também, quando decifra a Bíblia!?"

(*Galileu Galilei,* de Bertolt Brecht)

Galileu Galilei nasceu a 15 de fevereiro de 1564, em Pisa. Depois de alguns estudos iniciais freqüentou, por pouco tempo, um monastério como noviço. Em 1581 matriculou-se na Faculdade de Medicina de Pisa, mas abandonou os estudos em 1585, talvez por discordar dos métodos de ensino dominantes, baseados na filosofia aristotélica. Nesta época seu interesse foi atraído pela matemática, a partir da leitura de Euclides[1] e Arquimedes,[2] dedicando-se, particularmente, ao estudo de problemas de balística, hidráulica e mecânica, segundo métodos matemáticos.

Suas conclusões sobre o peso específico dos corpos e sobre centros de gravidade de sólidos causaram admiração e, além de serem responsáveis pela consideração que Galileu passou a receber, foram responsáveis também pela sua nomeação como catedrático de matemática da Universidade de Pisa, em 1589.

Galileu permaneceu em Pisa até 1592, desenvolvendo estudos e experiências sobre os movimentos naturais e violentos, tendo em

1 Euclides ("circa" 300 a.C.), grego do período helenístico, dedicou-se à matemática, desenvolvendo trabalhos de grande valor para a geometria até hoje.

2 Arquimedes (287-212 a.C.), também grego do período helenístico, dedicou-se à matemática e à mecânica, dando contribuição significativa ao desenvolvimento da ciência física. Influenciou grandemente Galileu, que o admirava muito.

vista chegar à lei da queda dos corpos.[3] Sobre estes estudos escreveu um manuscrito intitulado *De Motu*. É desta época a história que se conta a respeito de uma experiência que Galileu teria feito na torre inclinada de Pisa, na presença de alunos e professores da universidade, para demonstrar que corpos da mesma matéria têm tempos iguais de queda (independente do peso) no mesmo meio. Com relação a essa história, Koyré (1982) a qualifica de mito, levantando, além de argumentos históricos e práticos, argumentos teóricos: "A afirmação de que 'todos os corpos caíam com uma velocidade igual', afirmação que não havia sido compreendida nem por Baliani, nem por Cabeo, nem por Renieri[4], nem por outros, valia, segundo Galileu, para o caso 'abstrato e fundamental' do movimento 'no vácuo'. Para o movimento no ar, isto é, no espaço cheio, para o movimento que, portanto, não podia ser considerado absolutamente livre de todos os *impedimenta* visto que teria de vencer a resistência do ar — pequena, mas de modo algum desprezível —, era de forma totalmente diferente. Galileu explicou-se a esse respeito com toda a clareza desejável. Um longo desenvolvimento dos *Discorsi* que Renieri não tinha lido — ou não tinha compreendido — é dedicado justamente a isso. Assim, em resposta à carta deste, anunciando-lhe os resultados de suas experiências, Galileu se limita a remetê-lo a sua grande obra, onde havia demonstrado que não poderia ser de outro modo." (p. 204)

Em 1592 Galileu foi nomeado catedrático de matemática da Universidade de Pádua, continuando estudos em física e desenvolvendo suas concepções sobre a geometrização desta área de investigação. Esta nomeação havia sido solicitada por ele, provavelmente por trazer vantagens tanto no aspecto financeiro, quanto intelectual, pois esta universidade era mais aberta às novas orientações científicas, mais empíricas e mais voltadas à pesquisa.

Durante o período paduano, Galileu foi obtendo cada vez maior reconhecimento nos círculos acadêmicos, intelectuais e aristocráticos de Pádua e Veneza. Dedicava-se aos estudos da estática e dava

---

3 Esta lei, muito importante para a dinâmica, foi formulada por Galileu em 1604, sendo a primeira lei da física clássica. Ela envolve dois enunciados: a) a velocidade de um corpo que cai aumenta proporcionalmente ao tempo; b) a aceleração da queda é a mesma para todos os corpos.

4 Trata-se de autores da época de Galileu que afirmaram ter reproduzido essa experiência. Dentre estes apenas Renieri relata que os dois corpos chegaram em momentos diferentes ao chão, sendo que o maior teria precedido o menor.

aulas na universidade e aulas particulares em sua casa. Estas aulas particulares, que permitiam um aumento de salário, eram dadas a muitos jovens nobres e estrangeiros, destinados à carreira militar e que vinham a Pádua atraídos pela universidade. Essas aulas versavam sobre problemas técnicos militares relacionados à mecânica e à matemática. Dentre os escritos desta época, destaca-se *Le mechaniche,* onde Galileu trabalhou teoricamente conceitos mecânicos e utilizou a matemática para resolver problemas técnicos.

De 1600 a 1609, Galileu foi desenvolvendo suas concepções que levaram à geometrização da ciência do movimento e elaborou as duas novas ciências de que vai tratar mais tarde sua obra *Discorsi*: o estudo geométrico da resistência dos sólidos e o tratado sobre o movimento.

Em meados de 1609 ocorreram fatos que iriam alterar muito a vida e as preocupações científicas de Galileu. Baseado em notícias vagas sobre um instrumento que permitia ver nitidamente objetos distantes, Galileu elaborou e desenvolveu um aparelho com essa propriedade: o *perspicilli* (telescópio). Galileu fez uso científico deste aparelho, transformando-o em um instrumento para a observação cuidadosa do céu: passou a existir então, a possibilidade de observar, de forma mais clara e precisa, os astros já visíveis a olho nu e de passar a ver outros astros e fenômenos até então ocultos à visão e ao estudo do homem.

Galileu descreveu suas observações na obra *Sidereus nuntius,* publicada em 1610, que revelou descobertas que podem ser qualificadas como as mais significativas até então. Koyré (1979) reproduz trechos do relatório de Galileu:

"São grandes coisas as que, neste curso tratado, proponho aos olhares e à observação de todos os estudiosos da natureza. Grandes em razão de sua excelência intrínseca, como também de sua absoluta mobidade, e também devido ao instrumento com ajuda do qual elas se tornaram acessíveis a nossos sentidos.

É certamente importante acrescentar ao grande número de estrelas fixas que os homens puderam, até hoje, observar a olho nu, outras estrelas inumeráveis, e oferecer ao olhar seu espetáculo, anteriormente oculto: seu número ultrapassa em mais de dez vezes o das estrelas dantes conhecidas.

E coisa magnífica e agradável à vista é contemplar o corpo da Lua, distante de nós quase sessenta semidiâmetros da Terra, próximo como se estivesse a uma distância de apenas duas vezes e meia essa medida. (...)

Qualquer pessoa pode dar-se conta, com a certeza dos sentidos, de que a Lua é dotada de uma superfície não lisa e polida, mas feita de asperezas e rugosidade, que, tanto como a face da própria Terra, é por toda parte cheia de enormes ondulações, abismos profundos e sinuosidades.

Em minha opinião, não é resultado modesto haver posto termo às controvérsias relativas à Galáxia ou Via Láctea, e ter tornado sua essência manifesta, não somente aos sentidos, porém mais ainda ao intelecto; e além disso, demonstrar diretamente a substância daquelas estrelas que todos os astrônomos até esta data têm chamado de *nebulosas,* e demonstrar que ela é muito diferente do que até agora se acreditou, será muito agradável e belo.

Mas o que supera toda capacidade de admiração, e que em primeiro lugar me faz chamar a atenção dos astrônomos e filósofos, é isto: ou seja, que descobrimos quatro planetas, nem conhecidos nem observados por ninguém antes de nós, os quais têm seus períodos em torno de uma certa grande estrela conhecida, tal como Vênus e Mercúrio fazem evoluções em torno do Sol, e que às vezes avançam, às vezes se retardam em relação a ela, sem que sua digressão jamais ultrapasse certos limites. Tudo isso foi observado e descoberto há alguns dias, por meio dos *perspicilli* inventado por mim, através da graça divina, que previamente iluminou meu espírito." (Koyré, 1979, pp. 90 e 91.)

Essa descrição foi tanto mais importante por lançar dúvidas ao já questionado edifício teórico aristotélico: a superfície da Lua é rugosa e não perfeita, como afirmava o princípio aristotélico da incorruptibilidade celeste;[5] Júpiter possuía satélites e, assim sendo, a Terra não era o centro de todos os movimentos naturais; a Via Láctea era formada por milhares de estrelas e o Sol possuía manchas. Essas observações tendiam a apoiar as convicções de Galileu quanto

---

5 Para Aristóteles, céu e terra eram realidades qualitativamente diferentes. O céu não seria passível de mudança, pois tudo o que fosse a ele referente era composto de uma substância perfeita e inalterável, chamada "quinta-essência". Só poderia haver mudanças na terra, água, ar e fogo, que eram matérias "elementares", situadas no mundo sublunar (a Terra).

à verdade do sistema astronômico de Copérnico,[6] convicções estas que Galileu já expressava em carta a Kepler,[7] datada de 1597.

Nessa época, as provas para fundamentar o sistema coperniciano não eram fortes. O esquema proposto por Tycho Brahe,[8] que tinha rejeitado o movimento da Terra como incompatível com a *Bíblia* e com observações cotidianas, tinha muitos adeptos, mas o sistema ptolomaico[9] era o mais compatível com Aristóteles e ainda era o sistema oficialmente aceito. O sistema geocêntrico, onde a Terra era o centro fixo do universo, postulado por Ptolomeu e Aristóteles — revestido de interpretações religiosas e assumido durante a Idade Média — era a doutrina oficial da Igreja, ainda muito poderosa, defendida ciosamente com o auxílio da Inquisição.

Ocorria neste momento a maior radicalização da luta entre duas concepções de mundo — a heliocêntrica e a geocêntrica, cada uma com implicações determinadas — sendo que optar pela teoria heliocêntrica e explicitá-lo claramente era uma empresa bastante perigosa.

As implicações de se ir contra a doutrina oficial parecem ter estado claras para Galileu, pois Giordano Bruno (1548-1600) havia sido condenado e efetivamente morto na fogueira, em 1600, por defendê-las. Giordano Bruno, segundo Koyré (1982), foi um filósofo que percebeu que o sistema de Copérnico, pelo qual optou, implicava o abandono definitivo da idéia de um universo estruturado e hierarquicamente ordenado. Além disso, segundo o mesmo

---

6 Nicolau Copérnico (1473-1543) é natural de Torun, na Polônia. Apesar de ser formado também em medicina e leis, além de astronomia, notabilizou-se nesta última área ao propor um sistema astronômico que descrevia a rotação da Terra em torno de seu eixo e o movimento de translação desta em volta de Sol fixo.

7 Joannes Kepler (1571-1630), astrônomo e matemático alemão, era coperniciano e defendia a idéia de um universo unitário e regido pelas mesmas leis matemáticas. Além disso, foi quem descreveu as órbitas dos planetas como elípticas, libertando a astronomia "da obsessão da circularidade" (Koyré, 1986, p. 231).

8 Tycho Brahe (1546-1601), astrônomo dinamarquês que adotou um sistema geocêntrico onde o Sol girava em torno da Terra — fixa — e os planetas giravam em torno do Sol.

9 Ptolomeu (90-168) grego do período helenístico foi defensor de um modelo cosmológico geocêntrico, sendo a Terra — fixa — o centro do universo.

autor, foi quem proclamou, com grande ousadia, que o universo é infinito.[10]

O *Sidereus nuntius*, de Galileu, provocou grande impacto. De um lado admiração por parte do público culto, de outro lado, ásperas críticas de filósofos e astrônomos que acusavam o cientista de fraudar o conhecimento através de seu instrumento. Kepler, tendo tomado conhecimento das afirmações da obra de Galileu, concordou prontamente com elas.

Galileu queria voltar para Florença e dedicar-se aos estudos astronômicos. Em 1610 foi, então, nomeado pelo grão-duque Cosimo II, que era seu discípulo, para o cargo de matemático chefe e filósofo do grão-duque de Toscana e primeiro matemático da Universidade de Pisa.

Em 1611 Galileu vai para Roma, a fim de defender suas descobertas das acusações a elas lançadas. Participou de um certame científico, promovido pelo grão-duque, do qual tomavam parte cardeais da Igreja, inclusive Maffeo Barberini, posteriormente Papa Urbano VIII. Como resultado dessas discussões, publicou em 1612, a obra *Discorso intorno alle cose que stanno in su l'aqua,* que diz respeito à mecânica e onde desenvolve princípios de hidrostática.

O livro obteve inesperado sucesso, tendo em vista o assunto que aborda. Drake (1981), julga que esse interesse do público é compreensível devido às experiências que Galileu descrevia, que eram numerosas, variadas e, sem exigir equipamento especial, eram atraentes e fáceis de serem realizadas. O comentário desse estudioso de Galileu levanta uma peculiaridade da atitude do cientista para com o público a quem dirigia seus escritos: não só astrônomos e filósofos, mas também o homem comum. Muitas de suas obras foram escritas em italiano e não em latim, e Galileu insistia na clareza e na sobriedade. Koyré (1982) afirma sobre o *Diálogo,* que a obra, escrita em italiano e apresentando exposição simplificada do sistema de Copérnico, era dirigida ao homem comum, que necessitava ser conquistado para a causa do copernicianismo.

---

10 Esta posição, quando à infinitude do universo, não foi assumida com clareza por Galileu. Diz Koyré (1979): (...) "No debate sobre a infinitude do universo, o grande florentino, a quem a ciência moderna deve talvez mais do que a qualquer outro homem, não toma posição. Jamais nos diz se acredita numa ou noutra das hipóteses. Parece não ter-se resolvido, ou mesmo que, embora se incline para a infinitude, considera a questão insolúvel" (p. 96).

Em 1613 Galileu publicou *Istoria e dimostrazione intorno alle machie solari,* em que atacou o princípio aristotélico da incorruptibilidade do céu, defendeu a hipótese de Copérnico e princípios metodológicos quanto ao papel do experimento e do raciocínio lógico na construção do conhecimento. De acordo com Drake (1981), com relação à discussão sobre as manchas solares, Galileu "assumiu a posição de que todos os fenômenos celestes deviam ser interpretados em termos de analogias terrestres, contra o postulado fundamental de Aristóteles das diferenças essenciais. Também afirmava que não se pode conhecer a essência das coisas e que a ciência só se preocupa com as propriedades das coisas e com fatos observados. Isto significava uma declaração de independência da ciência em relação à filosofia" (p. 90). Posição semelhante com relação à independência da ciência no que diz respeito à religião seria posteriormente expressa por Galileu.

Esta época marcou-se pela mudança do tipo de oposição que Galileu vinha sofrendo: de oposição voltada às suas críticas aos princípios da filosofia aristotélica, passou-se a denunciar suas convicções como contrárias às palavras das Sagradas Escrituras, isto é, de oposição filosófica passou-se a oposição religiosa. Galileu tentou apaziguar a polêmica defendendo a separação entre fé e ciência: a Igreja seria soberana em assuntos morais e religiosos e a ciência basearia a construção do conhecimento na experiência e na razão.

Entre 1613 e 1615 aconteceram alguns fatos que mantiveram acesa a polêmica, apesar de Galileu manter uma posição conciliadora, não pretendendo um choque com a Igreja. Mas o sistema de Copérnico ia ganhando cada vez maior número de adeptos.

As autoridades eclesiásticas expressaram mais uma vez sua posição quanto ao sistema coperniciano: o movimento da Terra deveria ser tratado hipoteticamente, como um artifício matemático e não como se fosse real, caso contrário, precipitar-se-iam ações oficiais contra os defensores do copernicianismo.

De acordo com Drake (1981), nessa época desenvolvia-se um nervosismo geral entre os intelectuais de Roma, devido às disputas entre católicos e protestantes, e uma área principal de contenda entre os dois lados era a liberdade de interpretar a Bíblia. O significado desse fato era que qualquer nova interpretação católica tendia a fortalecer a posição protestante: se se podia fazer uma reinterpretação por que não se poderia fazer várias?

Apesar desse contexto, Galileu em 1616 escreveu para Alessandro, cardeal Orsini, sua teoria das marés, que envolvia o princípio da mobilidade da Terra. As proposições copernicianas foram então enviadas oficialmente para o pronunciamento de censores teológicos resultando desse processo a proibição das teses de Copérnico e Galileu foi impedido, ainda em 1616, de ensinar, expressar opiniões ou elaborar trabalhos que defendessem esta posição. Foram colocadas no Index dos livros proibidos todas as obras que abordassem como reais os movimentos da Terra e a estabilidade do Sol.

Galileu, apesar de muito discordar dessas medidas que iam contra todas as suas convicções e lhe cortavam a possibilidade de trabalhar nessas questões, não encontrando outra alternativa, obedeceu.

Em 1618 escreveu *Discorso sulle comete,* em resposta a um padre do Colégio Romano que interpretava o aparecimento de três cometas de acordo com a teoria de Tycho Brahe. O que estava subjacente a esta disputa era o sistema cosmológico mais correto, mas este assunto não poderia ser discutido publicamente depois da proibição de 1616. Este padre publicou em seguida uma resposta agressiva a Galileu (sob o pseudônimo de Lothario Sarsi) que, por sua vez, replicou publicando *Saggiatore* (esta obra recebeu em português o título *O ensaiador*), em 1623, obra em tom polêmico, conhecida pelo seu significado enquanto discussão de aspectos metodológicos da construção de conhecimento, defendendo os processos lógicos racionais contra o dogmatismo e a autoridade.

Esta obra foi dedicada ao cardeal Maffeo Barberini, que se tornaria o Papa Urbano VIII nesse mesmo ano. Como Barberini era um homem culto e esclarecido e admirador de Galileu, provocou neste a esperança de poder retomar os estudos astronômicos e antigas convicções.

Galileu começou, então, a preparar a publicação de *Dialogo sopra i due massimi: sistemi del mondo — tolemaico e copernicano* (citada apenas como *Diálogo*), obra em que defende o sistema coperniciano e explicita o método experimental. Esta tarefa é empreendida entre 1624 e 1630.

A publicação do livro enfrentou muitas dificuldades criadas pelas autoridades da Igreja, que deveriam dar sua autorização. Finalmente, a autorização foi dada e a obra publicada em 1632. Banfi (1983), descreveu e interpretou o que ocorreu a seguir: "Mas, quando já de todos os lados chegavam assentimentos entusiásticos, era ordenada a suspensão das vendas e Galileu citado perante o tribunal do Santo Ofício, em Roma. Tinham assim triunfado o tradicionalismo acadêmico, o cioso ortodoxismo, repentinamente reforçado pela ira pessoal de Urbano VIII, quer porque suspeitasse de ser evocado sob a figura de Simplício, o peripatético do diálogo, quer porque não quisesse, com a tolerância perante uma obra contrária no seu conteúdo aos decretos, reforçar a fama de pouca ortodoxia que lhe era lançada em rosto pelos inimigos de sua política antiespanhola e antiimperial" (pp. 22 e 23).

Galileu partiu para Roma em janeiro de 1633, onde ficou confinado na prisão do Santo Ofício.

Após as sessões do processo, foi condenado à prisão perpétua, em junho de 1633, e obrigado a negar suas teses, retratando-se. Galileu retratou-se e continuou vivo, mas em prisão domiciliar, vigiado constantemente pela Inquisição, que lhe cerceava os contatos.

Galileu ainda organizou uma obra que foi publicada em Leyden, em 1638: *Discorsi intorno a due nuove scienze* (citada apenas como *Discursos* e que recebeu em português o título *Duas novas ciências*), sobre a resistência dos materiais e sobre o movimento, retomando seus principais resultados, antes de morrer, a 18 de janeiro de 1642.

Tem sido admirada a revolução do conhecimento operada por Galileu no final do século XVI, dando início à ciência moderna, que tem até hoje as características gerais estabelecidas nesse período, e fornecendo suporte para a proposta newtoniana que ocorreria no século seguinte.

Segundo Koyré (1982), dois traços descrevem e caracterizam a atitude mental ou intelectual da ciência moderna, da qual Galileu foi expoente: a destruição da idéia de Cosmo, que deixa de fazer parte das noções científicas; e a geometrização do espaço ou a substituição do espaço cósmico qualitativamente diferenciado e concreto, pelo espaço homogêneo e abstrato da geometria euclidiana. A idéia de Cosmo, até então erigida, tinha como traços principais a física aristotélica. De acordo ainda com esse autor as características mais acentuadas desta física são a crença em 'naturezas' qualitativamente definidas; e a crença na existência de um Cosmo que segue princípios de ordem, mediante os quais o conjunto dos seres reais forma um todo hierarquicamente ordenado. Postula que cada coisa tem seu lugar, segundo sua natureza, por exemplo, a Terra, imóvel no centro do universo "porque por força de sua natureza, ou seja, porque ela é pesada, deve achar-se no centro", já que os corpos pesados "se dirigem ao centro porque é sua natureza que para lá os impele". (Koyré, 1982, p. 50.) A teoria aristotélica parte de fatos do senso comum e os elabora num edifício lógico muito bem construído, apesar do conteúdo utilizado na construção desse edifício ser falso. Parte de princípios determinados: a separação entre o céu e a Terra — com a postulação da perfeição celeste; a teleologia envolta na concepção dos lugares naturais; a hierarquia do todo ordenado e finito. A síntese aristotélica é não matemática, na medida em que envolve conceitos qualitativos e não quantitativos. Esta é a síntese que foi defendida por teólogos e filósofos na Europa medieval e renascentista, com suas concepções geocêntricas que se harmonizavam com a interpretação da *Bíblia* aceita na época.

Koyré (1979 e 1982) atribui a Nicolau de Cusa (1401-1464) a inauguração do trabalho destrutivo da cosmologia aristotélica — apesar de que durante todo o período da transição para uma nova ciência, a antiga e a nova forma de conceber a realidade tenham andado constantemente juntas, até que o universo hierárquico e fechado de Aristóteles fosse substituído pelo universo mecânico e infinito de Newton. Ainda de acordo com esse autor, foi Nicolau de Cusa quem primeiramente colocou no mesmo plano ontológico a realidade da Terra e a realidade do céu, e é a ele atribuída a qualificação do universo como infinito, apesar de ter evitado a palavra infinito, usando o termo "intérmino", que significa, em última análise, indeterminado (no sentido de não possuir limites e não estar terminado).

Banfi (1983) descreve Nicolau de Cusa como defendendo tendências imanentistas — segundo as quais os conceitos sobre a natureza devem representar sua autônoma estrutura interna — apesar das bases ainda escolásticas de seu pensamento.

Já de acordo com Bernal (1976), o primeiro e o mais importante golpe no antigo sistema de pensamento foi desferido por Nicolau Copérnico, que inspirado por textos recém-descobertos,[11] propôs a teoria heliocêntrica. Bernal (1976) comenta as controvérsias em torno de Copérnico, como críticas às suas poucas e não rigorosas observações, acabando por propor um sistema que, na prática, não

---

11 Foi durante o período do chamado Renascimento e no período subseqüente que obras de filósofos e matemáticos gregos começaram a ser publicadas: Ptolomeu, Arquimedes, Apolônio etc.

era melhor do que aquele que queria destruir, além da atribuição de razões mais místicas do que científicas para suas concepções — mas conclui pelo seu valor enquanto um persistente espírito inovador.

O ponto central para a derrubada do edifício aristotélico consistia na unificação entre o céu e a Terra, isto é, perceber que as leis do movimento que governavam os fenômenos terrestres, governavam também os fenômenos celestes. A construção dessas leis dependia de uma alteração tanto da atitude intelectual mais geral, como de uma alteração conseqüente na maneira de abordar tais fenômenos. Nesse sentido, Tycho Brahe deu um grande passo "ao dar à astronomia a à ciência em geral algo de absolutamente novo, a saber um espírito de precisão: precisão na observação dos fatos, precisão nas medidas e precisão na fabricação dos instrumentos de medida usados na observação. (...) Ora, é a precisão das observações de Tycho Brahe que se situa na base do trabalho de Kepler (...) (que introduziu) a idéia de que o universo, em qualquer de suas partes é regido pelas mesmas leis, e por leis de natureza estritamente matemática". (Koyré, 1982, p. 51.)

Ainda segundo esse autor, apesar de Kepler ter sabido formular leis para o movimento planetário, não o soube para os movimentos terrestres, por não ter conseguido levar até o ponto necessário a geometria do espaço e chegar à nova noção de movimento que daí resulta. E este é o ponto em que Galileu ultrapassou Kepler. Mas Galileu não deu o passo decisivo nessa unificação, por hesitar em assumir as últimas conseqüências de sua própria concepção de movimento: a infinitude do universo.

"A física moderna (...) considera a lei da inércia[12] sua lei mais fundamental. Tem muita razão, pois como diz o belo adágio: 'Ignorato moto ignoratur natura', e a ciência tende a explicar tudo 'pelo número, pela figura e pelo *movimento*'. De fato, foi Descartes e não Galileu quem, pela primeira vez, compreendeu inteiramente o alcance e o sentido disso. Entretanto, Newton não está totalmente enganado ao atribuir a Galileu o mérito da sua descoberta. Com efeito, embora Galileu nunca tenha formulado explicitamente o princípio da inércia, sua mecânica está, implicitamente baseada nele. E é somente sua hesitação em extrair, ou em admitir as últimas — ou

---

12 A lei da inércia implica a concepção do universo como infinito.

implícitas — conseqüências de sua própria concepção de movimento, sua hesitação em rejeitar completa e radicalmente os dados da experiência em favor do postulado teórico que estabeleceu com tanto esforço, que o impede de dar esse último passo no caminho que leva do Cosmo finito dos gregos ao Universo infinito dos modernos." (Koyré, 1982 pp. 182 e 183.)

Segundo Bernal (1975), uma das razões da preocupação de Galileu com o movimento adveio da necessidade de destruir algumas objeções ao sistema de Copérnico, presentes na época (por exemplo, como era possível a Terra ter movimento de rotação, sem que se criasse uma ventania colossal em sentido contrário e como é que os corpos atirados ao ar não eram deixados para trás) e, assim, justificá-lo.

As leis do movimento propostas por Galileu permitiam destruir essas objeções, mostrando que era possível entender-se o movimento da Terra, desde que se desse um tratamento matemático ao seu estudo, oposto ao tratamento não-matemático de Aristóteles. Segundo Desanti (1981), "a tradição não mente quando vai buscar em Galileu a origem de um novo movimento cujo resultado foi a mecânica clássica" (p. 61).

É o próprio Galileu quem afirma que "se opor à geometria é negar abertamente a verdade" (*O ensaiador,* p. 106). Ele explicita mais claramente suas convicções com relação a este aspecto ainda em *Saggiatore* (*O ensaiador*), ao indicar a Sarsi que o caminho para a construção do conhecimento é estudar a natureza e não apoiar-se em autoridades:

"Parece-me também perceber em Sarsi sólida crença que, para filosofar, seja necessário apoiar-se nas opiniões de algum célebre autor, de tal forma que o nosso raciocínio, quando não concordasse com as demonstrações de outro, tivesse que permanecer estéril e infecundo. Talvez considere a filosofia como um livro e fantasia de um homem, como a *Ilíada* e *Orlando Furioso,* livros em que a coisa menos importante é a verdade daquilo que apresentam escrito. Sr. Sarsi, a coisa não é assim. A filosofia encontra-se escrita neste grande livro que continuamente se abre perante nossos olhos (isto é, o universo), que não se pode compreender antes de entender a língua e conhecer os caracteres com os quais está escrito. Ele está escrito em língua matemática, os caracteres são triângulos, circunferências e outras figuras geométricas, sem cujos meios é impossível entender humanamente as palavras; sem eles nós vagamos perdidos dentro de um obscuro labirinto." (p. 119.)

Galileu, portanto, mostrava não só uma alteração na concepção aristotélica de universo que já vinha sendo questionada, como também uma conseqüente alteração na forma de abordar os fenômenos, demonstrando na prática a não validade do postulado aristotélico da impossibilidade de o mundo físico ser estudado quantitativamente.

Essa convicção de Aristóteles é expressa na obra de Galileu, *Duas novas ciências,* construída na forma de diálogo, onde Simplício, que representa as idéias aristotélicas, diz a respeito de uma demonstração matemática que acabara de ouvir:

"Por outra parte, como as considerações e demonstrações apresentadas até aqui são coisas matemáticas, abstratas e separadas da matéria sensível, parece-me que, aplicadas ao mundo físico e natural, não vingariam essas regras." (p. 48.)

Conforme já se havia salientado, a solução do problema astronômico implicava a construção de uma nova física, e esta construção, por sua vez demandava a definição do papel da matemática nela envolvida. Para Aristóteles, que tinha uma concepção qualitativa dos fenômenos, não cabia recorrer à matemática para estudá-los, mas para Galileu era essencial abandonar conceitos qualitativos, já que estes não se prestavam ao tratamento matemático preciso.

Ao realizar uma descrição geométrica do movimento, Galileu mostrou a possibilidade de se construir uma física matemática que falasse dos objetos reais e que não fosse apenas um discurso abstrato formalmente correto. Com relação a este aspecto, Drake (1981) cita um trecho do *Diálogo,* onde Galileu aborda o assunto:

"Quando se aplica uma esfera material a um plano material, em concreto, aplica-se uma esfera que não é perfeita a um plano que não é perfeito, e diz-se que estes não tocam num só ponto. Mas digo-vos que mesmo em abstracto, uma esfera imaterial, que não é uma esfera perfeita, pode tocar um plano imaterial, que não é perfeitamente liso num só ponto, mas sobre parte de sua superfície — assim, o que acontece aqui, em concreto, acontece do mesmo modo em abstracto.

Na verdade, seria novidade para mim se a contabilidade em números abstractos não correspondesse a moedas de ouro e prata concretas, ou a mercadorias. Tal como um contabilista, que deseja que os seus cálculos tratem de açúcar, seda e lã, tem de descontar caixas, fardos e embrulhos o filósofo-geômetra, quando quer reconhecer em concreto os efeitos que provou em abstracto, tem de deduzir os obstáculos materiais; e se consegue fazer isso, asseguro-vos que as coisas materiais não estão menos de acordo do que os cálculos aritméticos. Os erros, então, residem não na abstração ou no concreto, mas num guarda-livros, que, não compreende como se faz o balanço dos seus livros." (p. 87.)

A matematização é, portanto, um dos aspectos metodológicos fundamentais propostos por Galileu. Escreveu este cientista no diálogo entre Simplício, Sagredo e Salviati, em *Duas novas ciências*:

"Sagredo — *O que podemos dizer, Sr. Simplício? Não devemos confessar que a geometria é o mais poderoso instrumento para estimular o espírito e prepará-lo adequadamente para raciocinar e indagar? E não tinha Platão razão ao exigir que seus alunos tivessem, antes de mais nada, um conhecimento sólido das matemáticas. Eu havia compreendido perfeitamente a propriedade da alavanca e como, à medida que aumenta ou diminui seu comprimento, cresce ou diminui o momento da força e da resistência. Apesar disso, na solução do presente problema estava enganado e não pouco, mas infinitamente.*

Simplício — *Começo realmente a compreender que a lógica, ainda que seja um instrumento indispensável para regrar nosso raciocínio, não alcança, no que se refere a estimular a mente para a invenção, à grandeza da geometria.*

Sagredo — *Parece-me que a lógica nos ensina a conhecer se os raciocínios e as demonstrações já efetuadas e alcançadas procedem de modo conclusivo; não acredito, porém, que ela nos ensine a encontrar os raciocínios e as demonstrações conclusivas (...)" (p. 110).*

Outro fundamento do método empregado por Galileu constitui-se na importância da observação e da experimentação para a construção do conhecimento.

Com relação à observação, sua importância pode ser ilustrada pelo fato de Galileu ter construído um telescópio, utilizando-o como instrumento científico para observação.

Segundo Koyré (1979), a obra de Galileu *O mensageiro celeste* (*Sidereus nuntius*), representou um papel decisivo para o desenvolvimento posterior da ciência astronômica, já que, depois do cientista ter feito uma descrição do telescópio e mostrado os resultados de suas observações, aquela ciência ficou extremamente ligada à evolução de seus instrumentos. "Poder-se-ia dizer que não só a astronomia, como também a ciência como tal, entraram, com a invenção de Galileu, numa nova fase de seu desenvolvimento, a fase que poderíamos chamar de instrumental" (Koyré, 1979, p. 92).

Galileu achava a observação e a experiência[13] requisitos metodológicos muito importantes para a construção da ciência. Estas tinham em vista buscar dados numéricos que pudessem expressar os fenômenos físicos, busca essa dirigida por suas concepções teóricas

Segundo Koyré (1982), quando os historiadores da ciência moderna descrevem seu caráter empírico e concreto, em oposição ao caráter abstrato e livresco da ciência clássica e medieval, não estão apresentando um quadro falso. Ressalta que o empirismo da ciência moderna repousa na experimentação. Mas ressalta também a estreita ligação existente entre experimentação e a elaboração de uma teoria: são interdeterminadas, sendo que o desenvolvimento da precisão e o aperfeiçoamento da teoria aumentam a precisão e o aperfeiçoamento das experiências científicas. "Com efeito, se uma experiência científica — como Galileu tão bem exprimiu — constitui uma pergunta formulada à natureza, é claro que a atividade cujo resultado é a formulação dessa pergunta é função da elaboração da linguagem na qual essa atividade se exprime" (Koyré, 1982, p. 272). Isto quer dizer que ao fazer experimentações, Galileu já havia feito opções com relação aos conceitos teóricos que dirigiram suas investigações: os conceitos matemáticos.

---

13 Segundo Koyré (1982), além das experiências reais, Galileu realizava experiências imaginárias, porque as experiências reais, mesmo hoje, implicam, freqüentemente, a necessidade de complexa e custosa aparelhagem e em dificuldades de realização, sendo que na expriência imaginária podia-se operar com objetos teoricamente perfeitos.

CAPÍTULO 10

A INDUÇÃO PARA O CONHECIMENTO E O CONHECIMENTO PARA A VIDA PRÁTICA: FRANCIS BACON (1561-1626)

> "Mas aqueles dentre os mortais, mais animados e interessados, não no uso presente das descobertas já feitas, mas em ir mais além; que estejam preocupados, não com a vitória sobre os adversários por meio de argumentos, mas na vitória sobre a natureza, pela ação; não em emitir opiniões elegantes e prováveis, mas em conhecer a verdade de forma clara e manifesta; esses, como verdadeiros filhos da ciência, que se juntem a nós, para, deixando para trás os vestíbulos das ciências, por tantos palmilhados sem resultado, penetrarmos em seus recônditos domínios."
>
> (Bacon)

No período compreendido entre a metade do século XVI e a metade do século XVII, em que se foi consolidando na Inglaterra a passagem do catolicismo ao protestantismo (mais especificamente, ao anglicanismo), este país passou por um período de grandes mudanças no sistema produtivo; a rápida expansão industrial transformou-o na maior potência protestante da época, com grande força política e centro dos conflitos culturais que acompanharam o surgimento dos novos tempos.

Nesse período viveu Francis Bacon que, influenciado pelo espírito de seu tempo, defendia a aplicação da ciência à indústria, a serviço do progresso. Bacon compreendeu a importância do conhecimento nesses novos tempos e afirmou repetidas vezes que "saber é poder".

Bacon foi um jurista e ocupou altos cargos públicos, desempenhando intensa atividade política. Foi um defensor da monarquia absoluta, embora fosse contrário à censura de opinião.

Apesar de ter estado sempre no centro da vida pública, Bacon dedicou grande parte de seu tempo a refletir sobre o conhecimento e sobre a melhor forma de colocá-lo a serviço do homem. Não descobriu qualquer nova lei, não elaborou uma teoria própria em qualquer ramo de investigação; em vez disso, propôs uma forma para se chegar a novas teorias, um método que, a seu ver, possibilitaria a construção de um conhecimento correto dos fenômenos.

Bacon entendia que o bem-estar do homem dependia do controle científico obtido por ele sobre a natureza, o que levaria à facilitação da sua vida. Assim, julgava imprescindível o domínio do homem sobre a natureza, a partir do conhecimento de suas leis. Isto o mostram os trechos que se seguem, retirados do *Novum organum*,[1] sua mais conhecida obra, parte de *A grande instauração*, um amplo projeto que não chegou a completar.

"(...) a nossa disposição é de investigar a possibilidade de realmente estender os limites do poder ou da grandeza do homem e tornar mais sólidos os seus fundamentos." (*Novum organum*, I, afor. 116).

"Em primeiro lugar, parece-nos que a introdução de notáveis descobertas ocupa de longe o mais alto posto entre as ações humanas (...)

(...) Mas se alguém se dispõe a instaurar e estender o poder e o domínio do gênero humano sobre o universo, a sua ambição (se assim pode ser chamada) seria, sem dúvida, a mais sábia e a mais nobre de todas. Pois bem, o império do homem sobre as coisas se apóia, unicamente, nas artes e nas ciências. A natureza não se domina, senão obedecendo-lhe." (*Novum organum*, I afor. 129.)

Estes trechos evidenciam um aspecto fundamental da visão de Bacon: a verdadeira finalidade da ciência é contribuir para a melhoria das condições de vida do homem; de fato, para Bacon o conhecimento não tem valor em si, mas sim pelos resultados práticos que possa gerar.

Um outro aspecto importante da visão de Bacon é que, para que o conhecimento cumpra sua finalidade de se colocar a serviço do homem, ele tem de estar fundado em fatos, numa ampla base de observação. Eis o que ele afirma a esse respeito:

"O homem, ministro e intérprete da natureza, faz e entende tanto quanto constata, pela observação dos fatos ou pelo trabalho

---

[1] Esta obra, em seus dois livros, é composta de um conjunto de aforismos, que são proposições, acerca do homem, da natureza, do conhecimento e da relação entre estes elementos.

da mente, sobre a ordem da natureza; não sabe nem pode mais." (*Novum organum* I, afor. 1.)

"Resta-nos um único e simples método, para alcançar os nossos intentos: levar os homens aos próprios fatos particulares e às suas séries e ordens, a fim de que eles, por si mesmos, se sintam obrigados a renunciar às suas noções e comecem a habituar-se ao trato direto das coisas." (*Novum organum,* I, afor. 36.)

Aqui se evidencia a tendência empírica de Bacon: para ele, o homem tem de entrar em contato com a natureza, se deseja conhecê-la. Opõe-se a qualquer idéia predeterminada da natureza e acha que seu conhecimento só se dará pela via empírica e experimental[2] e não pela via especulativa.

É necessário que façamos aqui uma observação: embora Bacon defenda que o conhecimento deva ser aplicável à vida do homem, ele não propõe que cada conhecimento particular tenha de ter utilidade imediata; é o conjunto do saber que deve estar voltado para atender às necessidades do homem. Isto fica claro quando Bacon faz uma distinção entre experimentos que trazem frutos e experimentos que trazem luz sobre importantes problemas teóricos (e que mais tarde acabam por trazer também conseqüências práticas): "(...) a esperança de um ulterior progresso das ciências estará bem fundamentada quando se recolherem e se reunirem na história natural muitos experimentos que em si não encerram qualquer utilidade, mas que são necessários na descoberta das causas e dos axiomas. A esses experimentos costumamos designar por lucíferos, para diferenciá-los dos que chamamos de frutíferos." (*Novum organum,* I, afor. 99.)

A partir da defesa que fez da utilidade do conhecimento, Bacon preocupou-se com as noções falsas que, segundo ele, impediam os sábios de alcançar a verdade e, conseqüentemente, de produzir um conhecimento que servisse verdadeiramente ao homem, e afirmou a necessidade de um instrumento para corrigir essas falsas noções. Para Bacon, são de quatro tipos os erros que o homem pode cometer ao produzir conhecimento, se seguir seu impulso natural. A esses erros Bacon chamou de *ídolos* e, a menos que os homens os compreendam e tomem precauções contra eles, podem constituir-se em sérios obstáculos à ciência.

---

2 Segundo Farrington (1971), Bacon utiliza a expressão "método experimental" em sentido amplo, compreendendo qualquer interferência intencional na natureza, o que inclui todos os processos industriais, as artes e os ofícios associados à agricultura e à manufatura.

Os primeiros são os *ídolos da tribo* que são falhas inerentes à própria natureza humana, falhas, tanto dos sentidos quanto do intelecto, comuns a todos os homens. Segundo Bacon, as percepções são parciais, portanto, não se pode confiar nas informações fornecidas pelos sentidos, senão quando corrigidas pela experimentação. De acordo com Bacon, "os sentidos julgam somente o experimento e o experimento julga a natureza e a própria coisa" (*Novum organum,* I, afor. 50). Da mesma forma como os sentidos, também o intelecto humano está sujeito a falhas, uma das quais a tendência a generalizar a partir de casos favoráveis, sem atentar para as instâncias negativas. Nas palavras de Bacon, "o intelecto humano tem o erro peculiar e perpétuo de mais se mover e excitar pelos eventos afirmativos que pelos negativos, quando deveria rigorosa e sistematicamente atentar para ambos. Vamos mais longe: na constituição de todo axioma verdadeiro, têm mais força as instâncias negativas". (*Novum organum,* I, afor. 46.)

Os segundos erros são os *ídolos da caverna,* que são distorções que se podem interpor no caminho da verdade, em função de características individuais do estudioso. Estas distorções são decorrentes de sua história de vida, de seu ambiente, de sua formação, de seus hábitos, das leituras que faz, de seu estado de espírito no momento em que se põe a buscar um determinado conhecimento, e o farão abordar seu objeto de estudo a partir de um prisma determinado.

O terceiro tipo de ídolos são os *ídolos do foro,* que são falhas provenientes do uso da linguagem e da comunicação entre os homens. As palavras que usamos limitam nossa concepção das coisas, porque pensamos sobre as coisas a partir das palavras que temos para exprimi-las. As palavras assumem o significado que o uso corrente da linguagem acaba por lhes imprimir e que é, geralmente, muito vago, impreciso ou parcial. Quando se tenta precisá-las para fazer com que correspondam mais fielmente ao que se encontra na natureza, esbarra-se numa grande resistência imposta pelo uso que vulgarmente se fez delas ao longo do tempo. Como as palavras constituem o meio através do qual se trocam as idéias, o uso de palavras vagas, de palavras sem correspondência com qualquer aspecto do real, acaba por gerar inúmeras controvérsias em torno de nomes. Para garantir uma comunicação eficiente em ciência, seria necessário dotar as palavras de resultados de experiências, porque as próprias definições não fornecem uma solução satisfatória, uma vez que também elas são compostas de palavras.

Por último, há os *idolos do teatro* que são distorções introduzidas no pensamento, advindas da aceitação de falsas teorias, de falsos sistemas filosóficos. Aqui, Bacon faz severas críticas a várias escolas filosóficas, particularmente à de Aristóteles e ao que chama de seus seguidores modernos, os escolásticos. Entre as críticas que faz estão as de dogmatismo, infecundidade e esterilidade para a produção de resultados práticos, que beneficiem a vida do homem. Critica também o fato de esses filósofos elaborarem teorias sobre a natureza que saem de suas cabeças, em vez de se relacionarem com a natureza através da experimentação, antes de concluírem algo sobre ela.

"(...) Aristóteles estabelecia antes as conclusões, não consultava devidamente a experiência para estabelecimento de suas resoluções e axiomas. E tendo, ao seu arbítrio, assim decidido, submetia a experiência como a uma escrava para conformá-la às suas opiniões. Eis porque está a merecer mais censuras que os seus seguidores modernos, os filósofos escolásticos, que abandonaram totalmente a experiência." (*Novum organum,* I, afor. 63.)

Segundo Bacon, a razão da estagnação das ciências está na utilização de métodos que barram o seu progresso: não partem dos sentidos ou da experiência, mas da tradição, de idéias pré-concebidas e se abandonam aos argumentos. O caminho correto para o avanço das ciências estaria na realização de grande número de experiências ordenadas, das quais seriam retirados os axiomas e, a partir destes, propor-se-iam novos experimentos. Esta idéia se explicita na comparação que Bacon faz entre o método correntemente utilizado nas ciências e o método por ele proposto: "Só há e só pode haver duas vias para a investigação e para a descoberta da verdade. Uma, que consiste no saltar-se das sensações e das coisas particulares aos axiomas mais gerais e, a seguir, descobrirem-se os axiomas intermediários a partir desses princípios e de sua inamovível verdade. Esta é a que ora se segue. A outra, que recolhe os axiomas dos dados dos sentidos e particulares, ascendendo contínua e gradualmente até alcançar, em último lugar, os princípios de máxima generalidade. Este é o verdadeiro caminho, porém ainda não instaurado." (*Novum organum,* I, afor. 19.)

"Tanto uma como a outra via partem dos sentidos e das coisas particulares e terminam nas formulações da mais elevada generalidade. Mas é imenso aquilo em que discrepam. Enquanto que uma perpassa na carreira pela experiência e pelo particular, a outra aí se detém de forma ordenada, como cumpre. Aquela, desde o início, estabelece certas generalizações abstratas e inúteis; esta se eleva gradualmente àquelas coisas que são realmente as mais comuns na natureza." (*Novum organum,* I afor. 22.)

A diferença entre as duas propostas de método não está, necessariamente, no recurso ou não à experiência, mas na forma como se recorre a ela, no peso e na amplitude que a ela se dá.

Ao método que propôs, Bacon deu o nome de indução e sobre ele afirma ainda o seguinte: "Na constituição de axiomas por meio dessa indução, é necessário que se proceda a um exame ou prova: deve-se verificar se o axioma que se constitui é adequado e está na exata medida dos fatos particulares de que foi extraído, se não os excede em amplitude e latitude, se é confirmado com a designação de novos fatos particulares que, por seu turno, irão servir como uma espécie de garantia. Dessa forma, de um lado, será evitado que se fique adstrito aos fatos particulares já conhecidos; de outro, que se cinja às sombras ou formas abstratas em lugar de coisas sólidas e determinadas na sua matéria. Quando esse procedimento for colocado em uso, teremos um motivo a mais para fundar as nossas esperanças." (*Novum organum,* I, afor. 106.)

A indução é, pois, um processo de eliminação, que nos permite separar o fenômeno que buscamos conhecer — e que se apresenta misturado com outros fenômenos na natureza — de tudo o que não faz parte dele. Esse processo de eliminação envolve não só a observação, a contemplação do fluxo natural dos fenômenos, como também a execução de experiências em larga escala, isto é, a interferência intencional na natureza e a avaliação dos resultados dessa interferência. Caberia ainda ao processo indutivo multiplicar e diversificar as experiências, alterando as condições de sua realização, repeti-las, ampliá-las, aplicar os resultados; verificar as circunstâncias em que o fenômeno está presente, circunstâncias em que está ausente e as possíveis variações do fenômeno.

Este último ponto, aliás, gerou a divisão que Bacon faz das experiências em três índices: o índice de presença, onde seriam registradas todas as condições sob as quais se produz o fenômeno que se busca entender; o índice de ausência, que conteria as condições sob as quais o fenômeno estudado não se verifica; e, finalmente, o índice de graduação, contendo registros das condições sob as quais o fenômeno varia.

A partir desta proposta de Bacon, fica clara a diferença que existe entre a indução conforme ele a define e aquela utilizada por

Aristóteles: esta última limita-se ao registro das condições em que se verifica o fenômeno cuja compreensão se busca e desconsidera as outras duas situações mencionadas por Bacon. Como diz Bréhier (1977 a) "é fácil ver em que essa operação difere da indução de Aristóteles, que se faz por enumeração simples. Aristóteles enumerava todos os casos em que determinada circunstância (...) acompanhava o fenômeno (...) cuja causa buscava. Limitava-se apenas aos casos anotados por Bacon em seu índice de presença: a utilização de experiências negativas é, nesse domínio, a verdadeira descoberta de Bacon" (pp. 40 e 41).

De acordo com esse mesmo autor, a indução nos indica o que deve ser excluído do fenômeno que estamos estudando; não nos indica, porém, em que momento as exclusões terminam, de forma que novos fatos poderiam obrigar-nos a novas exclusões. O resultado da indução é, portanto, provisório.

Para se chegar a um resultado definitivo, Bacon propõe o uso de "auxílios mais poderosos" à razão, dentre os quais inclui os "fatos privilegiados" ou "instâncias prerrogativas", que se refeririam a fenômenos mais prováveis de esclarecer de forma definitiva o objeto de estudo. Bacon menciona uma série de vinte e sete desses "fatos privilegiados". Entretanto, ainda segundo Bréhier, nenhum dos fatos mencionados garante a comprovação definitiva de uma afirmação; eles apenas permitem constatar que ela não foi contraditada até dado momento. Só as negações são comprovadas.

Com relação ao apelo a "fatos privilegiados" para a conclusão definitiva acerca de dado objeto de estudo, "embora com freqüência [Bacon] dê a impressão de que não confia em que serão coroadas de êxito as investigações que propõe, ele nos faz acreditar que a interpretação da natureza não é a empresa desesperançada que as filosofias anteriores quiseram fazer parecer" (Farrington, 1971, p. 131).

Também segundo Farrington, no que diz respeito à possibilidade ou não de se chegar à verdade, problema que muito preocupava a filosofia, Bacon considerava ser esta uma questão que teria de ser respondida na prática, comprovando-se e não apenas discutindo. Era, portanto, uma questão pela qual se poderia terminar e não uma questão da qual se devesse partir. Desta forma, Bacon dava uma resposta histórica e não lógica ao problema da verdade.

"De outra parte, os antigos filósofos gregos, aqueles cujos escritos se perderam, colocaram-se, muito prudentemente, entre a arrogância de sobre tudo se poder pronunciar e o desespero da acatalepsia.[3] Verberando com indignadas queixas as dificuldades da investigação e a obscuridade das coisas, (...) perseveraram em seus propósitos e não se afastaram da procura dos segredos da natureza. Decidiram, assim parece, não debater a questão de se algo pode ser conhecido, mas experimentá-lo." (*Novum organum,* I, Prefácio.)

---

[3] Literalmente, *incompreensibilidade;* estado resultante do princípio cético de dúvida à possibilidade da verdade, Nova Academia, Arcesilau (316-241 a.C.) e seus discípulos.

CAPÍTULO 11

A DÚVIDA COMO RECURSO E A GEOMETRIA COMO MODELO: RENÉ DESCARTES (1596-1650)

> "E, notando que esta verdade: eu penso, logo existo, era tão firme e tão certa que todas as mais extravagantes suposições dos céticos não seriam capazes de a abalar, julguei que podia aceitá-la, sem escrúpulo, como o primeiro princípio da Filosofia que procurava."
>
> (Descartes)

Século XVI: época em que as antigas crenças e atitudes dominantes na Idade Média encontram-se abaladas, incitando à construção de um corpo de conhecimentos que solucionasse a insatisfação que gerava o do período precedente. Nesta perspectiva, o homem deste século parte em busca de novas descobertas e revive o conhecimento da filosofia grega e oriental. Toda esta atividade acaba por gerar, por um lado, novos conhecimentos acerca do mundo, e por outro, a incerteza devida à destruição do antigo (destruição da unidade política, religiosa, das certezas da fé e do conhecimento). De acordo com Koyré (1963) "(...) o homem sente-se perdido num mundo que se tornou incerto. Mundo onde nada é seguro. E onde tudo é possível" (p. 25), havendo, pois, um campo fértil para o desenvolvimento do ceticismo em relação à possibilidade do conhecimento cujo representante principal é Montaigne. Ainda segundo Koyré, é neste contexto que surgem três "saídas" para a busca de certezas: a fé, a experiência e a razão, posições defendidas, respectivamente, por Charron, Bacon e Descartes.

René Descartes, filho de conselheiro do rei no parlamento da Bretanha, nasce em 1596 em La Haye, na França. Educado em um colégio jesuíta, em 1618 ingressa na vida militar, servindo sob o comando de Maurício de Nassau; deixa a carreira militar em 1620. Parte para Estocolmo em 1649 a convite da rainha Cristina da Suécia, que apreciava ter em sua presença sábios, escritores e artistas. Morre, poucos meses após sua chegada, a 11 de fevereiro de 1650.

Diferentemente do ceticismo identificado na época, Descartes acredita na possibilidade de conhecer e de chegar a verdades. Isso só é possível pela recuperação da razão: através de recursos metodológicos, propõe a utilização adequada da razão, de forma a obter idéias claras e distintas (verdades indubitáveis), ponto de partida para alcançar novas verdades também indubitáveis. À crença na razão, Descartes chega através de um processo em que, usando a dúvida como procedimento metódico, estende-a a tudo o que o cerca.

O caminho que Descartes percorre para chegar às primeiras verdades evidentes, base de todo seu sistema, é o que se segue: ao duvidar de tudo, chega à certeza de que é um ser pensante, de que Deus existe, de que existem o seu próprio corpo e os corpos dos quais tem sensações.

Partindo da regra de que não se deve ter por certo nada que não seja claro e distinto, Descartes passa a duvidar da existência de todas as coisas, particularmente do que é proveniente dos sentidos. Esta dúvida só não pode atingir o próprio pensamento, cuja existência fica evidente pelo fato da dúvida ocorrer. "Penso, logo existo": Descartes chega aqui à conclusão de que é um ser pensante e que, portanto, existe.

Passando a refletir sobre a dúvida, percebe-a como uma imperfeição se comparada ao conhecimento. Busca, então, a origem da idéia de perfeição nele presente, superior a ele próprio, ser imperfeito, e conclui que deve advir de algo perfeito, existente fora dele: Deus.

Para Descartes "(. . .) é impossível que a idéia de Deus que em nós existe não tenha o próprio Deus por causa." (*Meditações,* Resumo.)

É da existência de Deus que provém a força das idéias claras e distintas. Deus este que, sendo bom e perfeito, não permitiria que o homem se enganasse acerca destas idéias. Se temos idéias das coisas exteriores e de que nos chegam através dos sentidos, é porque tanto nosso corpo quanto estas coisas existem, tendo sido criados por Deus.

Apoiadas na existência de Deus, as idéias claras e distintas passam a ser o critério do conhecimento: justificam não só a possibilidade de conhecer, como também constituem-se em ponto de partida para a busca de novas certezas.

Assim, a primeira verdade indubitável à qual chega Descartes e da qual deriva outras é a da existência do pensamento humano. Daí decorre um segundo princípio, o da existência de Deus, obtido a partir da análise de que o homem, ser imperfeito, consegue ter a idéia da perfeição.

Na existência de Deus, Descartes fundamenta a possibilidade do conhecimento verdadeiro, ao qual se chegaria através da razão. A conclusão da existência de Deus não poderia apoiar-se em provas cosmológicas, já que estas deveriam ter por base a existência do próprio mundo, certeza que não considerava ser possível aceitar ainda. Portanto, a aceitação da existência de Deus é derivada da primeira verdade clara e distinta à qual chegou: o "Eu penso, logo existo".

A noção da existência de Deus faz parte da metafísica, conhecimento que deveria servir de suporte a todas as demais ciências que constituíam o que Descartes denominava a verdadeira filosofia. Para evidenciar como imaginava a constituição da filosofia que daria ao homem o conhecimento de todas as coisas necessárias à vida, Descartes usa a imagem de uma árvore, identificando a metafísica com as raízes, a física com o tronco, e a mecânica, a medicina e a moral com os galhos. Da instauração desta filosofia e do desenvolvimento destas áreas de conhecimento, resultariam para o homem certezas acerca de como se conduzir na vida, como conservar sua saúde e como proceder para desenvolver novas técnicas.

A ênfase que dá à razão não significa a opção por um conhecimento contemplativo, mas sim por um método único para buscar verdades que fossem principalmente úteis ao homem, possibilitando o controle sobre o mundo. É com este objetivo que escreve suas obras e publica as conclusões, acerca do mundo físico e do funcionamento do corpo humano, obtidas a partir de seu método.

O trecho a seguir, retirado do *Discurso do método,* mostra que a noção do conhecimento, como algo que possibilita o controle da natureza, está presente na obra de Descartes. "Pois elas (noções gerais relativas à física) me fizeram ver que é possível chegar a conhecimentos que sejam muito úteis à vida, e que, em vez dessa filosofia especulativa que se ensina nas escolas, se pode encontrar uma outra prática, pela qual, conhecendo a força e as ações do fogo, da água, do ar, dos astros dos céus e de todos os outros corpos que nos cercam, tão distintamente como conhecemos os diversos misteres de nossos artífices, poderíamos empregá-los da mesma maneira em todos os usos para os quais são próprios, e assim nos tornar como que senhores e possuidores da natureza." (*Discurso do método,* VI.)

Se a dúvida foi o ponto de partida para que Descartes chegasse a esses primeiros princípios do qual deriva sua filosofia, o modelo de raciocínio que utilizou para chegar até eles foi o da matemática, pelas certezas e evidências que possibilita.

Assim, a busca de idéias claras e distintas tem por modelo não o raciocínio lógico, mas o matemático. Descartes preocupa-se em descobrir verdades da mesma forma que, na matemática, pode-se identificar uma incógnita a partir da descoberta de relações.

As regras metodológicas de Descartes indicam o caminho que o indivíduo deve percorrer para chegar a verdades; neste sentido, as regras constituem-se em "exercício" do processo de descoberta que, segundo Bréhier (1977a) "(...) consistiria, antes de tudo, em levar o espírito à posse de alguns esquemas, que permitiriam saber, ante o problema novo, de quantas verdades e de que verdades depende sua solução" (p. 61).

As regras metodológicas de Descartes evidenciam, por outro lado, a necessidade de ordenação, a qual também está presente no raciocínio matemático. De acordo com Koyré (1963) "(...) é esta a essência do pensamento matemático, desse pensamento para o qual 'razão' mais não significa que proporção ou relação; proporção ou relação que, por si mesmas, estabelecem uma ordem, e por si mesmas se desenvolvem em série. E são as leis deste pensamento que as regras do *Discurso* nos ensinam, pelo menos as três últimas (...)" (p. 54).

Descartes enuncia quatro preceitos metodológicos no *Discurso do método:* "O primeiro era o de jamais acolher alguma coisa como verdadeira que eu não conhecesse evidentemente como tal; isto é, de evitar cuidadosamente a precipitação e a prevenção, e de nada incluir em meus juízos que não se apresentasse tão clara e tão distintamente a meu espírito, que eu não tivesse nenhuma ocasião de pô-la em dúvida.

O segundo, o de dividir cada uma das dificuldades que eu examinasse em tantas parcelas quantas possíveis e quantas necessárias fossem para melhor resolvê-las.

O terceiro, o de conduzir por ordem meus pensamentos, começando pelos objetos mais simples e mais fáceis de conhecer, para subir, pouco a pouco, como por degraus, até o conhecimento dos mais compostos, e supondo mesmo uma ordem entre os que não se precedem naturalmente uns aos outros. E o último, o de fazer em toda parte enumerações tão completas e revisões tão gerais, que eu tivesse a certeza de nada omitir" (Segunda Parte, pp. 45-46).

Assim, a ênfase na dúvida e no modelo matemático de raciocínio refletem-se nas regras metodológicas por ele propostas, meio através do qual a razão chegaria a certezas claras e evidentes, evitando os erros; em outras palavras, o método é o 'mecanismo' que assegura o emprego adequado da razão nas suas duas operações intelectuais fundamentais: a intuição e a dedução.

A intuição consiste numa apreensão de evidências indubitáveis que não são extraídas da observação de dados através dos sentidos. Tais evidências são frutos do espírito humano, da razão, sobre as quais não paira qualquer dúvida.

A dedução consiste na conclusão à qual se chega a partir de certas verdades-princípios. As verdades (conclusões) derivadas das primeiras estão a elas ligadas intrinsecamente. Assim, o principal aspecto da dedução é a idéia de que as verdades indubitáveis guardam entre si uma relação de necessidade, ou seja, uma decorre necessariamente da outra.

As idéias claras e distintas, aspecto central do pensamento cartesiano, encontram-se ligadas à idéia de inato. Para Descartes, o conjunto de idéias claras e distintas a que chegou (a certeza da existência de Deus, da alma que pensa, da extensão corpórea e das coisas exteriores) acrescido das idéias matemáticas existem no próprio indivíduo. O inatismo das idéias matemáticas fica evidente no seguinte trecho: "(...) quando percebemos pela primeira vez em nossa infância uma figura triangular traçada sobre o papel, tal figura não nos pôde ensinar como era necessário conceber o triângulo geométrico, posto que não representava melhor do que um mal desenho representa uma imagem perfeita. Mas, na medida em que a idéia verdadeira do triângulo já estava em nós, e que nosso espírito podia concebê-la mais facilmente do que a figura menos simples ou mais composta de um triângulo pintado daí decorre que, tendo visto esta figura composta, não a tenhamos concebido ela própria, mas antes o verdadeiro triângulo (...) Assim, certamente, não poderíamos jamais conhecer o triângulo geométrico através daquele que vemos traçado sobre o papel, se nosso espírito não recebesse a sua idéia de outra parte." (*Respostas às quintas objeções,* 543.)

A importância que Descartes atribuiu à matemática revela-se em dois aspectos de seu pensamento: um deles, como já se viu, é o fato de que adota o raciocínio matemático como modelo para chegar a novas verdades; o outro aspecto é o de que Descartes vê o mundo de forma matematizada.

As noções matemáticas estão presentes na concepção da matéria — que para ele é extensão, isto é, tem comprimento, largura, espessura; ao explicar os fenômenos, Descartes não se detém, portanto, nas suas qualidades sensíveis (cor, odor, som...), mas procura buscar sua essência que, segundo sua concepção, é matemática

De acordo com Koyré: "exclui da ciência, recorde-se, tudo o que não era 'idéia clara', o que quer dizer, para ele, qualquer idéia 'abstrata' do sensível, qualquer idéia com sua marca. Só é claro, quer dizer, inteiramente acessível ao espírito, aquilo que a inteligência concebe sem nenhum concurso da imaginação e dos sentidos. O que, praticamente, quer dizer: só é claro o que é matemático ou, pelo menos, matematizável." (p. 78) Ao dizer "matemático", Descartes tem como referência a geometria e isto fica claro não só em seu conceito de matéria — que é vista como comprimento, largura e espessura — como em sua concepção de movimento. Este é, para Descartes, exclusivamente geométrico; não envolvendo a noção de tempo, são consideradas apenas a trajetória, a direção e a posição. Sendo encarado como translação no espaço — passagem dos corpos de um lugar a outro — o movimento é considerado como entrechoque de corpos, já que Descartes admite a divisão indefinida da matéria e, portanto, não aceita o espaço vazio ou vácuo.

Não havendo espaço vazio no universo, e sendo o movimento a passagem dos corpos de um lugar a outro, na medida em que um corpo choca-se com outro, passa parte de seu movimento a este segundo. Conseqüentemente, a quantidade de movimento existente no universo, como um todo, é fixa, é sempre a mesma, já que quando um corpo perde certa quantidade de movimento esta é transferida, em igual proporção àquele com o qual se choca. Ao explicar os fenômenos pelas noções de extensão e movimento, este como entrechoque de corpos, Descartes apresenta uma visão mecânica de mundo.

De acordo com Koyré (1963), a noção aristotélica de mundo — um universo finalista, hierarquizado, em que cada coisa tem sua função e seu lugar e onde a terra é o centro — é destruída por Descartes, que põe em seu lugar "extensão sem limites e sem fim ou matéria sem fim nem limites: para Descartes, é estritamente a mesma coisa.[1] E movimento sem tom nem som, movimentos sem finalidade nem fim. Deixa de haver lugares próprios para as coisas: todos os lugares com efeito equivalem perfeitamente; todas as coisas, de resto, se equivalem igualmente. São todas apenas matéria e movimento. E a terra já não está no centro do mundo. Não há centro. Não há 'mundo'. O Universo não está ordenado para o homem: não está sequer 'ordenado'.[2] Não existe à escala humana, existe à escala do espírito. É o mundo verdadeiro, não o que os nossos sentidos infiéis e enganadores nos mostram: é aquele que a razão pura e clara que não se pode enganar reencontra em si mesma" (pp. 67-68).

A explicação mecânica do mundo vai ser identificada, no pensamento de Descartes, não só em relação ao mundo físico, como em relação a sentimentos do próprio homem. Por exemplo, na sua obra *As paixões da alma,* Descartes descreve "o movimento do sangue e dos espíritos do amor. "Essas observações, e muitas outras que seria demasiado longo relacionar, deram-me motivo para julgar que, quando o entendimento se representa qualquer objeto de amor, a impressão que tal pensamento efetua no cérebro conduz os espíritos animais,[3] pelos nervos do sexto par, aos músculos situados em torno dos intestinos e do estômago, da forma requerida a levar o suco dos alimentos, que se converteu em sangue novo, a passar prontamente ao coração sem se deter no fígado, e, sendo aí impelido com mais força do que o é em outras partes do corpo, a entrar no coração com maior abundância e excitar nele um calor maior por ser mais grosso do que aquele que já foi rarefeito muitas vezes ao passar e repassar pelo coração; o que o faz enviar também espíritos ao cérebro cujas partes são mais grossas e mais agitadas que de ordinário; e esses espíritos, fortalecendo a impressão que o primeiro pensamento do objeto amável nele ocasionou, obrigam a alma a deter-se nesse pensamento; e é nisso que consiste a paixão do amor." (*As paixões da alma,* art. 102.)

---

1 Para Descartes, com efeito, a distinção entre o espaço e a matéria que o encheria é um erro baseado na substituição da razão pela imaginação. A extensão cartesiana, geometria reificada, é, ao mesmo tempo, espaço e matéria.

2 A estrutura do mundo não implica qualquer finalidade e não se explica para um fim. Resulta das leis matemáticas do movimento.

3 Embora utilize o termo "espírito", Descartes se refere a partículas corpóreas pequenas que se movimentam rapidamente. (N. do A.)

O mecanicismo de Descartes só não se estende ao pensamento, e a explicação disto pode ser encontrada na distinção que faz entre a alma e o corpo humanos.

"E, embora talvez (ou, antes, certamente, como direi logo mais) eu tenha um corpo ao qual estou muito estreitamente conjugado, todavia, já que, de um lado, tenho uma idéia clara e distinta de mim mesmo, na medida em que sou apenas uma coisa pensante e inextensa, e que de outro, tenho uma idéia distinta do corpo, na medida em que é apenas uma coisa extensa e que não pensa, é certo que este eu, isto é minha alma, pela qual eu sou o que sou, é inteira e verdadeiramente distinta do meu corpo e que ela pode ser ou existir sem ele" (*Meditação sexta,* 17).

Como se pode observar, ao distinguir corpo e espírito, Descartes atribui um valor diferente para cada um deles. Ao caracterizá-los, aponta que o corpo humano identifica-se com os demais corpos do universo: é extenso, se movimenta e pode ser explicado mecanicamente. Já a alma ou espírito é a essência do ser humano e, diferentemente dos outros corpos, é inextensa e indivisível. Ao descrever as funções de cada um destes elementos (corpo e alma), Descartes afirma que certas experiências humanas se dão devido à união deles; é o caso, por exemplo, das sensações (luz, som, cheiro, gosto...), das emoções (cólera, alegria, amor...) e dos apetites (comer, beber). Assim, é pela participação do corpo nas emoções humanas (embora denomine-as paixões da alma), que Descartes descreve-as de forma mecânica, como se pode observar no exemplo apresentado envolvendo sua explicação do amor.

À alma cabe pensar, o que envolve entendimento (responsável pelo conhecimento) e vontade (à qual estão ligados o desejar, o negar, o duvidar). É à alma que cabe, então, a principal função na produção de conhecimento: desvendar o que as coisas são. A isto se chegará, segundo Descartes, através da razão, único elemento que, pelo método cartesiano, é capaz de chegar a leis ou princípios gerais acerca das coisas. Dos princípios gerais pode-se, então, deduzir efeitos ou decorrências, que se constituem em novos conhecimentos, ou novas verdades claras e evidentes. Segundo Descartes, só pela razão se poderia chegar a estas verdades porque os principais atributos da matéria (a extensão e o movimento) não podem ser percebidos pelos sentidos, ao contrário de propriedades que, para serem identificadas, precisam de sua participação, como a cor, o som etc. Assim, segundo Koyré (1986), Descartes, ao contrário de Galileu, não se pergunta sobre como a natureza é ou se comporta, mas sim sobre qual o curso que a natureza deve seguir. Isto revela sua postura quanto à causalidade que é entendida como a conexão necessária entre fatos, em que um é a razão da ocorrência de outro. No entanto, ao invés de observar a natureza e partir em busca das causas dos fenômenos com os dados de observação, assume que a elaboração de relações causais dar-se-á por deduções racionais em que, partindo-se de princípios gerais, chegar-se-ia às suas decorrências ou efeitos.

À experiência (observação e experimentação) caberia, portanto, o papel de confirmar as possíveis "suposições" deduzidas dos princípios gerais. Além disso, é também aos sentidos que cabe conhecer a existência das coisas, assim como o papel de "desempate", ou seja, dentre todos os efeitos possíveis de se deduzir das leis gerais da natureza, é a experiência que auxilia na verificação de quais os que efetivamente se realizam. Para Descartes, portanto, a experiência acaba tendo de se subordinar à razão, na medida que se restringe, praticamente, a uma função comprobatória. A superioridade do papel da razão em relação ao da experiência fica expressa em vários trechos de sua obra como no que se segue:

"Pois é, ao que me parece, somente ao espírito, e não ao composto de espírito e corpo, que compete conhecer a verdade (essência e natureza) dessas coisas" (*Meditação sexta,* 27).

Se através da razão chegamos à verdadeira essência das coisas, se o método proposto propiciaria o uso adequado da razão no caminho da descoberta das idéias claras e distintas, e se Deus é bom e verídico, o que imprimiria confiança a tais idéias, como explicaria Descartes o erro, muitas vezes cometido pelo homem?

É do uso inadequado do método ou mesmo do desprezo a seu uso que decorre o engano. Este advém do homem quando não usa de forma adequada as faculdades do espírito, expandindo a vontade além dos limites da compreensão. Sendo o entendimento finito e a vontade infinita, esta pode ultrapassar os limites do conhecimento claro na busca precipitada da verdade, acabando por fazer com que se assuma como verdadeiras noções ainda confusas. Segundo Beyssad (1983), a partir desta concepção nota-se que "(...) a liberdade do homem intervém aqui, com a possibilidade dum bom ou mau uso. Procurando a causa do erro, Descartes desenvolve a sua concepção de liberdade" (p. 45).

Quando se duvida já se está exercendo a liberdade, que pode ou não recusar verdades claras e evidentes. Para que a vontade seja corretamente exercida deve, portanto, submeter-se ao entendimento, caso contrário incorre-se em erro. O entendimento como guia fornece o critério que possibilita distinguir o verdadeiro do falso e assim fazer uma escolha. A vontade, existente na alma humana, exercendo sua liberdade, é que pode desvencilhar-nos do erro e levar-nos a atingir a verdade.

Se em relação ao conhecimento do mundo Descartes propõe que se deve partir de certezas, no que se refere à moral o mesmo não ocorre. Neste campo, em que em dado momento as certezas podem não ser possíveis, Descartes coloca a necessidade de partir de alguns preceitos, ainda que provisoriamente.[4] Estes deveriam nortear a ação do homem enquanto não se tivesse constituído a filosofia que esclarecesse tal ação. É considerando a necessidade de viver da melhor forma possível que Descartes defende que, no que diz respeito à prática da vida, não deve pairar a irresolução, propondo, assim, uma "moral provisória".

Como guia da ação moral humana, Descartes propõe três máximas. A primeira consiste em pautar-se nas opiniões mais moderadas dos mais sensatos entre os quais se vive, além de seguir as leis e costumes do país e adotar "(...) a religião em que Deus me concedeu a graça de ser instruído desde a infância" (*Discurso do método,* Terceira Parte). Na segunda, indica que se deve agir com decisão, mesmo que diante de uma opinião duvidosa. Considerando o fato de que a vida exige muitas vezes urgência nas ações, Descartes recomenda que: "(...) quando não está em nosso poder discernir as opiniões mais verdadeiras, devemos seguir as mais prováveis" (Idem). Em relação a essas opiniões prováveis, Descartes coloca que, uma vez tendo se decidido por elas, deve-se agir como se fossem verdadeiras. Na terceira propõe que não se deve desejar nada que a razão mostre ser impossível obter, modificando antes "(...) os meus desejos do que a ordem do mundo" (Idem).

É interessante perceber que, se em relação à produção de conhecimento Descartes apresenta uma posição de questionamento revelada na regra metodológica da dúvida, em relação à moral apresenta uma postura conformista.

---

[4] Embora Descartes tenha proposto estas máximas inicialmente com um sentido provisório, elas acabaram por ter um caráter definitivo já que, apesar de retomar suas preocupações sobre a moral, no final de sua vida, não as reformulou.

Diz Descartes: "De resto, peço-vos aqui que lembreis de que, no tocante às coisas que a vontade pode abranger, sempre estabeleci grande disposição entre a prática da vida e a contemplação da verdade. Pois, no que concerne à prática da vida, tanto faz que eu pense ser preciso seguir apenas as coisas que conhecemos mui claramente, como, ao contrário, que eu sustente que nem sempre se deve contar com o mais verossímil, sendo preciso algumas vezes, entre muitas coisas completamente desconhecidas e incertas, escolher uma e se lhe apegar, e em seguida, crer nela não menos firmemente, enquanto não virmos razões em contrário, do que se a tivéssemos escolhido por razões certas e mui evidentes, como já expliquei no *Discurso do método*. Mas, onde se trata tão-somente da contemplação da verdade, quem jamais negou que é preciso suspender o julgamento em relação às coisas obscuras e que não sejam assaz distintamente conhecidas?" (*Respostas às segundas objeções*).

Num plano semelhante encontram-se as verdades da fé, que, como as máximas morais, são separadas das opiniões submetidas à dúvida. Em ambos os campos, no entanto, não se elimina o papel da razão: na moral, a razão justifica agir diante de uma possível incerteza; na religião, é a razão que nos convence de que as verdades da fé nos são reveladas por Deus.

CAPÍTULO 12

O MECANICISMO SE ESTENDE DO MUNDO AO PENSAMENTO: THOMAS HOBBES (1588-1679)

"A luz dos espíritos humanos são as palavras perspícuas, mas primeiro limpas por meio de exatas definições e purgadas de toda ambigüidade. A razão é o passo, o aumento da ciência, o caminho e o benefício da humanidade o fim".

(Hobbes)

Hobbes viveu na Inglaterra que enfrentava uma série de discussões e conturbações políticas causadas pelo embate das forças parlamentaristas, que propugnavam uma monarquia parlamentar, e das forças da nobreza absolutista, que propugnavam o governo de um só homem com poderes absolutos. Boa parte de sua obra e de sua vida esteve ligada a esta discussão, da qual participou não apenas como ouvinte, mas como pensador ativo que defendia as idéias absolutistas, o que lhe valeu revezes e períodos de exílio.

Ao lado das preocupações políticas, desenvolveu um vivo interesse pela filosofia. Manteve contato com F. Bacon (de quem foi secretário) e Galileu (a quem visitou), filósofos e cientistas que respeitava como produtores de conhecimento e de quem assumiu alguns pressupostos; e com Descartes (através de cartas e de amigos comuns) com quem manteve discordâncias.

Seu pensamento envolveu um sistema no qual o estudo da sociedade e as propostas políticas associavam-se ao estudo e às propostas sobre o processo de produção de conhecimento.

Hobbes acreditava que todos os seres eram corporais, que o corpo era sujeito de toda ação e, que todo corpo existia sempre em movimento. Afirmava que "Nenhum homem duvida da verdade da seguinte afirmação: quando uma coisa está imóvel, permanecerá imóvel para sempre, a menos que algo a agite. Mas não é tão fácil aceitar esta outra, que quando uma coisa está em movimento, permanecerá eternamente em movimento, a menos que algo a pare, muito embora a razão seja a mesma, a saber, que nada pode mudar por si só" (*Leviatã,* I cap. II, p. 11), com o que queria dizer diferentemente de Descartes, que o princípio dos corpos era o movimento e não o repouso, e que estes apenas quando pressionados por forças externas paravam. No entanto, isto colocava a questão de como os corpos eram postos em movimento e a este respeito afirmava que (...) "aquele que de qualquer efeito que vê ocorrer infira a causa próxima e imediata desse efeito, e depois a causa dessa causa, e mergulhe profundamente na investigação das causas, deverá finalmente concluir que necessariamente existe (como até os filósofos pagãos confessavam) um primeiro motor. Isto é, uma primeira e eterna causa de todas as coisas, que é o que os homens significam com o nome de *Deus*". (*Leviatã,* I, cap. XII, p. 66.)

A noção de movimento dos corpos abarcou, também, aqueles que aparentemente encontravam-se em repouso e, para Hobbes, os homens os supunham parados porque "avaliam, não apenas os outros homens, mas todas as outras coisas, por si mesmos, e, porque depois do movimento se acham sujeitos à dor e ao cansaço, pensam que todo o resto se cansa do movimento e procura naturalmente o repouso, sem meditarem se não consiste em qualquer outro movimento este desejo de repouso que encontram em si próprios". (*Leviatã I,* cap. II, p. 11.) Assim, a noção de movimento, de Hobbes, estendeu-se para todos os corpos — aqueles que tinham um movimento aparente, como os "corpos animados", e aqueles que não tinham um movimento aparente, como os "corpos inanimados". Como decorrência desta concepção, passa a assumir que os corpos tinham uma espécie de movimento, não perceptível ao olho, e que era "interno" a eles.

Para explicar o movimento, Hobbes recorreu à noção de esforço (*conatus*). Referindo-se ao papel que esta noção desempenhou no pensamento de Hobbes, Bréhier (1977a) afirma que: (...) "a noção mais importante para ele é a de *conatus* ou esforço, que se refere diretamente às suas preocupações" (...) "define o *conatus* como o 'movimento que tem lugar através da longitude de um ponto do tempo'." (...) "não é duvidoso que tenha empregado de começo, essa noção de *conatus*, para descrever os movimentos do ser vivo: 'Esse movimento, em que consistem prazer e dor" (...) "é uma solicitação ou provocação para aproximar-se do que agrada, ou retirar-se do que desagrada. Tal solicitação é o *esforço* (*endeavour, conatus*) ou começo interno do movimento animal' ". (...) "E, generalizando tal noção, admite que 'o peso é o agregado de todos os esforços pelos quais todos os pontos de um corpo sustentado pelo prato de uma balança tendem para baixo'." (p. 135.)

Vê-se, assim, que a compreensão da concepção de Hobbes sobre o universo devia, necessariamente, considerar a noção de corpo, de corpo em movimento, e de um movimento que envolvia a ação de uma força externa ao próprio corpo, isto é, uma concepção mecanicista de movimento. E, da mesma maneira que a noção de *conatus* explicava tanto o movimento dos corpos inanimados como dos corpos animados, entre eles o homem, a concepção de movimento mecânico também abrangia corpos inanimados e animados, estendendo-se até para a explicação do processo de conhecimento humano.

O conhecimento era possível porque, para Hobbes, os homens eram capazes de ter sensação, imaginação e entendimento. O mecanismo pelo qual, a partir das sensações, chegava-se à imaginação ou pensamento sobre os objetos ou fenômenos aos quais estes se referiam envolvia, na realidade, processos, segundo Hobbes, comuns aos animais e ao homem como indivíduo e como espécie. Neste sentido estas capacidades eram naturais à espécie humana e serviam de base a todo o conhecimento produzido pelo homem.

A sensação era, para Hobbes, um processo mecânico, baseado na sua noção de movimento e de seres corporais. Neste processo, os objetos sensíveis afetavam os órgãos sensoriais de forma que se produzisse, nos seres vivos, a sensação, que era algo que vinha do objeto, mas que não se confundia com ele.

"A causa da sensação é o corpo exterior, ou objeto, que pressiona o órgão próprio de cada sentido, ou de forma imediata, como no gosto e tato, ou de forma mediata, como na vista, no ouvido, e no cheiro; a qual pressão, pela mediação dos nervos, e outras cordas e membranas do corpo, prolongada para dentro em direção ao cérebro e coração, causa ali uma resistência, ou contrapressão, ou esforço do coração, para se transmitir; cujo esforço, porque *para fora*, parece ser de algum modo exterior. E é a esta *aparência*, ou *ilusão*, que os homens chamam *sensação*; e consiste, no que se refere à visão, numa *luz*, ou *cor figurada*; em relação ao ouvido, num *som*, em relação ao olfato, num *cheiro*, em relação à língua e paladar, num *sabor*, e, em relação ao resto do corpo, em *frio, calor, dureza, macieza*, e outras qualidades, tantas quantas discernimos pelo *sentir*.

Todas estas qualidades denominadas sensíveis estão no objeto que as causa, mas são muitos os movimentos da matéria que pressionam nossos órgãos de maneira diversa. Também em nós, que somos pressionados, elas nada mais são do que movimentos diversos (pois o movimento nada produz senão o movimento)." (...) "E muito embora, a uma curta distância, o próprio objeto real parece confundido com a aparência que produz em nós, mesmo assim o objeto é uma coisa, e a imagem ou ilusão uma outra. De tal modo que, em todos os casos, a sensação nada mais é do que a ilusão originária, causada (como disse) pela pressão, isto é, pelo movimento das coisas exteriores nos nossos olhos, ouvidos e outros órgãos a isso determinados." (*Leviatã,* I, cap. I pp. 9, 10.)

A imaginação ou pensamento referia-se ao processo que ocorria na ausência do objeto causador da sensação e, neste sentido, dependia dela. "Quando um corpo está em movimento, move-se eternamente (a menos que algo o impeça), e seja o que for que o faça, não pode extinguir totalmente num só instante, mas apenas com o tempo e gradualmente, como vemos que acontece com a água, pois, muito embora o vento deixe de soprar as ondas continuam a rolar durante muito tempo ainda. O mesmo acontece naquele movimento que se observa nas partes internas do homem, quando ele vê, sonha etc., pois após a desaparição do objeto, ou quando os olhos estão fechados, conservamos ainda a imagem da coisa vista, embora mais obscura do que quando a vemos. E é a isto que os latinos chamam de *imaginação,* por causa da imagem criada pela visão, e aplicam o mesmo termo, ainda que indevidamente, a todos os outros sentidos. Mas os gregos chamam-lhe *fantasia,* que significa *aparência,* e é tão adequado a um sentido como a outro. A *imaginação* nada mais é, portanto, que, uma *sensação diminuída,* e encontra-se nos homens, tal como em muitos outros seres vivos, quer estejam adormecidos, quer estejam despertos." (*Leviatã,* I, cap. II. p. 11.)

A descrição destes dois processos básicos, dos quais dependeriam todo o conhecimento humano, mostra como Hobbes estendeu a concepção de movimento mecânico ao conhecimento. Nos dois processos o movimento é provocado por um agente externo (por exemplo um objeto), que, atuando sobre uma parte do organismo (por exemplo, os órgãos do sentido), passa a produzir uma série de deslocamentos, sempre mantidos da mesma forma (por exemplo, a pressão por diversas vias chega ao cérebro). Esta mesma concepção de movimento sustentou, também, a descrição que Hobbes apresentou para as denominadas cadeias de pensamento ou imaginações, momento seguinte do processo de conhecer.

"Por *conseqüência,* ou *cadeia* de pensamentos, entendo aquela sucessão de um pensamento a outro, que se denomina (para se distinguir do discurso em palavras) *discurso mental*.

Quando o homem pensa seja no que for, o pensamento que se segue não é tão fortuito como poderia parecer. Não é qualquer pensamento que se segue indiferentemente a um pensamento. Mas assim como não temos uma imaginação da qual não tenhamos tido antes uma sensação, na sua totalidade ou em parte, do mesmo modo não temos passagem de uma imaginação para outra, se não tivermos tido previamente o mesmo nas nossas sensações. A razão disto é a seguinte: todas as ilusões são movimentos dentro de nós, vestígios daqueles que foram feitos na sensação; e aqueles movimentos que imediatamente se sucedem uns aos outros na sensação continuam também juntos depois da sensação. Assim, aparecendo novamente o primeiro e sendo predominante, o outro segue-o, por coerência da matéria movida, à maneira da água sobre uma mesa lisa, que, quando se empurra uma parte com o dedo, o resto segue também. Mas porque na sensação de uma mesma coisa percebida ora se sucede uma coisa ora outra, acontece no tempo que ao imaginarmos alguma coisa não há certeza do que imaginaremos em seguida. Só temos a certeza de que será alguma coisa que antes, num ou noutro momento, se sucedeu àquela." (*Leviatã,* I, cap. III, p. 16.)

Hobbes dividiu essas cadeias de pensamento em dois tipos, as cadeias livres quando os pensamentos pareciam não ter uma direção determinada e as cadeias reguladas quando os pensamentos eram regidos por uma finalidade. Estas, por sua vez, dividiam-se em outros dois tipos (...) "uma, quando a partir de um efeito imaginado, procuramos as causas, ou meios que o produziram, e esta espécie é comum ao homem e aos outros animais; a outra é quando, imaginando seja o que for, procuramos todos os possíveis efeitos que podem por essa coisa ser produzidos ou, outras palavras, imaginamos o que podemos fazer com ela, quando a tivermos. Desta espécie só tenho visto indícios no homem" (...) (*Leviatã I,* cap. III, p. 17.)

Este último tipo de cadeia era condição para produção de conhecimento científico, na medida em que possibilitava a previsão.

Entretanto, o conhecimento científico não se resumia, nem se confundia com as sensações ou com o pensamento ou imaginação, embora não pudesse deles prescindir. O processo de produção de conhecimento científico era eminentemente um processo lógico e racional, só possível aos homens e, propriamente, começava no momento em que se encerrava o processo iniciado na sensação e terminado na imaginação ou pensamento.

Antes, porém, de introduzir a discussão sobre o conhecimento científico é importante apontar o papel que Hobbes atribuía à linguagem, que para ele era própria do homem e requisito necessário para a ciência.

"O uso geral da linguagem consiste em passar nosso discurso mental para um discurso verbal, ou a cadeia de nossos pensamentos para uma cadeia de palavras. E isto com duas utilidades, uma das quais consiste em registrar as conseqüências de nossos pensamentos, os quais, podendo escapar de nossa memória e levar-nos deste modo a um novo trabalho, podem ser novamente recordados por aquelas palavras com que foram marcados. De maneira que a primeira utilização dos nomes consiste em servirem de *marcas*, ou *notas* de lembrança. Uma outra utilização consiste em significar, quando muitos usam as mesmas palavras (pela sua conexão e ordem), uns aos outros aquilo que concebem, ou pensam de cada assunto, e também aquilo que desejam, temem, ou aquilo por que experimentam alguma paixão. E devido a esta utilização são chamados *sinais*." (*Leviatã,* I, cap. IV. p. 21.)

Assim, para Hobbes, a linguagem ao mesmo tempo que é absolutamente necessária para o processo de produção de conhecimento, não deveria passar de um instrumento para representar o pensamento. A caracterização que fazia da linguagem e o papel que atribuía a ela na produção de conhecimento tem lhe valido o adjetivo de nominalista. Seu nominalismo é explicitado na íntima relação que estabelecia entre linguagem e critério de verdade e entre linguagem e ciência. Para Hobbes (...) "na correta definição de nomes reside o primeiro uso da linguagem, o qual consiste na aquisição de ciência; e na incorreta definição, ou na ausência de definições, reside o primeiro abuso, do qual resultam todas as doutrinas falsas e destituídas de sentido" (...). "A sensação e a imaginação naturais não estão sujeitas a absurdos. A natureza em si não pode errar; e à medida que os homens vão adquirindo uma abundância de linguagem, vão-se tornando mais sábios ou mais loucos do que habitualmente". (*Leviatã,* I, cap. IV, p. 23.) "O verdadeiro e o falso são atributos da linguagem, e não das coisas. E onde não houver linguagem, não há nem verdade nem falsidade. Pode haver erro, como quando esperamos algo que não acontece, ou quando suspeitamos algo que não aconteceu, mas em nenhum destes casos se pode acusar um homem de inveracidade.

Vendo então que a verdade consiste na adequada ordenação de nomes em nossas afirmações, um homem que procurar a verdade rigorosa deve lembrar-se que coisa substitui cada palavra de que se serve, e colocá-la de acordo com isso; de outro modo ver-se-á enredado em palavras; como uma ave em varas enviscadas: quanto mais lutar, mais se fere." (*Leviatã,* I cap. IV, p. 23.)

Assim, percebe-se que, para Hobbes, o conhecimento científico dependia das sensações e da imaginação ou pensamento — material sobre o qual se construía o conhecimento. Dependia, também, da linguagem — instrumento necessário para a representação deste material. Instrumento necessário, mas não suficiente, já que a ciência devia buscar explicações, buscar descobrir as relações causais entre os fenômenos de forma que se pudesse saber como e quando ocorreriam, o que tornava a ciência fundamentada, em certa medida formada, apenas de raciocínio. Os raciocínios compunham-se de nomes que eram associados para formar as proposições, e de proposições que se ordenavam e que eram compostas como se fossem operações aritméticas, mas que, em última instância, advinham das sensações, ou das impressões dos objetos sensíveis nos homens.

Sobre o raciocínio Hobbes afirmava: "Quando alguém *raciocina,* nada mais faz do que conceber uma soma total, a partir da *adição* de parcelas, ou conceber um resto a partir da *subtração* de uma soma por outra; o que (se for feito com palavras) é conceber da conseqüência dos nomes de todas as partes para o nome da totalidade, ou dos nomes da totalidade e de uma parte, para o nome da outra parte." (*Leviatã,* I cap. V. p. 27.)

Para Hobbes, esta concepção de raciocínio aplicava-se não apenas à lógica ou à geometria, mas a todas as áreas do conhecimento, incluindo aí áreas como a política e o estabelecimento de leis. Para ele, sempre que o objeto do conhecimento permitisse a "adição ou subtração", permitiria a ciência, porque permitiria a razão. A razão fica reduzida, em Hobbes, às operações que possibilitam reproduzir o pensamento.

"(...) podemos definir (isto é, determinar) que coisa é significada pela palavra *razão,* quando a contamos entre as faculdades do espírito. Pois *razão,* neste sentido, nada mais é do que o *cálculo* (isto é, adição e subtração) das conseqüências de nomes gerais estabelecidos para *marcar* e *significar* nossos pensamentos. Digo *marcar* quando calculamos para nós próprios, e *significar* quando demonstramos ou aprovamos nossos cálculos para os outros homens." (*Leviatã,* I, cap. V, p. 27.)

Parece assim que, para Hobbes, o conhecimento científico dependia de processos que eram habilidades naturais à espécie humana, mas não exclusivos do homem, como a sensação e o pensamento, e de processos, como o raciocínio e a linguagem, que eram possibilidades contidas apenas nos homens, mas que precisavam ser desenvolvidas. A ciência dependia, assim, de todos esses elementos para constituir-se e aí está, talvez, a razão pela qual se atribuem a Hobbes, ambos, o epíteto de empirista e de racionalista.

Associados aos processos de sensação e pensamento e de raciocínio e linguagem, Hobbes distinguia dois tipos de conhecimento e afirmava:

"Por aqui se vê que a razão não nasce conosco como a sensação e a memória, nem é adquirida apenas pela experiência, como a prudência, mas obtida com esforço, primeiro através de uma adequada imposição de nomes, e em segundo lugar através de um método bom e ordenado de passar dos elementos, que são nomes, a asserções feitas por conexão de um deles com o outro, e daí para os silogismos, que são as conexões de uma asserção com outra, até chegarmos a um conhecimento de todas as conseqüências de nomes referentes ao assunto em questão, e é a isto que os homens chamam *ciência*. E enquanto a sensação e a memória apenas são conhecimento de fato, o que é uma coisa passada e irrevogável, a ciência é o conhecimento das conseqüências e a dependência de um fato em relação a outro, pelo que, a partir daquilo que presentemente sabemos fazer, sabemos como fazer qualquer outra coisa quando quisermos, ou também, em outra ocasião. Porque quando vemos como qualquer coisa acontece, devido a que causas, e por que maneira, quando causas semelhantes vierem ao nosso poder, sabemos como fazê-las produzir os mesmos efeitos." (*Leviatã* I, cap. V. p. 30.)

Hobbes desenvolveu uma concepção de homem que estava associada e que deu origem a sua concepção de política, de governo e de Estado. Ao formular sua proposta política, que defendia um Estado governado por um monarca absolutista e laico, procurou fundamentá-la filosoficamente. Isto lhe valeu o atributo de filósofo da política e o fez passar para a história como defensor, que era, do absolutismo como forma de organizar o Estado.

Na base de sua proposta para a sociedade estava a concepção de homem. Hobbes afirmava que no "estado natural" todos os homens seriam iguais porque "A natureza fez os homens tão iguais, quanto às faculdades do corpo e do espírito que, embora por vezes se encontre um homem manifestamente mais forte de corpo, ou de espírito mais vivo do que outro, mesmo assim, quando se considera tudo isto em conjunto, a diferença entre um e outro homem não é suficientemente considerável para que qualquer um possa com base nela reclamar qualquer benefício a que outro não possa também aspirar, tal como ele." (...) "Desta igualdade quanto a capacidade deriva a igualdade quanto à esperança de atingirmos nossos fins. Portanto, se dois homens desejam a mesma coisa, ao mesmo tempo que é impossível ela ser gozada por ambos, eles tornam-se inimigos. E no caminho para seu fim (que é principalmente sua própria conservação, e às vezes apenas seu deleite) esforçam-se por se destruir ou subjugar um ao outro." (*Leviatã,* I, XIII, pp. 74, 75.)

O homem estava sujeito, para Hobbes, a três grandes causas de discórdias, poder-se-ia pensá-las como três características humanas dadas pela natureza, às quais associava três objetivos. A busca destes objetivos era responsável pela guerra e destruição, que Hobbes supunha inerentes ao homem vivendo em estado natural. A busca do lucro, a busca da segurança e a busca da reputação eram as finalidades humanas básicas às quais se associavam a competição, a desconfiança e a glória.

"Com isto se torna manifesto que, durante o tempo em que os homens vivem sem um poder comum capaz de os manter a todos em respeito, eles se encontram naquela condição a que se chama guerra; e uma guerra que é de todos os homens contra todos os homens." (*Leviatã,* I, cap. XIII, p. 75.)

Havia, para Hobbes, duas leis fundamentais da natureza que eram a garantia da sobrevivência do homem. A primeira lei levava o homem a buscar a paz por todos os meios que possuísse, mesmo que este meio fosse a guerra. A segunda levava-o a abrir mão de todos os seus direitos desde que todos os homens fizessem o mesmo. Era possível abrir mão dos próprios direitos, ou renunciando a eles (e então pouco importava quem passasse a detê-los) ou transferindo-os para alguém. Neste caso, o homem obrigava-se a manter este direito, não anulando ou impedindo que este se exercesse por aquele que o recebera. A justiça, a gratidão, a complacência, a piedade, a eqüidade eram também leis naturais que deviam ser respeitadas e que decorriam da transferência de poder. A esta transferência, que significava também garantia de sobrevivência e que se fazia, portanto, necessária ao homem, Hobbes chamava "contrato social". O "contrato social" era visto, então, como a base da constituição do *Estado*: "Diz-se que um Estado foi *instituído* quando uma *multidão* de homens concordam e *pactuam, cada um com cada um dos outros,* que a qualquer *homem* ou *assembléia de homens* a quem seja atribuído pela maioria o *direito de representar* a pessoa de todos eles (ou seja, de ser seu *representante*), todos sem exceção, tanto os que *votaram a favor dele* como os que *votaram contra ele,* deverão *autorizar* todos os atos e decisões desse homem ou assembléia, de homens, tal como se fossem seus próprios atos e decisões, a fim de viverem em paz uns com os outros e serem protegidos dos restantes homens." (*Leviatã,* II cap. XVIII, p. 107.)

E embora pudesse pensar diferentes forma de organização do Estado e assim, diferentes maneiras de organização do poder, Hobbes, como já se afirmou, defendeu como sendo dentre elas a melhor (sem ser, no entanto, a única possível) a monarquia absolutista. Esta não era, nem deveria ser uma monarquia de direito divino, e Hobbes posicionava-se contrariamente a toda ingerência da Igreja sobre o Estado, embora chegasse a fazer uso dos Evangelhos para defender tal forma de organização política. Para Hobbes, um Estado poderia ser "instituído" — quando uma multidão, através de um pacto escolhia (seu(s) governante(s) — ou poderia ser "adquirido" — pela força. Em qualquer dos casos reconhecia a legitimidade do soberano e afirmava que este possuía os mesmos poderes.

(. . .) "os direitos e conseqüências da soberania são os mesmos em ambos os casos. Seu poder não pode, sem seu consentimento, ser transferido para outrem; não pode aliená-lo; não pode ser acusado de injúria por qualquer de seus súditos; não pode por eles ser punido: É juiz do que é necessário para a paz, e juiz das doutrinas; é o único legislador, e supremo juiz das controvérsias, assim como dos tempos e ocasiões da guerra e da paz; é a ele que compete a escolha dos magistrados, conselheiros, comandantes, assim como todos os outros funcionários e ministros; é ele quem determina as recompensas e castigos, as honras e as ordens." (*Leviatã,* II, cap. XX, p. 122.)

O pensamento de Hobbes, ao mesmo tempo que guarda relações com outros pensadores de seu tempo, sem dúvida, guarda relações, também, com as condições históricas em que viveu.

Bacon e Hobbes são pensadores que rompem com a vinculação entre fé e razão. Ao afirmar que tudo é material (corpo e alma), que tudo é mecânico, Hobbes estabelece a primazia da razão, esta também transformada em puro mecanismo. E aqui se distancia de Descartes que considerava mecânico e material apenas o corpo, atribuindo à alma um estatuto imaterial indispensável à produção de conhecimento. Entretanto, os três pensadores se aproximavam na valorização que emprestavam à ciência como o caminho para transformação e aprimoramento da vida humana. A noção de inércia, aprendida de Galileu, permitiu a Hobbes afirmar que tudo — conhecimento, homem, sociedade, natureza — está submetido a leis mecânicas determinadas. A separação entre fé e razão lhe permitiu defender um Estado laico, sua visão determinista e mecanicista de mundo lhe permitiu defender um Estado forte e absolutista.

A preocupação e a proposta para a política também são coerentes com seu tempo. um período de mudanças, que exigia um Estado centralizado, capaz de criar as condições para desenvolver o modo de produção nascente. O sistema econômico nascente, ao exigir um novo modo de organização política, necessitava, também, uma nova justificativa para sua organização. O pensamento de Hobbes, comprometido com a nova ordem, não podia usar como justificativa o velho referencial da tradição moral ou religiosa, substituiu-o pelo referencial filosófico.

CAPÍTULO 13

A EXPERIÊNCIA COMO FONTE DAS IDÉIAS, AS IDÉIAS COMO FONTE DO CONHECIMENTO: JOHN LOCKE (1632-1704)

> "Não parecia pequena vantagem aos que pretendiam ser mestres e professores considerá-lo como princípio dos princípios que — princípios não devem ser questionados. Uma vez estabelecida esta doutrina, isto é, que há princípios inatos, situou seus adeptos com a necessidade de receber certas doutrinas sem discusão, desviando-os do uso de suas próprias razões e julgamentos, e levando-os a acreditar e confiar nelas sem exame posterior."
>
> (Locke)

Suas principais obras filosóficas foram publicadas já após a metade de sua vida e, talvez parte deste fato possa ser explicado por sua participação ativa na vida política inglesa. Defendeu o liberalismo e uma monarquia parlamentarista, o que pode relacionar-se com sua origem social burguesa.

Não se pode estranhar seu ativo interesse e participação na vida pública dado que este foi um século onde dificilmente poderia alguém eximir-se de atuar e opinar sobre as muitas e sérias questões políticas, econômicas e religiosas que, então, dividiam a Inglaterra. Foi um século marcado pela ascensão da burguesia e por sua constante luta com a monarquia absolutista na tentativa de construir um Estado e uma forma de organização política que atendessem a seus interesses. A revolução de 1789, finalmente, consagrou a monarquia parlamentarista no poder. E Locke foi, sem dúvida, um dos mentores e divulgadores do liberalismo, concepção filosófica que se associa aos interesses burgueses.

Uma marca de seu pensamento filosófico foi a preocupação com o que possibilitara e no que constituía o processo de produção de conhecimento — o estudo do entendimento humano. Preocupação que parece vinculada a suas idéias políticas e à conseqüente tentativa de desvendar objetivamente os processos envolvidos na vida política e, assim, ser capaz de criticar as noções religiosas que, então, justificavam não apenas o poder absoluto do rei, mas também as perseguições e o fanatismo religioso.

Sua formação médica, seu interesse pela pesquisa na área, além de seu contato com homens como Boyle e Sydenham, talvez sejam parcialmente responsáveis por sua vinculação ao empirismo — sua ênfase na experiência e nos dados sensíveis.

Duas preocupações centrais marcaram o trabalho de Locke: a negação da existência de idéia ou princípios inatos na mente ou espírito humano, o que o levou a desenvolver uma teoria sobre o(s) processo(s) pelo(s) qual(is) se chega a conhecer, e a justificação do liberalismo enquanto filosofia política e enquanto forma de governo, que tinha como base a noção de que a propriedade era um direito inalienável dos homens.

Locke afirmava que tudo que conhecemos, que todas as idéias que temos, eram formadas no espírito e que não eram inatas. Em defesa destas proposições, argumentava, primeiramente, que, para demonstrar a ocorrência de idéias inatas, seria preciso demonstrar que tais idéias eram universais, o que poderia ser facilmente negado se se olhasse, por exemplo, para as crianças que não têm algumas destas idéias e só as adquirem com o tempo, ou para outros povos que jamais desenvolveram idéias como a de Deus.

Afirmava, também, que mesmo admitindo o consenso universal sobre determinadas idéias, ainda assim, não se provaria seu inatismo porque então recorrer-se-ia, por exemplo, à noção de uma razão através da qual estas idéias apareceriam no espírito. Para Locke, no máximo estar-se-ia, desta forma, demonstrando que determinadas faculdades humanas eram inatas, mas jamais as idéias que a partir delas se formavam. Quanto ao argumento de que se algumas idéias eram evidentes, claras e distintas para o homem, então, eram inatas, afirmava que isto apenas demonstrava que estas se referiam a experiências realmente existentes nos homens, quando de sua relação com o mundo que o circundava, e que, portanto, tratava-se, mais uma vez, de uma faculdade — de sua capacidade de ter sensações.

Como parte de sua crítica ao inatismo, Locke afirmava *"O que é, é,* e *'É impossível para uma mesma coisa ser e não ser'* não são universalmente aceitas. Mas, o que é pior, este argumento da anuência universal, usado para provar princípios inatos, parece-me uma demonstração de que tal coisa não existe, porque não há nada passível de receber de todos os homens um assentimento universal. Começarei pelo argumento especulativo, recorrendo a um dos mais glorificados princípios da demonstração, ou seja, 'qualquer coisa que é, é' e 'é impossível para a mesma coisa ser e não ser', por julgá-los, dentre todos, os que mais merecem o título de inatos. Estão, ademais, a tal ponto com a reputação firmada de máximas universalmente aceitas que, indubitavelmente, seria considerado estranho que alguém tentasse colocá-las em dúvida. Apesar disso, tomo a liberdade para afirmar que estas proposições se encontram bem distantes de receber um assentimento universal, pois não são conhecidas por grande parte da humanidade." (...) "Em primeiro lugar, é evidente que não só todas as crianças, como os idiotas, não possuem delas a menor apreensão ou pensamento. Esta falha é suficiente para destruir o assentimento universal que deve ser necessariamente concomitante com todas as verdades inatas, parecendo-me quase uma contradição afirmar que há verdades impressas na alma que não são percebidas ou entendidas, já que imprimir, se isto significa algo, implica apenas fazer com que certas verdades sejam percebidas. Supor algo impresso na mente sem que ela o perceba parece-me pouco inteligível. Se, portanto, as crianças e os idiotas possuem almas, possuem mentes, dotadas destas impressões, devem inevitavelmente percebê-las, e necessariamente conhecer e assentir com estas verdades; se, ao contrário, não o fazem, tem-se como evidente que essas impressões não existem. Se estas noções não estão impressas naturalmente, como podem ser inatas? E se são noções impressas, como podem ser desconhecidas?" (...) "Penso que ninguém jamais negou que a mente seria capaz de conhecer várias verdades. Afirmo que a capacidade é inata, mas o conhecimento adquirido." (*Ensaio acerca do entendimento humano,* I, I, 4 e 5.)

Se o conhecimento era adquirido, tornava-se então, necessário discutir como isto se daria, que processos permitiriam ao homem adquirir conhecimento. E tornava-se também necessário discutir o que determinaria, sobre o que versaria.

O conhecimento era constituído, para Locke, de idéias e estas diziam respeito ou a objetos ou a conhecimentos — as operações internas da mente. As idéias derivavam da experiência, tanto interna como externa. "*Todas as idéias derivam da sensação ou reflexão.* Suponhamos, pois, que a mente é, como dissemos, um papel branco, desprovida de todos os caracteres, sem quaisquer idéias; como ela será suprida? De onde lhe provém este vasto estoque, que a ativa e que a ilimitada fantasia do homem pintou nela com uma variedade quase infinita? De onde apreende todos os materiais da razão e do conhecimento? A isso respondo, numa palavra, da experiência. Todo o nosso conhecimento está nela fundado, e dela deriva fundamentalmente o próprio conhecimento. Empregada tanto nos objetos sensíveis externos como nas operações internas de nossas mentes, que são por nós mesmos percebidas e refletidas, nossa observação supre nosso entendimento com todos os materiais do pensamento. Dessas duas fontes de conhecimento jorram todas as nossas idéias, ou as que possivelmente teremos." (*Ensaio acerca do entendimento humano,* II, I, 2.)

Às idéias que se constituíam a partir dos objetos do mundo exterior ao homem, Locke denominava idéias de sensação. *"O objeto da sensação é uma fonte das idéias.* Primeiro, nossos sentidos, familiarizados com os objetos sensíveis particulares, levam para a mente várias e distintas percepções das coisas, segundo os vários meios pelos quais aqueles objetos os impressionaram. Recebemos, assim, as idéias de amarelo, branco, quente, frio, mole, duro, amargo, doce e todas as idéias que denominamos de qualidades sensíveis. Quando digo que os sentidos levam para a mente, entendo com isso que eles retiram dos objetos externos para a mente o que lhes produziu estas percepções. A esta grande fonte da maioria de nossas idéias, bastante dependente de nossos sentidos, dos quais se encaminham para o entendimento, denomino *sensação.*" (*Ensaio acerca do entendimento humano,* II, I, 3.)

Às idéias que diziam respeito às operações da mente humana, Locke dá o nome de idéias de reflexão. "*As operações de nossas mentes consistem na outra fonte de idéias.* Segundo, a outra fonte pela qual a experiência supre o entendimento com idéias é a percepção das operações de nossa própria mente, que se ocupa das idéias que já lhe pertencem. Tais operações, quando a alma começa a refletir e a considerar, suprem o entendimento com outra série de idéias que não poderia ser obtida das coisas externas, tais como percepção, pensamento, duvidar, crer, raciocinar, conhecer, querer e todos os diferentes atos de nossas próprias mentes. Tendo disso consciência, observando esses atos em nós mesmos, nós os incorporamos em nossos entendimentos como idéias distintas, do mesmo modo que fazemos com os corpos que impressionam nossos sentidos. Toda gente tem esta fonte de idéias completamente em si mesma; e, embora não a tenha sentido como relacionada com os objetos externos, provavelmente ela está e deve propriamente ser chamada de *sentido interno*. Mas, como denomino a outra de *sensação,* denomino esta de *reflexão:* idéias que se dão ao luxo de serem tais apenas quando a mente reflete acerca de suas próprias operações." (*Ensaio acerca do entendimento humano,* II, I, 4.)

Pode-se concluir que, para Locke, estes dois tipos de idéias eram as únicas fontes de todo o entendimento humano. Assim, o entendimento era, em última instância, referente a um mundo de coisas sensíveis e de operações mentais que tinham experiência objetiva, e as idéias eram representativas de algo que tinha existência real.

Locke também classificava as idéias em simples e complexas. As idéias simples eram sempre idéias de sensação, idéias de reflexão ou idéias de sensação e reflexão, mas eram, sempre, idéias que a mente passivamente adquiria, a partir de objetos a ela externos (mesmo que fossem suas operações). Tais idéias eram claras e distintas. Era a partir de tais idéias simples que a mente humana (através de soma, de comparação, de relações que nelas descobria) desenvolvia outras idéias — as idéias complexas. Estas implicavam um trabalho ativo do espírito humano, através do qual era possível constituir novas idéias.

Para Locke, a característica fundamental das idéias simples é que estas não podiam ser formadas ou destruídas pela mente humana; enquanto que as idéias complexas, embora formadas, em última instância, de idéias simples, eram fruto de um ato voluntário da mente humana. "Estas idéias simples, os materiais de todo o nosso conhecimento, são sugeridas ou fornecidas à mente unicamente pelas duas vias acima mencionadas: sensação e reflexão. Quando o entendimento já está abastecido de idéias simples, tem o poder para repetir, comparar e uni-las numa variedade quase infinita, formando à vontade novas idéias complexas. Mas não tem o poder, mesmo o espírito mais exaltado ou entendimento aumentado, mediante nenhuma rapidez ou variedade do pensamento, de *inventar* ou *formar* uma única nova idéia simples na mente, que não tenha sido recebida pelos meios antes mencionados; nem pode qualquer força do entendimento *destruir* as idéias que lá estão, sendo o domínio do homem neste pequeno mundo de seu entendimento semelhante ao do grande mundo das coisas visíveis; donde seu poder, embora manejado com arte e perícia, não vai além de compor e dividir os materiais que estão ao alcance de sua mão; mas de nada pode quanto à feitura da menor partícula de nova matéria, ou na destruição de um átomo do que já existe. Semelhante inabilidade será descoberta por quem tentar modelar em seu entendimento alguma idéia que não recebera através dos sentidos dos objetos externos, ou mediante a reflexão das operações de sua mente acerca deles. Gostaria que alguém tentasse imaginar um gosto que jamais impressionou seu paladar, ou tentasse formar a idéia de um aroma que nunca cheirou; quando puder fazer isso, concluirei também que um cego tem idéias das cores, e um surdo noções reais dos diversos sons." (*Ensaio acerca do entendimento humano,* II, II, 2.)

"Mediante esta faculdade de repetir e unir suas idéias, a mente revela grande poder para variar e multiplicar os objetos de seus pensamentos de modo infinito e muito além do que lhe foi fornecido pela sensação ou reflexão, embora tudo isto continue limitado pelas idéias simples recebidas daquelas duas fontes e que constituem os materiais fundamentais para posteriores composições." (...) "Tendo, contudo, adquirido as idéias simples, a mente deixa de se limitar pela mera observação do que lhe é oferecido externamente, passando, mediante seu próprio poder, a reunir as idéias que possui para formar idéias complexas originais, pois jamais foram recebidas assim unidas." (*Ensaio acerca do entendimento humano,* II, XII, 2.)

O conhecimento do mundo exterior era, portanto, decorrente deste mundo, das qualidades dos objetos e fenômenos que o compunham, e da capacidade dos sentidos humanos de apreender tais qualidades. Tais capacidades, ao mesmo tempo que permitiam o conhecimento, eram limites do próprio conhecimento, já que, para Locke, não se podia afirmar que o homem conhecia tudo que havia nos objetos, mas apenas aquilo que seus sentidos (internos ou externos) lhe permitiam.

As idéias, embora referindo-se às coisas e objetos do mundo exterior, referiam-se a diferentes qualidades dos corpos — aquelas que Locke chama de "qualidades primárias e as chamadas qualidades secundárias". Segundo Bréhier (1977a) o que as diferencia é que (...) "somente a extensão, a figura, a solidez e o movimento, com as idéias de existência, duração e número, são 'qualidades primeiras', que nos representam as coisas tais como são. Quanto às cores, aos sons e sabores, são 'qualidades segundas', provocadas em nós pela impressão que fazem sobre nossos sentidos diversos movimentos de corpos tão pequenos que não podemos perceber" (p. 248). Apesar de Locke afirmar qualidades primárias que eram intrínsecas e inerentes aos corpos, considerava, também, como já foi dito, que o conhecimento era, num certo sentido, limitado pelo aparato sensorial de que dispunha o homem. É a partir daí, que se pode entender Bréhier (1977a), quando conclui que Locke tem menos confiança nas qualidades primeiras dos objetos do que autores como Descartes, ou seja, que Locke, num certo sentido, desconfiaria de que as próprias qualidades primárias fossem qualidades que poderiam ser assim percebidas em decorrência dos sentidos dos homens.

Apesar da desconfiança, ou melhor, da impossibilidade de se descobrir a substância da matéria e, portanto, apesar da impossibilidade de demonstrar de maneira clara e distinta que esta existia, Locke defendia que não se podia, por isto, afirmar a inexistência da matéria e concluía, assim, que o mundo material existia. O mesmo raciocínio valia para o espírito: (...) "por ser evidente que, não havendo da matéria outra idéia ou noção exceto a de algo em que as inúmeras qualidades sensíveis que afetam nossos sentidos subsistem, e por supor uma substância em que pensamento, conhecimento, dúvida, poder de movimento etc., subsistem, adquirimos uma noção tão clara da substância do espírito como da do corpo. Uma é suposta (sem saber o que ela é) o *substratum* das idéias simples derivadas do exterior, e a outra (com a mesma ignorância acerca do que ela é) o *substratum* destas operações que experienciamos dentro de nós mesmos. É claro, pois, que a idéia de *substância corporal* na matéria está tão distante de nossas concepções e apreensões como a da *substância espiritual,* ou espírito; por conseguinte, por não termos nenhuma noção de substância do espírito, não podemos concluir pela sua não existência; do mesmo modo e por razão semelhante não podemos negar a existência do corpo, já que é tão racional afirmar que não existe corpo, porque não possuímos idéia clara e distinta da substância da matéria, como afirmar que não existe espírito, porque não temos idéia clara e distinta da substância do espírito." (*Ensaio acerca do entendimento humano,* II, XXIII, 5.)

Vê-se, portanto, que Locke afirmava a existência do objeto do conhecimento, quer seja a existência de corpos exteriores ao homem, quer seja a existência da mente humana. Afirmava, ainda, a possibilidade do homem conhecer. Finalmente, o conhecimento tinha, para Locke, limites que eram dados pelos sentidos que apreendem seus objetos (mundo exterior ou operações da mente) e, pode-se dizer, que era limitado, também, pelo objeto, já que toda e qualquer idéia dele dependia.

Era a idéia que estabelecia, no pensamento de Locke, a relação entre o mundo real e o conhecimento. O conhecimento, embora pudesse referir-se a objetos do mundo exterior, constituía-se basicamente de idéias, tanto no sentido de que seu produto se traduzia nelas, como no sentido de que era delas que se compunha. "Parece-me, pois, que o *conhecimento* nada mais é que *a percepção da conexão e acordo, ou desacordo e rejeição, de quaisquer de nossas idéias*. Apenas nisto ele consiste. Onde se manifesta esta percepção há conhecimento, e onde ela não se manifesta, embora possamos imaginar, adivinhar ou acreditar, nos encontramos distantes do conhecimento. De fato, quando sabemos que branco não é preto, o que fazemos além de perceber que estas duas idéias não concordam?" (*Ensaio acerca do entendimento humano,* IV, 1, 2.)

As relações estabelecidas entre as idéias das quais se derivava o conhecimento eram, para Locke, de quatro tipos. Podiam ser percebidas como tendo identidade (ou diversidade) entre si, ou como mantendo entre si relações de vários matizes, ou como sendo idéias que coexistem umas com as outras em relação a um mesmo objeto, ou, ainda, como sendo relativas a algo que tem existência real. "Assim, 'azul não é amarelo' é identidade. 'Dois triângulos sobre bases iguais entre duas paralelas são iguais' é relação. 'Ferro é suscetível de impressões magnéticas' é coexistência. 'Deus é' é existência real." (*Ensaio acerca do entendimento humano,* IV, I, 7.)

A percepção do acordo ou desacordo entre as idéias podia ocorrer, para Locke, por três vias: intuitiva, demonstrativa e sensitiva. O conhecimento intuitivo seria obtido pela simples comparação entre idéias e seria sempre certo e imediato. O conhecimento demonstrativo exigiria o uso das idéias intermediárias para que se pudesse avaliar o acordo ou desacordo entre as idéias; tais idéias intermediárias seriam as provas nas quais se fundamentaria cada passo da demonstração. O conhecimento demonstrativo seria, neste sentido, menos seguro que o intuitivo.

Finalmente, o conhecimento sensitivo seria obtido da percepção imediata de um objeto particular, e seria seguro, mas consistiria apenas num conhecimento particular. "O conhecimento, como foi dito, baseando-se na percepção do acordo ou desacordo de quaisquer de nossas idéias, resulta disso que primeiro, não podemos ter conhecimento além do que temos idéias." (. . .) "Segundo, que não podemos ter nenhum conhecimento além do que podemos ter percepção deste acordo ou desacordo. Esta percepção sendo: 1. Seja pela *intuição,* seja pela imediata comparação de quaisquer duas idéias;

ou 2. Pela *razão,* examinando o acordo ou desacordo de duas idéias, pela intervenção de algumas outras; ou 3. Pela *sensação,* percebendo a existência de coisas particulares." (*Ensaio acerca do entendimento humano,* IV, III, 1 e 2.)

Portanto, para Locke, o conhecimento dependia sempre da clareza das idéias que o compunham. Entretanto, apesar de idéias claras serem condição necessária para a clareza do conhecimento, não eram condição suficiente. (...) "nosso conhecimento consistindo na percepção do acordo ou desacordo de duas idéias quaisquer, sua clareza ou obscuridade consiste na clareza ou obscuridade desta percepção, e não na clareza ou obscuridade das próprias idéias; como, por exemplo, um homem que tem idéias tão claras dos ângulos de um triângulo, e da igualdade de dois retos, como qualquer matemático no mundo, pode ainda ter apenas uma percepção muito obscura de seu acordo, e deste modo ter um conhecimento muito obscuro dele. Mas idéias que, por causa de sua obscuridade ou por outro motivo, são confundidas, não podem ocasionar nenhum conhecimento claro e distinto, porque, na medida em que quaisquer idéias são confusas, a mente não pode igualmente perceber claramente se concordam. Ou, para exprimir a mesma coisa de um modo menos suscetível ao equívoco: quem não tiver idéias determinadas às palavras que usa não pode formar proposições delas, de cuja verdade possa ter segurança." (*Ensaio acerca do entendimento humano,* IV, II, 15.)

O fato de Locke definir o conhecimento como relação entre idéias, colocava uma questão sobre a realidade do conhecimento, ou seja, colocava a pergunta de se e quanto o conhecimento refletia o mundo real. É o próprio Locke quem responde: "É evidente que a mente não sabe as coisas imediatamente, mas apenas pela intervenção das idéias que tem delas. Nosso conhecimento, portanto, revela-se real apenas enquanto houver conformidade entre as nossas idéias e a realidade das coisas." (*Ensaio acerca do entendimento humano,* IV, IV, 3.)

Colocava-se para Locke, a partir daí, a questão de saber como a mente percebia a concordância das idéias com as coisas. A esta pergunta respondia que, no que concernia às idéias simples, não poderia haver dúvidas sobre tal correspondência, já que a mente não podia criar tais idéias por si só. Para responder esta questão no que diz respeito às idéias complexas, Locke passa a considerar o conhecimento científico. Sua análise culmina com a distinção entre dois tipos de ciência, as ciências demonstrativas e as ciências experimentais.

Como foi visto, embora todo conhecimento fosse, em última instância, baseado em idéias simples, consideradas representativas das coisas, e, neste sentido, não fosse meramente imaginação ou fantasia, era, também, formado de idéias complexas. Tais idéias eram formadas segundo um de dois processos: ou pelo pareamento constante com os objetos, na forma como existem fora do espírito humano (na realidade), ou pela comparação entre idéias, comparação esta efetuada nas mentes dos homens e, portanto, sem necessidade de pareamento com o mundo exterior. Neste caso, as idéias complexas não dependiam diretamente da existência externa dos fenômenos a que diziam respeito, e a sua veracidade dependia única e exclusivamente das relações estabelecidas entre elas. Enquanto, no primeiro caso, as idéias complexas dependiam das coisas tais como existiam, e a sua veracidade dependia, além da relação entre as idéias, da relação entre as idéias e as coisas às quais se referiam.

Locke a partir daí, supunha que o conhecimento de ciências como as matemáticas e a moral era um conhecimento demonstrativo, no qual as relações que eram estabelecidas (entre idéias) não dependiam, para serem corretas e seguras, da comparação com coisas externas à mente.

"Não duvido que será facilmente admitido que o nosso conhecimento das verdades matemáticas não é apenas evidente, mas sim conhecimento real, e não uma simples visão vazia de vãs e insignificantes quimeras do cérebro; não obstante, se bem considerarmos, verificaremos que isto deriva apenas de nossas próprias idéias. O matemático considera a verdade e propriedades pertencentes ao retângulo ou ao círculo apenas como estão na idéia em sua própria mente. Pois é possível que jamais tenha descoberto qualquer uma delas existindo matematicamente, isto é, exatamente verdadeira, em sua vida. Mas ainda o conhecimento que ele tem de quaisquer verdades ou propriedades pertencentes a um círculo, ou a outra figura matemática qualquer, é, contudo, verdadeiro e evidente, mesmo as coisas reais existindo. Porque as coisas reais não se encontram mais relacionadas, nem destinadas para serem pensadas por quaisquer destas proposições, do que as coisas que realmente concordam com estes arquétipos em sua mente. É verdadeiro para a *idéia* de triângulo que seus três ângulos sejam iguais a dois retos? Isto é verdadeiro também com respeito a um triângulo, seja onde for que *realmente exista*. Por mais que outra figura, exista, não é exatamente correspondente à idéia de um triângulo em sua mente, não estando, em absoluto relacionada com esta proposição. E, portanto, está seguro que todo o seu conhecimento referente a tais idéias importa em conhecimento real." (...) "E daqui decorre que o conhecimento moral é tão capaz de certeza real como o matemático. Com efeito, a certeza é apenas a percepção de acordo ou desacordo de nossas idéias, e a demonstração nada mais que a percepção de tal acordo, pela intervenção de outras idéias ou meios. Por conseguinte, nossas idéias morais, como as matemáticas, sendo elas mesmas arquétipos, e idéias tão adequadas e completas, todo o acordo ou desacordo que descobrirmos nelas produzirá conhecimento real, do mesmo modo que nas figuras matemáticas." (*Ensaio acerca do entendimento humano,* IV, IV, 6 e 7.)

Por outro lado, supunha, também, o conhecimento das coisas externas ao homem (que tinham existência e substância própria). No entanto, estas não eram completamente cognoscíveis para o homem, e o seu conhecimento sempre dependeria da relação entre idéias, mas também do quanto estas substâncias eram conhecidas e, neste sentido, dependeria sempre das relações que eram possíveis estabelecer com as próprias coisas. Por isto, este conhecimento não era tão certo e seguro como o anterior, mas, apenas, mais ou menos provável e, neste caso, Locke estava possivelmente fazendo referência às ciências da natureza.

(...) "há outro tipo de idéias complexas que, sendo referidas a arquétipos externos, podem diferir deles, e assim nosso conhecimento acerca deles pode estar próximo de ser real. Tais são nossas idéias de substâncias que, consistindo numa coleção de idéias simples, supostamente tiradas dos trabalhos da natureza, podem ainda variar delas por ter mais ou diferentes idéias unidas a elas do que se encontram nas próprias coisas. Por isso, sucede que elas podem, e freqüentemente o fazem, não se conformar exatamente às próprias coisas."

(...) "A razão disto baseia-se no desconhecimento da constituição real desta substância da qual nossas idéias simples dependem, constituindo realmente a causa da rigorosa união de algumas delas entre si e da exclusão de outras, havendo pouquíssimas nas quais podemos nos assegurar que são ou não inconsistentes em natureza, além do que a experiência e a observação sensíveis alcançam. Nisto, portanto, funda-se a realidade de nosso conhecimento a respeito das substâncias: todas as nossas idéias complexas delas devem ser semelhantes, e somente delas, como são formadas das simples, como se descobriu que coexistem na natureza. E nossas idéias, sendo assim verdadeiras, embora não talvez cópias muito exatas, são, não obstante, os objetos reais do conhecimento na medida em que temos algum. Estas (como já foi mostrado) não alcançam muito longe, mas na medida em que o conseguirem, continuarão ainda a ser conhecimento real." (*Ensaio acerca do entendimento humano*, IV, IV, 11 e 12.)

Era também uma preocupação de Locke a filosofia política. A discussão da propriedade, do governo e da sociedade eram temas constantes e recorrentes em seu pensamento, implicavam e decorriam de uma determinada visão de homem. Como Hobbes, Locke também partiu da noção de que o homem tinha características naturais que lhe eram próprias enquanto espécie e universais a todos. Supunha que traços humanos básicos eram a liberdade, a igualdade e a racionalidade. "Para bem compreender o poder político e derivá-lo de sua origem, devemos considerar em que estado todos os homens se acham naturalmente, sendo este um estado de perfeita liberdade para ordenar-lhes as ações e regular-lhes as posses e as pessoas conforme acharem convenientes, dentro dos limites da lei da natureza, sem pedir permissão ou depender da vontade de qualquer outro homem.

Estado também de igualdade, no qual é recíproco qualquer poder e jurisdição, ninguém tendo mais do que qualquer outro; nada havendo de mais evidente que criaturas da mesma espécie e da mesma ordem, nascidas promiscuamente a todas as mesmas vantagens da natureza e ao uso das mesmas faculdades, terão também de ser iguais umas às outras sem subordinação ou sujeição; a menos que o senhor de todas elas, mediante qualquer declaração manifesta de sua vontade, colocasse uma acima da outra, conferindo-lhe, por indicação evidente e clara, direito indubitável ao domínio e à soberania." (*Segundo tratado sobre o governo*, II, 4.)

Se os homens nasciam iguais, e por criação divina, todos eles deviam ter direitos iguais, e direitos que lhes assegurassem a sobrevivência (o direito a se alimentar, se vestir etc.). Tais direitos eram intimamente ligados à noção de propriedade: assim, tudo aquilo que assegurasse aos homens a satisfação de suas necessidades básicas devia ser apropriado por ele. "Deus, que deu o mundo aos homens em comum, também lhes deu a razão para que a utilizassem para maior proveito da vida e da própria conveniência. Concedeu-se a terra e tudo quanto ela contém ao homem para sustento e conforto da existência. E embora os frutos que ela produz naturalmente e todos os animais que alimenta pertençam à humanidade em comum, conforme produzidos pela mão espontânea da natureza. contudo, destinando-se ao uso dos homens, deve haver necessariamente meio de apropriá-los de certa maneira antes de serem utilizados ou de se tornarem de qualquer modo benéficos a qualquer indivíduo em particular. O fruto ou a caça que alimenta o índio selvagem, que não conhece divisas e ainda é possuidor em comum, deve ser dele e de tal maneira dele, isto é parte dele, que qualquer outro não possa mais alegar qualquer direito àqueles alimentos, antes que lhe tragam qualquer benefício para sustentar-lhe a vida." (*Segundo tratado sobre o governo*, V, 26.)

Associada à noção da criação do homem por Deus, estava a noção de que o homem, para a satisfazer suas necessidades, devia trabalhar. A partir daí, Locke estabeleceu o trabalho como um direito de todo homem, ao qual associava o direito à propriedade da terra que era um necessário instrumento de trabalho.

Quando se olha para o momento histórico em que Locke estabeleceu tais noções, duas consideарções merecem ser feitas. Em primeiro lugar o imenso avanço que significou a concepção de que o trabalho era um direito humano, um direito de todos os homens. Em segundo lugar a relação desta concepção com um momento histórico em que se preparava o capitalismo, onde seria necessária uma ideologia do trabalho, onde os homens sentissem a venda da força de trabalho como um direito e não como exploração.

"Sendo agora, contudo, a principal matéria da propriedade não os frutos da terra e os animais que sobre ela subsistem, mas a própria terra, como aquilo que abrange e consigo leva tudo o mais, penso ser evidente que aí também a propriedade se adquire como nos outros casos. A extensão de terra que um homem lavra, planta, melhora, cultiva, cujos produtos usa, constitui a sua propriedade. Pelo trabalho, por assim dizer, separa-a de comum. Nem lhe invalidará o direito dizer que qualquer outro terá igual direito a essa extensão de terra, não sendo possível, portanto, aquele apropriar-se ou fechá-la sem o consentimento de todos os membros da comunidade — todos os homens. Deus, ao dar o mundo em comum a todos os homens, ordenou-lhes também que trabalhassem; e a penúria da condição humana assim o exigia. Deus e a própria razão lhes ordenavam dominar a Terra, isto é, melhorá-la para benefício da vida e nela dispor algo que lhes pertencesse, o próprio trabalho. Aquele que, em obediência a esta ordem de Deus, dominou, lavrou e semeou parte da terra, anexou-lhe por esse meio algo que lhe pertencia a que nenhum outro tinha direito, nem podia, sem causar dano, tirar dele." (*Segundo tratado sobre o governo,* V, 32.)

Mais uma vez tal como Hobbes, Locke assumia que o homem passava a viver em sociedade a partir de seu estado natural. Ambos viam a passagem do estado natural à sociedade como a garantia necessária dos direitos naturais, e para ambos, esta passagem era feita através do contrato social. No entanto, o tipo de governo ideal a ser estabelecido por este contrato, era diferente para cada um deles. Enquanto Hobbes defendia a necessidade de um governo forte e absoluto para manter a ordem entre os homens, garantindo-lhes a sobrevivência, Locke defendia um governo em que os homens, pela sua participação, garantissem seus direitos.

"Sendo os homens, conforme acima dissemos, por natureza, todos livres, iguais e independentes, ninguém pode ser expulso de sua propriedade e submetido ao poder político de outrem sem dar consentimento. A maneira única em virtude da qual uma pessoa qualquer renuncia à liberdade natural e se reveste dos laços da sociedade civil consiste em corcordar com outras pessoas e juntar-se e unir-se em comunidade para viverem com segurança, conforto e paz umas com as outras, gozando garantidamente das propriedades que tiveram e desfrutando de maior proteção contra quem quer que não faça parte dela. Qualquer número de homens pode fazê-lo, porque não prejudica a liberdade dos demais; ficam como estavam na liberdade do estado de natureza. Quando qualquer número de homens consentiu desse modo em constituir uma comunidade ou governo, ficam, de fato, a ela incorporados e formam um corpo político no qual a maioria tem o direito de agir e resolver por todos.

Quando qualquer número de homens, pelo consentimento de cada indivíduo, constituiu uma comunidade, tornou, por isso mesmo, essa comunidade um corpo, com o poder de agir como um corpo, o que se dá tão-só pela vontade e resolução da maioria. Pois o que leva qualquer comunidade a agir sendo somente o consentimento dos indivíduos que a formam, e sendo necessário ao que é um corpo para mover-se em um sentido, que se mova para o lado para o qual o leva a força maior, que é o consentimento da maioria, se assim não fosse, seria impossível que agisse ou continuasse a ser um corpo uma comunidade, que a aquiescência de todos os indivíduos que se juntaram nela concordou em que fosse; dessa sorte todos ficam obrigados pelo acordo estabelecido pela maioria. E portanto, vemos que, nas assembléias que têm poderes para agir mediante leis positivas, o ato da maioria considera-se como sendo o ato de todos e, sem dúvida, decide, como tendo o poder de todos pela lei da natureza e da razão." (*Segundo tratado sobre o governo*, VIII, 95 e 96.)

E, aprofundando a questão de por que, homens naturalmente livres e soberanos renunciaram a esta liberdade para viver sob um contrato social, Locke, mais uma vez, reafirma o direito à propriedade, atribuindo à sociedade o caráter de sua guardiã.

"Se o homem no estado de natureza é tão livre, conforme dissemos, se é senhor absoluto de sua própria pessoa e posses, igual ao maior e a ninguém sujeito, por que abrirá ele mão dessa liberdade, por que abandonará o seu império e sujeitar-se-á ao domínio e controle de qualquer outro poder? Ao que é óbvio responder que, embora no estado de natureza tenha tal direito, a fruição do mesmo é muito incerta e está constantemente exposta à invasão de terceiros porque, sendo todos reis tanto quanto ele, todo homem igual a ele, e na maior parte pouco observadores da eqüidade e da justiça, a fruição da propriedade que possui nesse estado é muito insegura, muito arriscada. Estas circunstâncias obrigam-no a abandonar uma condição que, embora livre, está cheia de temores e perigos constantes; e não é sem razão que procura de boa vontade juntar-se em sociedade com outros que estão já unidos, ou pretendem unir-se, para a mútua conservação da vida, da liberdade e dos bens a que chamo de 'propriedade'." (*Segundo tratado sobre o governo*, IX, 123.)

Desde que a reunião em sociedade tinha como objetivo primordial a preservação da propriedade, ela deveria garantir um conjunto de condições ausentes no estado de natureza. Assim, caberia à comunidade de homens, que se colocava sob um governo, prover aquilo que antes faltava: no estado de natureza "falta uma lei estabelecida, firmada, conhecida, recebida e aceita mediante consentimento comum", "falta um juiz conhecido e indiferente com autoridade para resolver quaisquer dissenções, de acordo com a lei estabelecida", e finalmente, "falta, muitas vezes, poder que apóie e sustente a sentença quando justa, dando-lhe a devida execução." (*Segundo tratado sobre o governo*, IX, 124, 125 e 126.)

A partir daí fica claro por que Locke não poderia ter sido partidário do absolutismo, já que o governo dependia do assentimento da maioria dos homens, e já que apenas regulamentava direitos, que eram naturais ao homem, tanto de liberdade quanto, e principalmente, o de propriedade.

Fica claro, também, por que não poderia ter concordado com a possibilidade de que o governante tivesse direito divino, já que era um igual aos homens que governava; ou com a possibilidade de que legislasse sobre as crenças e religiões humanas, já que seu poder era apenas temporal e, desde que as religiões não interferissem nos direitos universais dos homens, não caberia a ninguém decidir sobre as opções individuais de cada e qualquer homem.

Com suas concepções sobre política, Locke, de certa forma, torna-se o arauto do liberalismo. Com sua defesa do homem livre como indivíduo e, ao mesmo tempo, atado por um contrato social que escolheu e que deve, portanto, respeitar; com sua defesa da propriedade privada e do trabalho como direitos dos homens; com sua defesa da igualdade, em princípio, de todos os homens, Locke responde a uma de suas grandes preocupações: a preocupação com os problemas práticos que a política demandava em seu tempo.

Os problemas filosóficos foram sua outra grande preocupação. No entanto, estas preocupações não caminharam, em Locke, separadamente. Sua filosofia parece marcada pela sua busca de solução para problemas práticos. Talvez por isto sua filosofia nunca tenha sido puramente especulativa. Mesmo quando se considera que é um pensador marcado por uma grande preocupação com o entendimento humano, e com quais seriam seus limites e possibilidades, mesmo aí Locke se afasta de uma metafísica especulativa, quando busca nos dados da experiência e nos modelos científicos de seu tempo a resposta à questão sobre entendimento humano. É a partir daí que nega a possibilidade de se conhecer essências, que afirma as idéias como decorrentes da experiência e, principalmente, que afirma a experiência como dado essencial do entendimento humano, como ponto de partida das idéias e como paradigma para o conhecimento.

A experiência é erigida, assim, em critério e base do conhecimento. Ao enfatizar dessa forma a experiência, Locke a um só tempo se afasta do cartesianismo e prepara a chamada filosofia crítica de Hume. Afasta-se do racionalismo cartesiano e o nega por destronar a pura reflexão como critério de verdade, e por introduzir em seu lugar como critério e fonte do conhecimento, não princípios dogmáticos, mas a experiência do mundo sensível e as idéias que daí decorrem e que não mais poderão ser idéias inatas. Prepara uma filosofia crítica e centrada no problema do conhecimento, ao erigir o homem no objeto privilegiado de suas preocupações, ao discutir os processos de que esse homem se utiliza para produzir idéias sobre o mundo, ao anunciar a impossibilidade do conhecimento de verdades essenciais, ao reduzir o conhecimento científico ao conhecimento dos fenômenos pela via da percepção, e ao erigir a experiência em critério de verdade do conhecimento humano.

CAPÍTULO 14

O UNIVERSO É INFINITO E SEU MOVIMENTO É MECÂNICO E UNIVERSAL: ISAAC NEWTON (1642-1727)

> "Mas até aqui não fui capaz de descobrir a causa dessas propriedades da gravidade a partir dos fenômenos, e não construo nenhuma hipótese; pois tudo que não é deduzido dos fenômenos deve ser chamado uma hipótese; e as hipóteses, quer metafísicas ou físicas, quer de qualidades ocultas ou mecânicas, não têm lugar na filosofia experimental."
>
> (Newton)

No ano de 1642, em Woolsthorpe, nascia Newton, filho de um pequeno proprietário rural de Lincolnshire, Inglaterra. Estudou na Universidade de Cambridge doutorando-se em 1668; aí trabalhou desde 1669 quando, com 26 anos, tornou-se catedrático, cargo que ocupou por 25 anos. Foi membro do Parlamento inglês como representante de Cambridge, diretor da Casa Real da Moeda; em 1699 foi eleito membro da Academia Francesa de Ciências e ocupou a presidência da Royal Society — de que era membro desde 1672 — de 1703 até sua morte no ano de 1727, em Kensington.

Sua contribuição para o conhecimento pode ser apreciada em diferentes áreas, tais como: matemática — cálculo infinitesimal; astronomia — gravitação universal; óptica — teoria corpuscular da luz; mecânica — leis do movimento dos corpos; química — atomismo.

A ampla repercussão de suas descobertas, de sua maneira de pensar o mundo e principalmente, de sua mecânica celeste, pôde ser percebida já no início do século XVIII. Em diversos países, a filosofia cartesiana foi substituída pela de Newton, tendo Voltaire, segundo Bréhier (1977b), assinalado 1730 como a data de seu triunfo definitivo.

Newton propôs um sistema geral de mecânica que permitia explicar, através da observação do comportamento da matéria na Terra, os movimentos e fenômenos celestes (além dos terrestres). A descoberta de um método matemático que possibilitava converter princípios físicos em resultados quantitativos, verificáveis pela observação e, reciprocamente, chegar aos princípios físicos a partir da observação, foi extremamente importante para as proposições de Newton: é o cálculo infinitesimal[1] — ou das fluxões. Segundo Bernal (1976b) (...) "usando-o, é possível determinar a posição de um corpo em qualquer momento dado, sabendo a relação entre essa posição e a sua velocidade ou mudança de velocidade em qualquer momento outro dado. Por outras palavras: uma vez conhecida a lei da força, é possível calcular o caminho" (p. 482).

Até a época de Newton, o avanço no conhecimento de como o céu se comportava podia ser representado pelos pensamentos de Nicolau Copérnico (1473-1543), Galileu Galilei (1564-1642) e Johannes Kepler (1571-1630).

Nicolau Copérnico, no princípio de século XVI, demonstrou os dois movimentos que os planetas possuem sobre si mesmos e em torno do Sol, questionando o dogma de ser a Terra o centro do universo. Galileu Galilei já havia apontado na direção do princípio da inércia ou queda livre dos corpos, ou seja, que o movimento livre de um corpo (sem que nenhuma força atue sobre ele) se dá em linha reta e com velocidade uniforme. As leis de Kepler do movimento planetário propunham que a órbita de um planeta em torno do Sol é elíptica e que existe uma relação precisa[2] entre o tamanho da órbita de um planeta e o período gasto por ele para completar uma volta em torno do Sol.

---

1 Existe uma controvérsia sobre quem teria inventado o cálculo infinitesimal: Newton ou Leibniz. Consta que ambos desenvolveram o mesmo método separadamente. Porém, segundo Bréhier (1977a) e Bernal (1976b), Leibniz nunca usou seu cálculo para exprimir leis da natureza e para Newton, pelo contrário, o cálculo era fundamental.

2 A terceira lei de Kepler diz que os quadrados dos períodos dos planetas (tempo para completar uma órbita) são proporcionais ao cubo de suas distâncias do Sol ($P^2 = a^3$), ou seja, quanto mais distante o planeta do Sol, mais lentamente se move. Esta lei nos dá, precisamente, a quantidade de tempo necessária para qualquer planeta fazer sua órbita em torno do Sol (por exemplo: Júpiter tem um período orbital de onze anos). Esta lei aplicou-se de forma correta para os planetas Urano, Netuno e Plutão, descobertos bem depois da morte de Kepler.

Essas proposições de Kepler e Galileu não se ajustavam, pois de acordo com as leis de Kepler os planetas deveriam se mover segundo uma elipse e, conforme Galileu, segundo círculos. Havia necessidade de explicar qual a força requerida para transformar os movimentos celestes em elípticos ou circulares; esta força deveria ser de tal natureza que explicasse, ainda, o por quê de os planetas se comportarem tal qual a terceira lei de Kepler.

As leis do movimento, a definição da força centrípeta, bem como a lei da gravitação universal propostas por Newton desvendam o movimento dos corpos celestes e a queda de um corpo na superfície da Terra, explicando as controvérsias das teorias de Kepler e Galileu, bem como uma série de fenômenos da natureza. Estes conceitos são assim definidos por Newton: Axiomas ou leis de movimento.

Lei I

Todo corpo permanece em seu estado de repouso ou de movimento uniforme em linha reta, a menos que seja obrigado a mudar seu estado por forças impressas nele (....)

Lei II

A mudança do movimento é proporcional à força motriz impressa, e se faz segundo a linha reta pela qual se imprime essa força. (...)

Lei III

A uma ação sempre se opõe uma reação igual, ou seja, as ações de dois corpos um sobre o outro sempre são iguais e se dirigem a partes contrárias." (...) (*Princípios,*[3] pp. 14 e 15.)

"Definição V

A força centrípeta é aquela pela qual o corpo é atraído ou impelido ou sofre qualquer tendência a algum ponto como a um centro.

---

3 O que aqui está sendo chamado de "princípios" é o livro "Princípios matemáticos da filosofia natural" de Newton, cuja primeira edição é de 1687. (N. do A.)

Assim é a gravidade, pela qual o corpo tende ao centro da Terra, a força magnética, pela qual o ferro tende ao centro do ímã, e aquela força seja qual for, pela qual os planetas são continuamente afastados dos movimentos retilíneos, obrigados a seguir linhas curvas" (*Princípios*, p. 6).

A lei da gravitação universal, também, se relaciona claramente com as proposições acima e enuncia que: matéria atrai matéria na razão direta das massas e na inversa do quadrado das distâncias.

Estas proposições de Newton, observáveis e que podem levar a previsões e descobertas, explicavam fenômenos naturais de quaisquer espécies, sendo, portanto, universais. Bréhier (1977b) esclarece que (...) "é segundo uma mesma lei que os corpos pesados são atraídos para o centro da Terra, que as massas líquidas dos mares são atraídas para a Lua por ação das marés,[4] que a Luz é atraída para a Terra bem como os planetas para o Sol. A prova de tal identidade da lei repousa unicamente em medidas experimentais" (p. 13).

Com as leis de movimento e, principalmente, da gravitação universal, Newton não achava ter chegado à causa dos fenômenos. Para ele (...) "é suficiente que a gravidade realmente exista, aja de acordo com as leis que explicamos e que sirva abundantemente para considerar todos os movimentos dos corpos celestiais e de nosso mar" (*Princípios*, p. 22) e acrescenta que devemos primeiro entender bem o fenômeno, olhando a Natureza, para tentar explicar depois suas causas.

"Pois é bem sabido que os corpos agem uns sobre os outros pelas atuações da gravidade, magnetismo e eletricidade; e estas instâncias mostram o conteúdo e curso da Natureza, e não tornam improvável que possam existir outros poderes atrativos além destes. Pois a Natureza é constante e conforme a si mesma. Como estas atrações podem ser efetuadas eu não considero aqui. O que eu chamo de atração pode ser efetuado por impulso ou por alguns outros meios desconhecidos para mim. Uso aqui aquela palavra somente para significar em geral qualquer força através da qual os corpos tendem um para o outro, qualquer que seja a causa. Pois devemos aprender dos fenômenos da Natureza quais corpos

---

[4] Por exemplo: as marés muito altas ocorrem nos períodos de lua nova e cheia, e as baixas marés nos períodos de quarto-crescente e quarto-minguante. (N. do A.)

se atraem entre si e quais são as leis e propriedades da atração, antes de investigar a causa pela qual a atração é efetuada." (*Óptica,* 31, p. 43.)

A noção de movimento para Newton, quer seja inercial, acelerado ou gravitacional, requer a existência de um vácuo real para estar correta. Mesmo quando, no espaço, existe matéria, Newton crê num éter — gás extremamente rarefeito, cuja rarefação ao infinito é igual ao vácuo — que não enche completamente o espaço físico. Um exemplo da existência desse éter rarefeito ao infinito (vácuo) é a trajetória livre dos cometas que assim ocorre por se movimentarem aonde não há resistência e, portanto, aonde não existe matéria. Neste aspecto, Newton é contrário a Descartes que propõe o espaço completamente cheio. Na sua obra *Óptica* Newton explica: (. . .) "para dar lugar aos movimentos regulares e duradouros dos planetas e cometas é necessário esvaziar os céus de toda a matéria, exceto talvez alguns vapores, exalações ou eflúvios muito sutis, que se originam das atmosferas da Terra, planetas e cometas e de tal meio etéreo extremamente rarefeito" (. . .). "Um fluido denso pode ser inútil para explicar os fenômenos da Natureza, sendo os movimentos dos planetas e cometas explicados melhor sem ele. Serve somente para perturbar e retardar os movimentos daqueles grandes corpos, e faz definhar a estrutura da Natureza; e nos poros dos corpos serve somente para parar os movimentos vibratórios, nos quais o calor e atividade do corpo consistem. E como ele não tem nenhuma utilidade e impede as operações da Natureza, e a faz se definhar, então não existe nenhuma evidência de sua existência; e, portanto, deve ser rejeitado" (*Óptica,* p. 39).

A noção de vácuo concorre, também, para o entendimento do que é matéria. Newton é atomista e, segundo Clarke[5] seu discípulo, se desejarmos ligar o atomismo à filosofia matemática é necessário supor que a matéria tenha uma só natureza, e sempre podemos supor que suas partes tenham a mesma dimensão e a mesma forma (diferentes formas são devidas às diferentes disposições de suas partículas). A matéria possui, assim, uma estrutura essencialmente granular, ou seja, partículas duras e indivisíveis submetidas constantemente à ação de todo um sistema de forças não materiais de ação e repulsão. Quanto às propriedades essenciais da matéria, Koyré

---

[5] Samuel Clarke (1675-1729) era amigo de Newton e trocou uma vasta correspondência com Leibniz, defendendo as teorias newtonianas de ataques deste.

(1979) sintetizou da seguinte forma: as propricdades essenciais da matéria atribuídas por Newton (...) "são quase as mesmas listadas por Henry More, pelos velhos atomistas e pelos modernos partidários da filosofia corpuscular: extensão, dureza, impenetrabilidade, mobilidade. A estas Newton acrescenta — um acréscimo da maior importância — a inércia, no sentido novo da palavra" (p. 165).

Newton nos dá critérios para determinar se uma propriedade é ou não essencial à matéria. "As qualidades corporais que não admitem intensificação nem remissão de graus, e que se verificam dentro da nossa experiência, como pertencentes a todos os corpos, devem ser julgadas qualidades universais de todos e quaisquer corpos." (*Princípios, hipótese,* III, livro III, p. 18.)

Aqui estabelece-se uma controvérsia em relação a ser a atração mútua, propriedade essencial ou não da matéria. Koyré (1979) cita os *Princípios...* para mostrar Newton propondo que a gravitação universal, embora melhor fundamentada empiricamente do que a impenetrabilidade, poderia não ser uma propriedade essencial dos corpos, já que é uma medida que sofre alteração.

"Por fim, como se demonstra universalmente, por experiências e observações astronômicas, que todos os corpos que estão próximos da Terra gravitam em direção à Terra, segundo a quantidade da matéria que contêm; que da mesma forma a Lua, segundo a quantidade de sua matéria, gravita em direção à Terra; que, por outro lado, nosso mar gravita em direção à Lua; e que todos os planetas gravitam uns em direção aos outros; e que os cometas, igualmente, gravitam em direção ao Sol, devemos, em conseqüência desta regra, concluir que todos os corpos são dotados de um princípio de gravitação mútua. E esse argumento em favor da gravitação universal dos corpos, calcados nos fenômenos, será mais forte que o argumento pelo qual concluímos por sua impenetrabilidade, pois não temos nenhuma experiência, nem nenhuma observação que nos assegure que os corpos celestes sejam impenetráveis. Não que eu afirme que a gravidade seja essencial aos corpos; pela *vis insita* não entendo outra coisa senão sua inércia, que é imutável. A gravidade desses corpos diminui à medida que se afastam da Terra" (p. 167). Em relação a este aspecto Bréhier (1977b) comenta que "É então lícito e indispensável atribuir à matéria a atração, cujos coeficientes são os mesmos, segundo demonstrou Newton, quaisquer que sejam os corpos considerados." (...) "A atração é, portanto, para os newtonianos, propriedade incontestável da matéria, ainda que não se possa dar conta disso" (p. 14).

Outra análise de Newton sobre a matéria e sua forma de atração é a própria formulação da lei da gravitação universal. Ele não acreditava que a ação de um corpo sobre outro pudesse se dar a distância, ou seja, quanto mais distante um corpo do outro, menor a força de atração mútua exercida. Em relação, ainda, a este aspecto, as teorias newtonianas não colocam a que tipo de força, material ou não-material, os fenômenos gravitacionais estavam submetidos.

Já foi apontada uma diferença entre o pensamento de Newton e o de Descartes (a existência ou não de vácuo). Uma outra diferença importante reside na explicação a respeito do movimento do mundo. Para Descartes, a quantidade de movimento no mundo é constante devido ao deslocamento de corpos por entrechoques; para Newton, a quantidade de movimento não é constante, pela própria inércia e gravitação universal.

"E assim a natureza será muito conforme a si mesma e muito simples, efetuando todos os grandes movimentos dos corpos celestes pela atração da gravidade que intercede esses corpos, e quase todos os movimentos pequenos de suas partículas por alguns outros poderes atrativos e repulsivos que intercedem as partículas. A *vis inertiae* é um princípio passivo segundo o qual os corpos persistem em seu movimento ou repousam, recebem movimento em proporção à força que o imprime, e resistem tanto quanto eles são resistidos. Por este princípio isolado nunca poderia ter existido qualquer movimento no mundo. Algum outro princípio foi necessário para colocar os corpos em movimento; e agora que eles estão em movimento, algum outro princípio é necessário para conservar o movimento. Pois das várias composições de dois movimentos, é muito certo que não existe sempre a mesma quantidade de movimento no mundo" (...) "o movimento é muito mais apto a ser perdido do que apreendido, e está sempre pronto a degenerar" (*Óptica*, p. 53).

A maneira de Isaac Newton compreender o mundo só será entendida melhor se forem apreendidos os seus conceitos de tempo e de espaço absoluto. Escreve Newton no *Escólio dos Princípios Matemáticos:*

"Até aqui só me pareceu ter que explicar os termos menos conhecidos, mostrando em que sentido devem ser tomados na continuação deste livro. Deixei, portanto, de definir como conhecidíssimos de todos, o tempo, o espaço, o lugar e o movimento. Direi, contudo, apenas que o vulgo não concebe essas quantidades senão pela relação com as coisas sensíveis. É daí que nascem certos prejuízos, para cuja remoção convém distinguir as mesmas entre absolutas e relativas, verdadeiras e aparentes, matemáticas e vulgares.

I. O tempo absoluto, verdadeiro e matemático flui sempre igual por si mesmo e por sua natureza, sem relação com qualquer coisa externa, chamando-se com outro nome 'duração'; o tempo relativo, aparente e vulgar é certa medida sensível e externa de duração por meio do movimento (seja exata, seja desigual), a qual vulgarmente se usa em vez do tempo verdadeiro, como são a hora, o dia, o mês, o ano.

II. O espaço absoluto, por sua natureza, sem nenhuma relação com algo externo, permanece sempre semelhante e imóvel; o relativo é certa medida ou dimensão móvel desse espaço, a qual nossos sentidos definem por sua situação relativamente aos corpos, e que a plebe emprega em vez do espaço imóvel, como é a dimensão do espaço subterrâneo, aéreo ou celeste definida por sua situação relativamente à Terra. Na figura e na grandeza, o tempo absoluto e o relativo são a mesma coisa, mas não permanecem sempre numericamente o mesmo. Assim, por exemplo, se a terra se move, um espaço do nosso ar que permanece sempre o mesmo relativamente, e com respeito à terra, ora será uma parte do espaço absoluto no qual passa o ar, ora outra parte, e nesse sentido mudar-se-á sempre absolutamente.

III. O lugar é uma parte do espaço que um corpo ocupa, e, com relação ao espaço, é absoluto ou relativo. Digo uma parte do espaço, e não a situação do corpo ou a superfície ambiente. Com efeito, os lugares dos sólidos iguais são sempre iguais, mas as superfícies são quase sempre desiguais, por causa da dessemelhança das figuras; as situações, porém, não têm, propriamente falando, quantidade, sendo antes afecções dos lugares que os próprios lugares. O movimento do todo é o mesmo que a soma dos movimentos das partes, ou seja, a translação do todo que sai de seu lugar é a mesma que a soma da translação das partes que saem de seus lugares, e por isso o lugar do todo é o mesmo que a soma dos lugares das partes, sendo, por conseguinte, interno e achando-se no corpo todo.

IV. O movimento absoluto é a translação de um corpo e um lugar absoluto para outro absoluto, ao passo que o relativo é a translação de um lugar relativo para outro relativo" (*Princípios*, pp. 8 e 9).

O que se poderia extrair dessa introdução à discussão de tempo e de espaço absoluto, segundo análise que Koyré (1979) também faz, é o que se segue: o tempo e o espaço absolutos e matemáticos (poderiam ser chamados inteligíveis) são opostos do tempo e espaço do senso comum (sensíveis); o tempo e o espaço possuem sua própria natureza e, portanto, existirão independentemente do mundo exterior e material, e do movimento dos corpos; o espaço que se move em torno dos corpos é o espaço relativo (que se move no espaço absoluto junto com o corpo); a ordem das partes do tempo e do espaço são imutáveis.

Isso garante, pelo menos, a infinitude do universo newtoniano e corrobora suas explicações da mecânica celeste e sistema inercial.

Temos discutido a maneira de Newton entender o mundo e seu movimento, que sintetiza uma nova forma de compreender os fenômenos da natureza: o universo é infinito e pode ser conhecido quantitativamente; as leis são universais e, portanto, abarcam todos os fenômenos da natureza; as explicações devem ser causais e não finalistas.

O processo de produzir conhecimento de Newton — derivado e que deriva a sua maneira de compreender o mundo — aponta, segundo Bréhier (1977b), para uma outra diferença com Descartes: o método utilizado.

"Explicar um fenômeno é, para Descartes, imaginar a estrutura mecânica do qual é resultado. Tal modo de explicação expõe ao perigo de levar a muitas soluções possíveis, já que um mesmo resultado pode ser obtido com mecanismos muito diferentes. Newton declarou, iterativamente, que todas as 'hipóteses' cartesianas, isto é, as estruturas mecânicas imaginadas para dar razão a fenômenos, deviam ser evitadas na filosofia experimental. 'Non fingo hypotheses', isto é 'eu não invento nenhuma dessas causas', que, sem dúvida, podem dar conta dos fenômenos, mas que são somente verossímeis. Newton não admite outra causa senão a que pode ser 'deduzida dos próprios fenômenos'." (p. 13.)

Newton ilustra este aspecto ao se referir à causa da força da gravidade: "Mas até aqui não fui capaz de descobrir a causa dessas propriedades da gravidade a partir dos fenômenos, e não construo nenhuma hipótese; pois tudo que não é deduzido dos fenômenos deve ser chamado uma hipótese; e as hipóteses, quer metafísicas ou físicas, quer de qualidades ocultas ou mecânicas, não têm lugar na filosofia experimental. Nessa filosofia, as proposições particulares são inferidas dos fenômenos, e depois tornadas gerais pela indução. Assim foi que a impenetrabilidade, a mobilidade e a força impulsiva dos corpos, e as leis dos movimentos e da gravitação foram descobertas. E para nós é suficiente que a gravidade realmente exista, aja de acordo com as leis que explicamos e que sirva abundantemente para considerar todos os movimentos dos corpos celestiais e de nosso mar." (*Princípios, encólio geral,* p. 22.)

A maneira de Newton proceder para chegar às suas proposições, poderia ser assim resumida: partir de fenômenos observáveis sem interpor hipóteses a não ser as que podem ser derivadas diretamene dos dados. Ao lado disto, propõe um método de análise e síntese dos dados da seguinte forma: "Como na matemática, assim também na filosofia natural, a investigação de coisas difíceis pelo método de análise deve sempre preceder o método de composição. Esta análise consiste em fazer experimentos e observações, e em traçar conclusões gerais deles por indução, não se admitindo nenhuma objeção às conclusões, senão aquelas que são tomadas dos experimentos, ou certas outras verdades. Pois as hipóteses não devem ser levadas em conta em filosofia experimental. E apesar de que a argumentação de experimentos e observações por indução não seja nenhuma demonstração de conclusões gerais, ainda assim é a melhor maneira de argumentação que a natureza das coisas admite, e pode ser considerada mais forte dependendo da maior generalidade da indução. E se nenhuma exceção decorre dos fenômenos, geralmente a conclusão pode ser formulada. Mas se em qualquer tempo posterior, qualquer exceção decorrer dos experimentos, a conclusão pode então ser formulada com tais exceções que decorrem deles. Por essa maneira de análise podemos proceder de compostos a ingredientes, de movimentos às forças que os produzem; e, em geral, dos efeitos a suas causas, e de causas particulares a causas mais gerais, até que o argumento termine no mais geral. Este é o método de análise; e a síntese consiste em assumir as causas descobertas e estabelecidas como princípios, e por elas explicar os fenômenos que procedem delas, e provar as explicações." (*Óptica,* pp. 56 e 57.)

Este foi um modelo e um critério de ciência que perdurou por séculos: hipóteses deduzidas dos fenômenos; a observação como critério para a produção e aceitação do conhecimento; a possibilidade da quantificação dos fenômenos; a utilização da análise e síntese, através da indução, para explicar os eventos naturais.

Existiam, no entanto, alguns fenômenos que não conseguiam ser explicados pelas leis propostas por Newton. Por exemplo: a lei da gravitação explicava por que os planetas continuavam suas órbitas, mas não explicava a origem do sistema solar e de seu movimento.

(...) "nesses espaços, onde não existe ar para resistir a seus movimentos, todos os corpos se moverão com o máximo de liberdade; e os planetas e cometas prosseguirão constantemente suas revoluções em órbitas dadas em espécie e posição, de acordo com as leis acima explicadas; mas, apesar de tais corpos poderem, com efeito, continuar em suas órbitas pela simples lei da gravidade, todavia eles não podem de modo algum ter, em princípio, derivado dessa lei a posição regular das próprias órbitas.

Os seis planetas primários são revolucionados em torno do Sol em círculos concêntricos ao Sol, com movimentos dirigidos em direção às mesmas partes e quase no mesmo plano. Dez luas são revolucionadas em torno da Terra, Júpiter e Saturno, em círculos concêntricos a eles, com a mesma direção de movimento e quase nos planos das órbitas desses planetas; mas não se deve conceber que simples causas mecânicas poderiam dar origem a tantos movimentos regulares, desde que os cometas erram por todas as partes dos céus em órbitas bastante excêntricas; pois por essa espécie de movimento eles passam facilmente pelas órbitas dos planetas e com grande rapidez; e em seus apogeus, onde eles se movem com o mínimo de velocidade e são detidos o máximo de tempo, eles recuam às distâncias máximas entre si e sofrem, portanto, a perturbação mínima de suas atrações mútuas. Este magnífico sistema do Sol, planetas e cometas poderia somente proceder do conselho e domínio de um Ser inteligente e poderoso. E, se as estrelas fixas são os centros de outros sistemas similares, estes, sendo formados pelo mesmo conselho sábio, devem estar todos sujeitos ao domínio de Alguém; especialmente visto que a luz das estrelas fixas é da mesma natureza que a luz do Sol e que a luz passa de cada sistema para todos os outros sistemas: e para que os sistemas das estrelas fixas não caiam, devido a sua gravidade, uns sobre os outros, ele colocou esses sistemas a imensas distâncias entre si" (*Princípios,* Livro III, pp. 19 e 20).

Para explicar esse tipo de fenômeno, Newton necessitava de uma metafísica, já que a física, até então, não dava conta de compreendê-lo; interpunha, portanto, a noção de Deus e sua interferência no mundo físico.

Para Bréhier (1977b) "A mecânica de Newton liga-se a uma teologia. Seu Deus é um geômetra e um arquiteto que soube combinar os materiais do sistema de tal maneira que resultasse um estado de equilíbrio estável e um movimento contínuo e periódico" (p. 12).

Segundo Newton, Deus está na origem de todas as coisas: fez o universo, o homem e formou a matéria de que as coisas são compostas. (...) "parece provável para mim que Deus no começo formou a matéria em partículas movíveis, impenetráveis, duras, volumosas, sólidas, de tais formas e figuras, e com tais outras propriedades e em tal proporção ao espaço, e mais conduzidas ao fim para o qual ele as formou; e que estas partículas primitivas, sendo sólidas, são incomparavelmente mais duras do que quaisquer corpos porosos compostos delas; mesmo tão duras que nunca se consomem ou se quebram em pedaços; nenhum poder comum sendo capaz de dividir o que Deus, ele próprio, fez na primeira criação. Enquanto as partículas continuam inteiras, podem compor corpos de uma e mesma natureza e textura em todas as épocas; mas se elas se consumissem, ou se quebrassem em pedaços, a natureza das coisas dependentes delas seria mudada. A água e a terra, compostas de antigas partículas consumidas, não seriam da mesma natureza e textura, agora, da água e terra compostas de partículas inteiras no começo. E, portanto, aquela Natureza pode ser duradoura, as mudanças de coisas corpóreas devem ser colocadas somente nas várias separações e novas associações e movimentos dessas partículas permanentes; corpos compostos são suscetíveis de se quebrar, não no meio de partículas sólidas, mas onde aquelas partículas são juntadas, e se tocam em uns poucos pontos" (*Óptica,* p. 54/55).

Deus, além de ter criado todas as coisas, colocou-as também em ordem e em movimento. Uma vez em movimento, o mundo newtoniano permaneceria assim durante muito tempo, segundo leis próprias, mas não para sempre: depois de um longo período, pela resistência da fricção dos planetas no éter em que se movem, ocorreria um decréscimo na velocidade dos corpos celestes e estes perderiam a força; o mundo, portanto, não é uma máquina automotora cabendo a Deus corrigir as perturbações e recuperar o movimento perdido. "Ora, com a ajuda desses princípios, todas as coisas materiais parecem ter sido compostas das partículas duras e sólidas acima mencionadas, variadamente associadas na primeira criação pelo conselho de um agente inteligente. Pois convinha Àquele que as criou colocá-las em ordem. E se Ele assim fez, é não-filosófico procurar por qualquer outra origem do mundo, ou pretender que este deveria se originar a partir de um caos pelas leis da Natureza; apesar de que, uma vez sendo formado, ele pode continuar por essas leis durante muitas épocas. Pois, enquanto os cometas se movem em órbitas muito excêntricas em todos os modos de posições, um destino cego não poderia nunca fazer todos os planetas se moverem de uma e mesma maneira em órbitas concêntricas, algumas irregularidades inconsideráveis excetuadas, que podem ter se originado das ações mútuas dos cometas e planetas entre si e que estarão prontas a aumentar, até que esse sistema requeira uma reforma" (*Óptica,* pp. 55 e 56).

Para Newton, Deus criou todas as coisas uniformemente e está presente em todas elas e em qualquer lugar. A mancira como o mundo se apresenta é, portanto, vontade e escolha do Criador.

(...) "Tal maravilhosa uniformidade no sistema planetário deve ter permitido o efeito da escolha. E assim deve a uniformidade nos corpos dos animais, tendo eles geralmente um lado direito e um esquerdo formados de modo igual, e em ambos os lados de seus corpos duas pernas atrás, e dois braços, ou duas pernas, ou duas asas na frente sobre seus ombros, e entre seus ombros um pescoço que alcança uma espinha dorsal, e uma cabeça sobre ele; e na cabeça duas orelhas, dois olhos, um nariz, uma boca e uma língua, situados de maneira igual. Também a primeira invenção dessas partes muito artifíciais dos animais, os olhos, ouvidos, cérebro, músculos, coração, pulmões, barriga, glândulas, laringe, mãos, asas, bexigas natatórias, óculos naturais e outros órgãos dos sentidos e movimento; e o instinto das bestas e insetos não pode ser o efeito de nada além do que a sabedoria e habilidade de um agente sempre vivo, poderoso, que, estando em todos os lugares, é mais capaz por Sua vontade de mover os corpos em Seu sensório uniforme ilimitado, e desse modo formar e reformar as partes do Universo, do que nós somos capazes, por nossa vontade, de mover as partes de nossos próprios corpos. E ainda assim não devemos considerar o mundo como corpo de Deus, ou as várias partes dele como partes de Deus. Ele é um Ser uniforme, destituído de órgãos, membros ou partes; e eles são suas criaturas subordinadas a Ele, e subservientes a Sua vontade; e Ele não é mais a alma deles do que a alma do homem é a alma das espécies de coisas levadas através dos órgãos dos sentidos até o lugar de sua sensação, onde ele as percebe por meio de sua presença imediata, sem a intervenção de qualquer terceira coisa. Os órgãos dos sentidos não são para capacitar a alma a perceber as espécies de coisas em seu sensório, mas somente para conduzi-las para ali; e Deus não tem necessidade de tais órgãos, estando Ele presente em todos os lugares às próprias coisas. E desde que o espaço é divisível *in infinitum* e a matéria não está necessariamente em todos os lugares, pode-se também admitir que Deus é capaz de criar partículas de matéria de vários tamanhos e formas, e em várias proporções ao espaço e talvez de diferentes densidades e forças, e, desse modo, variar as leis da Natureza e fazer mundos de várias espécies em várias partes do Universo. Pelo menos, não vejo nada em contradição com tudo isto" (*Óptica,* p. 56).

Para introduzir a discussão da noção de Deus para Newton, foi colocada a necessidade de explicação de alguns fenômenos que as leis físicas não davam conta.

É interessante, porém, notar que o Deus newtoniano segue o mesmo raciocínio das explicações do mundo de Newton, confirmando Koyré (1979) que comenta: "O Deus de um filósofo e seu mundo sempre se correspondem" (p. 100). A título de exemplo poder-se-ia estabelecer algumas relações entre a noção de Deus e as explicações sobre o mundo de Newton.

A matéria atua sobre outra matéria, proporcionalmente a distância, ou seja, quanto mais longe um corpo do outro, menor a força de atração exercida, podendo não existir nenhuma; Deus, que atua sobre todas as coisas, está em toda parte e, portanto, a ação e percepção de cada uma delas se dá no próprio espaço em que se situam. Newton não explica, experimentalmente, a origem dos fenômenos que observa, analisa e matematiza; Deus é o Criador de tudo e, sendo assim, a origem fica dada sem interferir nas leis que são propostas para os eventos. Newton propõe leis universais; igualmente Deus cria uniformemente todas as coisas. As noções de tempo e espaço absoluto são necessárias para se ter medidas reais dos movimentos; para Newton (segundo Clarke em correspondência com Leibniz), Deus é Onipresente e Eterno, isto é, o espaço e o tempo ilimitado são conseqüências necessárias de Sua existência.

Partindo-se das idéias de Newton, o universo era, então completamente explicável.

"Ao fim do século, o triunfo de Newton era completo. O Deus newtoniano reinava, supremo, no vazio infinito do espaço absoluto, no qual a força da atração universal interligava os corpos estruturados atomicamente do universo incomensurável e os fazia moverem-se de acordo com rígidas leis matemáticas" (Koyré, 1979, p. 255).

REFERÊNCIAS BIBLIOGRÁFICAS

Bacon, F. Novum Organum. Em *Bacon.* São Paulo, Abril Cultural, 1973, col. Os Pensadores.

Banfi, A. *Galileu.* Lisboa, Edições 70, 1983.

Bernal, J. D. *Ciência na História.* Lisboa, Livros Horizonte, 1976 (a), vol. I.

———. *Ciência na História.* Lisboa, Livros Horizonte, 1976 (b), vol. II.

Beyssade, M. *Descartes.* Lisboa, Edições 70, 1983.

Bréhier, E. *História da Filosofia.* São Paulo, Mestre Jou, 1977 (a), tomo II, vol. I.

———. *História da Filosofia.* São Paulo, Mestre Jou, 1977 (b), tomo II, vol. II.

Chauí, M. Filosofia Moderna. Em Chauí, M. e outros. *Primeira Filosofia.* São Paulo, Brasiliense, 1984.

Descartes, R. Discurso do Método. Em *Descartes.* São Paulo, Abril Cultural, 1973, col. Os Pensadores.

———. As Paixões da Alma. Em *Descartes.* São Paulo, Abril Cultural, 1973, col. Os Pensadores.

———. Meditações. Em *Descartes.* São Paulo, Abril Cultural, 1973, col. Os Pensadores.

———. Objeções e Respostas. Em *Descartes.* São Paulo, Abril Cultural, 1973, col. Os Pensadores.

Desanti, J. T. Galileu e a Nova Concepção da Natureza. Em Châtelet, F. *A Filosofia do Mundo Novo.* Rio de Janeiro, Zahar, 1981.

Drake, S. *Galileu.* Lisboa, Publicação Dom Quixote, 1986.

Farrington, B. *Francis Bacon — Filósofo da Revolução Industrial.* Madri, Editorial Ayuso, 1971.

Galilei, G. O Ensaiador. Em *Galileu.* São Paulo, Abril Cultural, 1973, col. Os Pensadores.

———. *Duas Novas Ciências.* São Paulo, Nova Stella Editorial e Ched Editorial, sem data.

Hobbes, T. Leviatã ou matéria, forma e poder de um estado eclesiástico e civil. Em *Hobbes.* São Paulo, Abril Cultural, 1973, col. Os Pensadores.

Huberman, L. *História da riqueza do homem.* Rio de Janeiro, Zahar, 1979.

Koyré, A. *Considerações sobre Descartes.* Lisboa, Editorial Presença Ltda.

———. *Do mundo fechado ao universo infinito.* Rio de Janeiro, Ed. Forense Universitária, 1979.

———. *Estudos de História do pensamento científico.* Rio de Janeiro, Ed. Forense Universitária, 1982.

———. *Estudos Galilaicos,* Lisboa, Publicações Dom Quixote, 1986.

Locke, J. Ensaio acerca do entendimento humano. Em *Locke.* São Paulo, Abril Cultural, 1978, col. Os Pensadores.

———. Segundo Tratado sobre o governo. Em *Locke*. São Paulo, Abril Cultural, 1978, col. Os Pensadores.

Newton, I, Óptica. Em *Newton*. São Paulo, Abril Cultural, 1979, col. Os Pensadores.

———. Princípios matemáticos da filosofia natural. Em *Newton*. São Paulo, Abril Cultural, 1979, col. Os Pensadores.

Oliveira, C. A. B. *Considerações sobre a formação do capitalismo*. Dissertação de mestrado não publicada, apresentada ao Instituto de Filosofia e Ciência Humanas da UNICAMP, 1977.

Silva, L. S. Teoria do conhecimento. Em Chauí, M. e outros. *Primeira filosofia*. São Paulo, Brasiliense, 1984.

Vázquez, A. S. *Filosofia da Práxis*. Rio de Janeiro, Paz e Terra, 1977.

Vilar, P. A transição do feudalismo ao capitalismo. Em Santiago, T. (org.). *Capitalismo — Transição*. Rio de Janeiro, Livraria Eldorado Tijuca, 1975.

BIBLIOGRAFIA CONSULTADA

Abbagnano, N. *História da Filosofia*. Lisboa, Editorial Presença, 1978, vol. VII.

———. *História da Filosofia*. Lisboa, Editorial Presença, 1982, vol. VI.

Acton, H. B. "The Enlightenment" y sus adversarios. Em Belaval, Y. *Historia de la filosofia*. México, Siglo XXI, 2.ª ed., 1977, vol. 6.

Aquino, R. S. L. e outros. *História das Sociedades*. Rio de Janeiro, Ao Livro Técnico, 1981.

Duchesnau, F. John Locke, Em Châtelet, F. *História da Filosofia*. Lisboa, Publicações Dom Quixote, 1983, vol. 4.

Morton, A. L. *A História do Povo Inglês*. Rio de Janeiro, Civilização Brasileira, 1970.

Oliveira, J. C. e Albuquerque, R. H. P. L. Notas sobre a relação ciência, técnica e sociedade. *Ciência e Cultura*. 1980, 33(6).

PARTE IV

A HISTÓRIA E A CRÍTICA REDIMENSIONAM O CONHECIMENTO: O CAPITALISMO NOS SÉCULOS XVIII E XIX

CAPÍTULO 15

SÉCULOS XVIII E XIX: REVOLUÇÃO NA ECONOMIA E NA POLÍTICA

Duas grandes revoluções marcaram os séculos XVIII e XIX: uma delas, fundamentalmente econômica, a chamada Revolução Industrial, ocorrida inicialmente na Inglaterra, na segunda metade do século XVIII e mais tardiamente na Alemanha, na segunda metade do século XIX; a outra, fundamentalmente política, a chamada Revolução Francesa, ocorrida na segunda metade do século XVIII.

A Revolução Industrial significou um conjunto de transformações em diferentes aspectos da atividade econômica (indústria, agricultura, transportes, bancos etc.), que levou a uma afirmação do capitalismo como modo de produção dominante, com suas duas classes básicas: a burguesia, detentora dos meios de produção e concentrando grande quantidade de dinheiro; e o proletariado, que, desprovido dos meios de produção, vende a sua força de trabalho para subsistir. Significou, sobretudo, uma revolução no processo de trabalho, através da (. . .) "criação de um 'sistema fabril' mecanizado que por sua vez produz em quantidades tão grandes e a um custo tão rapidamente decrescente a ponto de não mais depender da demanda existente, mas de criar o seu próprio mercado (. . .)" (Hobsbawn, 1981, p. 48.)

Para entendermos a ocorrência da Revolução Industrial, é importante examinarmos as mudanças por que passou o processo produtivo, a partir do final da Idade Média. Entre os séculos XVI e XVIII a produção industrial, que até então se organizara na forma artesanal (artesãos independentes), passa por diferentes formas de organização: inicialmente o sistema doméstico, em que um intermediário entrega ao artesão a matéria-prima, que este, trabalhando em sua própria casa, geralmente com as próprias ferramentas, transforma em produto acabado, do qual o intermediário se apodera. Em seguida, o sistema de manufatura, em que os trabalhadores são reunidos sob um mesmo teto e participam, em conjunto e segundo um plano, da elaboração de um produto, do qual cada um produz apenas uma parte e que, portanto, só estará completo a partir do trabalho de vários indivíduos. Neste sistema, os trabalhadores não são mais donos dos instrumentos de produção: estes pertencem ao empresário capitalista que os emprega: também não são donos da matéria-prima com que trabalham e, conseqüentemente, não ficam com o produto de seu trabalho, que pertence ao capitalista; trabalham em troca de um salário. O capitalista retira seu ganho do fato de pagar ao trabalhador menos do que o valor dos objetos que este produz. O capitalista paga aos operários apenas o suficiente para assegurar a reprodução da força de trabalho, para que estes se mantenham vivos e possam continuar a vender a sua força de trabalho. O valor dos objetos produzidos pelos trabalhadores é sempre superior àquilo que eles recebem sob a forma de salário e o capitalista se apodera desta diferença, retirando, assim, o seu ganho da parte não paga do trabalho dos operários que emprega.

Se a manufatura significou um grande progresso em relação à produção artesanal, na medida em que, reunindo os trabalhadores sob um mesmo teto e impulsionando a divisão do trabalho, permitiu um grande aumento na produção de mercadorias, favorecendo a valorização do capital, por outro lado ela apresenta claras limitações, que entravavam a possibilidade de uma valorização ainda maior do capital.

Na manufatura, embora o trabalho fosse parcelado, o que dispensava a utilização de trabalhadores altamente qualificados, ainda era o operário, com a ferramenta, quem realizava o trabalho; assim, o processo produtivo dependia ainda da destreza, da habilidade dos operários, o que exigia trabalhadores razoavelmente qualificados; isto, por sua vez, impedia uma drástica redução do valor da força de trabalho. Além disso, na medida em que é o operário quem realiza o trabalho, este fica na dependência de sua capacidade física; desta forma, embora seja possível ao capitalista aumentar seus lucros intensificando o trabalho, aumentando a duração da jornada de trabalho, há um limite para esta possibilidade, dado pela capacidade física do trabalhador.

Uma forma de aumentar os ganhos do capitalista e que independe da capacidade física do trabalhador seria a introdução de instrumentos que tornassem o trabalho mais produtivo, isto é, que aumentassem a quantidade de bens produzidos numa mesma quantidade de tempo. E foi o que a Revolução Industrial fez: a especialização do trabalho, reduzindo-o a um conjunto de tarefas simples, possibilitou a introdução da máquina para realizar estas tarefas, em substituição ao braço do operário, com a ferramenta. Com a introdução da máquina (inicialmente a máquina a vapor), operou-se uma revolução no processo de trabalho, que se viu liberado das limitações impostas pela capacidade física do operário. A máquina possibilitou a substituição da força motriz humana por outras (ar, água, vapor etc.). Agora é a máquina e não o trabalhador, com a ferramenta, quem fabrica o produto, e o trabalho do operário limita-se ao de vigiar a máquina. Agora o capitalismo pode se desenvolver plenamente. Há um grande aumento da produtividade do trabalho e o sistema fabril (produção mecanizada) derruba, pela concorrência, as outras formas de produção (artesanal, doméstica e manufatura), uma vez que pode produzir bens com muito mais rapidez e a um preço muito mais baixo.

Com a mecanização da produção, a função do trabalhador fica limitada: se com a divisão do trabalho ele já perdera o controle do processo produtivo, com a introdução da máquina, ele perde o controle até do próprio ritmo do trabalho (uma vez que tem que seguir os movimentos da máquina) e da qualidade do produto.

Essa limitação da função do trabalhador leva a uma desqualificação do trabalho, o que permite a introdução, no processo produtivo, de mão-de-obra não qualificada, particularmente da mulher e da criança. Leva também à possibilidade de incorporação da mão-de-obra sem que esta passe por um aprendizado, ou, então, com reduzida aprendizagem. Isto tudo leva à redução do valor da força de trabalho e se constitui numa forma de aumentar os ganhos do capitalista. Além desta, outra forma de aumento dos ganhos, neste período, se deu com o aumento da exploração do trabalhador, através, por exemplo, do aumento da jornada de trabalho. Esta possibilidade surge a partir do fato de que a mecanização da indústria trouxe consigo uma grande disponibilidade de mão-de-obra, na medida em que desqualificou o trabalho (permitindo a incorporação, ao processo produtivo, de trabalhadores não-qualificados), na medida em que destruiu outras formas de organização da produção (fazendo com que milhares de artesãos independentes acorressem às fábricas em busca de trabalho) e, finalmente, na medida em que a máquina substituiu parte do trabalho do operário (reduzindo a quantidade de trabalhadores necessários).

Segundo Oliveira (1977) a partir da Revolução Industrial, são criadas, na própria esfera econômica da sociedade, formas de assegurar ao capital mão-de-obra abundante e barata, sem que seja necessária a criação de leis especiais para isto, como se deu no período manufatureiro.

Ainda de acordo com o mesmo autor, um último passo da Revolução Industrial é a produção de máquinas através de outras máquinas. As máquinas estavam sendo utilizadas em diferentes ramos da produção, para fabricar os mais diversos tipos de bens, mas eram ainda, elas mesmas, produzidas pelo sistema de manufatura. Isto exigia trabalhadores especializados, o que tornava o seu custo muito alto. Deu-se, então, o passo que faltava e as máquinas passaram a ser produzidas pelo sistema fabril.

Como conseqüência desse processo de transformação nas formas de organização da produção, o capital industrial se sobrepõe ao capital comercial, pois não depende mais da ação do comércio para expandir mercados; ele é capaz de criar seus próprios mercados. No período manufatureiro, a expansão da produção se dava em função da ampliação do mercado, subordinando-se o capital industrial ao capital comercial. Neste caso, (. . .) "é o desenvolvimento do capital mercantil que regula e imprime o ritmo de acumulação do capital manufatureiro. E isto é expressão da dominação do capital mercantil sobre o capital industrial, própria deste momento do processo de constituição do capitalismo." (Oliveira, 1977, p. 26.) Já no sistema fabril, o aumento da produção é tão grande e o custo tão mais baixo que a indústria não mais produz em resposta a exigências de um certo mercado: produz para um mercado indeterminado, que ela mesma cria. Um exemplo disto é fornecido por Hobsbawn (1981), segundo o qual a indústria automobilística do porte atual não foi criada em resposta à demanda de carros existente, mas, ao contrário, a sua capacidade de produzir carros a um baixo preço é que gerou a atual demanda em massa. "Nestas circunstâncias, o capital comercial assume posição subordinada, pois o capital produtivo não mais depende da ação do comércio para a expansão dos mercados necessários à sua produção. (. . .) Supera-se pois, a dependência do capital produtivo em relação ao capital comercial, própria do período manufatureiro." (Oliveira, 1977, p. 53.)

As transformações aqui tratadas influenciaram outras áeras da atividade econômica, conforme veremos a seguir.

A organização das atividades do campo, que teve importante papel no desenvolvimento da indústria moderna, foi, por outro lado, profundamente influenciada por esta. A indústria criou novos mercados para produtos agrícolas, forneceu ferramentas e energia para a agricultura. O capitalismo se estendeu ao campo, desenvolvendo uma agricultura de mercado (em lugar de agricultura de subsistência), preocupada em tornar a terra cada vez mais produtiva e em tirar dela lucros cada vez maiores, determinando, assim, o fim do regime feudal de exploração da terra.

Outro aspecto da atividade econômica que passou por grandes alterações foi o dos transportes e das comunicações. O aumento das trocas entre cidade e campo, a grande quantidade de bens produzidos e que precisavam ser escoados, seja para diferentes partes de um país, seja para pontos longínquos, levaram à construção de estradas, tanto de ferro quanto de rodagem, à abertura de canais, ao desenvolvimento da navegação a vapor, o que ampliou o mercado interno e tornou mais acessível o mercado mundial. Segundo Bernal (1976b), informações sobre preços de mercadorias e ações, ou sobre qualquer acontecimento que pudesse estar a eles relacionados, tinham grande valor monetário, o que trouxe a exigência do desenvolvimento também das comunicações.

Um outro aspecto da atividade econômica que foi influenciado pelas transformações por que passou a organização da produção industrial foi a disposição espacial das indústrias. Uma característica da indústria moderna era a sua localização em regiões determinadas. Enquanto a indústria artesanal espalhava-se por todo o país, a indústria mecanizada concentrava-se em certas regiões, em função da disponibilidade de matéria-prima e fontes de energia.

Se o século XVIII presenciou o surgimento da indústria mecanizada, no século XIX os seus efeitos eram já abundantes: grande transformação na vida de muitos milhões de pessoas, aumento populacional rápido, crescimento de novas cidades, grande avanço da produção, desenvolvimento de novos meios de transporte e de comunicação, surgimento de enorme quantidade de assalariados, grandes capitais acumulados e, por outro lado, grande miséria, sem qualquer proteção social. A proibição de sindicatos, do direito de greve, deixava os operários à mercê dos patrões, sujeitos às piores condições tanto de trabalho como de vida: baixos salários, inúmeras multas (por problema de pontualidade, por desatenção, por defeitos nos produtos etc.), ameaças de demissão, número excessivo de horas de trabalho, pagamento em gêneros, desemprego, empregos casuais ou temporários, além de ausência de proteção à saúde e alta freqüência de acidentes, que geravam baixíssima expectativa de vida.

Do ponto de vista político, os séculos XVIII e XIX trouxeram a destruição das relações sociais feudais. (...) "Toda a iniciativa econômica e política passou para as mãos da nova classe de *empresários* capitalistas (...)". Houve uma (...) "transferência do poder das mãos da nobreza para as mãos do poder econômico (...)". (Bernal, 1976b, pp. 554 e 555.)

Enquanto a burguesia, em alguns países da Europa, já bem antes desse período vinha se tornando economicamente forte e era quem fornecia os recursos financeiros que mantinham as monarquias absolutas, ela não tinha ainda, antes desse período, o poder político em suas mãos.

A ordem feudal perdurava e a burguesia tinha interesses bastante divergentes daqueles do Antigo Regime. O descontentamento da burguesia com o Antigo Regime se situava tanto no aspecto econômico quanto no aspecto político-ideológico.

Do ponto de vista econômico, a burguesia se colocava contrária ao mercantilismo, que compreendia uma série de medidas adotadas pelo Estado (baseadas em um conjunto de teorias econômicas) para conseguir riqueza e poder, para manter no país o ouro e a prata nele existentes ou para aumentar sua reserva desses metais. Essas medidas incluíam, por exemplo, restrições à importação, tarifas protetoras para favorecer indústrias do próprio país, monopólio do comércio com as colônias, restrições quanto ao que fabricar, quanto ao material utilizado e quanto ao tipo de ferramenta a ser empregada, taxas para a comercialização externa dos produtos e para o trânsito interno dos mesmos. Esta intervenção do Estado na economia limitava as atividades da burguesia, que passou a lutar contra a política mercantilista, a favor do *laissez-faire, laissez-passer,* concepção segundo a qual a economia deve se desenvolver de acordo com leis naturais, sem intervenção do Estado. Segundo os adeptos desta concepção, o livre comércio e a livre concorrência favoreceriam tanto produtores quanto consumidores, estes últimos na medida em que a concorrência obrigaria os primeiros a baixarem preços e melhorarem a qualidade dos produtos.

Do ponto de vista político-ideológico, a burguesia se colocava contra o absolutismo (que, embora mantido fundamentalmente por ela, representava, de fato, os interesses da nobreza), a favor de um governo liberal de base burguesa, isto é, de um governo cujas decisões estivessem fundamentalmente nas mãos de representantes desta classe.

Através de uma série de revoluções liberais, a burguesia tomou o poder político, da mesma forma que através da Revolução Industrial, tomou o poder econômico.

Como vimos anteriormente, como conseqüência da Revolução Industrial, o período aqui tratado, se por um lado tornou os ricos cada vez mais ricos, tornou, por outro lado, os pobres cada vez mais pobres, em condições de vida extremamente precárias: moradias superlotadas, escuras, insalubres, jornadas de trabalho de até dezesseis horas diárias, condições alarmantes de trabalho, crianças fora da escola, trabalhando longos períodos, em péssimas condições. "Se um marciano tivesse caído naquela ocupada ilha da Inglaterra teria considerado loucos todos os habitantes da Terra. Pois teria visto de um lado a grande massa do povo trabalhando duramente, voltando à noite para os miseráveis e doentios buracos onde moravam, que não serviam nem para porcos; de outro lado, algumas pessoas que nunca sujaram as mãos com o trabalho, mas não obstante faziam as leis que governavam as massas e viviam como reis, cada qual num palácio individual." (Huberman, 1979, p. 188.)

Começaram, então, a surgir — nesse período — diferentes formas de reação dos trabalhadores a essas condições: destruição de máquinas por parte dos mesmos, que viam nelas as responsáveis por sua penúria; petições por aumento de salário; lutas pela diminuição da jornada de trabalho; lutas pelo direito de voto para a escolha de legisladores; organização de trabalhadores e formação de sindicatos para a defesa de seus interesses (o que foi favorecido pela concentração de muitos trabalhadores nas grandes cidades.)

Essas reações dos trabalhadores evidenciam um antagonismo entre seus interesses e os da burguesia. E, de fato, na primeira metade do século XIX, os conflitos já não mais se dão, fundamentalmente, entre a burguesia (aliada ao povo) e a nobreza, como nos dois séculos anteriores, mas sim entre a burguesia e o proletariado (aliado à pequena burguesia). Os proletários passam a representar as forças de transformação e a burguesia, as forças de conservação. Surge o socialismo, enquanto teoria, pregando alterações na sociedade, de forma a beneficiar a maioria da população, os mais pobres, isto é, os proletários.

As transformações por que passou a organização social, das quais aqui tratamos, deram-se inicialmente na Inglaterra e na França. Segundo Hobsbawm (1981), entre os séculos XII e a primeira metade do século XIX, grande parte do mundo transformou-se, a partir de uma base européia, ou, mais precisamente, de uma base franco-britânica.

Essas transformações significaram (...) "o triunfo não da 'indústria' como tal, mas da indústria *capitalista*; não da liberdade e da igualdade em geral, mas da *classe média* ou da sociedade 'burguesa' liberal; não da 'economia moderna' ou do 'Estado Moderno' mas das economias e Estados em uma determinada região geográfica do mundo (parte da Europa e alguns trechos da América do Norte), cujo centro eram os Estados rivais e vizinhos da Grã-Bretanha e França." (...) "Ante os negociantes, as máquinas a vapor, os navios e os canhões do Ocidente — e ante suas idéias — as velhas civilizações e impérios do mundo capitularam e ruíram." (...) "Por volta de 1848, nada impedia o avanço da conquista ocidental sobre qualquer território que os governos ou os homens de negócios ocidentais achassem vantajoso ocupar, como nada a não ser o tempo se colocava ante o projeto da iniciativa capitalista ocidental." (Hobsbawn, 1981, pp. 17 e 19.) Na seqüência do texto, abordaremos as duas "versões" da revolução econômica a que se deu o nome de Revolução Industrial: a inglesa e a alemã; abordaremos também a grande revolução política ocorrida na França em fins do século XVIII. Em seguida, analisaremos algumas características do pensamento produzido nos séculos XVIII e primeira metade do XIX, séculos que se marcaram por essas revoluções que tiveram conseqüências para muito além das fronteiras dos países em que se deram; séculos que produziram idéias, cuja influência sobre pensadores subsequentes, desde então até nossos dias, pode ser claramente notada.

INGLATERRA: A REVOLUÇÃO ECONÔMICA

A Revolução Industrial ocorreu nos séculos XVIII e XIX, primeiramente na Inglaterra e depois em outros países. Este processo significou, segundo a análise feita pelo historiador Hobsbawn (1981), uma revolução econômica, em que (...) "pela primeira vez na história da humanidade, foram retirados os grilhões do poder produtivo das sociedades humanas, que daí em diante se tornaram capazes da multiplicação rápida, constante, e até o presente ilimitada, de homens, mercadorias e serviços (...)" (p. 44). O fato de este processo ter sido desencadeado na Inglaterra não foi casual. O país veio acumulando, durante séculos, se bem que de maneira não intencional, as condições necessárias para que lá ocorresse um dos mais importantes acontecimentos da história da humanidade. A ordem em que se estará comentando estas condições a seguir não significa prioridade de qualquer delas sobre as outras; a relação entre elas é que permite clarificar o processo de desencadeamento da revolução industrial inglesa.

A primeira dessas condições diz respeito ao fato da Inglaterra não ter tido competidores significativos, apesar de já haver industrialização em outras regiões européias a esta altura do processo. O país já havia desenvolvido, antes de 1780, uma indústria manufatureira forte — a têxtil — que viria a ser fundamental para sua subseqüente industrialização fabril. A exportação da lã, produto da indústria manufatureira, cresceu muito no início do século XVIII, mas apesar desse avanço o progresso decisivo foi obra da indústria de algodão, impulsionada pela proibição da importação de produtos indianos deste material, que tinham grande aceitação no mercado. A indústria nascente do algodão sofreu grandes pressões dos lanifícios, mas foi justamente esse contexto competitivo no qual surgiu, de acordo com Morton (1970), o responsável pela necessidade que teve de se estruturar em bases capitalistas. (. . .) "Exatamente por ter sido artificialmente implantada, depender de matéria-prima importada e ter sido forçada a ser adaptável e estar pronta a adotar métodos para neutralizar ataques e superar dificuldades técnicas — é que a nova indústria se desenvolveu em bases capitalistas e foi a primeira a se beneficiar das invenções do fim do século XVIII" (p. 294.).

A segunda condição se refere ao fato de que, no século XVIII, a Inglaterra já havia realizado o que se poderia chamar da revolução política da burguesia, ocorrida no século XVII, que construiu um Estado político e jurídico adequado a suas necessidades, cujos objetivos eram o desenvolvimento econômico e o lucro privado.

Essa revolução política teve, por sua vez, determinantes econômicos, que se constituem nas transformações pelas quais a Inglaterra passou durante o período de transição do feudalismo ao capitalismo. Estas transformações econômicas foram gerando a necessidade de mudanças políticas, isto é, a expansão do capital mercantil foi se tornando incompatível com os limites impostos pela estrutura ainda feudal da sociedade. Esse processo, que contrapunha camadas e interesses diversos dentro da sociedade, tornou-se mais agudo em meados do século XVII, desencadeando a Revolução Inglesa, que abrangeu a Revolução Puritana (1640-1649) e um segundo processo revolucionário considerado como seu complemento — a Revolução Gloriosa de 1688.

No processo revolucionário foi desencadeada uma guerra civil (1642), que contrapôs duas forças. A primeira, leal ao Parlamento inglês,[1] mais precisamente, leal àqueles que, na instituição, procuravam limitar os poderes reais — principalmente quanto à adoção de políticas mercantilistas e fiscais, consideradas restritivas ou arbitrárias — e era composta de proprietários rurais, comerciantes ricos, pequena nobreza, além de pequenos fazendeiros, negociantes e artesãos das cidades do interior. Segundo Morton (1970). (...) "O Parlamento era forte nas cidades e no Leste e Sul, regiões ricas e economicamente mais desenvolvidas do país. Tinha também o apoio da Marinha e controlava quase todos os portos de mar e, conseqüentemente, o comércio exterior, (...)" (p. 203). Os elementos que compunham essa primeira força eram liderados por Oliver Cromwell, membro da pequena nobreza e do Parlamento. O outro lado envolvido no conflito era composto pelas forças leais ao rei Carlos I, representando regiões mais pobres do norte e do oeste, católicos e grandes nobres semifeudais. Ainda segundo Morton (1970), apesar de haver exceções, (...) "quer olhemos a divisão por classe ou por área geográfica o resultado é o mesmo: um conflito entre as classes e áreas avançadas, usando o Parlamento como instrumento, e as mais conservadoras, unidas em torno da Coroa (...)". (p. 203). Essa guerra civil revestiu-se de caráter religioso, tanto porque envolvia opções religiosas além de políticas, como pelo fato do rei defender suas prerrogativas de monarquia de direito divino.

As forças do Parlamento obtiveram vitória em 1649, executaram o rei Carlos I, iniciando-se um período de governo de Cromwell, com o título de lorde protetor. Durante este período de governo, posições mais radicalmente democráticas, defendidas por antigos aliados, foram enfraquecidas e não se permitiu que estes tivessem voz no governo. Com a morte de Cromwell em 1658, houve um retrocesso no processo revolucionário, ocorrendo a restauração da monarquia com Carlos II, que foi sucedido por Jaime II. Estes governaram com oposição de uma parte do Parlamento, dando continuidade à luta entre posições mais realistas, de maior poder ao rei, como as dos *tories* (grupo composto por grandes proprietários, que viam na restauração da

[1] Instituição criada no século XVIII, objetivando limitar o poder monárquico e que no século XIV dividiu-se em Câmara dos Lordes, que reunia representantes dos grandes senhores feudais, tanto leigos como eclesiásticos — e Câmara dos Comuns, que reunia representantes da pequena nobreza e burguesia.

monarquia uma forma de obter e preservar poder) e posições contrárias a esta, como a dos *whigs* (grupo formado por comerciantes e representantes do capitalismo financeiro em ascensão, coligados com magnatas da aristocracia rural que mantinham relações estreitas com o comércio).

Apesar da oposição entre os interesses dos dois grupos, eles se uniram contra o rei quando este, por volta de 1687, começou a romper com a Igreja Anglicana tendo em vista restabelecer o catolicismo. Iniciou-se, então, novo processo revolucionário, a "Revolução Gloriosa" de 1688, que (...) "salvo curtos intervalos, pôs nas mãos dos *whigs* o controle do aparelho central do Estado por todo o século seguinte (...)" (Morton, 1970, p. 249.) Isto ocorreu porque, como resultado do processo revolucionário, o Parlamento inglês passou a deter o poder de fato do Estado, este, agora, sob a monarquia de Guilherme de Orange e Maria. Esta revolução representou, portanto, o triunfo dos comerciantes e da burguesia capitalista tanto do campo como da cidade e atendeu a seus interesses.

Além dessas transformações políticas, a Inglaterra promovia, no plano econômico, o desenvolvimento do modo de produção capitalista. A terceira condição para a Revolução Industrial ter ocorrido nesse país, foi o fato de ele possuir tanto capital como mercado. A Inglaterra, em meados do século XVIII, possuía um considerável montante de capital acumulado através do comércio (envolvendo pirataria, saque, exploração em diferentes níveis) passível de ser transferido para a indústria (por exemplo, a indústria têxtil).

Além disso, possuía amplo mercado interno — unificado e institucionalizado de forma burguesa através do processo revolucionário pelo qual passara — e externo, uma vez que era, também, potência comercial e colonial internacional. Estes fatos deram ao país uma enorme possibilidade de desenvolvimento industrial.

A quarta condição a ser comentada, diz respeito ao fato de existir nas cidades inglesas uma vasta força de trabalho disponível para a indústria. Existia (...) "uma numerosa e nascente classe trabalhadora, uma ampla força de trabalho utilizável pelo capital em condições sub-humanas: 16 horas diárias de trabalho, menores de idade, ausência de toda a proteção social... (...)" (Cocho, 1980, p. 7). Esta mão-de-obra, dissociada dos meios de produção — da terra e dos instrumentos de trabalho, cresceu em função do aumento demográfico, pela eliminação das corporações de ofício, das manufaturas e pelo êxodo rural ocasionado pelos movimentos de cercamento ocorridos por volta dos séculos XVI e XVIII.

Esses movimentos de cercamento de terras, que tanto contribuíram para a formação da classe trabalhadora inglesa, foram conseqüência de um processo de transformação ocorrido no campo e que teve início durante o período de desagregação do modo de produção feudal, que acabou com o cultivo comunal da época, tendo em vista transformar terras de cultivo em campos de pastagem. Esse primeiro movimento de cercamento ocorrido no século XVI, bem como o aumento do preço dos arrendamentos pagos pela terra, expulsou camponeses e arrendatários do campo, pauperizando-os e tornando-os parte de uma classe trabalhadora sem vínculos com a terra e sem meios de subsistência que não a sua própria força de trabalho.

O processo teve continuidade no século XVIII, com um novo movimento para o cercamento de terras, agora objetivando transformar os campos em (...) "vastas e compactas fazendas, onde o novo e mais científico sistema agropastoril podia ser posto em prática em bases lucrativas (...)" (Morton, 1970, p. 284.) O novo movimento foi mais amplo e, diferentemente do primeiro, foi realizado com proteção da lei, impedindo a reação daqueles que se viam privados de seus meios de sobrevivência.

Este processo de transformação da realidade rural inglesa constituiu-se em parte da chamada revolução agrícola, que envolveu um conjunto de modificações, como a mudança na forma de exploração da terra, a transformação dos processos de cultivo agrícola e de criação de gado — tornando-os mais efetivos, levando a um melhor aproveitamento da terra e do próprio gado e a um grande aumento da produção para o mercado consumidor — e a maquinização da agricultura (que se difundiu mais lentamente do que na indústria). Esse conjunto de modificações foi levando a agricultura de atividade de sobrevivência a indústria capitalista.

No final do século XVIII, a agricultura já estava preparada, de acordo com Hobsbawn (1981), para exercer algumas funções primordiais em um período de industrialização, como aumentar a produção e a produtividade, de modo a alimentar a parte da população envolvida em atividades industriais, fornecer um grande excedente populacional para as cidades e atividades não agrícolas, além de se constituir, ela mesma, num mecanismo para acúmulo de capital a ser usado na indústria.

Além do fato de não ter encontrado competidores à altura, possuir capital acumulado, grande mercado interno e externo — unificado e controlado por interesses burgueses — e mão-de-obra abundante, disponível e barata nas cidades, uma quinta condição para a

Revolução Industrial refere-se ao fato da Inglaterra contar com abundância de matéria-prima. (...) "Com a criação da indústria têxtil — (empregando inicialmente como fonte energética a hidráulica e posteriormente a máquina a vapor) há o impulso da indústria siderúrgica, para a qual se contará com grande abundância de carvão de coque, matéria-prima inexistente na época, em quantidades análogas à Inglaterra, no resto do continente europeu (...)" (Cocho, 1980, p. 6.)

Desde o final do século XVI, a mineração do carvão havia sido grandemente expandida no país, já que com o crescimento das cidades, havia necessidade desse tipo de carvão para uso doméstico, devido à relativa escassez de florestas na Inglaterra.

Por outro lado, essa escassez passou a dificultar a fundição de ferro, que era essencial para as atividades industriais. Esse fato levou a que, em meados do século XVIII, fossem retomadas as tentativas de utilização do coque, mas agora como um empreendimento comercial. Foram instaladas usinas contando com inúmeros aperfeiçoamentos.

O carvão de pedra foi essencial para o trabalho com minérios, para a fundição do ferro, para o desenvolvimento da metalurgia, sem a qual não poderia ter havido a maquinaria exigida pela indústria, particularmente a máquina a vapor.

Já no século XIX, segundo Hobsbawn (1981), o carvão era a principal fonte de energia industrial, sendo a Grã-Bretanha a produtora de cerca de 90% da produção mundial.

A extração do carvão, uma vez que ele não se encontrava uniformemente distribuído pelo país, levou, entre outros fatores, a um desenvolvimento no sistema de transportes, no século XVIII, na forma de construção de canais. Esse desenvolvimento permitiu o transporte de carvão e de outras matérias-primas para a indústria, abrindo ao comércio regiões até então obrigadas a ter atividades de subsistência. No início do século XIX, também as estradas de rodagem foram desenvolvidas e aperfeiçoadas através de melhorias técnicas na sua construção.

O fato de contar com um sistema de transportes e comunicação desenvolvido para os padrões da época constituiu-se na sexta condição para a eclosão da Revolução Industrial na Inglaterra. Esta contou, também, com uma invenção básica, que foi a ferrovia, revolucionando os transportes, abrindo para o mercado mundial regiões até então isoladas, desenvolvendo de forma surpreendente, o transporte e a comunicação.

O surgimento da ferrovia foi particularmente importante devido ao fato de que sua imensa necessidade de (. . .) "ferro e aço, carvão, maquinaria pesada, mão-de-obra e investimentos de capital (. . .) propiciava justamente a demanda maciça que se fazia necessária para as indústrias de bens de capital se transformarem tão profundamente quanto a indústria algodoeira (. . .)" (Hobsbawm, 1981, p. 62.)

As condições comentadas levaram a uma tal configuração da realidade da Inglaterra que provocou que aí ocorresse o desencadeamento da Revolução Industrial. Mas, o fato de se descrever um início não significa que houve também um fim, constituindo-se num fenômeno acabado.Pelo contrário este é um processo histórico, que ainda prossegue.

FRANÇA: A REVOLUÇÃO POLÍTICA

A Revolução Francesa é, inegavelmente, o maior acontecimento político do período. Ela não só marcou profundamente a configuração geral da França, dos séculos XVIII e XIX, como também a de toda a Europa do mesmo período; além disso, suas conseqüências chegam até nossos dias.

O historiador Eric J. Hobsbawm (1981) levanta três fatores para sustentar sua conclusão de que a Revolução Francesa pode não ter sido um fenômeno único, mas com certeza foi um fenômeno muito mais fundamental que outros do período, e com conseqüências muito mais profundas. O primeiro fator se refere ao fato da Revolução ter ocorrido no mais populoso e poderoso Estado da Europa (excetuando-se a Rússia); o segundo diz respeito a ter sido efetivamente uma revolução "social" de massa, diferentemente das revoluções que a precederam e a seguiram, e muito mais radical do que qualquer uma delas; o terceiro fator é a qualidade que o autor lhe confere de ecumênica, pois somente seus exércitos se propuseram, dentre todas as revoluções contemporâneas, a revolucionar o mundo.

"A Revolução Francesa é assim 'a' revolução de seu tempo, e não apenas uma, embora a mais proeminente do seu tipo. E suas origens devem, portanto, ser procuradas não meramente em condições gerais da Europa, mas sim na situação específica da França. (. . .)" Porém, para a compreensão de por que e quando a revolução eclodiu e por que tomou o curso que tomou, (. . .) "é mais útil considerarmos a chamada 'reação feudal' que realmente forneceu a centelha que fez explodir o barril de pólvora da França." (Hobsbawn, 1981, pp. 73-74.)

À época da Revolução Francesa, que se iniciou em 1789, o país era governado por uma monarquia absolutista, a mais poderosa e autocrática da Europa, tendo como monarca Luís XVI. Essa monarquia lutava por uma organização das instituições, que não tinham a menor uniformidade, não permitindo uma padronização administrativa e limitando a ação da própria monarquia. Nessa época, a França era basicamente agrária e feudal, sendo que cerca de 80% de sua população eram camponeses. Apesar das modificações ocorridas na realidade dos séculos anteriores, ainda se mantinham restos de feudalismo, que funcionavam para manter os privilégios da nobreza e o poder da monarquia. Assim sendo, apesar dos camponeses em geral serem livres e proprietários de terras, esse fato não lhes garantia a sobrevivência. As terras eram cultivadas através de técnicas ainda muito atrasadas, e nas relações sociais de produção continuavam presentes vínculos feudais, que permitiam à nobreza e ao clero subsistir às custas dos camponeses (como também de outras camadas não nobres da população). Estes trabalhavam na terra e eram extremamente sobrecarregados por numerosas taxas que pagavam ao Estado (impostos), à Igreja (dízimos) e aos nobres (taxas feudais que ainda persistiam). A maior parte de seus ganhos era gasta dessa forma e os camponeses viviam constantemente insatisfeitos com sua precária situação.

Esse sistema desigual de poder e privilégios era conseqüência de uma forma ainda medieval de organização da sociedade francesa em ordens ou Estados, (. . .) "juridicamente desiguais entre si, possuindo cada ordem uma condição e estatuto particular (. . .)", permitindo a conclusão de que (. . . "muito embora a Idade Média estivesse morta, o feudalismo continuava vivo" (Florenzano, 1982, p. 17). Ainda segundo este autor, tal feudalismo não se incompatibilizava com o aparecimento de uma economia e burguesia mercantis, com capital comercial, pelo menos enquanto não levasse a uma desagregação das relações agrárias tradicionais. Portanto, a estrutura era tal que havia o desenvolvimento de uma economia mercantil e de uma burguesia urbana, ambos absorvidos e integrados pela monarquia absolutista. O autor complementa que toda riqueza obtida através da manufatura e do comércio, beneficiava tanto a burguesia como a monarquia, integradas através da teoria do mercantilismo.

A divisão da sociedade francesa em ordens ou estados dava-se de forma que o primeiro e segundo estados eram compostos, respectivamente, pela nobreza e o clero (aproximadamente 3% da população). Segundo Florenzano (1982) antes da revolução a aristocracia e os nobres em geral formavam castas fechadas e hereditárias, cuidadosas de sua condição e também impedidas de exercerem funções não condizentes com elas, como atividades mercantis e industriais. Eram isentas de impostos e taxas. Viviam de cargos no Estado, rendas, ou das terras, através de direitos senhoriais e feudais. Aos poucos, foram tomando conta de todas as funções e cargos do governo, sendo que ao longo do século XVIII monopolizavam todo o aparelho do Estado, da Igreja e do Exército.

O terceiro estado era formado, além dos camponeses, pelas outras camadas sociais, que trabalhavam, pagavam impostos e, em geral, não usufruíam de privilégios: a burguesia e os *sans culottes*. A burguesia era a camada melhor situada dentre as outras do terceiro estado, pois suas atividades mercantis e industriais traziam-lhe riqueza. Os *sans culottes* eram constituídos pelo proletariado urbano, que além de artesãos e assalariados contavam também com desempregados, marginais etc. Estes estavam constantemente em situação de pauperização e era freqüente revoltarem-se contra ela.

A segunda metade do século XVIII assistiu, na França, ao desenvolvimento de fatores que levariam a uma crise geral que iria se confrontar com a estrutura quase feudal. No plano econômico houve um importante progresso, tanto no setor manufatureiro, como no comercial, principalmente no comércio exterior (inclusive colonial). Controlando os recursos desses setores, a burguesia foi se tornando a mais importante categoria econômica francesa.

O mesmo fenômeno não se dava com a aristocracia que, apesar de contar com a isenção de impostos, gastava muito e sua condição nobre a impedia de exercer atividades ligadas à indústria e ao comércio. Para manter os altos gastos que a sua condição exigia necessitava cada vez mais aumentar o nível de exploração dos camponeses e reter firmemente seus privilégios, como tomar conta de todos os cargos possíveis dentro da administração do Estado. As alterações econômicas pelas quais a França passava contrapunham, portanto, aristocracia e burguesia e (. . .) "o mesmo processo que levava a burguesia a aumentar sua pressão sobre o Estado para que este abrisse as portas aos cargos públicos, fazia a aristocracia atuar em sentido inverso, exigindo seu fechamento (. . .)" (Florenzano, 1982, p. 21). Ainda em termos econômicos, a monarquia enfrentava grave crise financeira, ocasionada tanto pela manutenção de uma vida suntuosa como pelos gastos excessivos com a guerra (a França aliara-se aos

Estados Unidos em sua luta pela independência em relação à Inglaterra).

No plano político a situação da burguesia não acompanhava sua ascensão econômica: por mais rica que fosse não gozava de privilégios políticos próprios à aristocracia. Esta camada, por sua vez, também desejava estender seu poder dentro do Estado absolutista. De acordo com Florenzano (1982), a aristocracia desde a morte de Luís XIV (1715) vinha paulatinamente reativando velhos tribunais que podiam enfraquecer o poder real. Ainda no plano político havia problemas entre a burguesia e a monarquia, já que esta não conseguia atender a burguesia, que exigia reformas em direção à liberdade de comércio e produção. De acordo com Florenzano (1982), também a política exterior adotada trazia problemas, pois ela se destinava a atender objetivos bélicos da nobreza e à expansão territorial francesa, não visando o desenvolvimento capitalista.

A monarquia recebia, portanto, ataques tanto da burguesia como da aristocracia, apesar de, em última instância, defender interesses aristocráticos. Quando o rei necessitou realizar reformas fiscais que lhe permitissem fazer frente à crise econômica pela qual passava o Estado, desencadeou-se uma reação aristocrática. Os nobres, dominando as instâncias de decisão, impediam essas reformas a eles desfavoráveis, pois tocavam em algumas de suas prerrogativas fiscais. Pressionavam pela extensão de seus próprios privilégios em troca de concordância. Na análise de Florenzano (1982) a nobreza (. . .) "não conseguiu jamais perceber que o despojamento, inclusive pela força, de suas prerrogativas políticas pessoais eram uma condição para o salvamento dos interesses coletivos de sua classe. Esta inconsciência histórica da nobreza francesa (. . .) é que explica seu passo em falso na segunda metade do século XVIII, isto é, sua revolta contra o absolutismo (. . .)" (p. 31).

A crise também ocorreu no plano social, que não havia se alterado de acordo com a mudança pela qual a realidade passava. A burguesia forçava cada vez mais sua ascensão numa sociedade dominada pelos valores de um nascimento nobre e se entusiasmava com as idéias iluministas, que eram expressão exatamente dos interesses burgueses.

Essas idéias também desempenharam seu papel no desencadeamento da Revolução Francesa. Hobsbawn (1981) salienta que um surpreendente consenso de idéias gerais — as do liberalismo clássico — entre um grupo social bastante coerente — a burguesia — deu uma unidade efetiva ao movimento revolucionário. A pressão da aristocracia tornou-se cada vez mais efetiva: a "Assembléia de Notáveis" (cujos membros eram escolhidos pelo rei), convocada em 1787 para aprovar as medidas reais, não as aprovou. A aristocracia exigiu, então, a convocação dos Estados Gerais do reino, uma velha assembléia feudal que não se reunia havia muito tempo.

O início da Revolução se caracterizou com uma (. . .) "tentativa aristocrática de capturar o Estado (. . .)" (Hobsbawn, 1981, p. 76), tentativa esta, ainda segundo este autor, mal calculada por duas razões: subestimou as intenções próprias do terceiro estado, que também estava representado na assembléia, e não levou em conta a tremenda crise sócio-econômica em meio à qual colocava suas exigências: retração econômica e más colheitas, num período de inverno rigoroso.

Os Estados Gerais foram convocados para 1789. Nessa assembléia, além do primeiro e segundo estados, o terceiro estava também representado (só que, como a votação era feita por ordem e não individualmente, sempre a nobreza e o clero tinham dois votos). Dada a situação geral e o fato de contar com o apoio popular, o terceiro estado conseguiu não só aumentar o número de seus deputados, como alterar o sistema de votação para um outro, onde o voto era por indivíduo (não por ordem), conseguindo, dessa forma, transformar a instituição em Assembléia Constituinte.

A aristocracia, não tendo conseguido seus objetivos e percebendo a possibilidade de perder o controle da situação, voltou a fazer aliança com a monarquia para impedir as reformas em curso. Tentaram revogar pela força as decisões da assembléia e fechá-la, sendo impedidos por uma revolução popular, que teve um resultado muito significativo, em 14 de julho de 1789, com a queda da Bastilha. (. . .) "O resultado mais sensacional de sua [massa de Paris] mobilização foi a queda da Bastilha, uma prisão estatal que simbolizava a autoridade real e onde os revolucionários esperavam encontrar armas. Em tempos de revolução nada é mais poderoso do que a queda de símbolos (. . .) "Este levante, juntamente com o das massas camponesas, tornou o movimento irresistível: (. . .) "três semanas após o 14 de julho, a estrutura social do feudalismo rural francês e a máquina estatal da França Real ruíam em pedaços (. . .)" (Hobsbawn, 1981, pp. 79-80). O rei foi obrigado a aceitar a situação de fato, reconhecendo a Assembléia Nacional Constituinte.

Neste momento, a burguesia moderada começou a ficar preocupada com a possibilidade de perder o controle dos rumos da revolução e passou a tomar providências para estabilizar a situação, formando guardas nacionais e decretando, através da Assembléia, o fim do feudalismo.

Monarquia Constitucional (1789-1792) — A burguesia moderada, uma vez vitoriosa e inspirada numa filosofia liberal, passou a promover reformas, através da Assembléia Constituinte, tendo em vista levar o país em direção ao capitalismo. A Constituição de 1791 previa uma igualdade para todos perante a lei e o Estado e uma liberdade no plano religioso e econômico. Na prática, porém, era importante impedir que as massas populares tivessem participação política e a organização do Estado, em consonância com esse imperativo, não permitiu essa participação. Além disso, como a preocupação da burguesia era preservar seu próprio poder e construir um Estado que atendesse a seus interesses e, para tanto, era necessário que se formassem alianças — inclusive com o antigo poder — instalou-se no país uma monarquia constitucional onde a burguesia, através das instituições, tentou de todas as formas estabilizar o novo regime. Mas as novas propostas do governo desagradavam não só a monarquia e a aristocracia (que tinham esperanças da volta do absolutismo), como as massas populares, por exemplo os *sans culottes*, que não ganharam direito a participação política, e os camponeses que passaram a ter que arcar com o pagamento da extinção dos direitos feudais. Desagradavam, também, a Igreja já que seus bens haviam sido confiscados e havia sido aprovada uma constituição civil do clero, contrária aos interesses da Igreja. Além disso, a política econômica adotada ocasionou uma alta de preços, levando os mais pobres à revolta.

O desencadeamento da guerra que a França manteve contra a Europa reiniciou o movimento revolucionário. De acordo com Hobsbawn (1981) a guerra era desejada tanto pela extrema direita (o rei, a nobreza e o clero), como pelos liberais moderados. A primeira, por acreditar que a intervenção de monarquias estrangeiras poderia permitir a volta ao velho regime, já que estas deveriam ter interesse em restaurar a monarquia francesa como, também, em impedir que as idéias consideradas perigosas vindas da França se difundissem. Os liberais moderados desejavam a guerra movidos pelo desejo de difundir a liberdade, levando o movimento francês para outros povos oprimidos. Além disso, a guerra poderia ajudar a solucionar problemas internos, tanto por dirigir para o exterior o descontentamento com o novo regime, como por poder propiciar lucros.

Os fracassos iniciais dos exércitos franceses foram atribuídos à traição do rei, aumentando os anseios pela proclamação da república. Os *sans culottes* levantaram o povo e conseguiram a prisão do rei, encerrando uma primeira fase de período revolucionário com a suspensão da monarquia constitucional e uma direção da sociedade mais claramente burguesa, através da convocação de uma assembléia, a convenção, eleita por sufrágio universal. Esta segunda fase foi a mais radical da revolução e foi aquela que aboliu a monarquia, instituindo a Primeira República (1792).

Primeira República (1792-1794) — A assembléia dessa república reunia três posições políticas: a dos girondinos, à direita — representantes da alta burguesia e que defendiam uma república liberal que garantisse a liberdade, mas que não previsse a participação política das massas populares; a dos jacobinos, à esquerda — representantes da média e pequena burguesia, democratas que defendiam a organização financeira do país e a igualdade acima de tudo; e uma posição mais ao centro, a maioria, que apoiava os girondinos.

A princípio predominantes no governo, os girondinos foram derrubados pelos jacobinos, liderados por Robespierre e apoiados pelos *sans culottes* à frente do povo de Paris (1793). Os girondinos foram expulsos da convenção.

Hobsbawn (1981) comenta a derrubada dos girondinos pelos jacobinos, argumentando que tinham posições diferentes: enquanto os últimos acreditavam que deveria ser estabelecido um governo revolucionário de guerra, os girondinos temiam as conseqüências políticas de se ter uma revolução de massa interna ao país associada a uma guerra externa. Além disso, os girondinos queriam expandir a guerra para uma cruzada ideológica de libertação e para contrapor-se ao grande rival econômico da França — a Inglaterra. Analisa também que os girondinos não queriam julgar e executar o rei — o que acabou ocorrendo em janeiro de 1793 — mas tinham que competir com os jacobinos, que ganhavam prestígio. Complementando, coloca que a expansão da guerra, quando esta passava por um momento difícil, fortaleceu a posição mais à esquerda, dos jacobinos, já que estes eram os únicos que poderiam vencê-la.

Este período da revolução, a que autores se referem como "o terror", com a direção da convenção por Robespierre, constituiu-se num imenso esforço para livrar o país, numa situação extremamente crítica e ainda em guerra, da invasão estrangeira e preservar a revolução e o Estado Nacional, o que foi conseguido através do *terror* (execuções efetuadas pela população, terrorismo contra aqueles considerados traidores e especuladores) e da ditadura, um regime duro com rigoroso controle da economia. O regime jacobino levou adiante a elaboração de uma nova constituição, bem mais democrática que a de 1791, estendendo bastante os direitos do povo. Segundo Hobsbawn (1981), (...) "foi a primeira constituição genuinamente democrática proclamada por um Estado Moderno (...)" (p. 87).

A política dos jacobinos foi um sucesso e justamente esse sucesso, de acordo com Florenzano (1982), constituiu-se na razão de sua queda, pois uma vez bem-sucedida eliminava as causas de sua ascensão, e as forças contrárias, que apenas haviam tolerado as medidas em vigor, retiraram seu apoio. Além disso, os jacobinos tiveram que ir precisando cada vez mais a quais interesses realmente iriam atender. Apesar do governo tender para a esquerda, constituía-se numa aliança entre classes, que obviamente não tinham os mesmos interesses, por isso os jacobinos tiveram que afastar o apoio das massas populares e Robespierre, isolado, caiu (1794).

República termidoriana[1] *(1794-1799)* — Florenzano (1982) descreve este período como aquele em que os girondinos, que após a queda de Robespierre haviam voltado a fazer parte da convenção, foram assumindo posições cada vez mais conservadoras, com proibições de associações que tivessem caráter político, e permitindo perseguições aos jacobinos remanescentes, pelos filhos dos burgueses ricos. Além disso, a situação econômica viu-se agravada, houve miséria no inverno de 1794-1795 devido à volta do liberalismo econômico, miséria que contrastava com a exibição de luxo e riqueza a que a burguesia se entregava, pois com o fim da ameaça da guilhotina sobre suas cabeças, especuladores, traficantes e agiotas podiam sentir-se seguros.

A Constituição elaborada no período era menos liberal que a primeira (1791), e procurava expressar os interesses da alta burguesia, agora dominantes. O poder executivo ficava nas mãos de cinco diretores, daí o nome de Diretório dado ao regime desse período. Mas este foi incapaz de equilibrar as forças das diferentes oposições que recebia de partidários da monarquia e da esquerda, bem como de fazer frente às crises econômicas.

Ao lado disso, o exército ganhava cada vez maior importância, já que mantinha a guerra fora da França — continuava a luta contra os inimigos externos da revolução —, e era também cada vez mais necessário para manter a ordem interna. Gozava também de autonomia, uma vez que se mantinha com recursos próprios. Estas condições foram suficientes para possibilitar uma tomada de poder pelo

---

[1] Esse termo deriva do mês de termidor (19 de julho a 18 de agosto) do novo calendário revolucionário.

exército, o que foi realizado pelo general Napoleão Bonaparte. Segundo Hobsbawn (1981), o general tinha um interesse investido na estabilidade como qualquer outro burguês de seu tempo e como aqueles que ingressavam no exército, e foi (...) "isto que fez do exército, a despeito do seu jacobinismo embutido, um pilar do governo pós-termidoriano, e de seu líder Bonaparte uma pessoa adequada para concluir a revolução burguesa e começar o regime burguês (...)" (p. 92). Marx (1974) se refere ao período na sua obra *O 18 Brumário de Luís Bonaparte*: (...) " Camile Desmoulins, Danton, Robespierre, Saint-Just, Napoleão, os heróis, os partidos e as massas da velha Revolução Francesa, desempenharam, a tarefa de sua época, a tarefa de libertar e instaurar a moderna sociedade 'burguesa', em trajes romanos e com frases romanas. Os primeiros reduziram a pedaços a base feudal e deceparam as cabeças feudais que sobre ela haviam crescido. Napoleão, por seu lado, criou na França as condições sem as quais não seria possível desenvolver a livre concorrência, explorar a propriedade territorial dividida e utilizar as forças produtivas industriais da nação que tinham sido libertadas; além das fronteiras da França, ele varreu por toda a parte as instituições feudais, na medida em que isto era necessário para dar à sociedade burguesa da França um ambiente adequado e atual no continente europeu (...)" (pp. 335-336).

A tomada de poder de Napoleão deu-se em 18 brumário (9 de novembro) de 1799, e marcou o final da Revolução Francesa.

Comentaremos a seguir alguns acontecimentos que ocorreram na França durante o período napoleônico e que se constituíram em conseqüências da revolução.

Em 1798-1799 a França estava em guerra com a Inglaterra, a Áustria e a Rússia, com Napoleão à frente das forças francesas. Este havia decidido atacar a Inglaterra através do Egito e do Oriente e sua esquadra foi destruída na batalha do Nilo. Os três aliados infringiram pesadas derrotas a Napoleão e este voltou à França. Uma vez no seu país, derrubou o Diretório, que atravessava grave crise de prestígio e credibilidade face às derrotas na guerra e à sua forma de conduzir a economia.

Os conspiradores elaboraram uma Constituição transformando a França num sistema de governo chamado Consulado, com Napoleão como primeiro cônsul. Em 1802 seu cargo, que a princípio era de dez anos, tornou-se vitalício. Dois anos depois, o Consulado transformou-se em império e Napoleão em imperador dos franceses.

A França ainda se mantinha em guerra com a Inglaterra, a Áustria e a Rússia, que formavam uma coligação. Napoleão primeiramente convenceu os russos a se retirarem da coligação, depois venceu a Áustria (1800) e negociou a paz com os ingleses (1802).

A paz foi breve, pois em 1805 formou-se uma outra coligação contra a França: Inglaterra, Rússia, Áustria e Suécia. De 1805 a 1807, Napoleão venceu a Áustria — novamente; a Prússia — marchando sobre Berlim, tomando-lhe metade de seus territórios e tornando-a quase um súdito da França; e a Rússia — com a qual acabou estabelecendo uma aliança.

Tendo dificuldade em guerrear diretamente com a Inglaterra, dada a sua inferioridade no mar, decidiu fazer-lhe frente indiretamente, destruindo-lhe o comércio através do bloqueio continental, segundo o qual todos os Estados ligados à França deviam boicotar as mercadorias inglesas.

Apesar de todas essas vitórias e de dominar tão grande parte da Europa, dificuldades internas e externas começaram a provocar a queda de Napoleão. Essas dificuldades culminaram com o rompimento da aliança com a Rússia e a sua subseqüente invasão (1812) pelos franceses, que foram derrotados. Esta derrota desencadeou outras guerras contra Napoleão por parte de territórios dominados pela França. O império francês ruiu e o país foi invadido em 1814. Napoleão ainda tentou voltar ao poder no ano seguinte, mas foi derrotado na famosa batalha de Waterloo, na Bélgica. Morton (1970) analisa este período napoleônico como sendo um período em que a princípio os exércitos franceses foram recebidos como libertadores pelas classes média e inferior dos países conquistados, tendo eles levado a revolução burguesa a muitos locais da Europa. Porém, pouco a pouco, esses povos foram percebendo que sempre haveria subordinação de seus interesses aos da França. Pagavam pesados impostos e viam seus filhos serem recrutados pelos exércitos franceses. A guerra parecia essencial para a estabilidade do regime napoleônico, mas essa guerra só podia ser empreendida pela sistemática exploração dos territórios "libertados" e havia sempre um maior número de territórios que necessitavam ser "libertados" e explorados. Complementa acrescentando que essa contradição foi levando os franceses a perderem o apoio justamente das classes que por eles haviam sido levadas a maior maturidade política.

Segundo Hobsbawn (1981), (. . .) "a França como Revolução inspirava os outros povos do mundo a derrubarem a tirania e abraçarem a liberdade, sofrendo em conseqüência a oposição das forças conservadoras e reacionárias (...). Ao final do reinado de Napoleão, o elemento conquista e exploração imperial prevalecia sobre o elemento libertação sempre que as tropas francesas derrotavam, ocupavam ou anexavam algum país, e assim a guerra internacional ficava muito menos mesclada com a guerra civil internacional (e, em cada caso, doméstica) (...)" (pp. 95-96).

Após a queda de Napoleão houve tendência a um fortalecimento de posições cada vez mais conservadoras, um desejo de ordem, não somente na França como, principalmente, nos países que haviam saído vitoriosos desta guerra contra ela.

ALEMANHA: A REVOLUÇÃO TARDIA

Enquanto a Inglaterra já na segunda metade do século XVIII havia feito a sua Revolução Industrial, consolidando o capitalismo como modo de produção dominante, o processo de industrialização da Alemanha e o conseqüente desenvolvimento do capitalismo neste país foi bastante tardio. A Alemanha era uma nação relativamente atrasada, se comparada à maioria dos países da Europa Ocidental e tinha forte herança medieval. Até meados do século XIX era basicamente agrária — cerca de 2/3 de sua população vivia do que retirava da terra — e permaneciam instituições feudais. Grande parte das terras encontrava-se em mãos de uma aristocracia territorial (os *junkers* prussianos), que mantinha com os camponeses de seus domínios relações feudais. Os centros urbanos eram habitados fundamentalmente por pequenos comerciantes, economicamente dependentes dos senhores e que conseqüentemente, tendiam a apoiar instituições feudais. A burguesia industrial existente nesses centros urbanos era mínima, as indústrias muito pequenas, empregando poucos trabalhadores. A maior parte dos artigos manufaturados era produzida por artesãos, sendo que até meados do século XIX, em apenas umas poucas regiões desenvolveu-se a indústria moderna. Foi somente na segunda metade do século XIX que a Alemanha conseguiu realizar a sua Revolução Industrial, tornando-se, então, uma grande potência capitalista.

O fato de ter tido um desenvolvimento tardio do capitalismo industrial, fez com que a Alemanha, durante o seu processo de industrialização, tivesse que enfrentar um competidor capitalista firmemente estabelecido — a Inglaterra — com o qual tinha que disputar mercados para os seus produtos, o que contribuiu para dificultar seu desenvolvimento industrial e se constituiu em um fator de retardamento do mesmo.

Algumas outras condições contribuíram para retardar o desenvolvimento do capitalismo industrial na Alemanha e serão comentadas a seguir.

Uma dessas condições foi a falta de unidade política e econômica do país. A Alemanha era composta por um conjunto de estados independentes (parte da Áustria, parte da Prússia, parte da Dinamarca, alguns ducados e algumas "cidades livres"), que, desde 1815, formavam a Confederação Germânica, mas que não constituíam um Estado política e economicamente unificado. Cada estado controlava sua própria política econômica e em conseqüência dessa desunião, existiam internamente barreiras tarifárias, dificultando a formação de um mercado interno para a circulação das mercadorias ali produzidas. Somente em 1834 deu-se a união econômica dos Estados alemães e foram eliminadas as barreiras tarifárias, que entravavam o comércio a nível nacional. Essa unificação econômica precedeu a unificação política (que só se deu na segunda metade do século XIX), tornando-a, entretanto, uma exigência para assegurar a primeira.

Assim, enquanto a Inglaterra era já um país unificado econômica e politicamente, em que, desde o século XVII, a burguesia havia derrubado a monarquia absolutista e tomado o poder, possibilitando, assim, a adoção de medidas que atendessem aos seus interesses, promovendo as atividades industriais e comerciais; e enquanto na França a revolução de 1789 também colocara no poder a burguesia, a Alemanha permanecia dividida em muitos estados, quase sempre sobre governos despóticos, mais preocupados em defender os interesses de grandes proprietários de terras do que de comerciantes, industriais e demais setores sociais. Na Áustria, por exemplo, por volta de 1790, uma tentativa do rei Leopoldo II de estabelecer uma monarquia, baseada em instituições representativas relativamente igualitárias, teve pequena duração. O sucessor de Leopoldo II — Francisco II — se colocou contrário às reformas iniciadas e adotou uma série de medidas para contê-las; reconciliou o Estado com as aristocracias, eliminou a representação política dos camponeses, reativou a polícia secreta, censurou a imprensa, retomou obrigações feudais amenizadas durante o governo de Leopoldo II; em 1796 o feudalismo perdurava na Áustria.

Segundo Bergeron, Furit e Koselleck (1984), embora a Revolução Francesa tenha tido repercussões na Alemanha (por exemplo, nas universidades, onde as idéias da Revolução Francesa tiveram espaço entre os intelectuais; entre membros da elite burocrática ilustrada de Berlim que desejava o triunfo de um Estado racional; entre comerciantes banqueiros de alguns estados, que aspiravam a uma sociedade dominada pela elite do dinheiro e das luzes) os focos de liberalismo eram limitados e localizados, desordenados, e sua ideologia não penetrava na massa da sociedade alemã. Além disso, a evolução dos acontecimentos na França, em direção à instabilidade e à violência, gerou certo temor na Alemanha, inclusive entre os simpatizantes da Revolução Francesa, mais afeitos a reformas vindas de cima do que a uma revolução com a participação popular. Assim, já iniciado o século XIX, era ainda bastante restrita, na Alemanha, a difusão dos ideais da Revolução Francesa.

Em 1848, entretanto, na esteira de uma onda revolucionária que se iniciou na França e abalou toda a Europa continental, estoura na Alemanha uma revolução, a princípio na Áustria, estendendo-se depois aos demais estados componentes da Confederação Germânica, onde começaram a difundir-se as idéias de unificação da Alemanha, de formação de um Estado nacional e de um governo mais liberal. Estas idéias passaram a ser defendidas tanto pelos nacionalistas, desejosos de uma unidade cultural e racial, quanto pelos homens de negócios, interessados no florescimento do comércio, quanto, ainda, pela classe trabalhadora, que, influenciada por idéias socialistas que começavam a ser difundidas, questionavam a estrutura social da Alemanha. A unificação alemã se deu na metade do século XIX, sob a direção de Otto von Bismarck, membro da nobreza rural da Prússia, os *junkers*, e que durante o movimento revolucionário de 1848 foi um defensor da monarquia de direito divino. Bismarck contribuiu para a formação do Partido Conservador, porta-voz dos interesses dos *junkers* da Igreja oficial e do exército. Nomeado presidente do conselho de ministros da Prússia, em 1862, Bismarck preparou passo a passo a unificação alemã, tendo a Prússia como núcleo do futuro Estado nacional: eliminou, pela guerra, a Áustria de sua posição hegemônica na Confederação Alemã; incentivou uma guerra entre a França e a Prússia, como meio de despertar o nacionalismo alemão nos estados mais resistentes à unificação. Ao se desenvolver a guerra, foram sendo feitas negociações segundo as quais a Alemanha se uniria num império, sob o domínio da Prússia. Em 1871, Guilherme I (rei da Prússia) foi proclamado imperador da Alemanha e Bismarck, agora príncipe, tornou-se o primeiro chanceler do império. A constituição que veio a reger esse império era bastante conservadora, com poucas conquistas democráticas.

Cocho (1980) afirma sobre o movimento revolucionário ocorrido na Alemanha: "Os acontecimentos de 1848 na França influenciam e precipitam os acontecimentos na Alemanha: movimentos populares que inicialmente unem a classe trabalhadora e a burguesia contra as *caducas estruturas feudais* exigem a abolição dos privilégios feudais, liberdade de imprensa, abolição da censura, direito de associação política, liberdade e igualdade de cultos, inclusive armas ao povo... Em Viena a classe trabalhadora e a burguesia se levantam (a Áustria era o país alemão social e politicamente mais atrasado, que mais insatisfações tinha contra o poder feudal) e expulsam o odiado príncipe de Metternich, governante absolutista do país; ao levantamento austríaco segue-se o de Berlim, e assim sucessivamente em toda a confederação germânica. (...) Apesar de tudo, ao longo dos acontecimentos, os blocos sociais em luta *mudaram de composição interna*: os acontecimentos franceses ensinavam que o levante de Paris era o levante da classe trabalhadora contra exatamente o tipo de governo que a burguesia alemã sonhava implantar no país; disto foi particularmente consciente a burguesia *prussiana.* Em conseqüência disto, forma-se um novo bloco histórico, burguesia e velhas classes feudais *contra* a classe trabalhadora: os acontecimentos revolucionários terminaram, assim, sendo abafados, mas daí surgirá um Estado burguês, com máscara jurídico-política ao velho estilo feudal, que integrará unitariamente a Alemanha (...) em torno da Prússia; é a época do famoso "chanceler de ferro": Bismarck (...)".

Anteriormente mencionamos a dificuldade de criação de um mercado interno para a circulação das mercadorias produzidas nos Estados alemães, em função da ausência de unidade econômica e política, como uma condição para o retardamento do desenvolvimento capitalista na Alemanha. A esta condição se acresce o fato de que, externamente, o comércio alemão era dificultado pela ausência de colônias. Enquanto nos séculos XVI e XVII alguns países da Europa lançaram-se à conquista de outras terras, os estados alemães, envolvidos em problemas internos não participaram da luta pelas colônias e a ausência destas dificultava o escoamento de seus produtos para fora do país.

Outro fator que retardou o desenvolvimento do capitalismo alemão foi o fato de que a imensa maioria da população habitava a zona rural, sendo que apenas 1/4 dos habitantes se concentrava nas cidades. Isto dificultava a criação de mão-de-obra necessária para o desenvolvimento da indústria capitalista.

Ainda uma outra condição foi o fato de que as redes de comunicação com que contava a Alemanha, até a metade do século XIX, eram insuficientes para o transporte de mercadorias. De acordo com Henderson (1979) só depois da unificação das alfândegas alemãs, da construção das estradas de ferro em 1840 e da unificação política em 1871 é que se intensificou enormemente o ritmo da industrialização alemã.

O progresso econômico da Alemanha foi ainda entravado por condições geográficas desfavoráveis; a Alemanha não contava, até a metade do século XIX, com uma importante fonte de energia para a indústria: o carvão de pedra. Isto porque as principais jazidas de carvão localizavam-se na periferia do país e só puderam ser convenientemente exploradas depois que foram construídas as estradas de ferro. Até então, em vez do carvão de pedra, utilizava-se o carvão de lenha, de baixo poder energético, inadequado para o desenvolvimento de uma indústria siderúrgica.

Além desses fatores, o envolvimento da Alemanha em uma série de guerras, deixou um saldo muito negativo. Burns (1979) afirma que a miséria que se seguiu ao envolvimento da Alemanha na guerra dos Trinta Anos (de 1618 a 1648, entre a dinastia dos Habsburgos — que dominava a Áustria, entre outros países — e a dos Bourbons — da França), em que cerca da metade da população alemã perdeu a vida por causa da fome, das doenças e dos ataques de soldados que visavam à pilhagem, retardou de pelo menos um século a civilização na Alemanha; a Guerra dos Sete Anos (de 1756 a 1763, que culminou a disputa de cerca de um século entre a Inglaterra e a França pelo domínio do comércio ultramarino e do império colonial), em que a Áustria se aliou à França e a Prússia à Inglaterra, deixou severas marcas: no final da guerra, a população da Prússia baixara enormemente, cidades haviam sido destruídas e lavouras devastadas, gerando escassez de comida em algumas regiões, e as finanças públicas e a administração civil encontravam-se em estado caótico; as guerras napoleônicas (1798 a 1813) deixaram a Prússia muito endividada, o que dificultou o desenvolvimento da política econômica do governo.

Por tudo isso, só na segunda metade do século XIX a Alemanha se tornou uma grande potência capitalista industrial, depois de ter conseguido sua unificação política, impulsionada pela burguesia, que precisava de um mercado nacional para seus produtos.

Segundo Cocho (1980), o Estado alemão, sob a liderança de Bismarck, teve um papel centralizador fundamental na Revolução Industrial alemã: estatizou a maior parte das estradas de ferro, decisivas na unificação e desenvolvimento econômico do país; desenvolveu a frota alemã; impôs o protecionismo econômico para defender o mercado interno; enfim, programou o crescimento econômico do país, de tal sorte que no início do século XX, a Alemanha havia se tornado a maior nação industrial da Europa.

O PENSAMENTO NUM PERÍODO DE REVOLUÇÕES

Embora seja bastante difícil propor uma síntese do que foi o pensamento dos séculos XVIII e primeira metade do XIX, é possível tentar destacar algumas tendências desse pensamento, apontar rumos em direção aos quais ele se desenvolveu.

O pensamento desse período foi profundamente marcado pela ascensão econômica e política da burguesia e tendeu a refletir as idéias, interesses e necessidades dessa classe. Pode-se dizer que ele expressou, embora de diferentes formas e em graus variados, três valores básicos da sociedade burguesa: a liberdade, o individualismo e a igualdade.

A noção de liberdade se expressa nas idéias dos economistas clássicos que defendem o livre comércio e a livre concorrência e a suspensão de todas as limitações às atividades comerciais e industriais, impostas pelo mercantilismo; a economia deve se fazer por si mesma, segundo leis naturais. Conseqüência dessa maneira de pensar é a defesa da liberdade de crenças e idéias. (. . .) "A liberdade de comércio, que era para a burguesia uma questão vital, trouxe também consigo, como uma conseqüência necessária, a liberdade desse outro comércio de crenças e de idéias (. . .)" (Ponce, 1982, p. 129).

Uma outra expressão dessa noção de liberdade aparece na crença de que através de instituições e educação livres, subtraídas à influência da Igreja e do rei, o homem poderia se aperfeiçoar. Essa crença surge entre os filósofos franceses do século XVIII, Voltaire (1694-1778) e Rousseau (1712-1788) e refletem a influência de Newton e Locke. Voltaire critica a nobreza e as instituições que limitam a liberdade individual, sendo contrário a qualquer forma de religião organizada e de despotismo político; é um defensor das idéias liberais, da liberdade política e de expressão. Montesquieu (1689-1755), um outro filósofo francês preocupa-se com a instauração de um sistema de governo e de leis em que a liberdade seja preservada e vê na Constituição inglesa, em que os poderes públicos são limitados um pelo outro e não agem arbitrariamente, um exemplo desse sistema.

A noção de liberdade era defendida pela burguesia nesse momento de sua história porque era compatível com seus anseios de pôr fim a quaisquer restrições às suas atividades. Não devemos nos esquecer, entretanto, de que em séculos anteriores, ela própria agira de forma claramente contrária à liberdade, (como, aliás, viria a fazer também em séculos subseqüentes), por exemplo quando apoiara o absolutismo e as próprias políticas mercantilistas que agora combatia. Além disso, as noções de liberdade e igualdade eram entendidas, no século XIX, de forma bastante restrita: eram a liberdade e a igualdade burguesas e não se estendiam à massa. Havia, segundo Bernal, bastante (...) "relutância dos homens de cultura e propriedade em aplicar demasiado literalmente o lema da liberdade, igualdade e fraternidade. A tentativa de aplicar a filosofia social dos iluministas durante o Revolução Francesa revelara sérias limitações; revelara especialmente a pequeníssima medida em que as novas idéias diziam respeito à vida dos camponeses e trabalhadores mais pobres, que constituíam a grande massa das populações. Tinham sido eles — o povo — quem dera à Revolução o seu ímpeto; contudo, uma vez conseguidos os seus objetivos imediatos — a abolição das restrições feudais sobre o lucro privado — esse mesmo povo passou a ser *populaça*, uma ameaça suspensa permanentemente em frente dos olhos dos proprietários (...)" (Bernal, 1976, p. 552.) Alguns dos próprios filósofos que muito falaram em liberdade e igualdade, tiveram um entendimento algo restrito de seu significado.

Montesquieu, um descendente de família nobre, quando defendia a Constituição inglesa como exemplo de sistema de leis que preservava a liberdade, baseava sua defesa no fato de que nesse caso os poderes públicos não agiam arbitrariamente. Entretanto, o limite à sua ação era dado pela relação entre eles e não pelo povo. Montesquieu era contrário à democracia, tanto quanto ao absolutismo, e favorável a uma monarquia parlamentar. Ainda no que diz respeito ao entendimento das noções de liberdade e igualdade, verificamos que enquanto Diderot (1713-1784), um representante das aspirações dos artesãos e operários, defendia a instrução para todos, inclusive ao mais humilde camponês, Voltaire, um representante da alta burguesia e da nobreza letrada, ao defender a necessidade de destruir a crença na religião cristã, considerava que isto só deveria ser feito junto às classes abastadas, pois considerava a massa indigna de ser esclarecida. Também Rousseau, um representante da burguesia, não se preocupou com a educação das massas, mas apenas de uma elite.

A questão relativa ao que ensinar e para quem ensinar constituiu um ponto de divergência entre pensadores desse período. Alguns deles defendiam a idéia de haver diferentes tipos de educação para indivíduos de diferentes classes sociais, sendo que aqueles que pertencessem às classes mais pobres deveriam receber menos "instrução" e mais treinamento em atividades manuais.

A burguesia defendia instrução para o povo porque, no novo sistema fabril, uma educação elementar era necessária ao operário; entretanto, defendia diferentes tipos de instrução para diferentes tipos de operários: educação primária para a massa de trabalhadores não especializados, educação média para os trabalhadores especializados e educação superior para os altamente especializados.

Na Inglaterra, nesse período, a escola primária tinha por objetivo preparar a classe operária para o trabalho. As universidades, entretanto, não cumpriam o papel de preparar os trabalhadores especializados. Segundo Cocho (1980), o avanço da Inglaterra em relação aos outros países, no que diz respeito à industrialização, colocou-a numa situação sem competidores de porte. Em decorrência disso, não havia necessidade vital de mudança contínua no aparato produtivo, de forma que, neste país, não foi desenvolvida, então, uma política científica institucional por parte do Estado. As universidades inglesas eram dominadas pela teologia e pela metafísica e não estavam preparadas para dirigir o avanço científico e para responder às exigências da indústria, o que levou a burguesia a preparar seus operários especializados em escolas técnicas e laboratórios junto às fábricas. Os próprios membros da burguesia, entretanto, recebiam um saber livresco e divorciado da ciência e da prática. Bernal (1976) afirma que em fins do século XVIII o renascimento científico, na Grã-Bretanha, não partia mais, como fizera no século anterior, de centros de atividade intelectual, como Oxford, Cambridge e Londres, mas de centros de atividade industrial, como Leeds, Glasgow, Edimburgo, Manchester e, principalmente, Birmingham.

Já na Alemanha, que tinha de superar um grande atraso histórico em relação ao seu competidor mais importante — a Inglaterra — a necessidade premente de inovações tecnológicas constantes, para a modernização do aparato produtivo industrial, levou ao desenvolvimento de uma política científica institucional, de uma educação orientada à formação técnico-científica e não a estudos humanistas.

O individualismo, outro valor da sociedade burguesa, expresso na defesa dos direitos do indivíduo, empreendida pela burguesia para satisfazer seus interesses, reflete-se nas idéias de diversos pensadores do período. Os filósofos franceses levantaram-se na defesa intransigente da liberdade individual e acabaram por favorecer um desenvolvimento exagerado do individualismo. Segundo Ponce (1982), o individualismo burguês está por trás das obras de Voltaire e de Rousseau, bem como de Kant (1724-1804), filósofo alemão.

Segundo Goldman (1967), os três elementos básicos do pensamento burguês, a liberdade, o individualismo e a igualdade, encontram-se expressos no racionalismo (e, de forma menos radical, no empirismo e no sensualismo, desenvolvidos particularmente na Inglaterra): liberdade, no sentido de independência em relação a qualquer elemento externo ao indivíduo e em relação às paixões, que nos ligam ao mundo exterior; individualismo, no sentido de ruptura dos laços entre o indivíduo e o universo, o mundo exterior; e igualdade, na medida em que a razão é igual em todos os homens. Nos séculos XVIII e XIX, empirismo e racionalismo, como já houvera ocorrido no século anterior, expressam-se e confrontam-se, manifestando diferentes ênfases e atribuindo diferentes papéis à observação e à razão no processo de conhecimento. Segundo Cocho (1980), Inglaterra e Alemanha fornecem exemplos dessas duas posturas, que surgem em consonância com a situação vivida por cada um desses dois países nesse momento de sua história. Na Inglaterra, a ausência de uma pressão extrema por inovações tecnológicas constantes e de uma política científica estatal fez com que a ciência surgisse principalmente das fábricas, da prática, de forma empírica, para resolver problemas específicos. Já no caso alemão, a urgência de desenvolvimentos tecnológicos, gerando grande quantidade e diversidade de problemas técnico-científicos, e a existência de uma política científica institucional favoreceram o surgimento de uma ciência mais globalizante, abstrata, capaz de responder a todos os problemas. Essas duas concepções científicas "em última instância são *duas variantes de uma mesma* utilização social: acelerar, como dizem os economistas, a acumulação de capital por meio do incremento da chamada 'mais-valia relativa', para o qual se torna necessária a modernização do aparato produtivo através do desenvolvimento científico: as diferenças de matiz entre ambos os casos, inglês e alemão (dizemos 'matiz' porque, em ambos os casos o objetivo social foi o *mesmo,* acrescentar ao capital) *são produto das muito precisas e concretas condições sócio-econômicas e, conseqüentemente, inclusive políticas e ideológicas (...)*". (Cocho, 1980, p. 41.)

Nas obras dos pensadores desse período expressam-se essas diferentes posturas, desde uma total ênfase à experiência, aos sentidos — como em Berkeley (1685-1753) — até uma total ênfase à razão — como Hegel (1770-1831), passando por diferentes matizes, no que diz respeito ao papel que cabe a cada um desses elementos — observação e razão — no processo de conhecimento. Cabe salientar aqui que nem todos os pensadores que mencionaremos a seguir preocuparam-se, especificamente, com esta questão ou colocaram-na desta forma, confrontando ou unindo observação e razão no processo de conhecimento. Entretanto, é possível depreender o papel que atribuíam a esses elementos, a partir da análise que fazem em relação a como se dá o conhecimento. Além disso, o próprio sentido dado a esses termos — observação e razão — varia muito de um para outro pensador.

Em Berkeley, um irlandês de origem inglesa, os sentidos, a experiência assumem a importância máxima: para ele, todo saber provém da experiência, depende da percepção do sujeito; a tal ponto atribui importância aos sentidos que acaba por assumir uma postura imaterialista, segundo a qual tudo o que existe são sensações. Hume (1711-1776), um filósofo escocês, também enfatiza a experiência no processo de conhecimento; destrona a razão, retirando-lhe o papel fundamental que tivera no século anterior, com Descartes. Para ele, a experiência é fundamental, é através dela que se chega ao estabelecimento de relações de causalidade. Entretanto, admite a possibilidade de ultrapassar a experiência — embora não se possa prescindir dos dados — fazendo uso da razão, do raciocínio — como instrumento de conhecimento; pode-se estabelecer hipóteses que envolviam fenômenos não observados e não-observáveis, desde que partam da observação e que possam ser por ela comprovadas. Comte (1798-1857), filósofo francês, é um outro representante do empirismo, para quem os fatos constituem a base de todo conhecimento científico; embora derive toda a verdade da experiência e da observação do mundo físico, considera o raciocínio necessário para relacionar os fatos e estabelecer as leis gerais a que estão submetidos. Já os filósofos franceses do século XVIII são, em sua maior parte, racionalistas; enfatizam o papel da razão como instrumento na elaboração do conhecimento e na direção da ação dos homens. Entretanto, são considerados racionalistas empiristas, uma vez que admitem que o conhecimento não pode prescindir da observação, da experiência: ele tem origem na percepção sensorial, mas as impressões dos sentidos devem ser depuradas pela razão para que possam explicar adequadamente o mundo e indicar o caminho do progresso. Também Kant, filósofo alemão do século XVIII, é considerado racionalista. Mas coloca-se contra o que chama de dogmatismo do racionalismo do século anterior, que considera a razão como o único caminho para o conhecimento, independente de toda experiência. Para Kant, a razão tem prioridade no processo de conhecimento científico que é, em parte, *a priori*; entretanto, a razão está condicionada à experiência. Segundo ele, a experiência fornece referentes particulares e não permite a formulação de proposições de caráter universal, como devem ser as proposições científicas. O entendimento humano proporciona as categorias, os conceitos *a priori* por meio dos quais compreendemos a experiência. A capacidade de estabelecer relações causais, por exemplo, é *a priori*. Segundo Bréhier (1977), o racionalismo do século XVIII era diferente do século XVII: enquanto no século XVII o racionalismo era fundamentado no absoluto (Deus é quem fundamenta as regras do pensamento e da ação), no século XVIII ele se fundamenta no próprio homem (é por seu próprio esforço que o homem organiza seu pensamento e sua ação). No século XVIII assume-se uma idéia de razão mais prudente, com base na experiência, e se considera os sistemas provindos do racionalismo do século XVII como obras de pura imaginação.

Em Hegel, filósofo alemão do início do século XIX, a razão assume importância máxima: segundo ele, o real é racional. Critica a ênfase atribuída por alguns filósofos aos fatos, em detrimento da razão, e a aceitação dos fatos, tal como se apresentam, como critério da verdade. Hegel atribui à razão tal importância, que chega a considerar o real como condicionado ao pensamento, como dependente deste. Marx (1818-1883), outro filósofo alemão do século XIX, opõe-se a Hegel neste aspecto, na medida em que considera que o pensamento é o material transposto para a cabeça do homem, ou seja, o pensamento é a manifestação do real (e não o real a manifestação do pensamento, como em Hegel). Entretanto, o conhecimento não é para Marx simples reflexo do real, e deve desvendar, por trás da aparência, como as coisas realmente são. Assim, para se conhecer, parte-se dos fenômenos da realidade, mas em seguida deve-se reconstruí-los no pensamento através de um processo de análise, para em seguida, reinseri-los na realidade.

Portanto, embora Marx, ao analisar o processo de produção de conhecimento, não se preocupe em discutir especificamente a oposição ou união dos dois elementos — observação e razão — nesse processo, é possível depreender de sua análise que são ambos necessários para a reconstrução do real no pensamento.

Outro aspecto em relação ao qual se confrontaram diferentes concepções durante o período foi a questão da causalidade.

Para Bréhier (1977) é geralmente admitido que o ceticismo de Hume é um seguimento natural e inevitável das filosofias de Locke e Berkeley. (...) "Depois que Locke criticou (...) a noção de substância, depois que Berkely criticou a noção de causalidade física, não deixando intacta a não ser a causalidade dos espíritos, não restava a Hume, diz-se, inspirando-se no mesmo princípio, senão destruir, com a noção de substância espiritual, a de causalidade em geral (...)" (Bréhier, 1977, pp. 90, 91.)

Berkeley, ao reduzir a existência dos corpos à percepção que os espíritos têm deles, nega a noção de causalidade física, isto é, a noção de que as causas dos fenômenos encontram-se na natureza, bastando ao homem estudar esses fenômenos e descobrir suas causas. Para ele, o homem erroneamente pensa que existem causas porque experiencia certas sensações e relaciona como causa e efeito fenômenos que aparecem em seqüência. (...) "A causa se reduz à lei, e a lei a uma relação de significação. Assim, o encadeamento dos fenômenos não é um sistema de causas e de efeitos, mas de signos e de coisas significadas: o fogo não é a causa da queimadura, mas a percepção visual do fogo é o signo que nos informa de antemão que ao nos aproximarmos demais seremos queimados. E a regularidade que permite os signos é, ao mesmo tempo, fruto da permanência da vontade de Deus e de seu desejo de nos falar uma linguagem compreensível, de constituir um mundo cognoscível, no qual se possa exercer a nossa ação." (Alquié, 1982, p. 195.)

Com Berkeley, portanto, e ainda de acordo com Alquié (1982), a casualidade, anteriormente reconhecida como uma qualidade dos corpos físicos, passa a ser uma causalidade dos espíritos finitos, experimentada ao nível de uma ação que só pode ser exercida sobre a natureza submetendo-se às suas leis, isto é, às leis de Deus que regem a sucessão dos fenômenos.

Para Hume, a causalidade é também, como para Berkeley, um atributo do sujeito que conhece, estabelecida a partir da experiência. Mas aqui o problema modifica-se, uma vez que Hume não assume o papel atribuído (por Berkeley) a Deus dentro do conhecimento. (...) "Considerar o mundo como um conjunto de sinais divinos que nos permitem orientar-nos na vida é, com efeito, supor que Deus nos deu os meios de compreender a linguagem que ele nos fala. Mas uma vez Deus desaparecido, ou pelo menos não invocado, como é o caso em Hume e em Kant, coloca-se o problema de saber como o sujeito humano pode, na afirmação da causalidade, ultrapassar a sua experiência imediata." (...) (Alquié, 1982, pp. 196, 197.)

Hume mostrou que a causalidade buscada, enquanto relação entre os fenômenos, não é produto de uma demonstração lógica, de um processo dedutivo que levaria da "causa" ao "efeito". Mostrou, também, que ela não é produto de uma força ou energia que passaria de um fenômeno estudado a outro e que os ligaria como "causa e efeito". Para ele, a fonte da casualidade seria encontrada (...) "numa tendência ao deslizamento de um para outro termo, tendência essa que se acrescenta do exterior aos próprios termos, e que permite uni-los, tendência subjetiva à transição fácil e à expectativa, que fornece 'o sentimento e a impressão, donde formamos a idéia de poder ou de conexão necessária'. Essa tendência nasce, também, da repetição." (...) (Alquié, 1982, pp. 198, 199). Isto quer dizer que para Hume a causalidade envolve uma crença de que existem relações causais, advinda da repetição da ocorrência dos fenômenos relacionados. Além disso, segundo Hume, o processo de estabelecimento de relações causais é indemonstrável logicamente. A ocorrência repetida de fenômenos relacionados faz surgir, no homem, a expectativa de ocorrência de um fenômeno quando outro é apresentado.

Para Alquié (1982), Hume coloca no homem ou na natureza humana o princípio da explicação última que Berkeley colocava em Deus, além de isolar o instinto que está na raiz da crença na causalidade, retirando a aparência de razão que o cerca.

Ao colocar no sujeito do conhecimento a construção da ligação causal entre os objetos do mundo sensível, Kant vai se aproximar de Hume. Mas, por outro lado, suas concepções vão distanciar-se de Hume em muitos outros pontos porque para Kant a ligação causal é racional e se deve às categorias *a priori* do entendimento. Isto é, o homem pode perceber a causa dos fenômenos do mundo sensível porque é dotado de uma condição racional *a priori* que lhe permite construir relações causais. Alquié (1882) explica como ocorre essa construção, pela subordinação da coordenação sensível ao entendimento: "certamente o dado sensível não é um puro caos. A sensibilidade tem uma matéria e uma forma. Mas se o espaço e o tempo, formas *a priori* da sensibilidade, são as condições necessárias do mundo dos objetos, eles não são a sua condição suficiente. À coordenação sensível Kant opõe a subordinação irreversível, própria ao entendimento e característica da ligação causal. A forma, própria à sensibilidade, será o lugar onde se realizará a unidade dos dados; mas é pela função própria do entendimento que se realizará essa própria unidade: o ato que constitui a unidade será a síntese do entendimento." (p. 201.)

O homem chega a determinar a causa dos fenômenos a partir dos próprios fenômenos e subordinando-os ao entendimento e suas categorias *a priori*. Ao elaborar essa concepção, Kant distanciou-se de Hume, para quem o estabelecimento da causalidade dependia apenas da experiência e da repetição. Para Kant, apesar da experiência ser importante, basear-se apenas nela leva ao estabelecimento de afirmações particulares e não universais sendo estas essenciais à construção do conhecimento científico.

Com relação ao problema da determinação da causalidade, Comte desenvolve uma concepção que afirma a impossilibidade de se chegar às causas dos fenômenos. Para ele, o homem chegaria apenas à determinação das leis gerais que regem esses fenômenos. Essas leis seriam invariáveis e expressariam relações constantes existentes na natureza.

Outro aspecto presente no pensamento deste período, e que aparece principalmente no século XIX é a preocupação com a reflexão sobre o social, com o estudo de seus problemas, de que são exemplo as concepções de Marx, Comte e Hegel.

O marxismo, que surgiu durante a ascensão do movimento operário, num momento histórico em que a Revolução Industrial colocava em conflito a burguesia e o proletariado, propõe uma concepção de sociedade que envolve as relações de produção, que constituem a base econômica da sociedade sobre a qual se ergue uma superestrutura de idéias sociais, instituições políticas, e outras, determinadas por essa base. Estes níveis da realidade, porém, não estabelecem entre si relações mecânicas de dependência: as idéias sociais, filosóficas e outras, possuem uma relativa independência em relação à base econômica, principalmente devido a exercerem influência umas sobre as outras. A sociedade se constitui num todo complexo de relações que estão constantemente em movimento dialético.

Esta concepção dinâmica difere da concepção estática que Comte tem de sociedade. Para este autor, a sociedade é "uma totalidade orgânica dividida em segmentos ou *classes*, que se relacionam de maneira estática, ainda segundo uma ordem fixa, suscetível de ser apreendida pela *sociologia*, que Comte concebe como uma física social" (Silva, 1984, pp. 113, 114.) Totalidade dividida em segmentos estanques, ordem fixa, tais são os elementos constitutivos de uma sociedade, cujo valor é a imutabilidade.

A concepção de Hegel, que ao colocar a reflexão sobre o homem dentro da história também oferece uma abordagem social para o conhecimento, é dinâmica como a de Marx, embora a posição hegeliana se diferencie bastante da marxista quanto ao papel que o homem e a realidade desempenham na construção do conhecimento.

No que se refere à sociedade, Hegel a vê em movimento dialético: fluxo constante e evolutivo das coisas, passando ao seu oposto. Este movimento está presente na lógica, na história e até nas instituições políticas. Este processo de movimento se repete continuamente, levando sempre a um melhoramento, a um desenvolvimento do homem.

AS RELAÇÕES ENTRE A CIÊNCIA, A TÉCNICA E A PRODUÇÃO

Os séculos XVIII e XIX formam um período em que as grandes transformações pelas quais a humanidade passou marcam a configuração da nossa vida atual e também uma transformação no papel que a ciência desempenha no desenvolvimento de um modo de produção.

A Revolução Industrial não foi dependente, especificamente, do desenvolvimento científico. Nem mesmo a invenção da máquina a vapor, que deu enorme contribuição ao desenvolvimento da industrialização, transformou a ciência em condição para a ocorrência da Revolução Industrial. Hobsbawn (1981) afirma a esse respeito que "felizmente poucos refinamentos intelectuais foram necessários para se fazer a Revolução Industrial. Suas invenções técnicas foram bastantes modestas, e sob hipótese alguma estavam além dos limites de artesãos que trabalhavam em suas oficinas ou das capacidades construtivas de carpinteiros, moleiros e serralheiros: a lançadeira, o tear, a fiadeira automática. Nem mesmo sua máquina cientificamente mais sofisticada, a máquina a vapor rotativa, de James Watt (1784), necessitava de mais conhecimentos de física do que os disponíveis então há quase um século — a 'teoria' aplicada das máquinas a vapor só foi desenvolvida *ex-post-facto* pelo francês Carnot na década de 1820 — e podia contar com várias gerações de utilização prática de máquinas a vapor, principalmente nas minas (. . .)" (pp. 46, 47). Se por um lado a Revolução Industrial não foi produto direto do avanço científico, o desenvolvimento do capitalismo foi determinando uma forte interrelação entre a ciência e a produção, pois ambos cresceram juntos e se influenciaram mutuamente.

Segundo Vázquez (1977) as exigências que se apresentam à ciência aumentam e adquirem um caráter mais rigoroso na época moderna, período em que há um desenvolvimento da produção material associado, estreitamente, ao nascimento e ascensão da nova classe social da burguesia. (. . .) "Nessas condições histórico-sociais, o progresso do conhecimento científico-natural, que se traduz na constituição da ciência moderna, converte-se numa necessidade prática social de primeira ordem. A passagem a uma teoria científica firme e coerente se vê impulsionada, a seu turno, pela experiência, seja à oferecida diretamente pela produção, seja a oferecida pela experiência organizada e controlada, ou experimentação" (Vázquez 1977, p. 217.)

Nos períodos que antecederam a Revolução Industrial, a ciência não se relacionava diretamente a atividades produtivas. De acordo com Bernal (1977), alguns usos práticos do conhecimento científico haviam ocorrido na navegação, mas esta tinha relações mais diretas com o comércio do que com a produção. A ciência também não era necessária ao desenvolvimento técnico. À medida que o capitalismo avança, porém, geram-se problemas que, cada vez mais, lançam desafios à ciência e cada vez mais ela é necessária para respondê-los. A Revolução Industrial levou a um grandioso aumento da atividade científica. Ao final do período, não só os conhecimentos técnicos são dependentes do desenvolvimento científico, como este está profundamente inter-relacionado à produção (. . .) "o século XVII resolvera os problemas dos gregos por meio de novos métodos experimentais e matemáticos. Os cientistas do século XVIII iriam resolver, por esses mesmos métodos, problemas com que os gregos nem sequer haviam sonhado. Mas iriam fazer mais do que isso: iriam integrar firmemente a ciência nos novos mecanismos de produção. (. . .) [Ela] ir-se-ia transformar num dos principais elementos das forças produtivas da humanidade (. . .)" (Bernal, 1976, pp. 551, 552.)

A ciência iria, cada vez mais, ser colocada a serviço da modificação da natureza. A partir do século XVIII, a ciência dedicou-se à solução dos problemas produtivos e foi sendo gradativamente enfatizada. Hobsbawn (1981) afirma que (. . .) "A grande enciclopédia de Diderot e D'Alembert não era simplesmente um compêndio do pensamento político e socialmente progressista, mas do progresso científico e tecnológico. Pois, de fato, o 'iluminismo', a convicção no progresso do conhecimento humano, na racionalidade, na riqueza e no controle sobre a natureza — de que estava profundamente imbuído o século XVIII — derivou sua força primordialmente do evidente progresso da produção, do comércio e da racionalidade econômica e científica que se acreditava estar associada a ambos (...)" (pp. 36. 37.)

Este autor afirma ainda que naquele século, quando a ciência ainda não havia sido academicamente dividida em ciência "pura", superior, e uma outra "aplicada", inferior, os mais surpreendentes avanços da década de 1780 foram na química, tradicionalmente muito ligada à prática de laboratório e às necessidades da indústria.

Assim como as necessidades produtivas levaram a um crescente interesse pela química, outras áreas foram também sendo desenvolvidas, como a geologia, a partir das necessidades advindas da construção de canais e de estradas de ferro. No final do século XIX, conhecimentos científicos eram desenvolvidos para criar novas indústrias, e, finalmente, no século XX, encontra-se o pleno desenvolvimento da indústria científica. Ciência e produção expressam cada vez mais claramente a inter-relação, a influência mútua que as une.

Ainda no século XVIII, refletindo a crescente importância da ciência, começaram a ser fundadas, primeiramente na Inglaterra, sociedades científicas para incentivar o progresso da ciência. A Sociedade Lunar é um exemplo dessas providências e foi fundada em 1780. Posteriormente surgiram outras, que se tornaram locais para a defesa da ciência e a discussão das grandes controvérsias científicas da época, como a Deustcher Naturforscher Versammlung, fundada em 1822 e a The British Association for Advancement of Science, em 1831.

Em meados do século XIX, as sociedades científicas gerais já não atendiam ao crescente montante de conhecimento produzido e passaram a surgir sociedades científicas especializadas, como as de geologia, astronomia e química.

Dentro desse contexto de rápidas transformações, a ciência vai mudando as suas características e as dos trabalhadores científicos. Cocho (1980) afirma que o professor universitário é que começa a assumir a função de cientista na Inglaterra, diferentemente do início do século XIX, quando a maioria dos cientistas era ou amadora ou treinada como aprendiz. Bernal (1976) também se refere à profissionalização da atividade científica e à sua crescente formalização devido ao incremento do volume e do prestígio do trabalho científico. Na continuação de sua análise afirma que, por outro lado, ao mesmo tempo a ciência ia perdendo grande parte da sua independência nesse processo. "A ciência iria constituir, durante muitos anos, monopólio de uma elite da classe média — a *intelligentzia* liberal, como era conhecida na Europa — e inevitavelmente — continuava a ser limitada e caracterizada pelo ponto de vista dessa classe. Em meados do século XIX, tal classe não desprezava a utilidade prática; estava até profundamente interessada nos grandes movimentos industriais do seu tempo; acreditava firmemente na inevitabilidade do Progresso, mas repudiava com igual firmeza toda e qualquer responsabilidade pelos seus resultados desagradáveis e perigosos (. . .)" (p. 564.)

Assim sendo, à medida que a ciência foi se desenvolvendo cada vez mais relacionada à produção, ela foi mudando suas características, a atividade científica foi se organizando formalmente, tornando-se uma profissão reconhecida, e, por outro lado, a ciência foi perdendo sua relativa independência, passando a atender aos interesses da produção e de uma classe detentora dos meios de produção. "Ao avaliar os efeitos da ciência sobre a vida e sobre o pensamento durante os séculos XVIII e XIX, é por conseguinte necessário seguir essa transição desde seus efeitos libertadores, no início do período, quando estava aliada a todas as forças do progresso, até ao seu estado ambíguo e incerto no fim do período, quando já não era possível aceitar como certo o progresso, e a guerra e a revolução social já se entreviam no horizonte mental." (Bernal, 1976, p. 677.)

Sem dúvida, ao lado da expansão e do progresso associados à ciência no século XVIII, é necessário avaliar as conseqüências de sua aplicação já no século XIX: o problema da população nas áreas industriais e o nível de vida desumano do proletariado que surgiu com o desenvolvimento industrial.

CAPÍTULO 16

A CERTEZA DAS SENSAÇÕES E A NEGAÇÃO DA MATÉRIA: GEORGE BERKELEY (1685-1753)

"Não argumento contra a existência de alguma coisa que apreendo pelos sentidos ou pela reflexão. O que os olhos vêem e as mãos tocam existe; existe realmente, não o nego. Só nego o que os *filósofos* chamam matéria ou substância corpórea; e fazendo-o não há prejuízo para o resto da humanidade, que, ouso dizer, nada perderá."

(Berkeley)

Berkeley, de origem inglesa, nasceu na Irlanda do Sul. Lecionou grego, latim e teologia no Trinity College. Durante alguns anos ocupou-se com viagens a outros países e, em 1734, tornou-se bispo protestante de Cloyne, região da Irlanda.

Suas obras revelam preocupação com o conhecimento, a economia, a moral e a saúde. Dentre elas, podem ser citadas: *Ensaio de uma nova teoria da visão* (1709), *Tratado sobre os princípios do conhecimento humano* (1710), *Obediência passiva* (1712), *Diálogo entre Hilas e Filonous* (1713), *Sobre o movimento* (1721), *O questionador* (1735) e *Siris ou reflexões e investigações filosóficas sobre as virtudes da água de alcatrão* (1744).

O século em que Berkeley viveu e elaborou sua obra foi aquele em que as concepções medievais, fundadas nas idéias de Aristóteles, caíam por terra, sendo substituídas por uma visão de mundo regido por leis naturais que cabia ao homem identificar através da observação e da experimentação.

Esta concepção de mundo baseia-se no pressuposto de que existe algo na natureza que, sendo exterior ao e independente do homem, é dotado de certas características capazes de se imprimirem na mente humana: a matéria ou substância material. Nesta concepção, as coisas ou seres — que possuem qualidades que lhes são inerentes — existem separadas do homem que as percebe; portanto, o que o homem conhece advém da matéria ou substância material. Para Berkeley, tal separação (das coisas tais quais existem e o homem) leva ao ceticismo (defesa da impossibilidade de conhecer). O homem nunca terá certeza de que seu conhecimento corresponde às coisas tais quais elas são, pois a única certeza que podemos ter é a das coisas tal qual elas nos aparecem. Além disso, Berkeley via ainda um outro perigo surgir em conseqüência da aceitação da existência da substância material: o ateísmo. Para ele, a existência da matéria ou substância corpórea, independentemente de sua percepção pelo homem, conduzia à desvalorização da substância imaterial (o espírito) e à renúncia da existência de um criador.

Pode-se, portanto, compreender melhor as propostas de Berkeley, se nos lembrarmos de que seu objetivo era combater o ateísmo e o ceticismo que, segundo ele, advinham de uma postura materialista, isto é, advinham da crença na existência, em si, da matéria. Todo o pensamento de Berkeley reflete a preocupação em demonstrar a inexistência da matéria, em contrapartida afirmando a existência do espírito (alma) e de Deus.

O caminho que Berkeley percorre para chegar ao imaterialismo é, curiosamente, a ênfase total aos sentidos. Os sentidos do homem (visão, audição, tato etc.) são, para Berkeley, essenciais na relação com o mundo. É através deles que percebemos, ou melhor, que temos *idéias* do mundo. Só podemos afirmar algo sobre aquilo que sentimos. Se aquilo que sentimos passa necessariamente pelo crivo das nossas sensações, as idéias que temos do mundo são as sensações que dele temos. Ou seja, ao que percebemos pelos sentidos, Berkeley denomina *idéias* ou *sensações*.[1]

Se temos sensações, por que estas não poderiam se referir a coisas que existem fora do sujeito e independentes dele?

Berkeley responde a esta questão com argumentos de dois níveis. Em primeiro lugar, afirma que as sensações de tamanho (grande,

---

1 Ao falar de idéias, Berkeley faz referência tanto às idéias dos sentidos, quanto às da memória e da imaginação. As primeiras são mais fortes e vivas, pois independem da vontade humana na sua criação, já que estão diretamente relacionadas à sensação. As segundas se constituem em efeito da vontade humana, que pode lembrar-se de sensações ou idéias (memória) ou ainda criar, através da imaginação, fantasias.

pequeno etc.), cor (branco, vermelho etc.) espessura (fino, grosso etc.), paladar (acre, doce etc.) só existem através da mediação do sujeito. Não se pode falar, por exemplo, no tamanho em si, como qualidade inerente a um dado objeto, pois o tamanho está vinculado aos órgãos dos sentidos, sendo relativo, inclusive, à posição e ordem destes órgãos. Ainda exemplificando: verificamos que o sabor característico da canela só é percebido pela conjugação do efeito das papilas gustativas e do olfato; na ausência do segundo, não percebemos o sabor. Para Berkeley, isto demonstra que o sabor característico que conhecemos não está na canela, não é atributo ou qualidade dela em si, mas sim depende dos órgãos dos sentidos.

O mesmo pode ser dito em relação ao som: o som, em si, não existe. O que percebemos é o apito do trem, a sirene da ambulância, o cantar do galo etc.

Em segundo lugar, Berkeley defende que a percepção de um dado objeto nada mais é do que um feixe de sensações combinadas e concretizadas em conjunto. Assim, o limão nada mais é do que um conjunto de sensações dadas pelo olfato, visão, paladar e tato. Novamente a mediação do sujeito é imprescindível não só devido a cada uma das sensações, como para conjugá-las todas de forma a atribuir a este conjunto um significado. Assim, novamente, não se pode dizer que exista fora do sujeito algo que possua qualidades inerentes (o ser "limão"), já que o significado a este conjunto de sensações é atribuído pelo sujeito.

Para Berkeley é impossível pressupor a existência de qualquer ser que não seja percebido. Para ele "ser é ser percebido", portanto só porque percebo posso dizer que é real; em outras palavras, só posso me referir ao conteúdo da minha percepção, e não a algo existente fora de mim.

"Há verdades tão óbvias para o espírito que ao homem basta abrir os olhos para vê-las. Entre elas muito importante é a de saber que todo o firmamento e as coisas da terra, numa palavra, todos os corpos de que se compõe a poderosa máquina do mundo não subsistem sem um espírito, e o seu ser é serem percebidas ou conhecidas; conseqüentemente, enquanto eu ou qualquer outro espírito criado não temos delas percepção atual, não têm existência ou subsistem na mente de algum Espírito eterno; sendo perfeitamente ininteligível e abrangendo todo o absurdo da abstração atribuir a uma parte delas existência independente do espírito. Para ver isto bem claramente, o leitor só precisa refletir e tentar separar no pensamento o *ser* de um objeto sensível do seu *ser percebido*". (*Tratado*, § 6).[2]

É necessário ressaltar que, assumindo tal postura, Berkeley não nega a existência do que percebemos através de qualquer dos sentidos. O que apreendemos existe. Se para Berkeley os objetos sensíveis são combinações de qualidades sensíveis, não é possível negar a realidade destas sensações, já que negá-las implicaria admitir que estas fossem ilusórias ou, como diz Berkeley, se constituíssem em quimeras. Berkeley procura ressaltar a diferença entre as idéias produtos da imaginação daquelas provenientes das sensações, sendo estas últimas aquilo que o autor denomina realidade.

Em um trecho dos *Diálogos*, ao ser questionado por Hilas (um interlocutor fictício), Filonous (que representa Berkeley) apresenta sua posição acerca da realidade.

H. — Mas Filonous, ao considerar a substância do que vós aduzis ao dardes combate ao ceticismo, vejo que não passa, afinal de contas, do seguinte: temos a certeza de que realmente vemos, de que ouvimos, de que tateamos; numa palavra, de que somos afetados por impressões sensíveis.

F. — E que necessidade há aí de qualquer outra coisa? Vejo esta cereja; sinto-a pelo tato, saboreio o seu gosto; e estou certo de que o nada *não pode nunca ser visto, nem palpado, nem saboreado: a cereja, portanto, é real. Como não é um ser distinto das sensações — uma cereja, digo eu, é apenas um acervo de impressões sensíveis, ou de idéias percepcionadas pelos sentidos vários; idéias que são unidas numa coisa única (ou a que foi conferido um único nome) pela nossa mente, em virtude de observarmos que entre si se acompanham. Assim, quando o paladar tem em nós a impressão de um determinado sabor particular — a vista é impressionada por uma cor vermelha, o tato pela rotundidade e pela sensação de moleza etc. etc. Posto isso, sempre que eu vejo, e tateio, e gosto, de umas tantas maneiras determinadas, tenho a certeza de que a cereja existe, ou de que ela é real; não sendo nada a realidade dela (em meu parecer) se nós abstrairmos das sensações. Se porém pela palavra* cereja

---

2 Durante o texto referir-nos-emos com os termos *Tratado* e *Diálogos*, respectivamente, às obras *Tratado sobre os princípios do conhecimento humano* e *Diálogos entre Hilas e Filonous*.

pretendeis significar uma natureza incógnita, uma natureza distinta destas qualidades sensíveis, e se acaso entendeis pela sua existência uma qualquer coisa que se diferencia do fato de ser ela percepcionada — então sustento que nem eu nem vós, nem outra pessoa, qualquer que ela seja, podemos ter a certeza de que a cereja existe. (III, p. 116.)

Como se observa no trecho acima, Berkeley supervaloriza as sensações; o que ele admite acerca da existência da cereja, tem base exclusivamente nelas. Esta pressuposição identifica-o com o empirismo, corrente que enfatiza a observação como meio de se chegar ao conhecimento. Embora se pudesse pensar que tal corrente devesse implicar necessariamente em uma postura materialista — já que a defesa da observação deveria pressupor a existência de coisas que possuam qualidades a elas inerentes e que deveriam ser observadas — isto não é verdade. Berkeley é um exemplo de como a supervalorização das sensações pode conduzir ao imaterialismo, já que, segundo sua concepção, a mediação do sujeito é imprescindível na união das idéias de sensação numa coisa única, que dá o significado do ser em foco. Os seres constituem-se em conjuntos de sensações percepcionadas pelos vários sentidos. Não há, portanto, a coisa em si, o ser independente do sujeito.

Não se pode falar, portanto, do mundo, dos fenômenos, da realidade, como algo que possui determinadas características, qualidades ou relações que podem ser descobertas; não é possível falar na existência de substâncias em abstrato, tais como o som, a cor etc., pois não existem cor não vista, som não ouvido, gosto não sentido. Para Berkeley pode-se falar na realidade, que é o objeto da percepção dos sujeitos.

"Não argumento contra a existência de alguma coisa que apreendo pelos sentidos ou pela reflexão. O que os olhos vêem e as mãos tocam existe; existe realmente, não o nego. Só nego o que os filósofos chamam matéria ou substância corpórea..." (*Tratado,* § 35.)

Se a afirmação da realidade depende da percepção, é necessário supor, como Berkeley o faz, a existência de um ser percipiente. Este ser é o único ser ativo, o que percepciona: ele é o espírito, ou mente, ou alma, ou eu. O espírito é a única substância admitida por Berkeley. Negando a substância material, afirma, em contrapartida, a substância espiritual.

Para Berkeley, o espírito é o que pensa, o que quer, o que percebe, portanto, é substância ativa. Constitui-se em substância incorpórea e é imortal. Percebe idéias de sensação, o que Berkeley denomina entendimento. Produz e opera com idéias, ao que Berkeley chama de vontade. Pelo entendimento apreendemos as idéias de sensação que independem da vontade, como quando vejo a rua molhada após a chuva. Já a vontade é capaz de produzir e operar com idéias o que significa dizer que pode imaginar, por exemplo, uma chuva que não molhe. São também operações da vontade o querer, o odiar, etc.

"Mas ao lado da infinita variedade de idéias ou objetos de conhecimento há alguma coisa que as conhece ou percebe, e realiza diversas operações como querer, imaginar, recordar, a respeito deles. Este percipiente, ser ativo, é o que chamo *mente, espírito, alma* ou *eu.* Por estas palavras não designo algumas de minhas idéias, mas alguma coisa distinta delas e onde elas existem, ou o que é o mesmo, por que são percebidas; porque a existência de uma idéia consiste em ser percebida". (*Tratado,* § 2.)

Para Berkeley o espírito não se constitui numa idéia, mas no meio através do qual são percebidas idéias e através do qual se lida com elas. Se as idéias constituem-se naquilo que se percebe ou naquilo que é produto da vontade, não se pode ter *idéia* do espírito, já que este nem é fruto de percepção nem da vontade humana. Logo, como disse Berkeley, pode-se ter do espírito apenas uma noção, assim como das operações por ele realizadas.

"...Em sentido estrito não podemos dizer que temos *idéia* de um ser ativo ou de uma ação, mas somente uma *noção.* Tenho algum conhecimento ou noção do meu espírito e dos seus atos acerca de idéias tanto quanto sei ou entendo o significado destas palavras. Do que conheço tenho alguma noção. Não direi que os termos "idéia" e "noção" não possam equivaler-se, se o mundo quiser, mas a clareza e propriedade mandam distinguir coisas diferentes por diferentes nomes. Note-se ainda que de todas as relações, incluindo um ato do espírito, não podemos propriamente dizer que temos idéia mas antes uma noção de relações e hábitos entre coisas. Se no uso moderno o termo "idéia" se estende a espíritos, relações e atos, é assunto apenas verbal." (*Tratado,* § 142.)

A concepção que Berkeley tem da substância espiritual — o ser percipiente — não é uma concepção individualizada; em outras palavras, a afirmação da realidade não depende só da minha percepção, enquanto ser individual. Ao contrário, a afirmação de que algo é real depende do suporte do espírito humano, em geral. Portanto, além do meu espírito, devo admitir a existência de outros que, no conjunto, constituem o espírito humano. É a concepção de espírito humano em geral que permite afirmar a permanência dos corpos, quando deixam de ser percebidos por mim. Por exemplo, se ao afastar-me do porto, em um navio, deixo de vê-lo, nem por isso o porto deixou de existir, uma vez que é percebido por outros espíritos. Se destruirmos uma mesa queimando-a, restarão ainda outros exemplares deste tipo de idéias. Só podemos nos referir, portanto, à inexistência daquela mesa particular, mas não da mesa em geral. Só quando todo e qualquer ser percipiente deixar de percebê-la, e só então, poderemos falar da inexistência da mesa em geral.

Se, referindo-se ao espírito humano, Berkeley consegue explicar a permanência dos corpos, apesar de não estarem sendo imediatamente percebidos por alguém, isto não é suficiente para explicar a evolução do conhecimento humano.

Como Berkeley explica, por exemplo, a aceitação da existência de planetas, num dado momento da história, quando antes estes não eram conhecidos? Poder-se-ia supor que, pelo fato de não serem percebidos pelo homem, estes não existiam?

Berkeley responde negativamente a esta última questão, e para respondê-la recorre à noção de um outro espírito, que não o humano: Deus. Segundo Berkeley, todas as coisas são conhecidas por Deus eternamente ou, em outras palavras, estão na mente divina.

É Deus que, segundo sua vontade e decisão, permite ao homem perceber as coisas, mesmo as que até dado momento foram imperceptíveis. Assim, no exemplo acerca do conhecimento dos planetas, poder-se-ia dizer que, a despeito de num dado momento da história certos planetas não serem conhecidos, isto não quer dizer que não existissem já na mente divina.

"Quando se diz das coisas que elas começam a existir, ou então que acabam, isso não se entende pelo que respeita a Deus, e sim unicamente às criaturas. Deus conhece-os eternamente, aos objetos; ou então (o que tanto monta) têm na sua mente uma existência eterna; quando as coisas, porém, anteriormente imperceptíveis para as criaturas se tornaram enfim perceptíveis para elas, em virtude de um decreto da Divindade, diz-se então que principiaram a ter, para as mentes criadas, um existir relativo. Quando leio, por conseguinte, a narrativa mosaica da Criação, entendo que as partes de que se compõe o mundo se tornaram gradualmente perceptíveis para os espíritos finitos que são dotados das faculdades apropriadas (. . .)." (*Diálogos*, III, pp. 117-118.)

É Deus, também, que dá suporte às regularidades percebidas pelo homem. A realidade possui regularidades, o que permite ao homem conhecê-la e atuar nela. Para Berkeley, as leis da natureza — ocorrência de regularidades, opondo-se ao caos — são expressão da vontade divina que "mantém e regula o curso ordinário das coisas" (*Tratado*, § 62). A vontade divina produz uma cadeia de efeitos naturais, os quais regula e mantém, o que permite ao homem chegar, pela experiência, a leis gerais.

Ao observar e comparar fenômenos, o homem identifica semelhanças entre eles. Nisto, segundo Berkeley, constitui-se a ciência: descoberta de concordâncias e harmonia entre os fenômenos, que permite chegar a regras gerais que explicam um dado evento em especial.

"Na verdade, examinando e comparando vários fenômenos, observamos alguma semelhança e conformidade entre eles. Por exemplo, na queda de uma pedra, nas marés, na coesão, cristalização etc., há semelhanças, em especial uma união ou aproximação mútua dos corpos. E assim tais fenômenos não surpreendem um homem que tenha observado cuidadosamente os efeitos da natureza. Isso apenas ocorre com o fora do comum, ou a coisa em si mesma fora do curso ordinário da nossa observação. Não se estranha a tendência dos corpos para o centro da Terra, porque o observamos constantemente; que semelhante gravitação os faça tender para o centro da Lua pode parecer singular e inexplicável, porque só o observamos nas marés; mas um filósofo[3], cujos pensamentos abrangem mais largo campo da natureza, tendo observado certa semelhança de aparências no céu e na Terra e que inúmeros corpos revelam mútua tendência de aproximação, a que dá o nome genérico de "atração", tudo que possa reduzir-se-lhe ele considera-o justamente explicado. Assim, explica as marés pela atração da Lua sobre o globo terrestre, o que não lhe parece estranho ou anômalo, mas apenas exemplo particular de uma regra geral ou lei da natureza". (*Tratado*, § 104.)

Ao contrário das idéias que são efeitos da vontade humana, (recordações, fantasias etc.), as idéias dos sentidos possuem ordem e não são produzidas por acaso. Formam cadeias, ligam-se ordenadamente umas às outras, o que possibilita que, pela experiência, identifiquemos que no curso natural das coisas tal idéia siga uma dada outra idéia. "Ora, as regras ou métodos estabelecidos segundo os

---

[3] Com este termo, Berkeley refere-se ao que denomina "filósofos naturais", isto é, aos homens que buscam explicações para os fenômenos naturais. (N. do A.)

quais o espírito excita, em nós, as idéias dos sentidos, são as chamadas *leis da natureza*. . ." (*Tratado*, § 30.)

As leis gerais permitem que atuemos no mundo de forma adequada, já que as associações das quais derivam possibilitam a previsão e, conseqüentemente, permitem ao homem saber como proceder.

Segundo Berkeley, o fato de experimentar regularmente certas sensações tem levado o homem, erroneamente, a julgar que existem causas. Para ele o que, na verdade, ocorre é a associação de sensações experimentadas constantemente, o que leva uma a tornar-se sinal da outra; em outras palavras, o aparecimento da primeira sensação leva a prever o aparecimento da segunda.

Berkeley nega que existam relações causais entre os fenômenos, entre os fatos, entre os corpos materiais; a relação causal, ao contrário, é a associação de sensações. A possibilidade de associações entre sensações está, em última análise, fundada na atuação de Deus visto ser Ele quem produz o aparecimento de regularidades, de acordo com sua vontade.

De acordo com Alquié (1982), as cadeias de fenômenos observadas não constituem, para Berkeley, nada além de uma relação de signos e de coisas significadas, e não de causas e efeitos. Assim, o fogo nada mais é do que um sinal de que, se nos aproximarmos, seremos queimados, o que constitui algo diferente da idéia de que o fogo é causa da queimadura. A relação ordenada e coerente entre sinais e coisas significadas é possibilitada pela vontade divina, ". . .de seu desejo de nos falar uma linguagem compreensível, de constituir um mundo cognoscível, no qual se possa exercer nossa ação". (Alquié, p. 195.)

Segundo Berkeley, as regularidades percebidas pelo homem conduzem-nos à idéia de que as causas existem na própria realidade e que as relações entre fenômenos são algo exterior ao homem e independentes da vontade divina. Tal fato, ao invés de aproximar o homem de Deus, leva-o a buscar longe d'Ele o que constituiriam as pretensas "causas".

Ao colocar a natureza como uma linguagem através da qual Deus comunica-se com o homem, Berkeley reintegra ao conhecimento o papel da vontade divina, reafirmando seu objetivo de combate ao ateísmo a que, segundo ele, o materialismo e a concepção vigente de causalidade tendiam a conduzir o homem.

Na concepção de causalidade, Berkeley ressalta o papel do sujeito na produção de conhecimento. Ao atribuir à causa o significado de *associação de sensações* percebidas pelo homem, Berkeley desloca a concepção de causalidade da posição externa ao sujeito em que se encontrava e da idéia de conexão necessária entre fenômenos, para uma posição dependente do sujeito, postura que se contrapõe à de pensadores como Galileu, Bacon, Descartes e outros de seu tempo e que lança o germe de uma discussão que será retomada e aprofundada por Hume.

"Este trabalho insistente e uniforme que tão claro mostra a bondade e sabedoria do Espírito soberano cuja vontade constitui as leis da natureza, está tão longe de conduzir para Ele os nossos pensamentos, que antes os leva a perseguir causas segundas. Quando vemos certas idéias dos sentidos constantemente seguidas por outras, sem o termos feito nós, atribuímos poder e atividade às idéias e julgamos ser uma coisa causa de outra, embora nada seja mais absurdo e ininteligível. Assim, por exemplo, tendo visto certa figura luminosa e redonda e ao mesmo tempo recebido a idéia ou sensação chamada calor, concluímos que o Sol é causa do calor. Do mesmo modo ao perceber o movimento e colisão de corpos acompanhada de som, pendemos a crer seja este o efeito daqueles." (*Tratado,* § 32.)

A associação de sensações, base do conceito de causalidade em Berkeley, é o que permite explicar o fato de o homem não fazer inferências incorretas sobre a realidade percepcionada.

Para Berkeley, ater-se às percepções permite ao homem construir um conhecimento verdadeiro, livre de erro. O erro, segundo ele, consiste na elaboração de inferências incorretas a partir da realidade percepcionada pelo homem. Esta postura de Berkeley em relação ao erro pode ser ilustrada pelo seguinte exemplo: embora o homem veja um carro do tamanho de um inseto, do vigésimo andar de um prédio, ele não poderá afirmar que o carro é do tamanho de um inseto, se se ativer às percepções que tem, visto que ao descer, ele verá o carro com outro tamanho. De fato, não há erro em afirmar-se que do 20.° andar de um prédio um automóvel se assemelha a um inseto em tamanho. Generalizar tal conclusão para todas as situações seria no entanto incorreto. Assim, consistiria em erro inferir que, próximo ao carro, ele seria percebido com o mesmo tamanho com que o é do 20.° andar de um edifício. As percepções, portanto, nunca são incorretas e se o homem se ativer a elas não errará; o erro está na inferência inadequada de uma situação para outra.

Esta postura de Berkeley fica clara na resposta que apresenta nos *Diálogos,* quando questionado sobre o papel dos sentidos na conceituação da realidade, já que estes podem permitir ao homem enganar-se quando acredita ser a Lua uma superfície luminosa e plana ou quando crê estar dobrado ou curvado um remo cuja extremidade está mergulhada na água.

"É que o erro não está nas idéias que atualmente percepciona, e sim nas inferências que derivou das suas presentes percepções. No caso do remo, o que pela vista imediatamente percepciona é sem dúvida alguma uma coisa quebrada: e quanto a isso não sai ele da verdade. Porém, se daí concluir que depois de tirar o remo da água há de percepcionar nele a mesma dobra, ou que o remo lhe afetará o tato como as coisas dobradas costumam fazer — então cairá ele em erro. (...) O seu engano, todavia, não reside naquilo que percepciona imediatamente e presentemente (seria, em nós, uma contradição manifesta o supormos que se poderia equivocar nesse ponto), senão que sim no juízo errôneo acerca das idéias que supõe associadas com aquelas que imediatamente percepcionou; ou ainda sobre as idéias que ele acaso imagina, consoante o que percepciona no momento presente, que em outras circunstâncias percepcionará. O caso é, precisamente, o mesmo que se dá com o sistema de Copérnico. Não percepcionamos o movimento da Terra, mas seria errôneo o concluir-se daí que, se estivéssemos separados da mesma Terra pela distância a que nos achamos dos demais planetas — não percepcionaríamos o seu mover-se". (*Diálogos*, III, p. 109.)

Como vimos, Berkeley a despeito de afirmar a existência de uma realidade que não é fruto da imaginação humana, constitui-se num imaterialista, já que nega a existência de algo exterior ao sujeito que se possa denominar matéria. Esta postura, associada ao papel que atribui a Deus na relação com o mundo e com o conhecimento, pode conduzir a duas interpretações: numa primeira, assumir-se-ia o mundo como criação divina, mundo este que o homem percebe através dos atributos que Deus lhe concedeu para tal; numa segunda, assumir-se-ia que todas as idéias reais seriam impressas por Deus no homem, não tendo este qualquer papel na apreensão do real a não ser como receptáculo de tais idéias. Qualquer que seja a interpretação assumida, no entanto, o mundo para Berkeley é algo cuja existência e características estão vinculadas à existência humana, já que, segundo este autor, nada existe a não ser o que é percebido pelo homem.

Segundo Alquié (1982), a postura imaterialista de Berkeley constitui-se numa oposição às posturas e conceitos vigentes em sua época.

Criticando o realismo qualitativo, que afirma a existência de qualidades que são inerentes à matéria — qualidades estas que podem ser descobertas, portanto, que existem objetivamente — Berkeley nega-as afirmando a subjetividade do sensível.

Esta crítica se estende às idéias de Locke no que se refere à sua postura acerca das qualidades da matéria. Para Locke, certas qualidades como figura, movimento, solidez (as chamadas qualidades primárias) eram inerentes à matéria; já certas qualidades (as chamadas qualidades secundárias) como odor, som, cor não existiam independentemente do sujeito, uma vez que sua existência residia no fato de serem percebidas.

Para Berkeley tal distinção é inadequada. Para ele é impossível separar as qualidades primárias das secundárias (é impossível formar a idéia de um corpo extenso que não tenha cor, por exemplo). Se as qualidades secundárias são resultado da percepção, por que não o seriam também as primárias? Figura, movimento, extensão são, tais como a cor, o som etc. idéias existentes no espírito, não podendo existir independente do ser percipiente.

"Os que afirmam existirem as qualidades primárias — figura, movimento etc. — fora do espírito em substância impensante, ao mesmo tempo o negam das secundárias: calor, som, frio, quente e outras, só existentes no espírito, dependentes e derivadas da diversa grandeza, textura e movimento das partículas da matéria: consideram isto uma verdade demonstrável sem exceção. Ora, se estas qualidades originais forem inseparáveis das outras qualidades sensíveis e incapazes de abstração mesmo em pensamento, segue-se que existem somente no espírito. Que alguém reflita e veja se pode abstrair e conceber a extensão e movimento de um corpo sem todas as outras qualidades sensíveis. Por mim, não consigo formar idéia de um corpo móvel e extenso sem dar-lhe alguma cor ou outra qualidade sensível das que se reconhece existirem só no espírito. Em resumo, extensão, figura, movimento são inconcebíveis separadas das outras qualidades. Onde existam portanto as outras qualidades sensíveis, essas devem existir também, isto é, no espírito e em nenhuma outra parte." (*Tratado*, § 10.)

Conceber a inexistência de uma substância material e, conseqüentemente, a inexistência de algo independentemente do ser percebido, conduz Berkeley a criticar noções que, no período em que viveu, e mesmo antes, vinham sendo utilizadas em campos tais como a matemática e a física. Quanto à matemática, Berkeley procura refutar seus conceitos: não há o número em si, a extensão em si, a divisão ao infinito, já que todas estas coisas constituem-se em conteúdos da percepção.

Quanto ao número, Berkeley afirma: "O *número* é total criação do espírito, e, ainda quando outras qualidades pudessem existir sem ele, basta considerar que a mesma coisa difere quanto ao número conforme o ponto de vista do espírito; assim a mesma extensão pode exprimir-se por um, três, ou trinta e seis, conforme referida à jarda, ao pé ou à polegada. "Número" é tão sensivelmente relativo, e dependente do entendimento humano, que espanta possa alguém pensar na sua existência absoluta, fora do espírito. Dizemos "um livro", "uma página", "uma linha", e todos são unidades embora contenham várias outras. E em cada exemplo, é evidente, a unidade refere-se a uma combinação particular de idéias arbitrariamente jungidas pelo espírito". (*Tratado,* § 12.)

Quanto à extensão, Berkeley afirma que é impossível pensá-la em si. Pensa-se em uma extensão finita, particular e ao pensá-la é preciso que cada parte dela seja percebida. Ora, é impossível perceber um número infinito de partes numa extensão finita, portanto, a divisibilidade infinita da extensão finita não pode ser admitida.

A síntese newtoniana, cujos conceitos regiam a física da época, é também atacada por Berkeley que questiona noções tais como a de espaço absoluto, gravitação universal, movimento absoluto etc.

Como já se viu, ao rejeitar a noção de que existam qualidades inerentes aos corpos que sejam essenciais e universais, Berkeley acaba rejeitando a causalidade como algo existente nos próprios fenômenos. Em decorrência disto, o princípio da gravitação universal, admitido como princípio explicativo da atração dos corpos, é rejeitado por Berkeley. Embora admita que através da observação dos fenômenos se possa concluir a tendência de aproximação dos corpos, não admite que a explicação disto esteja nos próprios fenômenos já que, segundo ele, as relações entre os fenômenos são estabelecidas pelo sujeito através de associação de sensações. Portanto, não admite a existência de algo como a gravitação como explicação (causa) da atração observada.

As noções de espaço e tempo absolutos, propostas por Newton, são também rejeitadas por Berkeley já que ambos os conceitos referem-se a algo que não tem relação com o que concretamente se percebe. Segundo Berkeley, as idéias de tempo e espaço são relativas a situações particulares, sendo impossível entendê-los desvinculados de tais situações. Berkeley exemplifica esta posição mostrando que se combinarmos de nos encontrar com alguém num dado local, em dada hora, não teríamos dificuldade em realizar o que foi combinado já que isto é perfeitamente compreensível. No entanto "...se o tempo for tomado com exclusão das ações e idéias particulares diferenciadoras, mera continuação da existência ou duração em abstrato, então, mesmo a um filósofo será difícil compreendê-lo". (*Tratado*, § 97.)

Em outros trechos do Tratado, Berkeley discute a noção de espaço absoluto, da forma a seguir apresentada:

"Quanto ao repouso, o célebre autor[4] admite um *espaço absoluto*, imperceptível aos sentidos, e em si mesmo similar e imóvel; e um espaço relativo, medida do primeiro, móvel, definível pela sua situação relativamente aos corpos sensíveis, tomado vulgarmente por espaço imóvel. *Lugar* define-se a parte do espaço ocupada por um corpo; e, conforme o espaço é absoluto ou relativo, assim é o lugar. *Movimento absoluto* chama-se à translação de um corpo de um lugar absoluto para outro lugar absoluto, e movimento relativo o de um lugar relativo para outro (...)". (§ 111.)

"Confesso, não obstante, que não me parece possa haver outro movimento além do *relativo*; para conceber o movimento é preciso conceber pelo menos dois corpos a distância e em posição variáveis. Se houvesse um corpo só, não poderia mover-se. Isto parece evidente: a idéia que tenho de movimento inclui necessariamente a relação". (§ 112.)

"De onde se segue que a consideração do movimento não implica um *espaço absoluto*, diferente do percebido pelos sentidos e corpos correlatos. Pelos mesmos princípios já aplicados à demonstração de outros objetos sensíveis é claro não poder ele existir fora do espírito. E talvez, se bem inquirirmos, concluiremos não poder formar idéia de *espaço puro*, exclusivo de todos os corpos. Esta idéia, a mais abstrata, parece-me impossível (...)". (§ 116.)

A crítica de Berkeley estende-se também à crença de que o homem produza idéias abstratas, crença esta que, de acordo com ele, é falsa.

Ao atacar a crença nas idéias abstratas, Berkeley novamente se contrapõe a Locke: segundo este, a capacidade de abstração é uma característica própria do ser humano.

Para Locke, a abstração consiste em pensar, dentre as características particulares de diferentes objetos, a característica comum a

---

4 Aqui Berkeley refere-se a Isaac Newton. (N. do A.)

todos eles, desvinculando-os de suas particularidades. Nesta concepção, ao se falar som, cor, homem ou fruta, com estas palavras indica-se uma idéia abstrata, pois esta não se refere a qualquer ruído em especial, nem a qualquer objeto colorido, nem a alguém especificamente ou a uma determinada fruta. Ela (idéia) se refere a conceitos que são abstraídos de seus referentes concretos.

É exatamente a possibilidade de abstração que Berkeley critica: nada existe em abstrato já que não se pode pensar em algo que não tenha, como referência, particulares. O homem, em si, não pode ser pensado, pois não é possível ter idéias de um homem que não seja alto ou baixo, gordo ou magro etc., assim como não se pode ter idéia de uma fruta que não tenha certa forma, cor, tamanho etc.

A noção de *idéia abstrada* acaba sendo substituída, por Berkeley, pela noção de *idéia geral.*

Para Berkeley, embora não se possa pensar em abstrato, pode-se fazer generalizações o que significa fazer referência, propositadamente, a um aspecto, desprezando as particularidades, desprezando o referencial concreto.

Exemplificando, eu posso falar *branco* porque eu deixo de considerar as características específicas dos objetos de cor branca que me vêm à mente (papel branco, cinzeiro branco, círculo branco...) e fixo-me, propositadamente, em um dos aspectos particulares que caracterizam o objeto, aspecto este que estou interessado em analisar, no caso a cor branca.

Na medida em que as particularidades são desprezadas, a idéia de branco passa a ser uma idéia geral, uma vez que se constitui num sinal de outras idéias particulares.

"Observando como as idéias vêm a ser gerais mais facilmente o entenderemos das palavras. Note-se que eu não nego em absoluto a existência de idéias gerais mas apenas a de idéias gerais *abstratas*; nos passos citados, quando se fala de idéias gerais, supõem-se sempre formadas por abstração, do modo indicado nos parágrafos 8 e 9. Ora, se quisermos atribuir sentido às nossas palavras e falar somente do que podemos conceber, concordaremos — creio eu — que uma idéia particular, quando considerada em si mesma, se torna geral quando representa todas as idéias particulares da mesma espécie. Suponhamos, para exemplificar, um geômetra que ensina a dividir uma linha em duas partes iguais. Traça, por exemplo, uma linha preta de uma polegada de comprimento; é uma linha particular; no entanto, pelo significado geral, representa todas as linhas possíveis; de modo que o demonstrado quanto a ela fica demonstrado para todas as linhas ou, por outras palavras, para a linha em geral. E assim como a linha particular fica geral por ser um símbolo, o *nome* "linha", que em absoluto é particular, como símbolo fica sendo geral. E, como para o caso anterior a generalidade não provém de ser sinal de uma linha geral abstrata, mas de todas as linhas particulares possíveis, também no segundo deve pensar-se que a generalidade provém da mesma causa, isto é, das várias linhas particulares indiferentemente denotadas." (*Tratado*, Introdução, § 12.)

Como se coloca no contexto do pensamento de Berkeley, a substituição da *idéia abstrata* por *idéia geral*? Lembrando a postura imaterialista de Berkeley, pode-se concluir que, para ele, era importante refutar toda concepção que pudesse conduzir à admissão da existência de uma essência nas coisas, idéia que se constituía num passo para a admissão da existência da matéria.

A concepção de que a abstração consiste em pensar características comuns a objetos, desvinculadas das particularidades destes, poderia subsidiar a concepção de existência de *algo inerente* aos diferentes objetos e, portanto, existente em si.

Com vimos, Berkeley opõe-se à defesa da existência de tais *qualidades inerentes*. Logo, não poderia admitir uma concepção que trouxesse de forma subjacente este aspècto.

Assim, coerentemente com seu pensamento, Berkeley usa a noção de *idéia geral* que nada mais é que um *sinal* de idéias particulares. Não existe o conceito, algo inerente aos particulares, mas apenas as particularidades percebidas que podem, deliberadamente, serem representadas por uma outra idéia.

Tal como em sua concepção de causalidade em que a causa inerente aos fenômenos é substituída por associações de sensações em que uma torna-se sinal do aparecimento de outra, Berkeley define a idéia geral como um sinal de percepções particulares.

Além da discussão acerca do processo de conhecimento, Berkeley preocupou-se também com questões relativas à moral e à política. Segundo Abbagnano (1978) a moral política defendida por Berkeley reflete o caráter religioso de sua obra. O princípio que fundamenta tal moral é o da "obediência passiva ao poder constituído" (Abbagnano, p. 141). O homem deveria atuar em conformidade com leis estabelecidas que, segundo Berkeley, são impressas no espírito humano por Deus. A felicidade não pode, portanto, ser alcançada se o ser humano se arvora em juízos particulares para direcionar suas ações. As leis divinas são identificadas com as leis da sociedade. Logo, a submissão ao poder constituído é submissão à vontade de Deus, dever moral de todo o indivíduo, necessário ao atingimento do objetivo último: o bem-estar da humanidade.

Segundo Berkeley, "Em moral, as regras eternas da ação têm a mesma verdade imutável e universal que as proposições em geometria... A regra 'Tu não deves resistir ao poder civil supremo' é tão constante e invariável para traçar a conduta de um indivíduo com relação ao governo quanto a regra 'multiplique a altura pela metade da base' o é para calcular a superfície de um triângulo." (*Obediência passiva*, § 53)

As regras a que se deve submeter o indivíduo, já que leis divinas, são absolutamente invariáveis, válidas para todas as sociedades e povos em diferentes momentos da história. Para Berkeley, o fim último pelo qual Deus exige o concurso da ação humana deve ser perseguido "... pela observação de certas regras, universais e determinadas e de preceitos morais, que pela sua própria natureza, tendem necessariamente a promover o bem-estar da humanidade inteira, em todas as nações e em todas as épocas, do começo ao fim do mundo." (*Obediência passiva*, § 10.)

A ênfase que Berkeley dá à obediência das regras instituídas — que traz embutida uma concepção de invariabilidade — pode ser observada na forma como discute o papel do trabalho.

Leroy (1944), num prefácio às *Obras escolhidas* de Berkeley, aponta que um dos princípios constantemente defendidos pelo autor é o de que o esforço constitui-se em fundamento de toda a riqueza. Logo, o trabalho é um elemento essencial no desenvolvimento social. Esta ênfase no trabalho pode ser identificada quando Berkeley defende que os homens que não trabalham devem ser expulsos do grupo social, que os criminosos e delinqüentes devem ser submetidos a trabalhos forçados e que deveria haver uma política de educação às crianças pobres e órfãs de forma a prepará-las para o trabalho.

No que diz respeito às questões morais, sociais, políticas, Berkeley revela uma postura conformista. Como é possível esta posição, se durante todo o seu trabalho até aqui apresentado demonstrou-se que enfatiza o papel do homem no conhecimento como essencial na determinação da existência das coisas? Isto é possível porque, ao mesmo tempo em que defende esta postura, Berkeley defende também a de que Deus é o criador de todas as coisas e de que a atividade do homem é, em última análise, resultado da vontade divina. Ao colocar em Deus o princípio de tudo, inclusive da atividade humana, sobra para o homem um papel passivo, de receptáculo de percepções acerca do mundo no que diz respeito ao conhecimento tanto dos objetos quanto das regras a serem seguidas no convívio social.

CAPÍTULO 17

A EXPERIÊNCIA E O HÁBITO COMO DETERMINANTES DA NOÇÃO DE CAUSALIDADE: DAVID HUME (1711-1776)

> "Essa conexão, pois, que *sentimos* na mente, essa transição costumeira da imaginação passando de um objeto para o seu acompanhante usual, é o sentimento ou impressão que nos leva a formar a idéia de poder ou conexão necessária. Nada mais há que descobrir aí."
>
> (Hume)

David Hume nasceu na Escócia, em Edimburgo, em 1711. Viveu algum tempo na França (1765-1768), trabalhando para o governo inglês e lá conheceu vários iluministas franceses e foi reconhecido por eles como um pensador importante. Foi por algum tempo amigo de Rousseau, com quem voltou para a Inglaterra, quando este era perseguido na França.

De volta à Inglaterra, continuou a serviço do governo até que retornou à Escócia, em 1769. Em Edimburgo, participou ativamente de discussões com vários intelectuais importantes (entre eles Adam Smith) e, possivelmente, por suas difíceis relações com o clero, jamais chegou a dar aulas na universidade, embora tenha, por várias vezes, tentado ser professor. David Hume morreu em 1776.

Dentre suas obras destacam-se: *Tratado da natureza humana, Investigações sobre o entendimento humano, Discursos políticos, História natural da religião e Diálogos sobre a religião natural.*

A importância de Hume como filósofo está na sua preocupação com a avaliação e a crítica do conhecimento que se pretende um conhecimento objetivo do mundo: preocupou-se com os processos que levam o homem a fazer afirmações sobre o mundo e a fazê-las de forma a ter plena confiança em suas afirmações, em si como produtor de conhecimento e no mundo como objeto de conhecimento.

A análise feita por Hume do processo de produção de conhecimento apresenta características tais que o relacionam ora com o empirismo, ora com o ceticismo e ora com o positivismo.

Segundo Kolakowski (1972), o positivismo tem como características marcantes assumir: que não há diferença entre essência e aparência; que o conhecimento científico é baseado na relação do homem com os fenômenos tais como são experienciados; que o conhecimento científico não comporta julgamentos de valor, mas apenas fatos, e que há, fundamentalmente, um método científico, uma unidade essencial no conhecimento que se refere ao método utilizado para sua produção. Considerando-se estas características, o pensamento de Hume relaciona-se intimamente com a concepção positivista, já que a crítica que faz do conhecimento se expressa, fundamentalmente, por se recusar a postular uma essência, seja material, seja espiritual, para os fenômenos da natureza. O que leva a criticar a noção de que o conhecimento é plenamente representativo do mundo exterior, ou de que é a manifestação de um *a priori* qualquer, e a assumir, portanto, que o conhecimento científico é fruto da experiência humana e que qualquer conhecimento não obtido pela via da experiência está à margem da ciência.

A concepção de Hume se relaciona com o ceticismo pela análise que faz dos processos que sustentam a confiança do homem na sua experiência do mundo e no conhecimento que daí decorre. Para Hume, a base desta confiança não decorre da própria natureza, ou de processos racionais. Decorre dos processos psicológicos característicos do sujeito que conhece.

Finalmente, a concepção de Hume se relaciona com o empirismo por sua preocupação em discutir e criticar a fonte do conhecimento humano, que, para ele, encontra-se na percepção. A influência de Locke e Berkeley, sobre o trabalho de Hume, baseia-se nesta tradição. Locke, por sua noção de que as idéias fundam-se na experiência, nas sensações do homem frente ao mundo. Berkeley, por sua crítica da noção de causalidade física. Estes dois pensadores são empiristas se se considerar que a fonte do conhecimento é, em última instância, para eles, a experiência. E são exatamente estes os pressupostos que ocuparão papel de destaque na análise e crítica que Hume faz do processo de produção de conhecimento. Hume, no entanto, supera ambos os pensadores. Supera Berkeley porque não opõe à crítica da causalidade física uma causalidade espiritual, e supera Locke, entre outras coisas, porque não opõe idéia à impressão.

Hume parte do princípio de que todo conhecimento que se refere ao mundo é fundado na percepção. A percepção divide-se em impressões e idéias. As impressões são nossas percepções mais vivas, são irredutíveis a outros elementos; são as nossas sensações quando experienciamos algo. Podem ser impressões de sensação (externas), como as cores, os sons etc., ou impressões de reflexão (internas), como as emoções, a vontade etc. As idéias são cópias das impressões e, como tais, baseiam-se e provêm delas, mas são menos vivas e não se confundem com elas. As idéias são os nossos pensamentos e, para Hume, não é, portanto, possível supor pensamentos ou idéias cuja origem não esteja numa ou num conjunto de impressões.

A este respeito Hume afirma: "Todos admitirão, sem hesitar, que existe uma considerável diferença entre as percepções da mente quando o homem sente a dor de um calor excessivo ou o prazer de um ar moderadamente tépido e quando relembra mais tarde essa sensação ou a antecipa pela imaginação. Essas faculdades podem remedar ou copiar as percepções dos sentidos, mas jamais atingirão a força e a vivacidade do sentimento original. O máximo que podemos dizer delas, mesmo quando operam com todo o seu vigor, é que representam o seu objeto de maneira tão viva que *quase* se poderia dizer que os vemos ou sentimos. Mas, a não ser que a mente esteja afetada por uma doença ou pela loucura, nunca podem chegar a um tal diapasão de vivacidade que seja completamente impossível distinguir entre essas percepções. Todas as cores da poesia, por mais esplêndidas, jamais poderão pintar os objetos naturais de tal modo que a descrição seja tomada por uma verdadeira paisagem. O mais vivo pensamento é ainda inferior à mais embotada das sensações". (. . .)

"Podemos, pois, dividir aqui todas as percepções da mente em duas classes ou espécies, as quais se distinguem pelos seus diferentes graus de força ou vivacidade. As menos fortes ou vivazes são comumente denominadas *pensamentos* ou *idéias*. A outra espécie não tem nome em nossa língua, como em muitas outras, suponho que por não ser necessário para nenhum fim que não fosse filosófico o incluí-las sob um termo ou designação geral. Tomemos, pois, uma pequena liberdade e chamemo-las *impressões*, usando a palavra num sentido algo diferente do usual. Pelo termo *impressão* entendo todas as nossas percepções mais vivazes, quando ouvimos, vemos, sentimos, amamos, odiamos, desejamos ou queremos. E as impressões distinguem-se das idéias, que são as impressões menos vivazes das quais temos consciência quando refletimos sobre qualquer dessas sensações ou movimentos acima mencionados." (*Investigação sobre o entendimento humano*, seção II, 11, 12.)

Assim, para Hume, qualquer pensamento tem na sua base uma impressão e a liberdade que se supõe existir no pensamento humano, capaz de criar as mais insólitas imagens, não passa de uma liberdade aparente. Esta liberdade é aparente porque quaisquer idéias que o homem possa criar são, em última instância, fundadas nas suas impressões.

"Mas, embora nosso pensamento pareça possuir essa liberdade ilimitada, examinando o assunto mais de perto, vemos que, na realidade, ele se acha encerrado dentro de limites muito estreitos e que todo poder criador da mente se reduz à simples faculdade de combinar, transpor, aumentar ou diminuir os materiais fornecidos pelos sentidos e pela experiência. Quando pensamos numa montanha de ouro, não fazemos mais do que juntar duas idéias compatíveis entre si, *ouro* e *montanha*, que já conhecíamos anteriormente. Podemos conceber um cavalo virtuoso, pois os nossos sentimentos nos levam à concepção de virtude, e esta pode unir-se à figura e forma de um cavalo, animal que nos é familiar. Em resumo, todos os materiais do pensamento derivam da sensação interna ou externa; só a mistura e composição destas dependem da mente e da vontade. Ou, para expressar-me em linguagem filosófica, todas as nossas idéias ou percepções mais fracas são cópias de nossas impressões, ou percepções mais vivas." (*Investigação sobre o entendimento humano*, seção II, 13.)

Com esta citação explicita-se, também, que, para Hume, as idéias chamadas complexas são compostas de idéias simples e, portanto, baseadas em impressões. Deve-se ressaltar, ainda, que a suposição de que todas as idéias simples ou complexas são, em última instância, fundadas em impressões, adquire um duplo papel no pensamento de Hume: é também a prova a que se deveria submeter todas as nossas idéias para que se pudesse aceitá-las. (. . .) "Quando suspeitarmos, portanto, que um termo filosófico seja empregado sem qualquer significação ou idéia (o que acontece com muita freqüência), bastará perguntar: *De que impressão deriva esta suposta idéia?* E, se for impossível casá-la com uma impressão qualquer, isso servirá para confirmar nossa suspeita. Colocando as idéias sob uma luz tão clara, temos boas razões para nutrir a esperança de remover todas as disputas que possam surgir a respeito de sua natureza e realidade." (*Investigação sobre o entendimento humano*, seção II, 17.)

A partir destes aspectos de seu pensamento, poder-se-ia supor que Hume via o homem como um mero depósito de impressões sensoriais e seu conhecimento como mera conseqüência mecânica. No entanto, não é isto que ocorre: para Hume há situações nas quais o homem claramente produz idéias que não são meras cópias de impressões, o que indica que, como sujeito do conhecimento, o homem desempenha um papel ativo na produção deste conhecimento. É assim que pode ser analisada a exceção identificada por Hume na relação impressão-idéia: para ele, em alguns casos, o homem é capaz de construir idéias, não a partir de impressões, mas exatamente de sua ausência.

"Há, porém, um fenômeno contraditório que talvez prove não ser de todo impossível que uma idéia surja sem a correspondente impressão." (...) "Suponha-se, por exemplo, uma pessoa que tenha desfrutado seu sentido de visão durante trinta anos, adquirindo uma perfeita familiaridade com toda espécie de cores, salvo um determinado matiz de azul, por exemplo, que nunca se lhe tenha deparado. Coloquem-se diante dele todos os diferentes matizes de azul, menos esse, em ordem gradualmente descendente do mais carregado ao mais claro; é evidente que ele perceberá um vazio no lugar onde falta esse matiz e sentirá uma distância maior entre as cores contíguas nesse lugar do que em todos os outros. Pergunto, agora, se lhe será possível suprir essa falha com a sua imaginação e formar por si mesmo a idéia desse matiz particular, embora nunca lhe tenha sido apresentado pelos sentidos. Creio que poucos negarão essa possibilidade; e isso servirá talvez como prova de que as idéias simples não derivam sempre e em todos os casos das correspondentes impressões; se bem que este exemplo seja tão singular, que mal merece nos detenhamos nele e alteremos, por sua causa, o nosso princípio geral." (*Investigação sobre o entendimento humano*, seção II, 16.)

Pode-se notar, a partir deste exemplo, que Hume reconhece no homem características que lhe atribuem um papel ativo (no sentido de não ser um mero depósito de impressões) na produção de conhecimento. Embora Hume considere este caso uma exceção, e não o discuta detalhadamente, ainda assim, permanece o fato de que, aí, o autor reconhece o sujeito do conhecimento como produtor efetivo de idéias, já que, neste caso, as idéias não seriam cópias de impressões, apesar de poderem estar sendo delimitadas por elas.

Mas, como foi dito, este é um caso exceção; permanece, apesar dele, o princípio geral de que toda idéia é representativa de uma ou de um conjunto de impressões. E o problema que então se coloca é como que a partir das impressões e das idéias o homem constrói o conhecimento.

Há, para Hume, dois tipos possíveis de conhecimento. De um lado, o conhecimento obtido pela aplicação do raciocínio, pela construção de relações lógicas; o conhecimento das matemáticas, da geometria e da própria lógica. Este é um conhecimento sobre o qual se pode demonstrar sua verdade ou falsidade, analisando a correção do raciocínio e das relações lógicas efetuadas; no entanto não diz, necessariamente, respeito a nenhum fato concreto e nem a eles precisa se referir. Segundo Kolakowski (1972), para Hume as afirmações deste tipo (denominadas de relações de idéias) são "indubitáveis porque são auto-evidentes ou porque foram legitimamente inferidas de proposições auto-evidentes". (p. 45) É assim que o próprio Hume apresenta este tipo de conhecimento:

"Todos os objetos da razão ou investigação humana podem ser divididos naturalmente em duas espécies, a saber: *relações de idéias* e *questões de fato*. À primeira espécie pertencem as ciências da Geometria, Álgebra e Aritmética; e, numa palavra, toda afirmação que seja intuitivamente ou demonstrativamente certa. Que o *quadrado da hipotenusa é igual à soma dos quadrados dos dois lados* é uma proposição que expressa uma relação entre essas figuras. Que *três vezes cinco é igual à metade de trinta* expressa uma relação entre esses números. As proposições desta espécie podem ser descobertas pela simples operação do pensamento, sem dependerem do que possa existir em qualquer parte do universo. Ainda que jamais existisse um círculo ou um triângulo na natureza, as verdades demonstradas por Euclides conservariam para sempre a sua certeza e evidência." (*Investigação sobre o entendimento humano*, seção IV, 20.)

De outro lado, há o conhecimento que diz respeito a questões de fato, que busca expressar conexões e relações que descrevem (ou explicam) fenômenos concretos. Neste caso, a experiência passa a desempenhar papel fundamental na sua formulação, e a questão da certeza e verdade do conhecimento complexifica-se na medida em que o conhecimento ganha em conteúdo. Aqui, a verdade de uma afirmação não pode ser logicamente demonstrada ou refutada, e todo o conhecimento depende dos processos que operam na mente quando o homem se defronta com a experiência dos fatos.

"As questões de fato, que formam os segundos objetos da razão humana, não são verificadas da mesma forma; e tampouco a evidência de sua verdade, por maior que seja, tem a mesma natureza que a antecedente. O contrário de toda afirmação de fato é sempre possível, pois que nunca pode implicar uma contradição e é concebido pelo intelecto com a mesma facilidade e clareza, como perfeitamente conforme à realidade. *Que o sol não nascerá amanhã* não é uma proposição menos inteligível e não implica mais contradição do que a assertiva contrária, de que *o sol nascerá.* Seria vão, por isso, tentar demonstrar a sua falsidade. Se isso fosse demonstrativamente falso, implicaria uma contradição e jamais poderia ser claramente concebido pelo intelecto." (*Investigação sobre o entendimento humano,* seção IV, 21.)

Mais uma vez, Hume se defronta com um problema importante. Se o conhecimento das "ciências empíricas", conhecimento este sumamente relevante para ele por ser o único conhecimento que se refere ao conteúdo do mundo, é o produto de uma atividade subjetiva da imaginação operando sobre as impressões e idéias, passa a ser importante explicar que operações são estas. Torna-se importante explicar como idéias que são individuais, porque se referem a experiências individuais, que são particulares e localizadas porque se referem a impressões igualmente particulares e singulares podem dar origem a um conhecimento que não aparece como singular e particular, imediato e individualizado.

Para Hume, as afirmações gerais, as leis, as regularidades que supomos descobrir e descrever com o conhecimento que reproduzimos sobre o mundo, derivam de *regras naturais* que operam na imaginação dos homens: "Embora o fato de as diferentes idéias se ligarem uma às outras seja demasiado evidente para ter escapado à observação, não vejo que algum filósofo tenha procurado enumerar ou classificar todos os princípios de associação. Ora, este é um assunto que bem parece merecer um pouco de atenção. Quanto a mim, creio existirem apenas três princípios de conexão entre as idéias, a saber: a *semelhança,* a *contigüidade* de tempo ou lugar, e a *causa* e *efeito.*

Ninguém, acredito, terá muita dúvida de que estes princípios sirvam para ligar idéias. Uma pintura conduz naturalmente os nossos pensamentos para o original[1]; a menção de um aposento numa casa desperta naturalmente uma pergunta ou um comentário a respeito dos outros[2]; e, se pensamos num ferimento, dificilmente podemos furtar-nos à idéia da dor que o acompanha[3], (*Investigação sobre o entendimento humano,* seção III, 19.) E é esta relação, a de causalidade,

1 Semelhança, (N. do A.)

2 Contigüidade, (N do A.)

3 Causa e efeito (N. do A.)

que é o traço fundamental, a primeira característica de todo conhecimento sobre questões de fato.

"Todos os raciocínios sobre questões de fato parecem fundar-se na relação de *causa* e *efeito*. Só por meio desta relação podemos ultrapassar a evidência de nossa memória e de nossos sentidos." (. . .) "Todos os nossos raciocínios em torno de fatos são da mesma natureza. E aqui supomos constantemente que existe uma conexão entre o fato presente e o que dele inferimos. Se não houvesse nada para ligá-los, a inferência seria completamente precária." (. . .) "Se dissecarmos todos os outros raciocínios deste gênero, veremos que se fundam na relação de causa e efeito, e que esta relação é próxima ou remota, direta ou colateral. O calor e a luz são efeitos colaterais do fogo, e um desses efeitos pode ser inferido com acerto do outro." (*Investigação sobre o entendimento humano*, seção IV, 22.)

Para Hume, não há como estabelecer tais relações causais e, portanto, não há como construir conhecimento sobre questões de fato, a não ser a partir da experiência, que se torna, assim, a segunda característica deste tipo de conhecimento.

"Se nos quisermos persuadir, contudo, sobre a natureza dessa evidência que nos dá garantia em questões de fato, devemos indagar como chegamos ao conhecimento desta relação da causa e do efeito.

Aventurar-me-ei a afirmar, como uma proposição geral que não admite exceção, que o conhecimento dessa relação não é, em caso algum, alcançado por meio de raciocínios *a priori*, mas origina-se inteiramente da experiência, quando verificamos que certos objetos particulares estão constantemente ligados uns aos outros. Que um objeto seja apresentado a um homem da maior capacidade e poder natural de raciocínio; se esse objeto lhe for inteiramente desconhecido, ele não poderá, mesmo pelo exame mais minucioso de suas qualidades sensíveis, descobrir qualquer de suas causas ou efeitos. Nenhum objeto jamais revela, pelas qualidades que se manifestam aos sentidos, nem as causas que o produziram, nem os efeitos que dele decorrerão; e tampouco a nossa razão, sem o socorro da experiência, é capaz de inferir o que quer que seja em questões do fato e de existência real". (*Investigação sobre o entendimento humano*, seção IV, 23.)

Há ainda uma característica, implícita no conhecimento sobre questões de fato, que deve ser levantada, já que é dela que deriva a confiança na previsão dos fenômenos. Para Hume, o conhecimento relativo a questões de fato também está na dependência de se "confiar na experiência passada e fazer dela o padrão de nossos juízos futuros". (*Investigação sobre o entendimento humano*, seção IV, 30.) Ou seja, o conhecimento depende da suposição de que o futuro repetirá o passado, ou de que os eventos por ocorrer seguirão o mesmo padrão já observado.

No trecho a seguir, Hume parece sintetizar as três características básicas relativas ao conhecimento das questões de fato: (. . .) "Dissemos que todos os argumentos relativos à existência baseiam-se na relação de causa e efeito; que o nosso conhecimento dessa relação deriva inteiramente da experiência; e que todas as nossas conclusões experimentais partem da suposição de que o futuro será conforme o passado." (*Investigação sobre o entendimento humano*, seção, IV, 30.)

Estas três características marcam a diferença entre o conhecimento baseado em relações de idéias e o conhecimento sobre questões de fato, e indicam que este último tipo de conhecimento nunca poderá obter o mesmo tipo de certeza demonstrativa que caracteriza o primeiro, já que "em todos os raciocínios derivados da experiência o intelecto dá um passo que não se apóia em nenhum argumento ou processo do entendimento." (*Investigação sobre o entendimento humano*, seção V, 34.) Apesar disso, a este conhecimento o homem atribui um certo grau de confiança, certeza e objetividade e, de posse deste conhecimento, opera sobre o mundo explicando-o e transformando-o. A questão a responder passa a ser, então, a de saber o que (se não é a razão ou o raciocínio) permite a confiança na objetividade deste tipo de conhecimento. E Hume afirma: "Suponha-se que uma pessoa, embora dotada das mais vigorosas faculdades de razão e reflexão, seja trazida repentinamente a este mundo. É certo que tal pessoa observaria de imediato uma sucessão contínua de objetos e um fato sucedendo-se ao outro; não seria porém capaz de descobrir nada mais. A princípio, não haveria raciocínio que a conduzisse à idéia de causa e efeito, já que os poderes particulares graças aos quais se realizam todas as operações naturais não se manifestam aos sentidos; nem é razoável concluir, simplesmente porque um acontecimento em determinado caso precede o outro, que o primeiro é a causa e o segundo o efeito. A conjunção dos dois pode ser arbitrária e casual. Talvez não haja razão para inferir a existência de um do aparecimento do outro. Numa palavra: sem mais experiências, tal pessoa não poderia fazer uso de conjetura ou de raciocínio a respeito de qualquer questão de fato ou ter certeza de qualquer coisa além do que estivesse imediatamente presente à sua memória e aos seus sentidos.

Suponha-se, agora, que esse homem adquiriu mais experiência e viveu no mundo o tempo suficiente para ter observado uma conjunção constante entre objetos ou acontecimentos familiares: qual é o resultado dessa experiência? Ele infere imediatamente a existência de um objeto do aparecimento do outro. E, sem embargo, nem toda a sua experiência lhe deu qualquer idéia ou conhecimento do poder secreto pelo qual um objeto produz o outro; e tampouco é levado a fazer essa inferência por qualquer processo de raciocínio. No entanto, é levado a fazê-la; e, ainda que esteja convencido de que o seu raciocínio nada tem que ver com essa alteração, persiste na mesma linha de pensamento. Há algum outro princípio que o determine a tirar essa conclusão.

Esse princípio é o *costume* ou *hábito.* Com efeito, sempre que a repetição de algum ato ou operação particular produz uma propensão de renovar o mesmo ato ou operação sem que sejamos impelidos por qualquer raciocínio ou processo do entendimento, dizemos que essa propensão é um efeito do *hábito.*" (. . .)

"O hábito é, pois, o grande guia da vida humana. É aquele princípio único que faz com que nossa experiência nos seja útil e nos leve a esperar, no futuro, uma seqüência de acontecimentos semelhante às que se verificaram no passado. Sem a ação do hábito, ignoraríamos completamente toda questão de fato além do que está imediatamente presente à memória ou aos sentidos. Jamais saberíamos como adequar os meios aos fins ou como utilizar nossos poderes naturais na produção de um efeito qualquer. Seria o fim imediato de toda ação, assim como da maior parte da especulação." (*Investigação sobre o entendimento humano*, seção V, 35 e 36.)

Ao afirmar o hábito como o mecanismo que permite ao homem ultrapassar a experiência imediata e chegar ao conhecimento das questões de fato, Hume, no entanto, continua mantendo que a base da qual se parte neste processo continua sendo um fato particular sempre "presente aos sentidos ou à memória". (*Investigação sobre o entendimento humano*, seção V, 37.)

A concepção de hábito como um mecanismo que leva ao conhecimento de questões de fato, desencadeia um novo conceito em Hume — o conceito de crença. A crença fortalece as conexões que foram derivadas do hábito, e permite ao homem optar por determinadas conexões causais e por determinadas expectativas quando diante de um fato, permite ao homem diferenciar aquilo que é considerado uma ficção da imaginação daquilo que é conhecimento de fato.

(. . .) "Digo, pois, que a crença não é senão uma concepção mais vívida, enérgica, vigorosa, firme e constante de um objeto, concepção essa que a imaginação jamais poderá atingir. Esta variedade de termos, que talvez pareça muito pouco filosófica, tem em mira unicamente expressar o ato da mente que torna as realidades, ou o que tomamos por tais, mais presentes do que as ficções, faz com que elas pesem mais no pensamento e lhes dá uma influência superior sobre as paixões e a imaginação. Contanto que estejamos de acordo sobre a coisa, não vale a pena discutir a respeito dos termos. A imaginação dispõe à vontade de todas suas idéias, pode uni-las, misturá-las e variá-las de todas as maneiras possíveis. Pode conceber objetos fictícios com todas as circunstâncias de lugar e tempo. Pode colocá-las, por assim dizer, diante de nossos olhos com suas verdadeiras cores, tal e qual como se verdadeiramente existissem. Mas como essa faculdade da imaginação nunca poderá alcançar por si mesma a crença, é evidente que a crença não consiste na natureza ou ordem peculiar de nossas idéias, mas no *modo* como são concebidas e no *sentimento* que despertam na mente. Confesso que é impossível explicar perfeitamente esse sentimento ou modo de concepção. Podemos fazer uso de palavras que expressem algo aproximado. Mas o seu nome verdadeiro e próprio, como já observamos, é *crença*, um termo que todos compreendem suficientemente na vida ordinária. E em filosofia não podemos fazer mais do que afirmar que a crença é algo sentido pela mente e que distingue as idéias nascidas do juízo das ficções da imaginação. Dá-lhes mais peso e influência, faz com que pareçam mais importantes, impõe-nas ao intelecto e as converte em princípios determinantes de nossas ações." (*Investigação sobre o entendimento humano*, seção V, 40.)

Para Hume, crença está associada à noção de probabilidade. A ocorrência mais provável de um evento no futuro está associada à sua ocorrência mais freqüente no passado. Esta fortalece a crença na ocorrência futura do evento, dado que a ele se associa uma maior probabilidade de que venha a acontecer.

Nesta medida, o conhecimento das questões de fato, fundado na experiência e possível devido ao hábito, à crença, não se confunde com o conhecimento racional, com o conhecimento obtido pelo raciocínio. É daí que Kolakowski (1972) afirma que, para Hume, não existe um conhecimento racional do mundo; ao conhecimento das questões de fato — que é útil, nos auxilia em nossa vida cotidiana — não se aplica o critério de verdade racionalmente obtida. Aplica-se um critério pragmático. Não se avalia o seu valor de verdade, mas sim a praticidade, sua utilidade.

Dois alertas são, aqui, necessários. Em primeiro lugar, Hume não delimita, não estabelece um critério formal para o fortalecimento da crença na ocorrência futura de um evento. Não há como estabelecer o número de observações, experimentos, ou eventos necessários para que se tenha confiança no conhecimento produzido. Desta forma, o grau de confiança no conhecimento não depende necessariamente e diretamente da quantidade de observação. Em segundo lugar, ao afirmar que Hume supõe que o conhecimento das questões de fato não se baseia no conhecimento racional, não se está afirmando que Hume recusa qualquer possibilidade de raciocínio no processo de produção do conhecimento humano. Segundo Monteiro (1984), o que Hume está efetuando é um deslocamento do papel atribuído à razão na produção do conhecimento. Esta deixa de ocupar o papel central que lhe é atribuído na tradição racionalista, é "desentronizada", de forma que o conhecimento perde seu atributo demonstrativo. O conhecimento, para Hume, é baseado, ao invés disto, no hábito, um mecanismo não redutível à razão.

Toda esta concepção de conhecimento, especialmente do conhecimento sobre questões de fato, tem em Hume a marca que parece especial e que explica a importância que é atribuída ao seu pensamento. Ao discutir o conhecimento, Hume opera uma inversão e passa a discuti-lo não como algo que emana do objeto, mas como uma atividade do homem, e tenta explicar quais são os mecanismos responsáveis, no sujeito, pela construção de um conhecimento que se refere a eventos que supostamente estão fora dele. Esta inversão, que coloca como foco central de suas preocupações o sujeito, permite-lhe escapar da questão metafísica da existência material ou espiritual do mundo. Hume não precisa (e não o faz) discutir a existência ou não de um mundo externo, independente do homem.

Já desde a discussão das impressões como sendo dados originários do conhecimento, Hume não se preocupa em discutir a *fonte* das impressões, a relação do sujeito com o mundo exterior e independente dele. Prefere assumir a origem do conhecimento na própria *percepção*, como algo que faz parte do sujeito. Esta mesma característica está presente em toda a discussão do conhecimento, até chegar às concepções de hábito e de crença — mecanismos tidos como fundamentais para a compreensão do conhecimento humano, e também vistos como atividades ou mecanismos subjetivos.

Ao fazer esta inversão Hume passa a discutir não o que emana do objeto do conhecimento para ser traduzido por um homem, mas aquilo que, no homem, permite-lhe encontrar explicações e operar sobre o mundo. Este passo leva-o a criticar algumas noções que, muitas vezes, foram tomadas como básicas e até como ponto de partida na análise do conhecimento. Tal é o caso da sua crítica à noção de substância, de um *substratum* que daria unidade aos fenômenos, de essência, seja material (crítica também feita por Berkeley), seja espiritual. Hume afirma que tal noção é insustentável já que, da experiência não poderiam emanar impressões de substância. Tal é o caso, também, da própria noção de causalidade; a causalidade, para ele, não está nos fenômenos da natureza, mas é algo que, subjetivamente, o homem lhes atribui. Assim, Hume não se cansa de afirmar que a conexão necessária entre causa e efeito não pode ser vista ou percebida nos fenômenos que o homem experiencia, e que a sua descoberta não emana dos fenômenos observados, mas sim de mecanismos subjetivos. São estes que levam os homens a propor conexões causais entre fenômenos, os quais apresentam, de *per se*, apenas contigüidade.

"A primeira vez que um homem viu a comunicação do movimento pelo impulso, como pelo choque de duas bolas de bilhar, não podia afirmar que havia *conexão*, mas apenas *conjunção* entre um acontecimento e o outro. Após observar vários exemplos da mesma natureza, declara-os *conexos* entre si. Que alteração ocorreu para dar origem a essa nova idéia de *conexão*? Nenhuma, a não ser que ele agora sente na sua imaginação que esses acontecimentos são *conexos* e pode predizer logo a existência de um deles ao se lhe apresentar o outro. Quando dizemos, portanto, que um objeto está ligado a outro, queremos significar apenas que se estabeleceu uma conexão entre ambos no nosso pensamento, provocando essa inferência pela qual eles se convertem em provas da existência um do outro: conclusão um tanto extraordinária, mas que parece fundada numa evidência suficiente." (*Investigação sobre o entendimento humano*, seção VII, 59.)

De tudo isto se conclui que, para Hume, a noção de uma conexão causal entre os fenômenos é baseada não na observação de uma conexão necessária entre os eventos, mas apenas na observação da contigüidade entre eles. É a experiência da contigüidade, da proximidade temporal que, segundo Hume, leva o homem a postular os fenômenos como numa relação de causa e efeito. A conexão causal entre os fenômenos é afirmada a partir, sempre, de fenômenos observados; não é possível postular uma relação de causa e efeito que não parta de eventos efetivamente observados. Assim, a conexão causal — a inferência indutiva — parte de fenômenos observados e refere-se sempre a fenômenos observáveis (a serem observados no futuro); como se tivesse dois limites ou parâmetros, aquilo que foi observado e que lhe serve de base, e aquilo a que se refere e que lhe serve de teste.

Esta ênfase no observado como limite de inferência indutiva poderia, à primeira vista, sugerir que, para Hume, este é também o limite do conhecimento científico. Isto não é assim. Segundo Monteiro (1984), a própria suposição de Hume, de que é pela via do hábito e da crença que o homem chega a afirmar uma relação de causalidade entre eventos, já demonstra que isto não é assim. As "causas" da afirmação causal — o hábito, a crença — não são fenômenos observados e observáveis. Não observamos os dois eventos ocorrendo contiguamente; diante de um deles, observado — a afirmação de uma relação causal — inferimos o outro, inobservado — o hábito, a crença. Ainda segundo Monteiro (1984), a proposição destas "causas", a partir do efeito observado, é, na realidade, a proposição de uma hipótese. Hipótese que, apesar de se referir a eventos inobservados e inobserváveis, não ultrapassa os limites da experiência. Tais hipóteses "são *sugeridas* pela experiência, e depois de formuladas encontram *confirmação* em outros tipos de experiência (. . .) não são raciocínios baseados apenas em suposições" (pp. 53 e 54). O valor destas hipóteses é garantido tanto pelo seu poder explicativo como por sua simplicidade.

Apesar de propor hipóteses e de postular mecanismos não observáveis, Hume não busca e não assume como tarefa da ciência a busca de uma causa última dos fenômenos. A razão disto pode estar no fato de que Hume afirma as hipóteses como sendo sugeridas e confirmadas pela experiência. O conhecimento científico, portanto, não é apenas a reprodução ou a generalização do observado, mas é sempre, para Hume, baseado — fundado — na observação.

Assim, o conhecimento científico se caracteriza por, na busca de causas, ultrapassar os limites da inferência indutiva sem ultrapassar os limites da experiência. É Hume quem afirma: (. . .) "Reconhece-se que o supremo esforço da razão humana é reduzir os princípios causadores dos fenômenos naturais a uma concepção mais simples e reportar os numerosos efeitos particulares a umas poucas causas gerais por meio de raciocínios baseados na analogia, na experiência e na observação. Mas quanto às causas dessas causas gerais, seria em vão que tentaríamos descobri-las; e tampouco encontraremos jamais uma explicação delas que nos convença plenamente. Essas origens e princípios primeiros são completamente fechados à curiosidade e à investigação humanas." (*Investigação sobre o entendimento humano*, seção IV, 26.)

No entanto, esta concepção de conhecimento como fruto de uma atividade subjetiva vem sempre temperada pela noção de que a própria subjetividade humana tem um caráter natural, é ela mesma parte da natureza e tem, portanto, um caráter objetivo. Assim, o conhecimento ao qual não se pode atribuir certeza e verdade absolutas por ser fruto da atividade humana, a natureza que não desvenda seus mistérios aos olhos do homem, e o próprio homem que só no recôndito de sua imaginação é capaz de construir conhecimento, quase que sofrem uma nova inversão e adquirem um caráter uniforme, "universal" e natural; pelo menos em medida suficiente para que o homem siga explicando e operando sobre si mesmo, a sociedade e a natureza. E de maneira que Hume considera plenamente satisfatória.

(. . .) "Admite-se, universalmente, que existe uma grande uniformidade entre as ações dos homens em todas as nações, e idades, e que a natureza humana permanece sempre a mesma em seus princípios e operações. Os mesmos motivos sempre produzem as mesmas ações. Os mesmos acontecimentos seguem-se às mesmas causas." (. . .) "A humanidade é mais ou menos a mesma em todas as épocas e lugares, de tal sorte que a História nada tem de novo ou de estranho para nos contar sob este aspecto. Sua principal utilidade é descobrir os princípios constantes e universais da natureza humana". (. . .) "E a terra, a água, e os outros elementos examinados por Aristóteles e Hipócrates não são mais semelhantes aos que podemos observar hoje do que os homens descritos por Políbio e Tácito se parecem com os que governam atualmente o mundo." (*Investigação sobre o entendimento humano*, seção VIII, 65.)

As idéias políticas de Hume, sem dúvida, estão relacionadas com suas posições filosóficas e isto fica claro na sua defesa da liberdade de idéias, e até de associação, como sendo essenciais para o desenvolvimento do conhecimento e da ciência, e tal desenvolvimento como sendo fundamental para a humanidade. Isto fica claro, ainda, na sua defesa de que as repúblicas são mais afeitas a tal estado de coisas, pois aí, o poder não estaria depositado nas mãos de um único homem, este com poderes absolutos, inclusive para delegar este poder. Nas repúblicas também as leis seriam mais facilmente promulgadas e executadas, levando a uma maior liberdade e igualdade entre os homens, conseqüentemente, a uma maior curiosidade e engenhosidade, o que levaria, por sua vez, a uma maior produção de conhecimento.

Dentre suas idéias políticas, Hume critica as teorias contratualistas como as de Locke. A estas teorias Hume contrapõe a noção de que o estado e seu poder formaram-se pela acumulação de riquezas, que o poder é obtido primordialmente pela usurpação, e não pelo consentimento entre os homens. Parece também estar contida nesta suposição, a noção de que os homens, numa determinada sociedade, têm interesses diferentes a defender. Daí, possivelmente, é que decorre a posição de Hume de que o poder tem que ser respeitado porque é necessário à sobrevivência da sociedade.

Hume critica, também, as teorias que defendem o poder de um governante como sendo de origem divina e de um governante com direitos absolutos, e afirma que, se um monarca tivesse direito divino ao poder, todos os homens também teriam direitos divinos, passando a ser defensável, por exemplo, que mesmo aqueles em luta contra um determinado estado estariam, dentro deste pressuposto, agindo de acordo com este direito.

É possível afirmar que as idéias políticas de Hume são coerentes com o que defende em relação ao conhecimento, já que acaba por assumir, a partir desta dupla crítica às origens do poder, que este deve ser criado, defendido e mantido por suas implicações pragmáticas e não por questões de princípio: (. . .) "Qual é pois a necessidade de fazer assentar o dever de *fidelidade* ou obediência aos magistrados no de *lealdade* ou cumprimento das promessas, e de supor que é o consentimento de cada indivíduo que o submete ao governo, quando vemos que a fidelidade e a lealdade assentam ambas exatamente no mesmo fundamento, e são ambas aceitas pelos homens devido aos evidentes interesses e necessidades da sociedade humana? Diz-se que somos obrigados a obedecer a nosso soberano porque lhe fizemos uma promessa tácita nesse sentido; mas por que somos obrigados a cumprir nossa promessa? Devemos aqui afirmar que o comércio e as relações entre os homens, que tão grandes vantagens oferecem, não possuirão segurança alguma se os homens não respeitarem seus compromissos. De modo semelhante se pode dizer que seria totalmente impossível viver em sociedade, ou pelo menos numa sociedade civilizada, sem leis, magistrados e juízes para impedir os abusos dos fortes contra os fracos, dos violentos contra os justos e eqüitativos. Como a obrigação de fidelidade tem a mesma força e autoridade que a obrigação de lealdade, nada ganhamos em reduzir uma à outra;

para fundamentar ambas bastam os interesses e necessidades gerais da sociedade.

Se se perguntar qual a razão dessa obediência que somos obrigados a prestar ao governo, prontamente responderei que é *porque de outro modo a sociedade não poderia subsistir*. E esta resposta é clara e inteligível para todo e qualquer homem." (*Ensaios morais, políticos e literários do contrato original*, pp. 233.)

O que se depreende, de tudo que foi exposto, é que Hume indiscutivelmente traz em sua proposta traços que são típicos do iluminismo do século XVIII e traços que são conservadores.

A sua teoria do conhecimento é essencialmente antidogmática, supõe como sendo essencial a liberdade de pensamento, investigação e associação, e supõe a possibilidade do conhecimento em todos os homens, e não apenas em alguns. Ao mesmo tempo, carrega um pragmatismo que a dirige para uma posição conservadora.

As suas idéias sobre a sociedade, política e história têm, também, uma característica semelhante. Supõem a liberdade de expressão, a igualdade e o antidogmatismo como pré-requisitos para a atuação política e para a condução da sociedade e dos negócios humanos. Mas supõem, também, que o pragmatismo, o respeito às leis estabelecidas, o respeito à autoridade são parte integrante do comportamento político dos homens. Desta forma, um liberal e um renovador nas suas idéias e propostas, Hume é também um conservador nas suas ações, sem que isto lhe pareça uma inconsistência, ou um problema. É possivelmente esta dualidade que leva Vergez (1984) a afirmar que sua crítica, que conduziria a princípios liberais, acaba por levá-lo a uma prática conservadora.

CAPÍTULO 18

ALTERAÇÕES NA SOCIEDADE, EFERVESCÊNCIA NAS IDÉIAS: A FRANÇA DO SÉCULO XVIII

"As luzes foram um arco-íris, ou melhor dizendo, fogos cruzados."

(J. Deprun)

O período que vai de fins do século XVII até fins do século XVIII caracteriza-se por ser uma fase em que uma série de mudanças a nível econômico e político se deu em diferentes partes do mundo, embora estas mudanças não tenham ocorrido concomitantemente. Neste período, enquanto a Inglaterra já havia realizado as transformações econômicas características da Revolução Industrial, o mesmo não havia ainda ocorrido com a França e a Alemanha. A França, neste período, mantinha ainda um regime feudal, mas apareciam já os germes da revolução que conduziria também este país na direção do capitalismo.

Segundo Efimov, Golkine e Zubok (1981) até fins do século XVIII reina ainda na França o feudalismo, predominando aí uma população camponesa de 23 milhões de pessoas, maioria dentre os 25 milhões que constituíam a população total. Vivendo em regime de servidão, estes camponeses tinham uma série de deveres que envolviam o pagamento de impostos ao Estado, dízimos ao clero e taxas feudais à nobreza. Esta situação insustentável de empobrecimento da população aliada ao descontentamento da burguesia — que via cerceada a tão desejada liberdade de comércio e produção — e aos problemas econômicos da monarquia, geraram uma crise que acaba por culminar em mudanças que instituíram na França a Primeira República em 1793.

Segundo Aquino e outros (1978), o capitalismo emergente na França chocava-se com as fortes barreiras feudais que por todos os meios buscavam impedir a desestabilização do regime e a perda de privilégios da nobreza e do clero. Nesse período de transição, em que o regime feudal vai sendo desestruturado e substituído por novas formas de organização e produção e em que uma nova classe — a burguesia — visa ascender ao poder substituindo a nobreza e o clero, novas idéias também vão se desenvolvendo, idéias estas que refletiam os anseios da sociedade neste contexto de transformação. Autores como Diderot (1713-1784), Voltaire (1694-1778), Helvétius (1715-1771), d'Holbach (1723-1789), La Mettrie (1709-1751), Montesquieu (1689-1765), Maupertuis (1698-1759), Buffon (1707-1788), Condillac (1715-1780), Vauvenargues (1715-1747), d'Alembert (1717-1783) e Rousseau (1712-1778) podem ser destacados como representantes do pensamento francês do século XVIII.

Alguns aspectos podem ser levantados como característicos do pensamento francês deste período: a crença no poder da razão como instrumento de obtenção do conhecimento e de modificação da realidade, a ênfase aos dados obtidos através da observação e da experimentação, o antidogmatismo (e, conseqüentemente, a crítica à religião) e a noção de progresso.

Embora possam ser identificadas estas características mais gerais no pensamento francês do século XVIII, isto não significa que todos os pensadores deste momento expressaram a mesma posição em relação a todos esses aspectos; ao contrário, pode-se observar que alguns deles apresentam oposições ou nuanças em relação a uma ou mais destas características em particular.

Este é um momento em que as opiniões e posições são mais amplamente veiculadas, e esta talvez possa ser considerada uma outra característica, fato que pode ter contribuído para que diferenças e nuanças aparecessem.

Neste período, ao invés de utilizarem o latim, os autores expressavam-se na língua pátria e faziam-no através de artigos, peças de teatro, contos etc... Assim, as idéias produzidas permitiram um maior acesso por parte da sociedade, seja por ter uma característica menos erudita e técnica, seja pela quantidade de reproduções feitas.

Um dos empreendimentos culturais deste momento foi a proposta de elaborar uma *Enciclopédia*[1] que abordasse temas de todas as áreas de conhecimento humano (artes, ciências etc.), proposta esta

---

1 Ao todo, foram publicados dezessete volumes contendo artigos sobre ciência, música, história, ética, religião, filosofia social, lingüística, biologia etc.

iniciada por Diderot e d'Alembert. A *Enciclopédia* foi um veículo de divulgação das idéias dos pensadores franceses, já que grande parte deles elaborou artigos expondo suas opiniões e críticas, sendo os mais famosos Diderot, d'Alembert, Voltaire, Rousseau, Montesquieu e d'Holbach.

O RACIONALISMO FRANCÊS: APOIO NA OBSERVAÇÃO E NA EXPERIÊNCIA

Como já foi dito, uma das características deste período é a ênfase no poder da razão. Os autores deste século são, portanto, racionalistas já que para eles a razão tem um papel primordial na vida do homem. Sendo considerada uma característica natural do ser humano, que é inerente a todo indivíduo, a razão é vista como mecanismo, meio de obtenção do conhecimento e guia das ações humanas.

Este racionalismo, embora tenha herdado de Descartes "o gosto do raciocínio, a busca da evidência intelectual, e, sobretudo, a audácia de exercer livremente seu juízo e de levar a toda parte o espírito da dúvida metódica" (Desné, 1982, p. 75), a ele se opõe.

O racionalismo do século XVIII contraria o de Descartes, pois, enquanto para este a razão tinha uma característica de *recipiente* — isto e, possuía idéias inatas, verdades eternas... — para os pensadores franceses ela tinha uma característica de *instrumento*.

Ainda contrariamente a Descartes, que dava ênfase ao processo dedutivo — partia de verdades auto-evidentes e inatas e delas deduzia novos conhecimentos — os pensadores franceses vão dar ênfase à observação e à experiência, no sentido de experienciado e experimental. Assim, a observação e a experiência são os pontos de partida para o conhecimento; o raciocínio, embora necessário, não prescinde dos dados empíricos.

Locke e Newton já haviam feito críticas a Descartes: o primeiro ao opor-se ao inatismo das idéias, e o segundo ao afirmar que as hipóteses só podem ser obtidas a partir dos fatos; em ambos, o mesmo suporte: a observação e a experiência como origem do conhecimento. Os pensadores franceses do século XVIII, opondo-se a Descartes, têm como seus grandes mestres Locke e Newton.

A influência destes dois pensadores se evidencia na forma como se discute, na França deste período, o *processo do conhecimento*. Segundo Cassirer (1950), busca-se explicar o conhecer tal como os demais fenômenos da natureza eram explicados, ou seja, sem a interposição de qualquer entidade sobrenatural.

A noção de idéias inatas que, para Descartes, estava vinculada à atuação de Deus, é substituída pela preocupação em descobrir os processos naturais que estão envolvidos na aquisição do conhecimento pelo homem. Os pensadores franceses deste período defendem a postura de que qualquer idéia tem origem em uma impressão anterior, mesmo que nem sempre possamos identificar qual seja ela ou quando ocorreu.

Tais idéias foram desenvolvidas a partir das de Locke que, segundo d'Alembert, havia sido o "criador da filosofia científica como Newton o foi da física científica" (Cassirer, 1950, p. 119).

Locke, combatendo a noção de idéias inatas de Descartes, afirma que todo conhecimento humano era obtido a partir da experiência. Ele afirmava, no entanto, que faculdades humanas tais como a comparação, a volição, o juízo etc. são fundamentais da alma. Segundo os filósofos franceses, embora Locke tivesse dado um passo importante ao entendimento dos mecanismos do conhecimento humano, havia parado no meio do caminho, já que acabou por pressupor o inatismo das operações psíquicas. A postura de que o homem se transforma em função das impressões que vai registrando do mundo, segundo os filósofos franceses, deveria valer tanto para o conhecimento quc o homem vai obtendo sobre o mundo, quanto para as operações psíquicas (comparação, vontade, sentimentos etc) que passam a ser vistos como sensações transformadas.

Exemplos desta posição podem ser encontrados em obras de autores como Condillac e Voltaire. O primeiro afirma que a alma sente quando se dão mudanças em nosso corpo, sendo os sentidos a causa de todos os sentimentos. Busca encontrar os fundamentos das operações psíquicas, utilizando observações empíricas, muito embora sua obra contenha também afirmações que, segundo Cassirer (1950), são especulativas. Assim, através de um plano rigoroso e sistemático, busca demonstrar — passo a passo — como cada uma das faculdades humanas vão gradativamente se desenvolvendo. Para tal, apresenta a imagem de uma estátua que, em função das impressões que vão sendo nela colocadas, vai pouco a pouco adquirindo vida, chegando a transformar-se num ser humano.

Voltaire afirma que é tal a importância das impressões na formação das idéias do homem que uma possível transformação na disposição de seus órgãos traria em conseqüência mudanças em seu "ser espiritual", ou seja, transformar-se-iam com as mudanças corpóreas os mundos religioso, moral, intelectual, estético, etc.

A base de todo o conhecimento humano, como se pode observar nos exemplos acima, reside, então, na experiência que, movendo a razão, pode conduzir o homem por diferentes caminhos. Diderot sintetiza esta posição ao enfatizar que o pensamento filosófico-científico deveria usar a observação dos fatos, a reflexão sobre suas possíveis combinações e a verificação, através da experiência, dos resultados da reflexão.

O PAPEL DA ANÁLISE NA ELABORAÇÃO DO CONHECIMENTO

Em relação à produção de conhecimento científico o século XVIII, na França, toma rumos diferentes daqueles empreendidos no século anterior. O século XVII caracterizou-se pela construção de sistemas filosóficos baseados na idéia de que só se chegaria ao saber se se chegasse a certezas das quais novos conhecimentos pudessem ser dedutivamente derivados. Já no século XVIII renuncia-se a este procedimento, com base em Newton que propunha a *análise* ao invés da dedução como procedimento para obtenção de conhecimento. Assim a experiência, a observação e o pensamento deveriam buscar a ordem das coisas nos próprios fatos e não mais nos conceitos. A análise possibilitaria a identificação daquilo que é comum e permanente entre os particulares, conduzindo a princípios gerais. Cabe à razão, partindo de fatos — recolhidos pela observação — relacioná-los identificando sua dependência.

É através da análise que Condillac mostra que as atividades corpóreas e psíquicas possuem um denominador comum: as impressões. Ao explicar a origem do conhecimento, coloca a sensação como fonte: não há mais Deus mediando a relação entre o sujeito que conhece e o objeto do conhecimento. A relação se dá diretamente entre homem e mundo através da sensação, da qual derivam todas as operações intelectuais. O método através do qual se chega ao conhecimento é o da análise: "Consiste, partindo de um todo confuso, em perceber sucessiva e separadamente os detalhes, a seguir as partes intermediárias, para chegar, finalmente, a uma percepção simultânea e distinta. (. . .) um movimento de decomposição e de recomposição." (Bréhier, 1977, p. 78.)

As teorias acerca do Estado e da sociedade, como a de Montesquieu, por exemplo, tendem a vê-los como compostos por partes que se influenciam mutuamente e que precisam ser identificadas. Montesquieu constrói modelos políticos a partir de seus elementos constitutivos. Segundo este autor, é possível identificar "... a lei (no sentido newtoniano) que governa o regime de um povo, o 'espírito geral' de uma nação" (Desné, 1982, p. 95) a partir da consideração de diferentes elementos físicos (clima, solo, território) e sociais (tradição, moeda, religião, leis).

AS REGULARIDADES DOS FENÔMENOS NATURAIS FÍSICOS E SOCIAIS

A afirmação do potencial da razão humana no entendimento do mundo relaciona-se à idéia de que todas as explicações sobre a natureza que envolvem o sobrenatural devem ser abolidas, já que esta pode ser racionalmente entendida e explicada.

A possibilidade de se chegar a leis sobre a natureza, assim como a possibilidade humana de nela atuar apóiam-se no pressuposto de que há regularidades e uniformidades nos fenômenos — quer físicos, quer sociais — já que passam todos a ser considerados fenômenos naturais. Tais regularidades expressam-se em leis e o conhecimento destas leis dar-se-á se forem observados os fenômenos naturais, seguindo seu curso e registrando mediante experimentos, medida, observação e cálculo.

A idéia de que a natureza se comporta segundo seu próprio curso expressou-se, segundo Cassirer (1950), através de posturas materialistas mecanicistas — como as de La Mattrie e d' Holbach — e através de posturas que se opõem a este materialismo mecanicista, como a de d'Alembert. Este último, opondo-se a ambos, defende não ser necessário buscar a essência última das coisas, mas buscar conexões e relações entre os fenômenos, segundo ele o possível de se conhecer.

La Mettrie e d'Holbach consideravam a matéria como essência última das coisas e afirmavam que todos os fenômenos, inclusive o pensamento, são resultado de processos materiais. Segundo La Mettrie, à lista de propriedades da matéria na qual já se incluía a extensão como fundamental, deveriam ser acrescentadas a capacidade de sentir, recordar, pensar; o movimento da matéria poderia, então, explicar não só nossas sensações, como nossa vontade, nossos desejos etc. Segundo d'Holbach, uma certa disposição dos átomos forma o homem e o que o impulsiona é o movimento destes átomos; o destino humano encontra-se, portanto, dirigido por condições naturais que independem da vontade ou desejos humanos.

A defesa de que existem regularidades que se expressam em leis pode ser identificada, em relação aos fenômenos sociais, nas posturas de Montesquieu, Voltaire e Diderot que afirmam buscar em relação à moral e ao direito a ordem e regularidade encontradas no mundo físico, em apoio à idéia de que todo o universo é regido por leis e princípios últimos que podem ser descobertos.

Montesquieu, de acordo com Cassirer (1950), "se coloca como jurista, a mesma questão que Newton se colocou como físico; não se dá por satisfeito com leis do cosmos político empiricamente conhecidas, mas pretende reduzir a multiplicidade destas leis a uns princípios determinados" (p. 269). Montesquieu tem como objeto de estudo a sociedade e para analisá-la aplica a noção de "lei geral" já que entende que "As leis, no seu sentido mais amplo, são relações necessárias que derivam da natureza das coisas e, nesse sentido, todos os seres têm suas leis; a divindade possui suas leis; o mundo material possui suas leis; as inteligências superiores ao homem possuem suas leis; os animais possuem suas leis; o homem possui suas leis". (*Do espírito das leis*, Primeira Parte, Livro Primeiro, Cap. I, p. 33.) Sendo as leis "relações necessárias que derivam da natureza das coisas" deve-se partir dos próprios fatos, de sua descrição e comparação, para se chegar aos princípios mais gerais da organização social.

Voltaire defende que existe um princípio universal da moral que os homens podem descobrir por trás das diferenças de costumes e de opiniões. A afirmação de Voltaire, citada na obra de Cassirer (1950), deixa clara a crença do pensador francês em leis que são universais para todos os homens: "Ainda que o que em um país se denomine virtude se chame vício em outro, ainda que a maioria das regras sobre o bem e o mal sejam tão diferentes... me parece, sem dúvida, que existem leis naturais com respeito às quais os homens de todas as partes do globo devem estar de acordo. (...) Assim como [Deus] dotou as abelhas de um instinto poderoso em função do qual podem trabalhar em comum e alimentar-se, dotou os homens de determinados sentimentos dos quais nunca poderão despojar-se e que são os vínculos eternos e as primeiras leis da sociedade humana." (p. 272.)

Diderot também demonstra fé na natureza moral e invariável do homem; para ele as condutas humanas têm como base os instintos — a uniformidade de suas inclinações, impulsos e necessidades sensíveis — que são de natureza física. Conceitos como os de liberdade e vontade, como algo intrínseco ao homem, não passam agora de meios de mascarar os fatos: o justo e o injusto são por ele concebidos como relativos e determinados por necessidades, por nossa vida. Defende que a conduta humana seja dirigida por suas bases biológicas e que a religião e as leis não limitem necessidades que são naturais, pois obedecendo-se apenas à natureza humana será possível atingir a felicidade do homem e da sociedade.

O ANTIDOGMATISMO E A IDÉIA DE PROGRESSO HUMANO

Como conseqüência do racionalismo empirista, as idéias deste período são caracterizadas pelo antidogmatismo; os pensadores contrapõem-se às idéias pré-concebidas, às idéias baseadas na autoridade e combatem todas as crenças, principalmente as da religião, pois, para eles, a superstição, o preconceito, a ignorância, impediam o funcionamento natural da razão.

As explicações sobrenaturais são, conseqüentemente, eliminadas tanto em relação a fenômenos físicos quanto em relação aos fenômenos sociais, psicológicos etc.

O anteriormente citado combate às idéias inatas, guarda relação com a postura antidogmática que passa a ser assumida pelos pensadores franceses deste período; se para Descartes Deus era o fundamento último das idéias inatas, para os pensadores franceses a mediação de Deus no processo de conhecimento é desnecessária.

O antidogmatismo expressa-se de várias formas no que diz respeito à concepção de natureza: através da idéia de que todo conhecimento sobre o mundo deve ser construído através do uso da observação, da experimentação e da razão, o que vai contra a idéia de aceitar como verdadeira uma proposição em função de ser baseada numa autoridade; através da idéia de que os princípios explicativos apesar de universais não são absolutos, mas o "último" degrau alcançado pelo pensamento; através do combate a toda e qualquer perspectiva religiosa na explicação do mundo, já que à religião estavam associadas as idéias de verdades eternas, sobrenaturais, indiscutíveis, que prescindiam de provas concretas.

Nesse período, os estudos geológicos desenvolvidos desvincularam-se da noção de tempo apresentada na Bíblia. Buffon representa este empenho elaborando uma história do mundo baseada em observações que nada têm a ver com a perspectiva religiosa da formação do universo. Quanto à espécie humana, embora não a considere igual às demais espécies, as razões para diferenciá-la nada têm a ver com a idéia de alma ou de homem criado "à imagem e semelhança de Deus". Ao contrário, as diferenças apontadas por Buffon fundam-se em razões que derivam da observação das atividades humanas: falar, inventar, adaptar-se a diferentes situações, etc.

Segundo Diderot, a integração da matéria explicaria tudo, inclusive a evolução biológica. No que diz respeito a estas transformações, Diderot chega a meniconar um processo de seleção em que a natureza tende a suprimir aquilo que não satisfaz as exigências da vida. Vê-se, pois, que nenhuma entidade sobrenatural desempenha qualquer papel na criação e desenvolvimento do mundo: a natureza atuou e atua por si mesma.

Embora não se tenha uma concepção evolucionista das espécies, são veiculadas, nesse período, noções relacionadas à idéia de seleção natural, como já se viu em Diderot. La Mettrie propõe que as más formações são eliminadas e Maupertuis defende que nem todas as combinações da matéria permaneceram; após "tateamentos e fracassos subsistiram somente as combinações felizes" (Desné, 1982, p. 85.)

Deus é excluído, também, do destino do homem; as ações humanas deixam de ser explicadas em função de uma finalidade divina; o homem passa a ser dono do seu destino e, como tal, criador da própria sociedade.

Voltaire crê que o mundo foi deixado à mercê de sua própria sorte; o Bem e o Mal são realidades sociais e não, respectivamente, a iluminação de Deus e o afastamento d'Ele pela alma pecadora; Montesquieu vê as instituições como frutos do próprio homem, excluindo a perspectiva religiosa na análise da sociedade.

Além de criticar o recurso às Escrituras ou a Deus nas explicações dos fenômenos, os pensadores do século XVIII questionam noções como a alma e a crença em Deus, base da religião cristã. A noção de alma é atacada por La Mettrie para o qual "... não é mais que uma palavra vazia" (Cassirer, p. 86); d'Holbach, considerando que a teologia é um obstáculo para a ciência, defende ser necessário deixar de lado as idéias de Deus e imortalidade.

A exclusão de Deus ou de elementos sobrenaturais como explicação dos fenômenos — físicos, sociais ou psicológicos — não significa, necessariamente, negar a existência de Deus, como fazem La Mettrie, d'Holbach e Helvétius; ao contrário, alguns pensadores como Voltaire e Rousseau admitem-na. Voltaire, por exemplo, afirma a existência de um ser criador de todas as coisas, responsável pela ordem existente na natureza; nenhuma outra interferência teria exercido Deus sobre o mundo após a sua criação. Além da idéia de criação do mundo por Deus, Voltaire nada mais aceita do que afirma a tradição judaico-cristã.

Para os pensadores franceses, ateus ou não-ateus, o fato é que Deus deixa de ser o mediador entre o homem e o mundo, cabendo ao homem a responsabilidade por aquilo que faz: Deus, quando admitido, o é apenas enquanto iniciador e mantenedor do funcionamento da máquina newtoniana do mundo, sem nele interferir.

O "Deus todo-poderoso" passa a ser substituído pelo "homem todo-poderoso": a crença no poder do homem é intensa e isto se dá em função da crença no poder da razão, seja como instrumento de produção de conhecimento, seja como guia das ações humanas. Inter-relacionada à crença no poder da razão está a idéia de progresso, uma vez que se concebe a própria razão como agente do progresso humano: o progresso ocorre na medida em que existe a aplicação crescente da razão no controle do ambiente físico e cultural.

Neste período, começa-se a defender a idéia de que a superação da ignorância leva ao progresso, de que a sociedade do presente é melhor que a do passado; a idéia de que o acúmulo do conhecimento obtido levará, por sua própria direção interna, à obtenção de uma sociedade cada vez melhor.

Voltaire exemplifica esta crença, ao defender ser possível ao homem dotado de conhecimento libertar-se de preconceitos e modificar sua forma de viver e de pensar. Segundo Bréhier (1977), as obras de Voltaire constituem-se em "campanhas sobre os preconceitos e propaganda em favor do espírito novo" (p. 140.)

ROUSSEAU: UMA CRÍTICA À NOÇÃO DE PROGRESSO

A idéia de progresso, como foi visto, está estritamente relacionada à crença no poder do conhecimento racionalmente obtido: quanto mais culta a sociedade, melhor ela se torna. Quanto mais culto o homem, melhor ele será. Assim, os pensadores franceses deste período acabam por vincular a própria moralidade ao saber.

Neste coro de vozes — que vincula a moralidade à cultura e que defende o progresso como inerente ao desenvolvimento do conhecimento científico, artístico etc. — destoa Rousseau. Rousseau é o único a colocar em xeque o elo de necessidade entre acúmulo do conhecimento racionalmente obtido e progresso da sociedade; é o único a dissolver o vínculo até então inquestionável: "A unidade entre consciência moral e consciência culta em geral, que até então havia sido suposta de forma crédula e ingênua, [Rousseau] a coloca como problemática e questionável ao extremo." (Cassirer, 1950, p. 298.)

Ao analisar a sociedade de sua época, Rousseau procura demonstrar[2] que, a despeito de todo o progresso das ciências e das conquistas alcançadas, ela não apresentou uma melhoria em termos do próprio homem; ao contrário, contribuiu para a decadência a nível dos costumes, valores e práticas: a origem de suas misérias é fruto do pretenso aperfeiçoamento humano.

Embora os costumes, valores e práticas possam ter se sofisticado e até aprimorado, não se tornaram moralmente e espiritualmente melhores; ao invés de impulsos morais verdadeiros, desenvolveram-se o poder, a ambição, a miséria; para Rousseau, é a própria sociedade a responsável pela desigualdade, injustiça e arbitrariedade existentes.

Desvinculando a ética do saber, Rousseau resgata o papel da vontade no estabelecimento de um verdadeiro estado social, isto é, um estado social no qual reinem a igualdade e a justiça.

Para Rousseau, esta vontade transcende a bondade individual, já que o verdadeiro estado social apóia-se na vontade geral. É mediante um contrato social que existe a submissão voluntária das diferentes vontades individuais à vontade geral, a qual é soberana e através da qual os indivíduos podem se realizar em sua plenitude. A submissão voluntária dá aos indivíduos um caráter de sujeitos de vontade: ele atua em função daquilo que deve; ele quer submeter-se como um dever.

Conforme afirma Rousseau, "quando os cidadãos se submetem às condições que eles mesmos acordaram, ao aceitarem por decisão livre e racional, não obedecem a ninguém mais que sua própria vontade." (Citado por Cassirer, 1950, p. 289.)

Ao resgatar a vontade, resgata um imperativo ético que deve estar unido ao saber; ao mostrar que não existe o vínculo de necessidade entre razão e moral, Rousseau mostra que há limites para a razão e que o saber não deve ter um primado absoluto; ao estabelecer

---

2 Rousseau recorre à análise do homem, em seu estado material, e mostra que, neste estado o homem ignora o Bem e o Mal, não tem vícios nem virtudes já que, estando integrado à natureza, atua exclusivamente em função de sua permanência e da de sua espécie.

estes limites, acaba por reafirmar o próprio racionalismo na medida em que identifica sua verdadeira importância.

De acordo com Cassirer (1950), Rousseau substituiu um racionalismo puramente teórico, por um racionalismo ético: "Rousseau é um autêntico filho do Iluminismo quando o combate e o supera. Seu evangelho do *sentimento* não significa uma ruptura, porque não atuam fatores puramente emotivos, mas atuam convicções autenticamente intelectuais e morais. Com a sentimentalidade de Rousseau não se abre brecha para um mero *sentimentalismo*, mas para uma força e vontade éticas novas" (p. 302.)

INOVAÇÕES E LIMITES DO PENSAMENTO FRANCÊS

Com o que até aqui se discutiu fica patente que o século XVIII, na França, constituiu-se num período de questionamentos que colocavam em xeque não só a prática social (econômica, jurídica, religiosa etc.) como as concepções das quais esta prática derivava. Tais questionamentos acarretaram a proposição de novos conceitos e pressupostos que, por sua vez, acabaram por gerar novas propostas em todos os níveis da prática social e do conhecimento humano.

Vários exemplos da revolução na forma de pensar o homem, o mundo e o conhecimento ocasionada, nesse período, podem ser pinçados como meio de ilustrar como os mais diferentes assuntos, além dos já mencionados, foram objeto de análise e crítica dos pensadores franceses deste século.

Por exemplo, toma forma a noção de *natureza humana* a qual supõe a existência de características que são comuns a todos os homens. Esta noção relaciona-se à de que os homens têm direitos que são próprios de todo ser humano; neste sentido, opõe-se à noção de que existem direitos que são exclusivos de um dado grupo social, como era o caso da educação, propriedade. . . que se restringiam praticamente ao clero e à nobreza. Por outro lado, a despeito do coletivo implícito na noção de natureza humana, enfatiza-se o *individual*, através da idéia do indivíduo como responsável pela direção de sua própria vida e da sociedade. Isto fica claro, quando Voltaire advoga que, para mudar a sociedade, é preciso mudar o indivíduo, o que seria feito mediante uma educação crítica.

O interesse dos pensadores franceses do século XVIII recai também sobre muitas outras áreas do conhecimento humano, o que se pode notar através de artigos presentes na *Enciclopédia*, através dos quais se revelam as novas formas de abordar essas áreas e seus objetos de estudo. Os artigos sobre teoria da ética, por exemplo, partem da idéia de homem como ser de *natureza sociável* e que, portanto, seguia uma ética social "natural". As bases desta teoria deixam de ser, portanto, o desejo de Deus para transformar-se em algo fundado na própria natureza humana.

Data desta época, também, o desenvolvimento do estudo de povos primitivos orientado pela preocupação de desvendar a origem da sociedade humana. Desenvolve-se, também, a teoria lingüística baseada na idéia de que o conhecimento depende do uso correto da linguagem. Revela-se um interesse científico na natureza da linguagem que se expressa na presença de artigos na *Enciclopédia* que versavam sobre gramática e sinônimos.

A noção de homem enquanto um ser sociável é ressaltada na época, o que acarreta mudanças na forma de conceber a história humana assim como transformações na forma de estudá-la. Por exemplo, para Buffon, a história do homem é a história da sociedade; para d'Holbach, a felicidade do indivíduo vincula-se à da sociedade na qual está inserido. Helvétius dá ênfase às relações dos indivíduos com o meio social: o indivíduo é formado e esta formação depende mais da educação que da natureza e fisiologia humanas. O estudo histórico das sociedades foi empreendido por Voltaire, a partir da busca de dados acerca dos costumes e das condições econômico-sociais, ao invés do destaque a fatos particulares. Esta modificação reflete uma mudança na própria concepção de história: segundo Desné (1982), "Duas concepções antigas da história vão desmoronar-se aqui: a história genealógica (uma família, por mais prestigiosa que seja, não é um povo) e a história militar... A concepção moderna da história é aquela de uma história que abarca o conjunto das atividades humanas..." (pp. 93-94.)

Outros pensadores, preocupados com *questões metodologicas* e com a aplicação do modelo de investigação das ciências naturais a outras ciências, chegam, neste período, a problematizar a aplicabilidade direta deste modelo às ciências que lidavam com a vida e com o homem. Este questionamento surge em função do fato de que durante este século, na França, o modelo das ciências naturais — que tem fundamentalmente Newton como mestre — vai estender-se a outros campos do conhecimento, em função do fato de todos os fenômenos passarem a ser vistos como naturais, quer os da física, química, biologia, quer os sociais, psicológicos, artísticos etc.

Segundo Cassirer (1950), coloca-se, neste período, o problema de descobrir se o modelo de investigação dos fenômenos físicos pode ser aplicado na íntegra para a investigação de todo e qualquer outro tipo de fenômeno. Questiona-se o papel da matemática, da lógica e da descrição na explicação do mundo, discutindo-se as peculiaridades das diferentes áreas de conhecimento. É o que vemos presente nas idéias de Diderot quando este afirma que a metodologia e a sistematização necessária a qualquer investigação devem, no entanto, adequar-se aos diferentes objetos de estudo.

Buffon, um estudioso da biologia, afirmava que o conhecimento biológico tinha uma estrutura peculiar. Em função desta estrutura, não pode ser dirigido exclusivamente pelas leis da matemática, mas deve fundamentalmente buscar seguir o curso histórico dos fenômenos. Assim, nas ciências biológicas, deve-se adotar o procedimento de busca "arqueológica" em substituição ao método de conceitos lógico-matemáticos que tenderia, na biologia, a produzir exclusivamente uma classificação dos indivíduos em gêneros e espécies. Há de se substituir a definição pela descrição, o gênero pelo indivíduo, substituição que resultaria na compreensão das transformações ocorridas no tempo; daí a ênfase na descrição e na investigação histórica.

Segundo Cassirer (1950), o ideal de um conhecimento natural matemático, importante no avanço da física do século XVIII, vai sendo substituído por um ideal de um conhecimento natural descritivo. Assim, embora na matemática descrição e mensuração coincidam, em ciências como a biologia, por exemplo, a descrição ganha um novo sentido.

As propostas inovadoras nas várias áreas de conhecimento, as novas idéias e valores, as críticas às idéias vigentes não passaram, obviamente, despercebidas diante das estruturas do regime que visavam combater. Assim sendo, pode-se imaginar a resistência oposta às novas idéias e a seus representantes, pelos poderes estabelecidos. Não é de estranhar, portanto, que os pensadores tivessem sofrido sanções: Voltaire precisou deixar Paris em função de sua obra *Cartas filosóficas*; Diderot foi encarcerado por seis meses, em função de haver escrito duas obras, também condenadas; a *Enciclopédia* foi proibida, Rousseau precisou fugir e La Mettrie foi exilado.

A despeito de inovadoras para a época, é impossível desvincular as propostas defendidas pelos pensadores deste período dos interesses de classe que privilegiavam. Assim, se por um lado combatiam a Igreja e o regime feudal, por outro defendiam idéias que valorizavam ou visavam colocar no poder camadas sociais às quais pertenciam, em geral, tais pensadores: a burguesia ou mesmo a nobreza. Exemplos de como o contexto econômico, político e social determinaram idéias e defesa de certos interesses podem ser encontrados nas obras de praticamente todos os autores do período, dentre os quais foram selecionadas Montesquieu, Voltaire e Rousseau.

Nobre de nascimento, Montesquieu lutou contra o absolutismo e a Igreja, mas mostrava-se favorável à monarquia moderada. Lembrado como o autor da teoria dos três poderes, inspirou-se no regime inglês, propondo a separação dos poderes Legislativo, Executivo e Judiciário. Em sua teoria prevê, no entanto, exceções a esta divisão de poderes: o monarca podia vetar decisões do legislativo e os nobres, quando infringissem as leis, não passariam por julgamento comum a qualquer cidadão, mas seriam julgados por membros da própria nobreza. Ao admitir que os nobres não passassem pelas instâncias normais de julgamento e estabelecendo, no legislativo, uma câmara alta composta por nobres, Montesquieu deixa claro responder aos interesses da nobreza.

Voltaire, embora defendesse que todos os homens podiam se libertar de preconceitos e mudar sua forma de vida a partir de conhecimentos, esperava que a mudança no regime vigente se desse não por movimentos populares, mas através de um monarca ilustrado (filósofo). Segundo Efimov e outros (1981), temia a revolução e defendia interesses de um grupo da nobreza avançada e da burguesia.

Segundo os mesmos autores, Rousseau exprimia anseios da pequena burguesia (pequenos proprietários), propondo o aniquilamento da propriedade senhorial, mas defendendo a manutenção da propriedade privada, acreditando ser possível mantê-la ao mínimo. Além disso, a separação entre as propostas teóricas por ele formuladas e sua prática fica evidente, se compararmos as idéias veiculadas no *Contrato social* ou no *Discurso sobre a desigualdade* com outros textos, em que se propõe a resolver problemas práticos. Segundo Fortes (1976), no plano teórico vigora a idéia de soberania da vontade geral, enquanto no texto *Considerações sobre o governo da Polônia* "... Rousseau patrocina a causa de um conservadorismo aristocrático pouco compatível com o igualitarismo republicano que advogava no plano da teoria" (p. 26). Solicitado pela nobreza polonesa para orientar a reorganização política do país, não chega a ser nem um reformador, já que mantém intactas as estruturas de poder e as leis. Mantém o senado, o rei e a dieta (câmara de representantes), aquele que afirma que o povo deveria ser soberano e contraria o princípio de que toda lei deve ser ratificada pelo povo, ao atribuir às decisões das dietas caráter definitivo.

Tais limites podem ser entendidos, se nos reportarmos ao contexto em que viveram os pensadores franceses do século XVIII: um contexto de luta da burguesia para ascender ao poder e da nobreza feudal para manter seus privilégios. Conforme Marx e Engels (1980): "A produção de idéias, de representações e da consciência está em primeiro lugar direta e intimamente ligada à atividade material e ao comércio material dos homens... Não é a consciência que determina a vida, mas a vida que determina a consciência" (pp. 25-26.)

CAPÍTULO 19

AS POSSIBILIDADES DA RAZÃO: IMMANUEL KANT (1724-1804)

> "É em todos os seus empreendimentos que cumpre à razão submeter-se à crítica, cuja liberdade ela não pode lesar com nenhuma interdição, sem se prejudicar a si própria e sem atrair para si suspeitas prejudiciais. Não há nada tão vantajoso, não há nada tão sagrado, que se possa furtar a essa inquisição decisiva, que não faz nenhuma consideração de pessoas. Sobre essa liberdade a própria existência da razão chega a se fundar."
>
> (Kant)

Kant nasceu na cidade de Königsberg, na Prússia, em 1724, e morreu em 1804. Tinha dez irmãos e sua família era pobre, profundemente religiosa, sendo-lhe ministrada uma sólida educação moral.

Kant estudou no Colégio Fridericianum, de orientação pietista, e, a partir de 1740, na Universidade de Königsberg, publicando seu primeiro estudo em 1747. Após esta data, com a morte do pai, teve de prover seu sustento trabalhando como preceptor de famílias nobres até 1755. Durante este período, realiza estudos que lhe permitiram a publicação de algumas obras que lhe garantiram o diploma de conclusão do curso de Filosofia e o direito de exercer a docência. Entretanto, após 1770, quando sua situação econômica se torna estável, que publica escritos que lhe parecem definitivos e bem estabelecidos. Nestes escritos, Kant retoma seus trabalhos anteriores, refutando algumas de suas antigas proposições. Desta época fazem parte as principais obras: *Crítica da razão pura* (1781) e *Prolegômenos a toda metafísica futura que possa apresentar-se como ciência* (1783), obras sobre a teoria do conhecimento; *Fundamentação da metafísica dos costumes* (1785) e *Crítica da razão prática* (1788), obras sobre a moral; *Crítica do juízo* (1790), obra onde aborda os juízos teleológicos e a estética.

Kant era um homem extremamente metódico, tanto em sua vida particular quanto em seus estudos. É apontado por vários estudiosos de seu sistema como um dos pensadores mais rigorosos e íntegros da filosofia moderna.

Kant viveu numa época em que o pensamento moderno tinha como elementos fundamentais o homem, a liberdade e o individualismo, visão de mundo que se desenvolveu vinculada à burguesia. Este pensamento burguês se expressou de formas específicas, em diferentes países — o empirismo e o sensualismo, na Inglaterra, e o racionalismo, na França e Alemanha — em função das condições econômicas, sociais e políticas de cada um deles.

As condições econômicas e sociais e a participação da burguesia no poder político já no século XVII, que favoreceram a ocorrência da Revolução Industrial na Inglaterra antes de outros países, justificam, também, ter aí se desenvolvido o empirismo e o sensualismo. Tal pensamento se expressa em Hobbes, Locke, Newton, Berkeley e Hume que tomam como elemento fundamental na elaboração do conhecimento a sensação, o empírico, a prática, o fato. Era possível tomar as condições observadas como elemento fundamental, dado que o projeto da burguesia já estava se realizando efetivamente naquele país, podendo se supor que as explicações seriam estabelecidas pela associação dos fatos observados, pelo hábito etc.

As condições que garantiram a predominância econômica e política da burguesia inglesa bastante cedo não ocorreram na Alemanha. Esta se encontrava, até meados do século XIX, fragmentada em reinados e principados independentes, com instituições predominantemente feudais, o que impedia a unificação de mercados e da produção. Suas condições econômicas e sociais eram bastante atrasadas e estagnadas, com uma pequena burguesia mercantil e industrial. Nestas condições, em que o estabelecimento do poder burguês era problemático, ainda que projetado pelos filósofos alemães como reflexo das influências do pensamento inglês e francês, a razão era enfatizada como a forma de alcançar o desenvolvimento necessário; a razão projetaria o ideal daquilo que deve ser, dirigindo para a vontade, para a ação moral as preocupações centrais de seus pensadores. Para tanto, supunham que leis *a priori* do pensamento e da ação garantiriam o acordo entre os indivíduos para a consecução de tal projeto, dado que as condições reais empíricas, efetivamente, limitavam sua realização.

O pensamento e o sistema filosófico de Kant representavam a burguesia alemã. Nesse sentido, enfatizava o individualismo e a liberdade (valores da burguesia em geral); enfatizavam a possibilidade de existir leis *a priori* do pensamento e ação moral, ou seja, aquilo que deve ser e o que se deve fazer (valores da filosofia alemã).

Kant, em suas obras mais definitivas, estará se confrontando com as duas tendências do pensamento burguês já citadas: o racionalismo dogmático e o empirismo. Esse confronto se expressa, basicamente, na discussão de como se constrói o conhecimento, buscando como se dá a relação entre os elementos do universo.

Os racionalistas supunham uma harmonia preestabelecida entre o mundo inteligível e o sensível através de uma inteligência divina ou de uma ação divina contínua sobre o mundo; supunham ainda que seria possível atingir as verdades absolutas ou pelas noções *a priori* do espírito ou por idéias inatas.

A filosofia que prevalecia nas universidades alemãs era a de Leibniz, sistematizada por Wolff, de forma extremamente racionalista. Kant, inicialmente, é um seguidor crítico de Leibniz, isto é, aceita as principais linhas de sua teoria, mas com dúvidas em algumas especificidades, baseando-se em seus conhecimentos sobre Newton. Um dos aspectos criticados por Kant foi o método filosófico. Enquanto os leibnizianos achavam que a filosofia deveria se espelhar no modelo matemático que desenvolvia uma cadeia de demonstrações em que a primeira premissa era auto-evidente, para Kant os filósofos não devem começar por definições, pois ficariam fechados num círculo de palavras; eles podem chegar a estas definições como um produto final. Critica ainda a noção de causalidade de Wolff, que parte do princípio lógico da contradição; para Kant existe diferença entre a oposição encontrada na lógica e a oposição encontrada nas coisas. Neste momento, Kant acredita que a causalidade não pode ser entendida como uma relação lógica.

Kant que, portanto, inicialmente comunga das idéias dos racionalistas alemães, e sob a influência das idéias de Hume, criticará os racionalistas dogmáticos, pois estes consideravam que tudo o que decorre do sensível é uma noção confusa e criticará, também, a pretensão do dogmatismo (...) "de progredir apenas com um conhecimento puro a partir de conceitos (o filosófico) segundo princípios há tempo usados pela razão, sem se indagar contudo de que modo e com que direito chegou a eles." (*Crítica da razão pura, XXXVI.*)

Hume, com suas noções empiristas, nega a possibilidade da razão pensar a partir de conceitos a conexão de causa e efeito, pois, se assim fosse, tais ligações deveriam ocorrer *necessariamente*. Hume propõe que tal conexão entre causa e efeito surge da repetição da experiência, que cria, no sujeito, a noção de causa através do hábito. Kant, apesar de considerar problemática tal conclusão de Hume, parte dessa discussão ao propor que o conceito de causa não decorre da experiência, mas é uma capacidade de pensar que o homem possui. O conceito de causa (entre outros conceitos) seria uma forma de pensamento que o homem disporia *a priori*, cujo uso correto só se dá, entretanto, no interior da experiência. Desta forma se opõe, também, a Descartes, Leibniz, Wolff, Berkeley e a seus primeiros escritos que colocavam a causa dos fenômenos numa inteligência divina; assim, é o homem e não um ser superior que se torna o princípio da explicação.

Kant começa, portanto a transferir a preocupação com o mundo como objeto da ciência, pelo homem enquanto capaz de fazer a ciência do mundo. Associa homem e mundo na explicação científica; foi o primeiro a pensar em estudar a capacidade de entender humana, antes de levar em conta seus frutos.

Para Kant, na produção de conhecimento, é necessário a existência do objeto que desencadeia a ação do nosso pensamento, e ao qual todo o conhecimento deve se referir; é fundamental, ainda, a participação de um sujeito ativo que pense, conecte o que é captado pelas impressões sensíveis fornecendo, para isso, algo de sua própria capacidade de conhecer. Partindo de tal proposição, Kant inicia a *Crítica da razão pura*, discutindo a vinculação entre a razão e a experiência e o alcance que cada uma, isoladamente, possibilita, ao descrever a origem do processo de conhecimento.

"Não há dúvida de que todo o nosso conhecimento começa com a experiência; do contrário, por meio do que a faculdade de conhecimento deveria ser despertada para o exercício senão através de objetos que toquem nossos sentidos e em parte produzem por si próprios representações, em parte põem em movimento a atividade do nosso entendimento para compará-las, conectá-las ou separá-las e, desse modo, assimilar a matéria bruta das impressões sensíveis a um conhecimento dos objetos que se chama experiência? *Segundo o tempo*, portanto, nenhum conhecimento em nós precede a experiência, e todo o conhecimento começa com ela.

Mas embora todo o nosso conhecimento comece *com* a experiência, nem por isso todo ele se origina justamente *da* experiência. Pois poderia bem acontecer que mesmo o nosso conhecimento de experiência seja um composto daquilo que recebemos por impressões e daquilo que a nossa própria faculdade de conhecimento (apenas provocada por impressões sensíveis) fornece de si mesma, cujo aditamento não distinguimos daquela matéria-prima antes que um longo exercício nos tenha chamado a atenção para ele e nos tenha tornado aptos a abstraí-lo.

Portanto, é uma questão que requer pelo menos uma investigação mais pormenorizada e que não pode ser logo despachada devido aos ares que ostenta, a saber, se há um tal conhecimento independente da experiência e mesmo de todas as impressões dos sentidos. Tais *conhecimentos* denominam-se *a priori* e distinguem-se dos *empíricos*, que possuem suas fontes *a posteriori*, ou seja, na experiência." (*Crítica da razão pura*, 1, 2.)

Os conhecimentos *a priori* são juízos que se caracterizam por serem necessários e universais, que independem de toda a impressão dos sentidos. (. . .) "Na verdade, a experiência nos ensina que algo é constituído deste ou daquele modo, mas não que não possa ser diferente." O juízo *a priori*, sendo necessário, deve ser absoluto, ou seja, não pode deixar de ser tal como é, de tal modo que seu contrário é impossível. (. . .) "a experiência jamais dá aos seus juízos *universalidade* verdadeira ou rigorosa, mas somente suposta e comparativa (por indução), de maneira que temos propriamente que dizer: tanto quanto percebemos até agora, não se encontra nenhuma exceção desta ou daquela regra" (*Crítica da razão pura*, 3, 4). Os juízes *a priori* são universais, isto é, válidos para todos os casos, não permitindo nenhuma exceção como possível. Assim os juízos "tudo o que acontece tem uma causa" e "a linha reta é a mais curta entre dois pontos" são *a priori*, pois necessários e universais.

Os conhecimentos empíricos são juízos que se caracterizam por serem contingentes, uma vez que enunciam que algo pode ser, ou não, de determinado modo, e particulares; são juízos que dependem da experiência. Assim "a linha reta é branca" é um juízo particular e contingente pois, nem todas as linhas retas são brancas e as que o são, não o são necessariamente.

Todo juízo estabelece uma relação entre um sujeito e um predicado. Tal relação pode ser, para Kant, de dois tipos: de elucidação e de ampliação. *Analítico* é o juízo que é elucidativo, no sentido de esclarecer o conceito que se tem, já que o predicado atribuído não acrescenta nada ao sujeito; somente desmembra o conceito explicitando o múltiplo que está sempre pensando nele. *Sintético* é o juízo que é de ampliação, ou seja, o predicado acrescenta algo ao conceito do sujeito que não poderia ser pensado nem extraído do próprio conceito por desmembramento algum; há uma síntese do sujeito com o predicado. Por exemplo, no juízo "um dia chuvoso é um dia úmido", o predicado "dia úmido" apenas elucida e está contido, necessariamente, no sujeito "dia chuvoso", sendo portanto um juízo analítico; no juízo "um dia chuvoso é um dia frio", o predicado "dia frio" não está contido no sujeito "dia chuvoso", mas amplia-o, sendo, assim, um juízo sintético. Os juízos da *experiência* são todos *sintéticos*, pois a experiência acrescenta sempre algum atributo ao conceito do sujeito; os juízos *analíticos* são *a priori*, pois para explicitar o que penso de cada conceito não é necessário recorrer à experiência.

O que Kant propõe é a existência de uma terceira classe de juízos: os juízos *sintéticos a priori*. Este tipo de juízo é fundamental para a ciência, pois, por serem sintéticos, ampliam o conhecimento dos objetos e, por serem a *priori*, são juízos universais e necessários. Kant procura usar em filosofia o procedimento da física newtoniana, explicações sintéticas a partir de princípios iniciais. Utiliza, também, a física de Newton para exemplificar tais juízos: em todas as mudanças do mundo material a quantidade de matéria não se altera ou a toda ação de dois corpos um sobre outro, sempre se opõe uma reação igual e dirigida a partes contrárias. Estas duas proposições são universais e necessárias uma vez que se referem a características de todos os corpos do mundo material, ou seja, são juízos *a priori*; são também *sintéticas*, pois no conceito de matéria não está contido nem a permanência de sua quantidade nem a possibilidade de exercer sobre outros corpos uma reação de igual valor e contrária à ação impressa nele.

Partindo da classificação dos juízos, onde discute as possibilidades de conhecer baseadas na experiência e nas condições *a priori* da razão, Kant propõe a conjugação de ambas — razão e experiência — na produção de conhecimento, através dos juízos sintéticos *a priori*.

A razão, portanto, não estaria subordinada à experiência, mas determinaria, segundo suas exigências, o que deveria ser observado; a razão projetaria a partir de conceitos *a priori* o que buscar na natureza, objetivando descobrir leis da própria natureza. Tal associação, da razão com a experiência como forma de produzir conhecimento, Kant considera uma revolução na maneira de pensar que já havia sido empreendida pela Matemática e pela ciência da natureza, dois conhecimentos teóricos, ou especulativos, da razão. E assim, na *Crítica da razão pura*, se refere a esta revolução empreendida pelos pesquisadores da natureza: "Quando *Galileu* deixou suas esferas rolar sobre a superfície oblíqua com um peso por ele mesmo escolhido, ou quando *Torricelli* deixou o ar carregar um peso de antemão pensado como igual ao de uma coluna de água conhecida por ele, ou quando ainda mais tarde *Stahl* transformou metais em cal e esta de novo em metal retirando-lhes ou restituindo-lhes algo: isto foi uma revelação para todos os pesquisadores da natureza. Deram-se conta de que a razão só compreende o que ela mesma produz segundo o seu projeto, que ela teria que ir à frente com princípios dos seus juízos segundo leis constantes e obrigar a natureza a responder às suas perguntas, mas sem se deixar conduzir por ela como se estivesse presa a um laço; do contrário, observações feitas ao acaso, sem um plano previamente projetado, não se interconectariam numa lei necessária, coisa que a razão todavia procura e necessita. A razão tem que ir à natureza, tendo numa das mãos os princípios unicamente segundo os quais fenômenos concordantes entre si podem valer como leis, e na outra o experimento que ela imaginou segundo seus princípios, claro que para ser instruída pela natureza, não porém na qualidade de um aluno que se deixa ditar tudo o que o professor quer, mas sim na de um juiz nomeado que obriga as testemunhas a responder às perguntas que lhes propõe. E assim até mesmo a Física deve a tão vantajosa revolução na sua maneira de pensar apenas à idéia de procurar na natureza (não lhe imputar), segundo o que a própria razão coloca nela, aquilo que precisa aprender *da* mesura e sobre o que nada poderia saber por si própria. Através disso, a Ciência da Natureza foi, pela primeira vez, posta no caminho segundo de uma ciência, já que por muitos séculos nada mais havia sido que um simples tatear" (XIII e XIV).

A partir da conclusão de que o grau de certeza dos conhecimentos da matemática e física decorriam do fato de se basearem em juízos sintéticos *a priori*, Kant perguntar-se-á se haveria possibilidade da Metafísica produzir esse tipo de juízo ou como é possível a Metafísica encontrar o caminho seguro da ciência. Esta é uma preocupação fundamental que perpassará toda a sua obra.

A Metafísica, a partir do uso que os racionalistas dogmáticos fazem da razão, não chega à certeza de suas conclusões e nem possui argumentos sólidos em que se basear. Esta crítica, entretanto, não leva Kant a assumir a posição de Hume no que diz respeito à impossibilidade de existir a metafísica, pois Kant acredita que o homem não pode ser indiferente aos problemas metafísicos que a razão coloca: a existência de Deus, a imortalidade da alma e a liberdade do homem no mundo. A partir daí, estrutura seu sistema filosófico na perspectiva de criticar o uso da razão, ou seja, discernir o que a razão pode fazer ou o que ela é incapaz de fazer. Esta discussão vai se constituir no objetivo de sua primeira crítica — a *Crítica da razão pura* — que tentará investigar a possibilidade do uso do método da matemática e da ciência da natureza na metafísica.

Segundo Bréhier (1977) "Não é de duvidar que Kant tenha adotado por tipo de conhecimento o aspecto do conhecimento que se havia tornado familiar à física de Newton: duma parte, uma série de experiências esparsas, adquiridas independentemente uma da outra; doutra, um conceito ou lei que o espírito descobre e que cria a ligação ou unidade entre essas experiências. Duma parte, portanto, materiais passivamente acumulados; doutra, uma inteligência ativa que liga essas experiências para pensá-las" (p. 195).

Kant denomina sensibilidade à faculdade através da qual nossa mente recebe, passivamente, representações e o objeto nos é dado de forma diversa, dispersa, múltipla; é a faculdade das intuições. O entendimento é a faculdade que organiza o diverso, o múltiplo e pensa as representações da sensibilidade, desempenhando uma função ativa.

O conhecimento produzido pela ciência deve se referir a objetos: "Seja qual for o modo e sejam quais forem os meios pelos quais um conhecimento possa referir-se a objetos, a *intuição* é o modo como se refere imediatamente aos mesmos e ao qual tende como um meio todo pensamento. Contudo, esta intuição só acontece na medida em que o objeto nos for dado; a nós homens pelo menos, isto só é por sua vez possível pelo fato do objeto afetar a mente de certa maneira. A capacidade (receptividade) de obter representações mediante o modo como somos afetados por objetos denomina-se *sensibilidade*. Portanto, pela sensibilidade nos são dados objetos e apenas ela nos fornece *intuições*; pelo entendimento, ao invés, os objetos são *pensados* e dele se originam *conceitos*. No entanto, por meio de certas características, seja diretamente (*directe*) ou por rodeios (*indirecte*), todo o pensamento tem por fim que se referir a intuições, em nós portanto, à sensibilidade, pois de outro modo nenhum objeto nos pode ser dado". (*Crítica da razão pura*, 33.)

Assim, entendimento e sensibilidade não têm, cada qual, seu objeto próprio; conceitos e intuições são necessários para a elaboração do conhecimento, não tendo, nenhum destes elementos, preponderância sobre o outro "(...) nem conceitos sem uma intuição de certa maneira correspondente a eles nem intuição sem conceitos podem fornecer um conhecimento (...)" Sem sensibilidade nenhum objeto nos seria dado, e sem entendimento nenhum seria pensado. Pensamentos sem conteúdo são vazios, intuições sem conceitos são cegas. Portanto, tanto é necessário tornar os conceitos sensíveis (isto é, acrescentar-lhes o objeto na intuição) quanto tornar as suas intuições compreensíveis (isto é, pô-las sob conceitos)." (*Crítica da razão pura*, 74, 75.)

A *Crítica da razão pura* expõe, em sua primeira parte — Estética Transcendental[1] — o processo segundo o qual ocorre a recepção, a captação passiva do objeto, processo que Kant denomina de sensibilidade.

A sensibilidade (faculdade das intuições) envolve a impressão produzida pelo objeto no ser humano — a sensação, que produz intuições que são denominadas empíricas.

Envolve, também, formas de captação do objeto que independem da sensação, que estão *a priori* no ser humano; tais formas são denominadas de intuição pura no sentido transcendental.

"O efeito de um objeto sobre a capacidade de representação, na medida em que somos afetados pelo mesmo, é *sensação*. Aquela intuição que se refere ao objeto mediante a sensação denomina-se *empírica*. O objeto indeterminado de uma intuição empírica denomina-se *fenômeno*" (*Crítica da razão pura*, 34.)

A sensação (que é a matéria do fenômeno) proporciona impressões dispersas, múltiplas, diversas. Tal multiplicidade deve ser ordenada, ser posta de uma certa forma. Para tal ordenação deve haver uma capacidade *a priori* na mente que independa da sensação. "(. . .) A forma pura de intuições sensíveis em geral, na qual todo o múltiplo dos fenômenos é intuído em certas relações, será encontrada *a priori* na mente. Essa forma pura da sensibilidade se denomina ela mesma *intuição pura*." (*Crítica da razão pura*, 34, 35.)

Se retirarmos da sensibilidade tudo o que provém da sensação (cor, dureza etc.), portanto, tudo o que a matéria lhe fornece, restará somente as formas da sensibilidade, ou seja, a intuição pura, a única

---

[1] Transcendental é o princípio segundo o qual nossa maneira de conhecer os objetos envolve condições *a priori*, ou seja, que toda a experiência deve ser submetida aos nossos conceitos *a priori*. "Denomino *transcendental* todo o conhecimento que em geral se ocupa não tanto com objetos, mas com o nosso modo de conhecer objetos na medida em que este deve ser possível *a priori*". (*Crítica da razão pura*, 25).

"Denomino *estética transcendental* uma ciência de todos os princípios da sensibilidade *a priori*." (*Crítica da razão pura*, 36).

coisa que a sensibilidade nos fornece *a priori* como condição de captação — o espaço e o tempo.

"O espaço não é um conceito empírico abstraído de experiências externas. Pois a representação de espaço já tem que estar subjacente para certas sensações se referirem a algo fora de mim (isto é, a algo num lugar do espaço diverso daquele em que me encontro), e igualmente para eu poder representá-las como fora de mim e uma ao lado da outra e por conseguinte não simplesmente como diferentes, mas como situadas em lugares diferentes. Logo, a representação do espaço não pode ser tomada emprestada, mediante a experiência, das relações do fenômeno externo, mas esta própria experiência externa é primeiramente possível só mediante referida representação." (*Crítica da razão pura*, 38.)

Assim o espaço representa-nos os objetos fora de nós e juntos no espaço; nele são determinadas as figuras, magnitudes e relações recíprocas. O espaço não representa nenhuma propriedade das coisas e de suas relações, não é do objeto, é uma condição de sensibilidade do sujeito que conhece, que está *a priori* dada no sujeito e é a condição de recepção dos objetos externos.

"O tempo não é um conceito empírico abstraído de qualquer experiência. Com efeito, a simultaneidade ou a sucessão nem sequer se apresentaria à percepção se a representação do tempo não estivesse subjacente *a priori*. Somente a pressupondo pode-se representar que algo seja num e mesmo tempo (simultâneo) ou em tempos diferentes (sucessivo)." (*Crítica da razão pura*, 46.)

Tal como o espaço, o tempo não pertence às coisas, ou seja, os fenômenos podem ser suprimidos do tempo, mas o tempo não pode ser eliminado dos fenômenos. Para Kant, o tempo é a condição subjetiva da intuição das coisas, já que não posso justapor as coisas a menos que tenha a idéia de justaposição. "Se a condição particular de nossa sensibilidade for suprimida, desaparece também o conceito do tempo, que não adere aos próprios objetos mas apenas ao sujeito que os intui." (*Crítica da razão pura*, 54.)

Kant justifica apenas estas duas formas — espaço e tempo — como condição *a priori* de toda a sensibilidade, pois são as únicas que independem de algo empírico. Tal noção é exemplificada quando fala do movimento.

"Que enfim a estética transcendental não pode conter mais que estes dois elementos, a saber, espaço e tempo, fica claro pelo fato de todos os outros conceitos pertencentes à sensibilidade, mesmo o de movimento, que reúne ambos os elementos, pressuporem algo de empírico. Com efeito, o movimento pressupõe a percepção de algo móvel. Mas no espaço, considerado em si mesmo, nada é móvel: por conseguinte, o que se move tem que ser algo encontrado *no espaço só mediante a experiência*, portanto um dado empírico. Do mesmo modo, a estética transcendental não pode contar o conceito de mudança entre os seus dados *a priori*, pois o próprio tempo não muda, mas sim algo que é no tempo. Logo, para isso, requer-se a percepção de alguma existência e da sucessão das suas determinações, por conseguinte experiência." (*Crítica da razão pura*, 58.)

Desta forma, segundo Kant, espaço e tempo, condições *a priori* da sensibilidade, não são propriedades das coisas, nem têm uma existência em si mesmos. Ao contrário, são as condições do sujeito humano, da capacidade do homem de captação, são os modos de sermos afetados pelos objetos, que não necessariamente podem ser generalizáveis a outros seres.

"Relativamente às intuições de outros entes pensantes, com efeito não podemos absolutamente julgar se estão vinculadas às mesmas condições que limitam nossa intuição e nos são universalmente válidas." (*Crítica da razão pura*, 43.)

A concepção de espaço e de tempo reflete, também, uma influência de Newton que supunha o espaço e o tempo não como propriedade das coisas. Entretanto, Kant transpõe ao homem o que Newton atribuía a Deus. O espaço e o tempo considerados o sensório de Deus em Newton, passa a ser a condição de captação subjetiva do homem em Kant. Como aponta Cassirer (1968). "Esta subjetividade é o mesmo que a idéia coperniciana de que deve girar o espectador e não o universo; indica como ponto de partida, não o objeto, mas sim certas leis específicas do conhecimento, que devem ser reduzidas a uma determinada forma de objetividade (seja do tipo teórico, ou ético, ou estético).

Uma vez que se tenha compreendido isto, desaparece imediatamente aquele sentido secundário do 'subjetivo' que leva junto a aparência do individual e do caprichoso. Com o sentido que aqui se lhe dá, o conceito do subjetivo expressa sempre a fundamentação em um método necessário e em uma lei geral da razão". (p. 183)

Considerando que os objetos nos aparecem em função do modo como afetam nossos sentidos, isto é, que os objetos são captados pelos seres humanos segundo as condições de sensibilidade, espaço e tempo, não intuímos as coisas tais como elas são em si mesmas, mas sim do modo como as conhecemos. Portanto, não conhecemos as coisas em si (*noumeno*), mas somente tal como elas nos *aparecem* (fenômenos). "Quisemos, portanto, dizer: que toda nossa intuição não é senão a representação de fenômeno; que as coisas que intuímos não são em si mesmas tal qual as intuímos, nem que as suas relações são em si mesmas constituídas do modo como nos aparecem e que, se suprimíssemos o nosso sujeito ou também apenas a constituição subjetiva dos sentidos em geral, em tal caso desapareceriam toda a constituição, todas as relações dos objetos no espaço e no tempo, e mesmo espaço e tempo. Todas essas coisas enquanto fenômenos não podem existir em si mesmas, mas somente em nós. O que há com os objetos em si e separados de toda esta receptividade da nossa sensibilidade, permanece-nos inteiramente desconhecido. Não conhecemos senão o nosso modo de percebê-los, o qual nos é peculiar e não tem que concernir necessariamente a todo ente, mas sim a todo homem." (*Crítica da razão pura*, 59.)

Com isto Kant apresenta uma nova relação entre sujeito e objeto no processo de conhecimento. Os racionalistas supunham um acordo entre a ordem das idéias e as coisas, sendo Deus o princípio desta harmonia; Hume supunha que os princípios da natureza estavam de acordo, segundo uma harmonia preestabelecida, com a natureza humana. Em Kant, o objeto é necessariamente submetido ao sujeito, pois(. . .) "o fenômeno é aquilo que de algum modo pode encontrar-se no objeto em si mesmo, mas sempre na sua relação com o sujeito sendo inseparável da representação do primeiro". (*Crítica da razão pura*, 70.)

O conhecimento não tem validade objetiva no que se refere à coisa em si, mas ele tem validade objetiva no que se refere ao fenômeno, pois é uma regra que vale universalmente e sem limite para todos os homens.

A sensibilidade se refere a como o sujeito é afetado, a como produz intuições. Tais intuições devem ser pensadas, organizadas, reunidas para elaboração do conhecimento. A segunda parte da *Crítica da razão pura — Analítica Transcendental*[2] — descreve esse processo de organização das intuições realizada pelo entendimento.

---

2 "A parte da lógica transcendental, portanto, que expõe os elementos do conhecimento puro do entendimento e os princípios sem os quais um objeto de maneira alguma pode ser pensado, é a analítica transcendental, e ao mesmo tempo uma lógica da verdade" (*Crítica da razão pura,* 87).

A lógica é a ciência das regras do entendimento. Kant estabelece uma diferença entre a lógica geral (formal) e a ciência do entendimento que propõe — lógica transcendental. A lógica geral (formal) se ocupa simplesmente das

"O múltiplo das representações pode ser dado numa intuição meramente sensível, quer dizer, que nada mais é senão receptividade, podendo a forma dessa intuição residir *a priori* em nossa faculdade de representação, sem ser outra coisa senão a maneira como o sujeito é afetado. Todavia, a ligação (*coniunctio*) de um múltiplo, em geral, jamais pode nos advir dos sentidos e, por conseguinte, tampouco estar ao mesmo tempo contida na forma pura da intuição sensível; pois tal ligação é um ato da espontaneidade da capacidade de representação e, visto que se tem que denominar a esta entendimento para diferenciá-la da sensibilidade, toda ligação — quer possamos ser conscientes dela quer não, quer seja uma ligação do múltiplo da intuição ou de vários conceitos e, na primeira, de uma intuição sensível ou não — é uma ação do entendimento" (...) (*Crítica da razão pura*, 130 e 131.) O entendimento, que é a faculdade que permite pensar, exige que o múltiplo dado pela sensibilidade seja ligado para que possa haver conhecimento; tal ação é denominada síntese e é realizada pela imaginação. A imaginação, portanto, realiza a compreensão, a composição da multiplicidade que nos é dada pela intuição.

"Por *síntese* entendo, no sentido mais amplo, a ação de acrescentar diversas representações umas às outras e de conceber a sua multiplicidade num conhecimento." (...) "Mas a síntese de um múltiplo (seja dado empiricamente ou *a priori*) produz primeiro um conhecimento que, é verdade, pode ser de início tosco e confuso e necessita, portanto, da análise, todavia, é a síntese que coleta propriamente os elementos em conhecimentos e os reúne num certo conteúdo, sendo portanto o primeiro a que devemos prestar atenção se quisermos julgar sobre a origem primeira do nosso conhecimento. A síntese em geral, como veremos futuramente, é o simples efeito da capacidade da imaginação, uma função cega embora indispensável da alma, sem a qual de modo algum teríamos um conhecimento, mas da qual raramente somos conscientes. Reportar essa síntese *a conceitos* é, todavia, uma função que cabe ao entendimento e pela qual

---

formas de pensamento, sem se referir ao conteúdo do mesmo; assim, através das formas de pensamento, podem-se propor conhecimento em função de regras que não correspondam a objetos. Para Kant o conhecimento deve se referir a objetos, portanto formula (...) "a idéia de uma ciência relativa ao conhecimento puro do entendimento e da razão mediante a qual pensamos objetos de modo inteiramente *a priori*. Uma tal ciência, que determinasse a origem, o âmbito e a validade objetiva de tais conhecimentos, teria de se denominar *lógica transcendental*" (...) (*Crítica da razão pura*, 81.)

nos proporciona pela primeira vez o conhecimento em sentido próprio." (*Crítica da razão pura*, 103.)

O entendimento possui conceitos *a priori* que dão unidade à síntese — unidade à compreensão. Assim, a partir de tais conceitos, o entendimento tem a possibilidade de formar juízos, ou seja, age relacionando representações e reduzindo-as a uma unidade. Kant exemplifica: no juízo "todos os corpos são divisíveis", o conceito "corpo" está relacionado ao conceito "divisível".

Para determinar quais seriam os conceitos que se referem *a priori* aos objetos, Kant partiu dos juízos que os lógicos propunham até então. Estabeleceu, assim, uma tábua de categorias (conceitos) que permite classificar os juízos em quatro grupos de três: categoria de quantidade (unidade, pluralidade, totalidade), qualidade (realidade, negação e limitação), relação (substância e acidente, causa e efeito, ação recíproca) e modalidade (possibilidade, existência e necessidade).

Bréhier (1977) fornece alguns exemplos da unidade quc o entendimento pode realizar através das categorias: "O entendimento não une em geral; une somente tal ou qual conceito *a priori*; por exemplo, para determinar a grandeza de uma linha, une o diverso do espaço segundo o conceito de quantidade; para determinar a intensidade do calor, une os dados da sensibilidade sob o conceito de qualidade; para captar a sucessão necessária dos fenômenos, utiliza o conceito de causalidade." (p. 198)

O entendimento pode pensar a partir das próprias categorias estabelecendo união entre elas, ou pode pensar a partir de intuições, empíricas ou *a priori*. Por exemplo, na matemática é possível, através dos conceitos, sem nenhuma intuição sensível, formular juízos.

Assim o entendimento pode pensar através de seus conceitos puros, sem nenhuma limitação, o que resultaria em juízos possíveis, mas não necessariamente reais; isto estabelece uma diferença entre pensar e conhecer: "*Pensar* um objeto e *conhecer* um objeto não é, portanto, a mesma coisa. O conhecimento requer dois elementos: primeiro o conceito pelo qual em geral um objeto é pensado (a categoria) e em segundo a intuição pela qual é dado. Com efeito, se ao conceito não pudesse ser dada uma intuição correspondente seria um pensamento segundo a forma, mas sem nenhum objeto, através dele não sendo absolutamente possível conhecimento algum de qualquer coisa porque, por mais que eu soubesse, nada haveria nem poderia haver ao qual pudesse ser aplicado meu pensamento. Ora, toda intuição possível a nós é sensível[3] (Estética); portanto, o pensamento de um objeto em geral mediante um conceito puro do entendimento pode tornar-se conhecimento em nós somente na medida em que tal conceito for referido a objetos dos sentidos" (. . .) "Por isso, mediante a intuição as categorias não nos fornecem também conhecimento algum das coisas senão apenas através da sua aplicação à *intuição empírica*, isto é, servem só à possibilidade do *conhecimento empírico*. Este chama-se, porém, *experiência*. Por conseguinte, as categorias não possuem nenhum outro uso para o conhecimento das coisas senão apenas na medida em que estas forem admitidas como objetos de experiência possível." (*Crítica da razão pura*, 146, 147 e 148.)

Para compreender como os conceitos *a priori* do entendimento determinam a experiência, ou seja, como as leis da natureza são estabelecidas considerando que os conceitos pertencem ao nível do inteligível e a experiência ao nível do sensível, Kant percebe a necessidade de encontrar uma faculdade intermediária de ligação. "Ora, é claro que precisa haver um terceiro elemento que seja homogêneo de um lado, com a categoria e, de outro, com o fenômeno, tornando possível a aplicação da primeira ao último. Esta representação mediadora deve ser pura (sem nada de empírico) e não obstante de um lado *intelectual* e de outro sensível. Tal representação é o *esquema transcendental*" (*Crítica da razão pura*, 177), que é elaborado pela imaginação. Esta faculdade, sob o mando do entendimento, produz esquemas dos conceitos. Os conceitos (ou categorias) têm de ser esquematizados para se referir às intuições. O esquema traduz o conceito em operações aplicáveis à sensibilidade; determina as condições temporais em que a categoria é aplicável aos objetos da experiência. Esquema (. . .) "significa uma regra de síntese da capacidade da imaginação" (. . .) (*Crítica da razão pura*, 180).

Kant propõe um esquema de cada categoria. "O esquema das categorias de quantidade (unidade, pluralidade e totalidade) é o número. Um objeto dado na percepção é uma quantidade somente se como quantidade pode se comparar com outras quantidades, ou seja, se se pode medir. A medida implica a adição de unidades. O qual é necessariamente uma sucessão no tempo." (. . .) "O esquema das categorias de qualidade (realidade, negação, limitação) é o grau de inten-

---

[3] Sensível no sentido de referente à faculdade da sensibilidade. Pode ser, portanto, pura ou empírica; se contrapõe, aqui, à intuição inteligível, só possível a um Ser Superior. (N. do A.)

sidade. Toda percepção empírica implica uma sensação que deve ser capaz de aumentar ou decrescer em intensidade." (. . .) "Enquanto nas categorias de relação (substância, causalidade e interação), o esquema ou determinação da substância é a permanência no tempo, o da causalidade é 'a sucessão de uma diversidade contanto que esteja sujeita a uma norma"[4] (. . .) "Os esquemas das categorias de modalidade (possibilidade-impossibilidade, existência-não existência, necessidade-contingência) são os seguintes: o esquema de possibilidade é a possibilidade no tempo e não mera possibilidade lógica. O esquema de existência (Wirklichkeit) é 'ser num tempo determinado'. O esquema de necessidade é o ser de um objeto em todo tempo."[5] (Körner, 1983, 67, 68.)

Foram descritas três faculdades envolvidas na produção do conhecimento: a sensibilidade que possibilita que o conhecimento se inicie através de intuições; a imaginação que produz esquemas dos conceitos e sínteses das intuições; o entendimento que julga, que dá unidade aos fenômenos. Cabe finalmente destacar a razão.

A unidade dada pelo entendimento baseia-se sempre em intuições. A razão pretende também uma unidade, mas total e definitiva, agindo sobre os conceitos do entendimento, possibilitando a unidade das leis empíricas. "Se o entendimento é uma faculdade da unidade dos fenômenos mediante regras, a razão é a faculdade da unidade das regras do entendimento sob princípios. Portanto, ela jamais se refere imediatamente à experiência ou a qualquer objeto, mas ao entendimento, para dar aos seus múltiplos conhecimentos unidade *a priori* mediante conceitos, a qual pode denominar-se unidade da razão e é de natureza completamente diferente da que pode ser produzida pelo entendimento." (*Crítica da razão pura,* 358, 359.) Nisto constitui seu papel no processo de conhecimento (seu uso lógico, teórico ou especulativo).

O uso lógico não é o único a que a razão pode se propor. Ela pode formar idéias fora da experiência — idéias puras da razão — que levam os conceitos do entendimento ao máximo de extensão e de unidade. (. . .) "as sínteses operadas pelo entendimento na experiência não bastam à razão; o mundo empírico não nos satisfaz, visto não ser mais que um conjunto de fenômenos, e não um todo único. A exigência da razão é a de representar-se o universo como uma tota-

[4] *Crítica da razão pura,* p. 183.

[5] *Crítica da razão pura,* p. 184.

lidade acabada. Por certo, a razão, com suas idéias, não apreende nenhum objeto, mas esta idéia de universo, este ideal de um universo, impele o espírito a levar adiante, sem cessar, as suas sínteses empíricas, sem nunca se dar por satisfeito com seus conceitos". (Pascal, 1983, p. 88) Assim, a razão ao buscar o absoluto, o universal, chegaria à idéia de três espécies: relativas ao sujeito, idéia da imortalidade da alma (unidade absoluta do sujeito pensante); relativas ao objeto enquanto fenômeno, idéia de mundo (unidade absoluta da série das condições do fenômeno); relativas ao objeto enquanto pensamento em geral, ou seja, a coisa que contém a condição da possibilidade de tudo o que pode ser pensado, a idéia de Deus — o ente de todos os entes (unidade absoluta da condição de todo os objetos do pensamento).

A terceira parte da *Crítica da razão pura* — Dialética transcendental — se refere à ilusão da razão ao pretender obter conhecimentos da existência de Deus, da alma e do mundo. Se constitui numa ilusão, pois a razão impele o entendimento a usar suas categorias fora dos limites da experiência possível. Tal ilusão natural pode ser denunciada, refutada, mas não evitada e dissipada. Assim, quando a razão tenta conhecer o mundo fora dos limites da experiência se coloca vários problemas. A partir da categoria de quantidade a razão se coloca o problema da grandeza do mundo no espaço e no tempo, ou seja, se ele é finito ou infinito. A partir da categoria de qualidade, coloca-se o problema da composição da matéria no espaço, ou seja, se o mundo é composto de partes simples ou nenhuma coisa do mundo é composta de partes simples. A partir da categoria de relação problematiza as causas do mundo, ou seja, é possível supor causas que não tenham causas e que, portanto, envolvem a liberdade, ou não existe liberdade, e tudo no mundo acontece segundo leis naturais. A partir da categoria de modalidade questiona-se: se o mundo implica um ser absolutamente necessário como sua causa, ou se não necessita de nenhum ser nem pertencente ao mundo, nem externo a ele como sua causa. Kant discute, ainda, na dialética, as ilusões da razão ao tentar conhecer a alma — a possibilidade de conhecer o ser do homem — e Deus — se é possível provar a existência de Deus.

Conclui da impossibilidade de se resolver tais questões, pois estas idéias da razão não são passíveis de serem objetos da experiência possível, não podem expor-se a uma intuição sensível, não são possíveis juízos sintéticos *a priori* sobre elas. Portanto, sobre tais idéias, objeto da Metafísica, não se pode produzir nenhum conhecimento objetivo. Segundo Kant, os racionalistas dogmáticos teriam se conduzido pela ilusão de conhecer tais idéias.

Através da *Crítica da razão pura,* Kant responde a um interesse da razão referente ao *que posso saber,* determinando os limites da própria razão visando impedir erros. Ele se questiona sobre a possibilidade de existir uma outra fonte de conhecimento pertencente ao domínio da razão pura: (...) "a que causa dever-se-ia imputar de outro modo a ânsia indomável de tomar pé firme em esferas que ultrapassam de todos os limites da experiência?" (*Crítica da razão pura,* 824). O uso prático da razão, constituir-se-ia a possibilidade dela elaborar um conjunto de princípios *a priori* para o uso adequado de suas faculdades fora dos limites da experiência. Isto significa que, se a razão erra ao pretender conhecer além dos limites do sensível, no seu uso prático, no que se refere as ações do homem no mundo, a razão deve atuar tendo como móvel, não a sensibilidade, mas sim princípios necessários e universais.

"Tudo na natureza age segundo leis. Só um ser racional tem a capacidade de agir *segundo a representação* das leis, isto é, segundo princípios, ou: só ele tem uma *vontade.* Como para derivar as ações das leis é necessária a *razão,* a vontade não é outra coisa senão razão prática. Se a razão determina infalivelmente a vontade, as ações de um tal ser que são conhecidas como objetivamente necessárias, são também subjetivamente necessárias, isto é, a vontade é a faculdade de escolher *só aquilo* que a razão, independentemente da inclinação, reconhece como praticamente necessário, quer dizer, como bom." (...)

(...) "Praticamente *bom* é porém aquilo que determina a vontade por meio de representações da razão, por conseguinte, não por causas subjetivas, mas objetivamente, quer dizer, por princípios que são válidos para todo o ser racional como tal. Distingue-se do *agradável,* pois que este só influi na vontade por meio da sensação em virtude de causas puramente subjetivas que valem apenas para a sensibilidade deste ou daquele, e não como princípio da razão que é válido para todos." (*Fundamentação da metafísica dos costumes,* 36, 37 e 38.)

Diferentemente de Hume que propunha as ações morais decorrentes do hábito — o que poderia possibilitar formas de atuação particulares —, Kant propõe uma moral guiada por leis que determinariam *a priori,* sem atender a inclinações sensíveis particulares (por exemplo, a felicidade) o que se deve fazer, ou seja, o uso da liberdade. Essas leis constituiriam imperativos para o comportamento humano, válidas para todos, e, portanto, necessárias e universais.

"O imperativo categórico é, portanto, só um único, que é este: *age apenas segundo uma máxima tal que possas ao mesmo tempo querer que ela se torne lei universal." (Fundamentação da metafísica dos costumes*, 52.)

No que se refere ao fenômeno, devo explicá-lo através de leis naturais buscando uma causalidade necessária; entretanto, a ação moral deve supor algo que não seja produto de uma causa, onde seria possível uma causa livre, ou seja, a liberdade.

"O conceito de liberdade, na medida em que sua realidade pode demonstrar-se mediante uma lei apodítica da razão prática, constitui a coroação de todo o edifício de um sistema da razão pura, ainda da especulativa, e todos os demais conceitos (Deus e a imortalidade) que nesta carecem de apoio como meras idéias, se enlaçam com este conceito, e, com ele e graças a ele, adquirem existência e realidade objetiva, quer dizer, que sua possibilidade se demonstra pelo fato de que a liberdade é real, pois esta idéia se revela mediante a lei moral." (*Crítica da razão prática*, pp. 7 e 8.)

A moral (uso prático da razão) refere-se às ações que o homem (...) "*deve fazer* caso a vontade seja livre, caso exista um Deus e um mundo futuro. Ora, já que isto se refere ao nosso comportamento com vistas ao fim supremo, então o propósito último da sábia e providente natureza na constituição de nossa razão está propriamente voltado só para o moral". (*Crítica da razão pura*, 828, 829.) 829.)

Assim, na *Crítica da razão prática*, a imortalidade da alma e a existência de Deus são postuladas (e não conhecidas) para que se tenha o embasamento da lei moral, ou seja, como devo agir no mundo.

"Portanto, a razão pura contém, não em seu uso especulativo, mas sim num certo uso prático, a saber, o uso moral, princípios da *possibilidade da experiência*, ou seja, de tais ações que de acordo com preceitos os morais, *poderiam* ser encontradas na *história* do ser humano." (*Crítica da razão pura*, 835.) A idéia de liberdade seria, portanto, realizada na natureza, no desenvolvimento da espécie humana.

Kant supõe que as ações humanas seriam determinadas por certas leis naturais universais. "A história, que se ocupa da narrativa dessas manifestações, por mais profundamente ocultas que possam estar as suas causas, permite todavia esperar que, com a observação, em suas linhas *gerais* do jogo da liberdade da vontade humana, ela possa descobrir aí um curso regular — desta forma, o que se mostra confuso e irregular nos sujeitos individuais poderá ser reconhecido, no conjunto da espécie, como um desenvolvimento continuamente progressivo, embora lento, das suas disposições originais". (*Idéias de uma história universal de um ponto de vista cosmopolita*, p. 9.) Propõe que o homem teria disposições naturais que estariam destinadas a se desenvolver completamente e conforme um fim; mas tal desenvolvimento se daria completamente na espécie e não no indivíduo, pois a vida de cada indivíduo seria demasiado curta para isso. O homem deveria tirar de si próprio as condições deste desenvolvimento, por meio do uso de sua própria razão. "Ele não deveria ser guiado pelo instinto, ou ser provido e ensinado pelo conhecimento inato; ele deveria antes tirar tudo de si mesmo. A obtenção dos meios de subsistência de suas vestimentas, a conquista da segurança externa e da defesa (razão pela qual a natureza não lhe deu os chifres do touro, nem as garras do leão, nem os dentes do cachorro, mas somente mãos), todos os prazeres que podem tornar a vida agradável, mesmo sua perspicácia e prudência e até a bondade de sua vontade tiveram de ser inteiramente sua própria obra." (*Idéia de uma história universal de um ponto de vista cosmopolita*, p. 12.)

O homem tem uma inclinação a associar-se com outros homens o que permite o desenvolvimento de suas disposições naturais. Por outro lado, o homem tem uma forte tendência a isolar-se na medida em que age em função de seu próprio proveito. É o conflito provocado pelas pretensões egoístas, esta insociabilidade, esta oposição que leva o homem a superar sua tendência à preguiça, movido pela busca de projeção, pela ânsia de dominação. Segundo Kant (. . .) "aí desenvolvem-se aos poucos todos os talentos, forma-se o gosto e tem início, através de um progressivo iluminar-se (*Aufklärung*), a fundação de um modo de pensar que pode transformar-se, com o tempo, as toscas disposições naturais para o discernimento moral em princípios práticos determinados (. . .)" (*Idéia de uma história universal de um ponto de vista cosmopolita*, p. 13). Somente em sociedade e principalmente naquela que permite maior liberdade (ou seja, a que permite coexistir a liberdade de todos), o homem conseguiria alcançar o mais alto grau de desenvolvimento de suas disposições. Isto seria garantido por uma constituição civil que permitiria que a insociabilidade necessária a este desenvolvimento fosse disciplinada, ou seja, a liberdade estaria submetida a leis exteriores. A constituição civil constituir-se-ia na mais elevada tarefa da espécie humana.

Essa preocupação com a ação moral, a liberdade, reflete uma assimilação feita por Kant de algumas idéias da Revolução Francesa, principalmente das de Rousseau que não atribuía às ciências e às artes a possibilidade de o homem atingir o Bem e acreditava ser a moral determinada pelo interior do homem e não exteriormente a ele. "Eu era por natureza curioso e ávido de saber; a isto atribuía a honra do homem e zombava da multidão ignorante. Rousseau me pôs no caminho direito. Ensinou-me a desprezar um privilégio insignificante e atribuir ao valor moral a verdadeira dignidade de nossa espécie. Rousseau foi, em certo sentido, o Newton da ordem moral, descobriu no seio da ética aquilo que promove a unidade da natureza humana, da mesma maneira que Newton encontrou o princípio que liga entre si todas as leis da natureza física." (*Observações Sobre o Belo e o Sublime*, em Benda, 1943, p. 22)

No que tange à ação moral, o modelo de Kant é Rousseau; no que tange a leis da natureza, Newton é seu modelo — foi o primeiro a propor um único princípio que estabeleceu ordem e regularidade nos fenômenos da natureza. Como para Newton, em Kant a natureza é mecânica e tal percepção da natureza é determinada por condições estritamente humanas, o que não significa, necessariamente, que ela seja assim.[6] Segundo Martin (1963) (. . .) "a extensão do conceito kantiano de natureza não inclui mais as plantas, os animais, as montanhas, nem mesmo o Sol, a Lua e as estrelas, mas se limita à legalidade como tal. Kant define, efetivamente, a natureza como a legalidade dos fenômenos no espaço" (p. 79).

Na *Crítica da razão pura*, Kant expõe sua concepção de natureza: "Por natureza (no sentido empírico) entendemos a interconexão dos fenômenos quanto à sua existência, segundo regras necessárias, isto é, segundo leis." (263) Para conhecer tais leis; é necessário conceitos *a priori* do entendimento que determinam a experiência e o que pode ser conhecido do objeto. Somos nós que introduzimos ordem e regularidade nos fenômenos na medida em que pensamos. Assim, o entendimento estabelece relações; a natureza é a unidade destas relações. As leis são, portanto, relativas ao sujeito, às suas faculdades de captação e união, que permitem estabelecer relações de causa e efeito e unir estas relações segundo uma lei no que se refere aos fenômenos (e não às coisas em si).

---

6 Kant considera possível de ser conhecido cientificamente somente aquilo que, na natureza, pode ser explicado através de leis mecânicas (relações de causa e efeito), tendo como modelo fundamental a Física. A Biologia, por exemplo, que não era considerada ciência na época de Kant, pois não podia ser subordinada a tais leis, será vista como outro tipo de conhecimento — teleológico — apresentado na *Crítica do juízo*. (N. do A.)

"Com efeito nem as leis existem nos fenômenos, mas só relativamente no sujeito ao qual os fenômenos inerem na medida em que possuem entendimento, nem os fenômenos existem em si, mas só relativamente aquele mesmo ente na medida em que possui sentidos. Coisas em si mesmas teriam sua conformidade a leis de modo necessário, mesmo independente de um entendimento que as conhecesse. Fenômenos, todavia, são somente representações de coisas que existem não conhecidas segundo o que possam ser em si mesmas." (*Crítica da razão pura*, 164.)

As preocupações de Kant com a natureza não se restringem à expressar uma concepção mecânica sobre ela e a estabelecer formas de conhecê-la. Ele chega a propor, em sua obra pré-crítica — *História natural geral e teoria do céu* (1755), uma teoria, hoje conhecida como teoria Kant-Laplace, uma teoria que atribuía uma explicação causal para o movimento dos astros em torno do Sol, contrapondo-se a Newton que atribuía a esse movimento uma origem divina.

As possibilidades da razão não se limitam ao mundo da natureza — *Crítica da razão pura* — e ao mundo da liberdade — *Crítica da razão prática.* Ainda tentando delimitar quais seriam as reais possibilidades do ser humano, Kant escreveu a *Crítica da faculdade de julgar*, onde procura reunir a ação moral e o conhecimento do mundo.

Suas proposições, ao reunirem explicações do mundo com a explicação do homem, constituem um paradigma filosófico pelo qual passaram muitas tendências de pensadores posterior como Fichtrte, Hegel, Comte, Marx, Sartre, Heidegger, Luckács, entre outros. As proposições kantianas não teriam efeito apenas sobre concepções filosóficas que se seguiram, mas também, como afirma Cocho (1980), se refletiriam no campo científico, gerando uma nova forma de ver e interpretar os fatos que impulsionaram o desenvolvimento de ciências globalizantes, totalizadoras e abstratas, que atenderam às necessidades tecnológicas da segunda revolução industrial.

A proposta de integrar num sistema global, através de diferentes papéis que assumem as diferentes faculdades humanas, as várias áeras da ação humana — moral, científica e estética — é uma marca de seu pensamento. Mas a marca fundamental de seu pensamento é a busca de limites da ação humana, tentando mostrar que a liberdade do homem está em usar a razão dentro de seus limites.

CAPÍTULO 20

O REAL É EDIFICADO PELA RAZÃO: GEORG WILHELM FRIEDRICH HEGEL

"... Nada há no céu e na terra que não contenha, ao mesmo tempo, o ser e o nada."

(Hegel)

Georg Wilhelm Friedrich Hegel nasceu em Stuttgart em 1770 e morreu em Berlim em 1831. Realizou seus estudos iniciais em teologia, tendo se formado pastor em 1793. Ampliou sua formação estudando grego, latim, história, filosofia, destacando-se sempre pela seriedade com que norteava seus estudos. Iniciou a carreira universitária em 1801 como professor da Universidade de Iena, carreira que atinge o apogeu quando é nomeado reitor da Universidade de Berlim.

O caráter revolucionário de suas idéias políticas e religiosas tornam-no alvo de acusações e suspeitas por parte da corte e da Igreja luterana. A primeira edição de *Fenomenologia do espírito* data de 1807 e a ela se seguiram os dois volumes de *Ciência da lógica* (1812 e 1816), a *Enciclopédia das ciências filosóficas abreviada* (1817) e os *Princípios da filosofia do direito* ou *Direito natural e ciência do Estado abreviados* (1821). Edições póstumas de suas *Obras completas* trouxeram à luz outros títulos como os contidos nas Lições — *Estética, Filosofia da história, História da filosofia, Filosofia da religião,* em edição publicada entre 1832 e 1845.

Reunidos sob o título *Cursos de Iena,* são publicados, entre 1927 e 1930, trabalhos de Hegel até então inéditos: *Lógica, Metafísica, Filosofia da natureza* e *Filosofia do espírito.*

As preocupações de Hegel não se dirigem a aspectos específicos da vida humana, suas origens ou inserção no mundo. Seu sistema revela preocupação mais ampla, voltada ao direito, à história, à política, enquanto âmbitos diversos da realização do homem em seu mundo, esta sim o foco primordial. Nas palavras de Bréhier (1977): "Hegel revela em sua filosofia um saber enciclopédico, o que, aliás, fizeram ou tentaram fazer muitos filósofos de uma época que visava, sobretudo, a não deixar escapar qualquer elemento positivo da cultura humana" (...) (p. 146).

Tal tentativa, mesmo que ambiciosa, é compatível com a perspectiva de Hegel em relação a si próprio e à sua filosofia: julgava-se porta-voz privilegiado de sua época e considerava que sua filosofia seria a resposta última que se poderia produzir, destinando-se ao sepultamento as doutrinas que o precederam. "Ora, Hegel julga que chegou o tempo de responder *definitivamente*, de acabar a filosofia, isto é, de chegar enfim à exposição sistemática da *ciência*, desse *saber absoluto* a que a humanidade aspirava há vinte e quatro séculos; e que é a ele que essa tarefa está reservada". (Châtelet, 1981, p. 170.)

A compreensão das idéias fundamentais que marcaram o pensamento filosófico hegeliano requer a retomada de aspectos relativos à influência que Hegel, assim como os demais idealistas alemães dessa época, receberam a partir da difusão dos princípios que nortearam a Revolução Francesa de 1789. Não é por acaso que Marcuse (1978) afirma que os idealistas alemães "em grande parte, escreveram suas filosofias em resposta ao desafio vindo da França à reorganização do Estado e da sociedade em bases racionais, de modo que as instituições sociais e políticas se ajustassem à liberdade e aos interesses do indivíduo". (p. 17.)

Os ideais revolucionários de liberdade, igualdade e fraternidade foram efusivamente recebidos na Alemanha, especialmente entre os representantes da intelectualidade. Entretanto, naquele país ainda se encontravam presentes resquícios da velha ordem feudal e do despotismo político que, supostamente, haviam sido abolidos pelo movimento revolucionário francês. A essa situação acrescia-se a não-unificação dos territórios alemães na forma de uma nação (o que só bem mais tarde viria a ocorrer) e as dificuldades que isso representava para o desenvolvimento econômico naquele país, em contraste com o significativo desenvolvimento industrial que já ocorria na Inglaterra e mesmo na França.

Neste contexto, aos intelectuais alemães coube oferecer uma resposta — uma doutrina filosófica — que recuperasse os ideais que defendiam e buscasse superar a discrepância entre aqueles ideais e a situação histórica em que se encontravam. Assim, as principais características do pensamento hegeliano devem ser entendidas sob a perspectiva de um movimento filosófico que permitisse a libertação do homem como sujeito autônomo, capaz de dirigir seu próprio desenvolvimento, sob a égide dos ideais revolucionários de 1789.

O contexto filosófico onde esse movimento se desenvolveu estava fortemente marcado pelo empirismo inglês. Tentando superar os limites que criticava em tal postura filosófica, o idealismo alemão buscava leis universais e defendia a possibilidade de se atingir, pela razão, conceitos necessários e igualmente universais. Em contrapartida, o empirismo inglês acreditava que as leis gerais eram criações humanas e, como tal, não representativas do real.

Defendendo a supremacia da experiência sobre a razão, o empirismo inglês colocava os fatos como critérios últimos de verdade; a isto se oporá Hegel por julgar que, limitando-se ao dado, o homem acaba por ter que se limitar à ordem existente das coisas. A ênfase na razão coloca o homem como livre e capaz de se desenvolver se estiver dominado por uma vontade racional, possibilitando assim a transformação da realidade de acordo com critérios racionais. "O problema não era pois um problema meramente filosófico, mas ligava-se ao destino histórico da humanidade". (Marcuse, 1978, p. 30.)

Além da crítica ao empirismo inglês, Hegel também manifesta uma objeção ao kantismo, no que se refere à impossibilidade de se conhecer a coisa-em-si (noumeno), o que, segundo Hegel, limitaria a razão, mantendo-a vulnerável às críticas empiristas. "Enquanto as coisas-em-si estiverem fora do alcance da razão, esta continuará a ser mero princípio subjetivo privado de poder sobre a estrutura objetiva da realidade; e o mundo se separa em duas partes: a subjetividade e a objetividade, o entendimento e a sensibilidade, o pensamento e a existência. (. . .) Se o homem não conseguisse reunir as partes separadas de seu mundo, e trazer a natureza e a sociedade para dentro do campo de sua razão, estaria para sempre condenado à frustação. O papel da filosofia, neste período de desintegração geral, era o de evidenciar o princípio que restauraria a perdida unidade e totalidade". (Marcuse, 1978, pp. 34-35.)

É possível identificar, no sistema hegeliano a influência de diferentes pensadores, bem como da religião cristã. A idéia cristã de um Deus que em sua unidade contém três entidades é análoga à proposta da dialética hegeliana. Na análise de D'Hondt (1982), Hegel constrói seu sistema segundo o plano laicizado da explicação cristã de um Deus que existe inicialmente como puro espírito que cria o mundo e o homem, faz-se natureza e "finalmente envia seu filho a este mundo inicialmente natural, a fim de o espiritualizar e de resgatar a criatura humana que, entretanto, se desviara do seu criador". (p. 66.)

A respeito da influência de diferentes pensadores sobre o hegelianismo, Corbisier (1981) afirma entre outras coisas, que Hegel herda: "De Heráclito de Éfeso (...) a idéia de dialética entendida como estrutura da realidade e do pensamento. De Aristóteles, três noções capitais: a do universal, imanente e não transcendente ao individual (antiplatonismo); a do movimento, e do vir-a-ser, entendido como passagem da potência para o ato e, finalmente, a das relações entre a razão e a experiência, cuja necessidade interna deve ser revelada pelo pensamento, pois só há ciência do universal e do necessário. Do racionalismo cartesiano, a idéia da recionalidade do real, da coincidência da *res cogitans* com a *res extensa* (...)". (p. 26.)

O hegelianismo, enquanto sistema filosófico, não pode se separar de seu caráter dialético, na medida em que é a dialética que expressa o movimento constante e complexo a que está submetida toda a realidade. Para aprender o movimento do mundo, o pensamento deve submeter-se aos procedimentos que orientam o desenvolvimento das coisas, sendo o próprio pensamento também dialético. A dialética, portanto, está nas coisas e no pensamento, já que o mundo real e o pensamento constituem uma unidade indissolúvel, submetido à lei universal da contradição.

A compreensão da dialética hegeliana envolve a idéia de que toda a realidade é essencialmente "negativa". A negatividade parte da natureza dos seres do mundo objetivo e do próprio homem, coloca em oposição aquilo que os seres são e suas potencialidades, sugerindo um estado de limitação bem como a necessidade de superar tal estado em direção a outro. A tal motivação ou luta dos seres em direção àquilo que não são, Hegel atribui a força de um dever. Dever de parecer, de negar o estado anterior para ser substituído pelo *novo* que realiza uma potencialidade presente no velho. Todas as transformações no mundo ocorrem conforme este processo." No mundo, não há progresso uniforme: o aparecimento de cada condição nova envolve um salto; o nascimento do novo é a morte do velho". (Marcuse, 1978, p. 138.) A negatividade é, portanto, a matriz do processo de transformação contínua de toda a realidade.

Tal processo de transformação expressa-se num movimento constante e contraditório que constitui, essencialmente, a dialética. Hegel caracterizou esse movimento em três fases: *em si* (tese), *para si* (antítese) e *em si-para si* (síntese). O movimento da realidade expressa-se, portanto, através de um movimento triádico, onde cada ser (em si/tese) está limitado às qualidades que possui (qualidades que o distinguem de outros seres), e se nega, buscando superar-se e transformar-se, adquirindo novas qualidades. O ser que se nega e se transforma (para si/antítese) volta a si buscando um novo estado (em si-para si/síntese), que recupera a essência que se preservou neste fluxo de transformações, através da negação da negação.

O sistema filosófico hegeliano sustenta-se, em grande parte, no conceito de ser nele proposto, exatamente porque tudo o que existe é ser. Conforme o concebeu Hegel, o conceito de ser veio romper a idéia de um mundo composto por coisas (ou seres) cuja identidade mantém-se até que aquele ser deixe de existir. Em outras palavras, rompe-se com Hegel a idéia de que uma coisa só pode ser ela mesma e que, ao transformar-se, perde sua identidade para jamais ser recuperada.

O ser é, fundamentalmente, um vir-a-ser. O modo como o ser apresenta-se em determinado momento é apenas um modo de seu existir, que contempla apenas uma entre as múltiplas potencialidades que pode desenvolver, que constituem as próprias etapas de seu desenvolvimento, de sua transformação. Para ser verdadeiramente, a coisa deve superar o estado atual em que se apresenta e, ultrapassando os limites dados por este estado, vir a ser o que não é, ou seja, buscar um novo estado de sua existência. Por sua vez, todo estado de existência deve, necessariamente, ser ultrapassado. É algo de negativo, que deve ser abandonado à procura do novo, que uma vez mais se apresentará com um limite a ser superado. Para Hegel, esta é a lei de desenvolvimento histórico que, válida para todos os seres, regula o movimento de transformação no mundo, num processo contínuo em que cada coisa perece, e, uma vez perecendo, transforma-se em outra que passará pelo mesmo processo.

Verifica-se, assim, que Hegel não identifica o ser ao estado atual em que se apresenta, da mesma forma que não concebe tal estado como definitivo ou imutável. Ao contrário, Hegel concebe o ser como um *"ser em processo"*, que, estando em permanente mudança, conserva-se a si mesmo em cada estágio do processo por que passa. Esta concepção não significa a anulação da identidade da coisa, mas a colocação dessa identidade no processo contraditório que orienta o desenvolvimento da coisa. Se o verdadeiro ser é um ser em movimento, só assim pode ser compreendido.

Sobre a constituição do ser, Hegel afirma ainda que a negatividade é parte inerente à sua natureza, já que para ser o que realmente é o ser deve realizar suas potencialidades, de modo a vir-a-ser uma nova fase de sua existência. Esta nova fase apresenta-se como um novo estado a ser superado, no processo de contínuo movimento que já descrevemos. A idéia de progresso traz consigo a idéia de negatividade e esta, por sua vez, leva Hegel a identificar o *"ser"* e o *"nada"*, posto que para que algo possa efetivamente ser, deve passar a ser o que não é. Assim, todo o ser contém em si o próprio ser e seu oposto, o nada. O ser e o nada revelam-se, portanto, idênticos. "É no vir-a-ser que existe a distinção entre o ser e o nada e o vira-a-ser só é possível em virtude dessa distinção. Mas o vir-a-ser, por sua vez, não se confunde nem com o ser nem com o nada; ambos existem nele, o que equivale a dizer que não existem para si mesmos. O vir-a-ser compreende tanto o ser quanto o não-ser; só existem quando estão no *Uno* e é isso que apaga sua diferença". (Hegel, *Ciência da lógica*, livro I, 1.ª seção, cap. I, nota II.)

Como todos os seres, o homem também está em processo de contínua transformação. A capacidade de compreensão e interferência que os seres possuem sobre seu próprio processo de desenvolvimento distingue-os entre si. Só o homem é capaz de compreender o processo por que passa e nele interferir. Tal capacidade, inerente ao homem, advém do uso da razão de que está dotado, assim como da liberdade que está pressuposta por e pressupõe esta condição racional. Conhecer suas potencialidades e ser livre para realizá-las significa que o homem atingiu a autoconsciência, processo que só se realiza pelo confronto entre indivíduos em sua relação de *trabalho*.

O trabalho desempenha importante papel na medida em que funciona como elemento integrador entre indivíduos oriundos de diferentes posições e com diferentes necessidades numa dada sociedade. Esta relação entre indivíduos "opostos" é intermediada pelos objetos produzidos pelo trabalhador, que por terem sido produzidos pelo homem, passam a fazer parte desse homem, que neles se reconhece. "Os objetos de seu trabalho não mais serão coisas mortas que o acorrentam a outros homens, mas produtos de seu trabalho e, como tal, parte integrante do seu próprio ser". (Marcuse, 1978, p. 117.)

Hegel assinala que o processo de trabalho envolve dois domínios opostos: o trabalhador (ou "escravo") e o "senhor", que não produz diretamente, mas apropria-se dos produtos do trabalho do outro. Também para o senhor, o trabalho é o processo de criação da autoconsciência: ao lidar com os objetos produzidos pelo trabalhador está lidando com a autoconsciência daquele, que está objetificada nos objetos por ele produzidos. Nessa relação, o senhor percebe que não é independente do escravo. Através das relações mediatizadas pelo trabalho, "cada um dos termos (envolvidos na relação) reconhece que tem sua essência no outro e que só atinge sua verdade pelo outro". (Marcuse, 1978, p. 118.)

A relação senhor-escravo permite a superação da oposição sujeito e objeto, assim como, através da autoconsciência, supera-se a oposição entre pensamento e mundo exterior. Isto significa que o espírito humano autoconsciente é capaz de aprender o mundo em sua totalidade, não mais como algo dicotomicamente separado do pensamento: "O real é racional, o racional é real". (Hegel, *Filosofia do direito*, Introdução.)

O sistema hegeliano busca reproduzir a trajetória do espírito em direção à apreensão do mundo em sua totalidade. "O sistema é, portanto, uma vasta epopéia do espírito (. . .); em seu esforço por conhecer-se, o espírito produz, sucessivamente, todas as formas do real; primeiro os quadros de seu pensamento, depois a natureza, depois a história; é impossível captar algumas das formas isoladamente, mas somente na evolução ou no desenvolvimento que as produz". (Bréhier, 1977, p. 149.)

O grande movimento triádico, pois, expresso no sistema hegeliano, toma como *tese* o Ser, entendido como o conjunto dos caracteres lógicos e pensáveis que tem em si toda a realidade" (Bréhier, 1977, p. 155); como *antítese* a Natureza, entendida como a exteriorização do Ser nas coisas físicas e orgânicas e, finalmente, toma como *síntese* o Espírito, entendido como a reinteriorização do mundo exterior pelo Ser. Este movimento se reproduz dialeticamente, em cada um de seus momentos, ou seja, Ser, Natureza e Espírito contém em si a possibilidade de negar-se e superar-se, atingindo, assim, outros estágios de seu próprio desenvolvimento.

Desse modo, "no interior do domínio do Ser, há um ser em si, um ser para si ou manifestação do ser, que é a Essência (. . .), um ser voltado para si que é o conceito (. . .)." (Bréhier, 1977, p. 155.) Portanto, o ser que se nega e se supera constitui-se Idéia, "unidade absoluta do conceito e da objetividade". (Hegel, *Enciclopédia das ciências filosóficas*, parágrafo 213.)

Ao negar-se, a Idéia constitui-se Natureza, manifestando-se em seu oposto, o que, nas palavras de Hegel, significa dizer que "a natureza é a idéia absoluta, na forma da alteridade. . ." (*Propedêutica filosófica*, 3.º curso, parágrafo 96.)

Assim entendida, a Natureza é o elemento mediador entre o Ser e o Espírito. Em seu movimento triádico, a Natureza encontra sua superação no momento em que, conquistada pelo Espírito, é reconduzida ao plano da Idéia. "O vir-a-ser da natureza é um vir-a-ser na direção do Espírito." (Hegel, *Propedêutica filosófica,* 3.º curso, parágrafo 96.)

Finalmente, também o Espírito desenvolve-se, dialeticamente, através dos estágios do movimento triádico — Espírito subjetivo, Espírito objetivo e Espírito absoluto — que se apresentam como as mais elevadas etapas de desenvolvimento que a racionalidade humana pode atingir, onde se encontram as atividades que permitem as mais altas realizações espirituais: o direito, a moral, a arte, a religião e, principalmente, a filosofia. Depreende-se desse sistema o caráter idealista da filosofia de Hegel, uma vez que, para ele, a Idéia não se confunde com o pensamento subjetivo, confinado aos limites de cada indivíduo. A Idéia constitui-se a própria realidade, na medida em que o mundo real nada mais é que a exteriorização deliberada da Idéia. Decorre daí que o pensamento não depende das coisas, mas estas é que dependem dele. Marcuse (1978) lembra, a propósito, as palavras do próprio Hegel: "Ainda não se havia percebido, desde que o Sol se fixara no firmamento, os planetas girando à sua volta, que a existência do homem tinha como centro a sua cabeça, isto é, o pensamento, sob cuja inspiração se construiu o mundo da realidade". (p. 19.)

Enquanto sistema filosófico que se propôs e se marcou por seu caráter idealista, sua importância não se fez sentir apenas no pensamento alemão do início do século XIX, mas serviu de inspiração para outras correntes filosóficas que se desenvolveram posteriormente. A marca dessa influência é a ruptura da unidade do hegelianismo, em duas tendências opostas: a "direita" e a "esquerda" hegelianas.

À direita coube as interpretações mais ortodoxas da obra de Hegel, ou seja, aquelas que buscavam salientar aspectos do pensamento hegeliano que justificassem as verdades da religião cristã ou que permitissem derivar posturas políticas conservadoras. A "esquerda" hegeliana, ao contrário, enfatizava o papel crítico do pensamento de Hegel, retomando a proposta dialética para análise das questões concretas que afetavam o homem da Alemanha da época o que, inclusive em alguns casos, significou a crítica do caráter teológico da obra de Hegel.

Entre os mais conhecidos representantes da esquerda hegeliana encontra-se Feuerbach (1804-1872). Embora tenha sido discípulo de Hegel, definiu sua dissidência em relação ao mestre ao buscar o desenvolvimento de uma filosofia materialista. Crítico do cristianismo, suas obras geraram polêmicas, ao lado das de Bruno Bauer, outro representante da esquerda hegeliana.

Significativa ainda é a influência do pensamento hegeliano na formação teórica de pensadores como Marx e Engels — influência reconhecida pelo próprio Marx — especialmente quando recuperam as categorias da dialética de Hegel.

A riqueza do sistema filosófico hegeliano revela-se nas polêmicas que gerou e que contribuíram para a divulgação das idéias de Hegel, não apenas no meio intelectual alemão, mas também em outros países da Europa. Tal difusão não significou sempre busca de fidelidade às idéias originais do autor e, por vezes, gerou críticas exacerbadas que levaram o hegelianismo a um certo abandono.

No nosso século, a doutrina filosófica de Hegel é retomada para ganhar novo e significativo espaço, graças ao existencialismo, que buscou nas obras do jovem Hegel aspectos que emprestassem apoio à sua doutrina; graças a correntes teológicas que se dedicam ao estudo e à difusão das idéias hegelianas; finalmente, graças ao reconhecimento da dimensão precisa da influência do pensamento dialético de Hegel sobre o pensamento de Marx.

CAPÍTULO 21

HÁ UMA ORDEM IMUTÁVEL NA NATUREZA E O CONHECIMENTO A REFLETE: AUGUSTE COMTE (1798-1857)

"Amor por princípio e a Ordem por base; o Progresso por fim."
(Comte)

Nasceu na França (Montpellier) em 1798, viveu grande parte da sua vida em Paris, onde morreu em 1857. Estudou na Escola Politécnica de Paris e medicina em Montpellier, mas não terminou nenhum dos cursos, tendo feito boa parte de seus estudos por conta própria. Durante sua vida, tentou, mas não conseguiu, ser admitido como docente permanente na Escola Politécnica. Desenvolveu várias atividades para sobreviver, foi professor particular, tutor, examinador da Escola Politécnica e, por vários anos, (1817-1824), conviveu e foi secretário de Saint Simon[1] com quem rompeu por discordar de como suas idéias se desenvolveram.

Publicou vários livros em sua vida e deu conferências públicas, bem como conferências a cientistas, que não lhe renderam dinheiro, mas que tinham como objetivo tornar conhecida sua filosofia e arrebanhar-lhe adeptos. Foram, em parte, estes objetivos que lhe garantiram o sustento, através de contribuições. Dentre estas conferências, foram importantes as conferências públicas de astronomia, destinadas ao público leigo (e aos trabalhadores, especialmente), que

[1] Saint Simon (1760-1825) foi um pensador francês que desenvolveu um conjunto de idéias sobre a organização da sociedade baseado no governo dos sábios e cientistas, com o objetivo de garantir uma sociedade industrial em que as condições materiais e espirituais de todos fossem melhoradas. Seu sistema envolvia, também, uma proposta religiosa. É considerado um dos socialistas utópicos.

tinham por trás a preocupação pedagógica de, através do estudo da mais avançada das ciências, ensinar que o universo e a sociedade eram submetidos a leis invariáveis, eram ordenados. Também importantes foram as conferências que deram origem aos volumes assim também intitulados, *Curso de filosofia positiva*, dirigidas a um público de cientistas e que tinham como objetivo dar a conhecer a sua filosofia.

Em 1845, conheceu Clotilde de Vaux, que morreu um ano depois, de quem se tornou amigo e que marcou profundamente seus últimos trabalhos e sua vida desde então. Atribui-se à admiração de Comte a Clotilde de Vaux, muitos dos aspectos contidos na sua proposta de uma *Religião da humanidade*, como o papel que aí atribui à mulher em geral, e a Clotilde (que ocupa lugar de destaque nos ritos religiosos previstos) em particular.

Dentre seus livros publicados, destacam-se: *Curso de filosofia positiva* (cujo primeiro volume foi publicado em 1830 e o sexto e último em 1842), *Tratado elementar de geometria analítica* (1843), *Tratado filosófico de astronomia popular* (1844), *A política positiva* (1851-4), *Catecismo positivo* (1854) e *Síntese subjetiva ou sistema universal de idéias sobre o estado normal da humanidade* (1856).

Comte vive na França num momento pós-revolucionário, quando a burguesia havia ascendido ao poder. Na primeira metade do século XIX ,a luta pela manutenção do poder, por parte da burguesia, e pela sua tomada, por parte de uma crescente classe de trabalhadores, desencadeia não apenas uma série de convulsões sociais e políticas, mas também um conjunto de ideologias e sistemas que tem por objetivo dar sustentação aos vários setores em luta.

Comte, indubitavelmente, toma o partido da parcela mais conservadora da burguesia, que, no seu caso, significa não apenas conservadorismo (manter o poder), com sua defesa de um regime ditatorial e não parlamentarista, mas, significa também, criar as condições para fortalecer este poder e impedir quaisquer ameaças, identificadas com todas as tentativas democratizantes ou revolucionárias. Neste sentido, sua proposta de uma filosofia e de reforma das ciências tem como objetivo sustentar esta ideologia, e suas idéias de reforma da sociedade e até uma nova religião são coerentes com esta visão.

Apesar do pensamento de Comte parecer ser uma resposta às condições históricas específicas do capitalismo francês do século XIX, os lemas positivistas que emergem do pensamento de Comte difundiram-se além das fronteiras francesas, chegando a influenciar a política (e a sociedade) de países em situação histórica bastante diferente da França. Tal é o caso do Brasil, como o reconhecem não apenas autores brasileiros mas, de uma maneira geral, vários estudiosos de Comte: "No fim dos anos 1840 uma Sociedade Positivista foi fundada e desde então a doutrina de Comte começou a ganhar adeptos. De acordo com o próprio plano de Comte, a Sociedade tornou-se mais e mais um tipo de religião secular com seu próprio ritual; alguma coisa disto sobrevive até hoje na França, embora tenha preservado sua maior fertilidade no Brasil". (Kolakowski, 1972, p. 63.)

"A seita religiosa praticamente não chega a se propagar na França. Mas o amálgama político ideológico da religião positivista lançara raízes na América Latina: no Brasil, no Chile, no México. A revolução brasileira de 1889 será obra das seitas positivistas: desde então a bandeira brasileira tem a divisa *Ordem e Progresso*. Benjamin Constant, o ministro da Instrução Pública nessa época, reforma o ensino de acordo com os pontos de vista de Comte." (Verdenal, 1974, p. 234.)

Apesar de ser indiscutível (e isto tem sido analisado por autores brasileiros) o peso do positivismo para o estabelecimento da República no Brasil, é inegável seu papel, pelo menos no que diz respeito à influência de alguns homens que abraçavam o positivismo e que foram importantes neste momento histórico. Tal é o caso de Benjamin Constant e dos militares brasileiros, que estavam convencidos de que os ideais positivistas serviriam de modelo às reformas políticas, sociais e econômicas que então se processavam.

Maar (1981) afirma que, embora não se possa atribuir influência decisiva ao movimento positivista ortodoxo na instalação da República, as idéias positivistas influenciaram o seu estabelecimento e até, em alguns casos, algumas medidas institucionais. Exemplo disto seria a constituição gaúcha de 1891 que estabelece, entre outras coisas, algumas medidas trabalhistas que *objetivavam* "integrar" o trabalhador à sociedade, a possibilidade de permanência indefinida no governo do chefe de estado e poderes muito limitados à assembléia. Maar (1981) lembra ainda que o ideário positivista esteve, e talvez ainda esteja, presente no Brasil: nas idéias que pregam a necessidade de um estado forte, a necessidade dos militares como um poder moderador, nas idéias que apontam como desvios perigosos o não reconhecimento de uma pretensa harmonia entre as classes sociais, nas idéias que, portanto, acabam por privilegiar a força sobre a lei. E, acima de tudo, tais idéias estão representadas até hoje no lema da bandeira brasileira — Ordem e Progresso, que ainda permeia muito a ideologia nacional.

Se as concepções políticas de Comte são indispensáveis para se compreender a influência que exerceu na elaboração do ideário do capitalismo, a influência de sua obra no pensamento moderno e contemporâneo não se restringe a tais concepções. Comte elabora, também, uma proposta para as ciências, pretende ser o fundador de uma nova ciência — a sociologia, (termo que ele cunhou) e funda uma religião. A compreensão de seu significado e influência depende da compreensão de cada um destes aspectos e, principalmente, do entendimento da totalidade de seu pensamento.

Vários estudiosos de Comte vêem uma ruptura entre sua proposta para a ciência e a proposta de uma religião como base de uma pretensa reforma social. Acreditam que suas posições antimetafísicas e anti-teológicas, no que se refere ao conhecimento científico, não são compatíveis com sua proposta de uma religião. Indubitavelmente, sua influência posterior contou com adeptos que só assumiram seu cientificismo, e com seguidores que assumiram toda sua proposta. No entanto, outros estudiosos de Comte enfatizaram que este fato (a aceitação apenas de suas idéias a respeito da ciência) não revela, em si, uma incoerência no pensamento do próprio Comte (mas revelaria condições históricas específicas a que estariam submetidos seus seguidores), e que suas propostas de reforma social e de uma "religião da humanidade" são conseqüências necessárias que estão contidas em suas propostas para a ciência; são o corolário necessário de suas crenças políticas; de sua visão de história como um progresso contínuo do conhecimento e do espírito humano, progresso apenas possível com e dentro de uma ordem absoluta; e de sua visão de uma natureza absolutamente ordenada segundo leis invariáveis. Tais estudiosos vêem, assim, as idéias de Comte como um sistema unitário em que, segundo Verdenal (1974), "em última análise o positivismo é a fórmula filosófica que permite transmutar a ciência em religião: a ciência, desembaraçada de todo além teórico da especulação, converte-se em religião despojada de perspectiva teológica e reduzida aos 'fatos' da prática religiosa: os ritos sociais". (p. 245.)

A palavra 'positivo' e os significados a ela associados marcam diversos temas discutidos por Comte, como a história, a filosofia, a ciência e a religião.

"Considerada de início em sua acepção mais antiga e comum, a palavra positivo designa *real*, em oposição a quimérico. Desta ótica convém plenamente ao novo espírito filosófico, caracterizado segundo sua constante dedicação a pesquisa verdadeiramente acessíveis a nossa inteligência" (...) "Num segundo sentido muito vizinho do precedente, embora distinto, esse termo fundamental indica o contraste entre *útil* e ocioso. Lembra, então, em filosofia, o destino necessário de todas as nossas especulações sadias para aperfeiçoamento contínuo de nossa verdadeira condição individual ou coletiva, em lugar da vã satisfação de uma curiosidade estéril. Segundo uma terceira significação usual essa feliz expressão é, freqüentemente, empregada para qualificar a oposição entre a *certeza* e a indecisão. Indica, assim, a aptidão característica de tal filosofia para construir espontaneamente a harmonia lógica no indivíduo, e a comunhão espiritual na espécie inteira, em lugar destas dúvidas indefinidas e destes debates intermináveis que devia suscitar o antigo regime mental. Uma quarta acepção ordinária, muitas vezes confundida com a precedente, consiste em opor o *preciso* ao vago. Este sentido lembra a tendência constante do verdadeiro espírito filosófico a obter em toda a parte o grau de precisão compatível com a natureza dos fenômenos e conforme as exigências de nossas verdadeiras necessidades" (...).

"É preciso, enfim, observar especialmente uma quinta aplicação, menos usada que as outras, embora igualmente universal, quando se emprega a palavra positivo como contrária a *negativo*. Sob este aspecto, indica uma das mais eminentes propriedades da verdadeira filosofia moderna, mostrando-a destinada sobretudo, por sua própria natureza, não a destruir, mas a *organizar*". (*Discurso sobre o espírito positivo*, 1.ª parte, VII.)

Além desses cinco atributos, Comte acrescenta mais um significado ligado, embora não diretamente, à palavra positivo, e que, para ele, deve marcar tal pensamento.

"O único caráter essencial do novo espírito filosófico, não ainda indicado diretamente pela palavra positivo, consiste em sua tendência necessária a substituir, em todos os lugares, absoluto por relativo." (*Discurso sobre o espírito positivo*, 1.ª parte, VII.)

Comte supõe, no entanto, que o pensamento nem sempre foi marcado por estas características. O pensamento positivo que ele considera já existir, no século XIX, em vários ramos do conhecimento (e que o próprio Comte acreditava estar trazendo para o último ramo do conhecimento — a sociologia) é visto como fruto de uma longa história do desenvolvimento do pensamento. Este desenvolvimento expressaria uma lei necessária de transformação do espírito humano, que Comte chama de *lei dos três estados*, segundo a qual, numa sucessão necessária, o pensamento humano passaria por três momento, três formas de conhecimento, caracterizado em cada estado por aspectos diferentes, até atingir, no seu último momento, o estado positivo. Comte, embora expresse esta lei como absoluta, já que todas as áreas do conhecimento humano assim se desenvolveriam, não acredita que todas as áreas do conhecimento se desenvolvam concomitantemente e vê nesta lei uma regra da história do desenvolvimento da humanidade e uma regra da história do desenvolvimento do indivíduo.

(. . .) "Em outros termos, o espírito humano, por sua natureza, emprega sucessivamente, e em cada uma das suas investigações, três métodos de filosofar, cujo caráter é essencialmente diferente e mesmo radicalmente oposto: primeiro, o método teológico, em seguida, o método metafísico, finalmente, o método positivo. Daí três sortes de filosofia, ou de sistemas gerais de concepções sobre o conjunto de fenômenos, que se excluem mutuamente: a primeira é o ponto de partida necessário da inteligência humana; a terceira, seu estado fixo e definitivo; a segunda, unicamente destinada a servir de transição.

No estado teológico, o espírito humano, dirigindo essencialmente suas investigações para a natureza íntima dos seres, as causas primeiras e finais de todos os efeitos que o tocam, numa palavra, para os conhecimentos absolutos, apresenta os fenômenos como produzidos pela ação direta e contínua de agentes sobrenaturais mais ou menos numerosos, cuja intervenção arbitrária explica todas as anomalias aparentes do universo.

No estado metafísico, que no fundo nada mais é do que simples modificação geral do primeiro, os agentes sobrenaturais são substituídos por forças abstratas, verdadeiras entidades (abstrações personificadas) inerentes aos diversos seres do mundo, e concebidas como capazes de engendrar por elas próprias todos os fenômenos observados, cuja explicação consiste, então, em determinar para cada um uma entidade correspondente.

Enfim, no estado positivo, o espírito humano, reconhecendo a impossibilidade de obter noções absolutas, renuncia a procurar a origem e o destino do universo, a conhecer as causas íntimas dos fenômenos, para preocupar-se unicamente em descobrir, graças ao uso bem combinado do raciocínio e da observação, suas leis efetivas, a saber, as relações invariáveis de sucessão e de similitude. A explicação dos fatos, reduzidas então a seus termos reais, se resume de agora em diante na ligação estabelecida entre os diversos fenômenos particulares e alguns fatos gerais, cujo número o progresso da ciência tende cada vez mais a diminuir.

O sistema teológico chegou à mais alta perfeição de que é suscetível quando substituiu, pela ação providencial de um ser único, o jogo variado de numerosas divindades independentes, que primitivamente tinham sido imaginadas. Do mesmo modo, o último termo do sistema metafísico consiste em conceber, em lugar de diferentes entidades particulares, uma única grande entidade geral, a *natureza*, considerada como fonte exclusiva de todos os fenômenos. Paralelamente, a perfeição do sistema positivo à qual este tende sem cessar, apesar de ser muito provável que nunca deva atingi-la, seria poder representar todos os diversos fenômenos observáveis como casos particulares dum único fato geral, como a gravitação o exemplifica." (*Curso de filosofia positiva*, 1.ª lição, II.)

A lei dos três estados carrega consigo, ou expressa, uma concepção de história. Comte fundamenta suas noções de uma filosofia e de um espírito positivo na noção de que este estado é decorrência de uma evolução histórica. Esta evolução, no entanto, é vista por ele como o desenvolvimento do espírito e do conhecimento e, apenas como conseqüência desta transformação, desenvolvem-se, então, as condições materiais e as instituições sociais. A história também é vista como uma evolução necessária, no sentido de que os vários estágios e momentos têm de ser preenchidos necessariamente, e como uma evolução linear que implica sempre a superposição, no melhoramento, mas, jamais, em rupturas, em revoluções. A história, também, para Comte, percorre um caminho que é predeterminado, predeterminado no sentido de que cada estado leva ao outro e predeterminado no sentido de que seu fim está, também, desde o início estabelecido.

"O espírito positivo, em virtude de sua natureza eminentemente relativa, é o único a poder representar convenientemente todas as *grandes épocas históricas*, como tantas fases determinadas duma mesma evolução fundamental, onde cada uma resulta da precedente e prepara a seguinte, segundo leis invariáveis que fixam sua participação especial na progressão comum, de maneira a sempre permitir, sem maior inconseqüência do que parcialidade, fazer exata justiça filosófica a qualquer sorte de cooperação." (*Discurso sobre o espírito positivo*, 2.ª parte, X.)

A história é vista, assim, como um conjunto de fases imóveis em si mesmas, que num contínuo se substituem umas às outras, de forma que cada estágio é superior ao anterior, decorrência necessária deste e preparação, também necessária, para o próximo estágio, até que se chegue, finalmente, ao estado superior, em que culmina o desenvolvimento do espírito que se torna positivo o que, então, pode levar, porque preparou as condições, à reforma das instituições sociais.

"Para a nova filosofia, a ordem constitui sem cessar a condição fundamental do progresso e, reciprocamente, o progresso vem a ser a meta necessária da ordem; como no mecanismo animal, o equilíbrio e a progressão são mutuamente indispensáveis, a título de fundamento ou destinação." (*Discurso sobre o espírito positivo*, 2.ª parte, X.)

A história transforma-se num desenrolar que é guiado por dois princípios básicos. O princípio de ordem — de uma transformação ordenada e ordeira, que não comporta transformações violentas, que não comporta saltos, que flui num contínuo. E o princípio do progresso — a transformação que ocorre no desenrolar da história é uma transformação que leva a melhoramentos lineares e cumulativos. Neste sentido, a história que se resume ao desenvolvimento, ao progresso linear e segundo uma ordem preestabelecida, e que nada mais é que o desenvolvimento do espírito e do pensamento segundo leis também preestabelecidas, é explicada (e compreendida) pela mera apresentação de suas fases, que são, em última instância, imóveis em si mesmas. Nesta visão de história cabe ao homem apenas o papel de resignação — é preciso aguardar o desenvolvimento e aguardá-lo respeitando sua ordem natural, seu tempo, seus limites, num processo de espera que é, ele também, ordeiro.

"Sob outro aspecto, considera sempre o estado presente como resultado necessário do conjunto da evolução anterior, de modo a fazer constantemente prevalecer a apreciação racional do passado no exame atual dos negócios humanos — o que logo afasta as tendências puramente críticas, incompatíveis com toda sadia concepção histórica." (*Discurso sobre o espírito positivo*, 2.ª parte, X.)

Estes dois princípios — de ordem e de progresso — são inseparáveis entre si: (. . .) "o progresso constitui, como a ordem, uma das duas condições fundamentais da civilização moderna" (*Discurso sobre o espírito positivo*, 2.ª parte, IX.) — e permeiam, não apenas a visão de história e a concepção de sociedade de Comte, mas também sua concepção de ciência.

Ao discutir o conhecimento no seu estágio positivo, Comte erige o conhecimento que é científico no conhecimento real, útil, preciso, certo, positivo e, neste sentido, o erige no conhecimento que o homem deve buscar e deve empreender para que possa, não apenas reconhecer a ordem da natureza, mas para que possa, também, nela interferir em seu benefício. Trata-se, então, de discutir quais as bases deste conhecimento. E Comte encontra estes fundamentos nos fatos, afirmando que o conhecimento científico é real porque o conhecimento científico parte do real, parte dos fatos tal como se apresentam e que, de resto, apresentam-se ao homem tal como são. Para ele, não se pode discutir os mecanismos que permitem ao homem conhecer (e tal discussão não passaria de um retorno à teologia ou à metafísica). Tudo o que se pode estudar são as condições orgânicas — fisiologia, anatomia — que levam ao conhecimento e os "processos realmente empregados para obter os diversos conhecimentos exatos que (o homem) já adquiriu". (*Curso de filosofia positiva*, 1.ª lição, VIII.) Assim, para Comte, trata-se de descobrir que métodos os homens têm empregado para chegar ao conhecimento, para, destes métodos, extrair sua base correta, e não se pode (e não se deve) discutir que aparato ou mecanismos subjetivos levaram a tais métodos, os quais são, em última instância, mecanismos puramente biológicos.

Ora, Comte descobre esta base metodológica nos fatos, agora desprovidos de quaisquer roupagens que o obrigue a discuti-los em sua relação com o sujeito que produz conhecimento.

"Todos os bons espíritos repetem, desde Bacon, que somente são reais os conhecimentos que repousam sobre fatos observados. Essa máxima fundamental é evidentemente incontestável, se for aplicada, como convém, ao estado viril de nossa inteligência." (*Curso de filosofia positiva*, 1.ª lição, III.)

"Circunscreve seus esforços ao domínio, que agora progride rapidamente, da verdadeira observação, única base possível de conhecimentos verdadeiramente acessíveis, sabiamente adaptados a nossas necessidades reais. A lógica especulativa tinha até então consistido em raciocinar, de maneira mais ou menos sutil, conforme princípios confusos que, não comportando qualquer prova suficiente, suscitavam sempre debates sem saída. Reconhece de agora em diante, como *regra fundamental*, que toda proposição que não seja estritamente redutível ao simples enunciado de um fato, particular ou geral, não pode oferecer nenhum sentido real e inteligível. Os princípios que emprega são apenas fatos verdadeiros, somente mais gerais e mais abstratos do que aqueles dos quais deve formar o elo. Seja qual for, porém, o modo, racional ou experimental, de proceder à sua descoberta, é sempre de sua conformidade, direta ou indireta, com os fenômenos observados que resulta exclusivamente sua eficácia científica." (*Discurso sobre o espírito positivo*, 1.ª parte, III.)

Comte, entretanto, não supõe que a mera acumulação de fatos leve à ciência e, fazendo o que acredita ser uma crítica ao empirismo, assume que os fatos acumulados, que são a base e a origem do conhecimento, só se transformam em conhecimento científico porque o homem os associa com hipóteses, através do raciocínio. Assim, para ele, os fatos são acumulados pela observação, mas esta observação é submetida à imaginação que permite relacionar tais fatos; relacioná-los para que se estabeleçam as leis gerais e invariáveis a que estes estão submetidos: "A pura imaginação perde assim, irrevogavelmente, sua antiga supremacia mental, e se subordina necessariamente à observação, de maneira a constituir um estado lógico plenamente normal, sem cessar, entretanto, de exercer, nas especulações positivas, ofício capital e inesgotável, para criar ou aperfeiçoar os meios de ligação definitiva ou provisória. Numa palavra, a revolução fundamental, que caracteriza a virilidade de nossa inteligência, consiste essencialmente em substituir em toda parte a inacessível determinação das causas propriamente ditas pela simples pesquisa das *leis*, isto é, relações constantes que existem entre os fenômenos observados. Quer se trate dos menores quer dos mais sublimes efeitos, do choque ou da gravidade, do pensamento ou da moralidade, deles só podemos conhecer as diversas ligações mútuas próprias à sua realização, sem nunca penetrar no mistério de sua produção." (*Discurso sobre o espírito positivo*, 1.ª parte, III.)

O conhecimento científico é, portanto, para Comte, baseado na observação dos fatos e nas relações entre fatos que são estabelecidas pelo raciocínio. Estas relações excluem tentativas de descobrir a origem, ou uma causa subjacente aos fenômenos e são, na verdade, a descrição das leis que os regem. Comte afirma: "Nossas pesquisas positivas devem essencialmente reduzir-se, em todos os gêneros, à apreciação sistemática daquilo que é, renunciando a descobrir sua primeira origem e seu destino final. (. . .)" (*Discurso sobre o espírito positivo*, 1.ª parte, III.)

As leis dos fenômenos devem traduzir, necessariamente, o que ocorre na natureza e, como dogma, Comte parte do princípio de que tais leis são invariáveis.

São estas duas características que permitiriam afirmar que, para Comte, a ciência se constituiria de um conjunto de leis — "Nas leis dos fenômenos consiste realmente a ciência"(. . .) (*Discurso sobre o espírito positivo*, 1.ª parte, III) — e o caminho para a elas se chegar constituir-se-ia em seu método. A descoberta das leis tem por objetivo básico satisfazer a curiosidade humana — (. . .) "as ciências possuem, antes de tudo, destinação mais direta e elevada, a saber, a de satisfazer a necessidade fundamental sentida por nossa inteligência, de conhecer as leis dos fenômenos". (*Curso de filosofia positiva*, 1.ª lição, III.) Apesar deste objetivo fundamental do conhecimento positivo, este deve, também, ser útil; é o conhecimento das leis que permite, para Comte, que se satisfaça este critério, porque é este conhecimento que permite aos homens atuar sobre os fenômenos: (...) "ciência, daí previdência: previdência, daí ação" (...) (*Curso de filosofia positiva*, 1.ª lição, III).

Estes aspectos relativos ao conhecimento científico são, assim, explicitados pelo próprio Comte: (...) "Ora, considerando a destinação constante dessas leis, pode-se dizer, sem exagero algum, que a verdadeira ciência, longe de ser formada por simples observações, tende sempre a dispensar, quanto possível, a exploração direta, substituindo-a por essa previsão racional que constitui, sob todos os aspectos, o principal caráter do espírito positivo, como o conjunto dos estudos astronômicos nos fará sentir claramente. Tal previsão, conseqüência necessária das relações constantes descobertas entre os fenômenos, não permitirá nunca confundir a ciência real com essa vã *erudição*, que acumula maquinalmente fatos sem aspirar a deduzi-los uns dos outros. Esse grande atributo de todas as nossas especulações sadias não interessa menos à sua utilidade efetiva do que à sua própria dignidade; pois a exploração direta dos fenômenos acontecidos não bastará para nos permitir modificar-lhes o acontecimento, se não nos conduzisse a prevê-los convenientemente. Assim, o verdadeiro espírito positivo consiste, sobretudo, em *ver para crer*, em estudar o que é, a fim de concluir disso o que será, segundo o dogma geral da invariabilidade das leis naturais". (*Discurso sobre o espírito positivo*, 1.ª parte, III.)

O conhecimento científico positivo, que estabelece as leis que regem os fenômenos de forma a refletir o modo como tais leis operam na natureza, tem, para Comte, ainda, duas características: é um conhecimento sempre certo, não se admitindo conjecturas, e é um conhecimento que sempre tem algum grau de precisão, embora este grau varie de ciência para ciência, dependendo do seu objeto de estudo. Assim, Comte reforça a noção de que o conhecimento científico é um conhecimento que não admite dúvidas e indeterminações e desvincula-o de todo conhecimento especulativo.

"Se, conforme a explicação precedente, as diversas ciências devem necessariamente apresentar uma precisão muito desigual não resulta daí, de modo algum, sua certeza. Cada uma pode oferecer resultados tão certos como qualquer outra, desde que saiba encerrar suas conclusões no grau de precisão que os fenômenos correspondemtes comportam, condição nem sempre fácil de cumprir. Numa ciência qualquer, tudo o que é simplesmente conjectural é apenas mais ou menos provável, não está aí seu domínio essencial; tudo o que é positivo, isto é, fundado em fatos bem constatados, é certo — não há distinção a esse respeito." (*Curso de filosofia positiva*, 2.ª lição, XI.)

No entanto, embora assumindo que o conhecimento científico é certo, Comte o afirma, também, relativo. O conhecimento é relativo porque os homens só o alcançam na medida de suas possibilidades, isto é, limitados pelo seu aparato sensorial, que não lhes permite a tudo perceber, a tudo observar. É relativo, ainda, porque, para Comte, o conhecimento, medido por sua utilidade, transforma-se e incorpora novos conhecimentos, levando, assim, a seu desenvolvimento, permitindo ao homem sua utilização mais ampla e a descrição de mais fatos; embora não lhe permita descrever tudo o que há.

(. . .) "importa, ademais, sentir que esse estudo dos fenômenos, ao invés de poder de algum modo tornar-se absoluto, deve sempre permanecer *relativo* à nossa organização e à nossa situação. Reconhecendo, sob esse duplo aspecto, a imperfeição necessária de nossos diversos meios especulativos, percebe-se que, longe de poder estudar completamente alguma existência efetiva, de modo algum poderíamos garantir a possibilidade de constatar assim, ainda que muito superficialmente, todas as existências reais, cuja maior parte talvez deva nos escapar totalmente. Se a perda de um sentido importante basta para nos esconder radicalmente uma ordem inteira de fenômenos naturais, cabe pensar, reciprocamente, que a aquisição de um sentido novo nos desvendaria uma classe de fatos, de que não temos agora idéia alguma, a menos de crer que a diversidade dos sentidos, tão diferentes entre os principais tipos de animalidade, se encontre levada, em nosso organismo, ao mais alto grau que possa exigir a exploração total de nosso mundo exterior, suposição evidentemente gratuita e quase ridícula". (. . .)

(. . .) "Se portanto, sob o primeiro aspecto, se reconhece que nossas especulações devem sempre depender das diversas condições essenciais de nossa existência individual, é preciso igualmente admitir, sob o segundo, que não estão menos subordinadas ao conjunto da progressão social, de maneira a nunca poder comportar essa fixidez absoluta que os metafísicos supuseram. Ora, a lei geral do movimento fundamental da Humanidade consiste, a esse respeito, em que nossas teorias tendem, cada vez mais, a representar exatamente os assuntos exteriores de nossas constantes investigações, sem que entretanto a verdadeira constituição de cada um deles possa, em caso algum, ser plenamente apreciada. A perfeição científica deve limitar-se à aproximação desse limite ideal, tanto quanto o exigem nossas diversas necessidades reais." (*Discurso sobre o espírito positivo*, 1.ª parte, III.)

É interessante notar que esta concepção de Comte parece, numa primeira análise, incoerente com outras afirmações suas, na medida em que se refere ao aparato sensorial dos homens como se discutisse uma questão da qual foge na maior parte das vezes — a subjetividade contida no conhecimento. Na medida em que se prossiga nesta análise, o conceito de relativo torna-se, até certo ponto, incoerente, também porque, ao mesmo tempo que Comte afirma a relatividade do conhecimento apelando para sua transformação e desenvolvimento no decorrer da história, Comte, num certo sentido, absolutiza-o: em primeiro lugar, porque supõe este desenvolvimento como linear e sempre progressivo; em segundo lugar, porque supõe este desenvolvimento como ocorrendo sempre na exata medida das necessidades sociais humanas. Isto invalida completamente a busca de qualquer conhecimento que leve a dúvidas sobre questões que n'algum momento foram respondidas de forma a trazer alguma certeza e/ou utilidade à sociedade.

Numa análise mais cuidadosa, no entanto, esta aparente incoerência desaparece — se se compreende que o conhecimento possível se atém aos fatos tais como se apresentam e na exata medida da capacidade humana de relacioná-los segundo leis, o que permite ao homem satisfazer sua curiosidade, descrever, prever e controlar os fenômenos segundo suas necessidades. Neste sentido, embora permaneçam as afirmações de Comte sobre a relatividade do conhecimento, estas passam a se incorporar em um quadro mais geral, já que o conhecimento obtido é sempre o conhecimento possível e necessário, sem poder ser, portanto, qualquer outro.

Mais do que isto, segundo Bréhier (1980) e Kolakowski (1972), o reconhecimento de que o conhecimento científico é relativo às necessidades é o que permite a Comte retirar do conjunto do conhecimento científico os resultados que lhe parecem incompatíveis com aquilo que ele acredita ser a ordem da natureza que tais conhecimentos deveriam expressar. Comte recusa-se, por exemplo, a aceitar a teoria da evolução, já que esta impede classificações permanentes.

Bréhier afirma: "Comte condena estas pesquisas como sendo contrárias à positividade verdadeira" (. . .) "as pesquisas que podem ser feitas fora dos limites da experiência corrente são inúteis e, ademais, infinitas" (p. 264).

Kolakowski vai além e afirma: "Aquelas áreas do mundo que permitem apenas classificações fluidas, que revelam transições qualitativas contínuas ou quaisquer características enigmáticas, perturbam-no e irritam-no" (...) "Comte é um fanático no que diz respeito à busca de uma ordem definitiva e eterna" (p. 77).

A noção de ordem remete à noção de organização e aqui se chega a uma última característica dentre as levantadas por Comte como pertencente ao pensamento positivo e, portanto, pertencente também, inevitavelmente, à ciência. É neste sentido que se deve compreender a afirmação de Comte de que o pensamento positivo opõe-se ao negativo (à crítica) porque busca, não destruir, mas organizar. Para organizar o conhecimento é necessário supor uma ordem preexistente; mais que isto, a ordem do conhecimento deve supor, por princípio, uma ordem, também, na própria natureza. A natureza é composta, para ele, por classes de fenômenos ordenados de forma imutável e inexorável e cabe à ciência, apenas, apreender e descrever tal ordem.

(...) "todos os acontecimentos reais, compreendendo os de nossa própria existência individual e coletiva, estão sempre sujeitos a relações naturais de sucessão e de similitude essencialmente independentes de nossa intervenção." (...) "Embora essa ordem tenha sido ignorada por muito tempo, seu império inevitável nem por isso deixou de tender a regular, sem que quiséssemos, toda nossa existência, primeiro, ativa, e, em seguida, contemplativa ou mesmo afetiva. Na medida em que a conhecemos, nossas concepções se tornaram menos vagas, nossas inclinações menos caprichosas, nossa conduta menos arbitrária. Desde que aprendemos seu conjunto, tende a regularizar, em todos os gêneros, a sabedoria humana, apresentando sempre nossa economia artificial como um judicioso prolongamento dessa irresistível economia natural. Esta é preciso estudar e respeitar, para chegar a aperfeiçoá-la. Mesmo naquilo que nos oferece de verdadeiramente fatal, isto é, de não modificável, essa ordem exterior é indispensável para a direção de nossa existência, a despeito das recriminações artificiais de tantas inteligências orgulhosas." (...) "Incapazes de criar, só sabemos modificar, em nosso proveito, uma ordem essencialmente superior à nossa influência. Supondo possível a independência absoluta, sonhada pelo orgulho metafísico, percebemos logo que, longe de melhorar nosso destino, ela impediria todo florescimento real de nossa existência, até mesmo privada." (...) (*Discurso preliminar sobre o conjunto do positivismo*, p. 110.)

Estes trechos deixam clara a completa recusa de Comte em admitir a indeterminação ou acaso em qualquer fenômeno da natureza e Comte afirma ser (...) "aberração radical de quase todos os geômetras atuais" (...) "o pretenso cálculo do acaso, em que se supõe necessariamente que os fatos correspondentes não seguem lei alguma". (*Discurso preliminar sobre o conjunto do positivismo*, p. 109.) Entretanto, Comte supõe graus de possibilidade diferentes do homem intervir nesta natureza rigidamente ordenada. Esta possibilidade é maior em relação aos fenômenos referentes à existência do homem (individual ou coletiva) e menor em relação aos fenômenos não diretamente vinculados à existência humana, chegando a zero na astronomia, que diz respeito aos fenômenos mais gerais da natureza e, também, mais distantes do homem. Porém, mesmo as modificações possíveis não passam, para Comte, de modificações secundárias nos fenômenos, já que não criam uma nova ordem e não podem alterar a lei que regem os fenômenos. Por isto, Comte enfatiza e critica a falsa noção que estas transformações secundárias freqüentemente geram. A noção de que, se é possível controlar e transformar fenômenos, estes não seriam, então, sujeitos a leis imutáveis. Destas noções de ordem na natureza e da imutabilidade de suas leis e de uma conseqüente ordenação do conhecimento, Comte propõe uma classificação para as ciências. Esta classificação está fundamentada no que concebe como sendo o objetivo das ciências — o estabelecimento das leis que regem os fenômenos — e que, para Comte, não pode ser confundida com o objetivo das artes (da tecnologia) de buscar aplicação prática imediata para o conhecimento.

"É, pois, evidente que, depois de ter concebido, de maneira geral, o estudo da natureza como servindo de base racional à ação sobre ela, o espírito humano deva proceder a pesquisas teóricas, fazendo completamente abstração de toda consideração prática; porquanto nossos meios para descobrir a verdade são de tal modo fracos que, se não os concentrássemos exclusivamente neste fim, se, na procura desta verdade nos impuséssemos, ao mesmo tempo, a condição estranha de encontrar nela uma utilidade prática imediata, quase nos seriam sempre impossível chegar a ela." (*Curso de filosofia positiva*, 2.ª lição, III.)

A partir deste suposto, Comte estabelece uma divisão entre "ciências abstratas", que ele considera fundamentais, e as "ciências concretas": "É preciso distinguir, em relação a todas as ordens de fenômenos, dois gêneros de ciências naturais: umas, abstratas, gerais, tendo por objeto a descoberta das leis que regem as diversas classes de fenômenos e que consideram todos os casos possíveis de conceber; outras, concretas, particulares, descritivas, designadas algumas vezes sob o nome de ciências naturais propriamente ditas, e que consistem na aplicação dessas leis à história efetiva dos diferentes seres existentes. As primeiras são, pois, fundamentais, sendo a elas que neste curso nossos estudos se limitarão. As outras, seja qual for sua importância, são de fato apenas secundárias e não devem, por conseguinte, fazer parte dum trabalho cuja extensão extrema nos obriga a reduzir ao mínimo seu desenvolvimento possível." (*Curso de filosofia positiva*, 2.ª lição, IV.)

Para as ciências fundamentais, e segundo uma ordem que é da própria natureza, Comte estabelece uma classificação que obedece ao grau de simplicidade e generalidade do objeto a que cada ciência fundamental se refere. Assim, sua classificação se inicia com as ciências que se ocupam dos fenômenos mais simples e mais distantes dos homens e que são, também, os mais gerais. Os fenômenos mais simples e mais gerais influenciam os mais particulares e mais complexos e, por isto, o conhecimento destes supõe o conhecimento necessário dos primeiros. Esta ordenação constitui-se, para Comte, numa hierarquia rígida e que tem uma só direção, não havendo a possibilidade de que os fenômenos mais particulares, como, por exemplo, os fenômenos químicos, exerçam qualquer influência sobre fenômenos mais gerais, como, por exemplo, os fenômenos físicos.

Num primeiro momento, Comte hierarquiza cinco ciências fundamentais, com o intuito de esclarecer e aplicar seus critérios de classificação: "Como resultado dessa discussão, a filosofia positiva se encontra, pois, naturalmente dividida em cinco ciências fundamentais, cuja sucessão é determinada pela subordinação necessária e invariável, fundada, independentemente de toda opinião hipotética, na simples comparação aprofundada dos fenômenos correspondentes: a astronomia, a física, a química, a filosofia e, enfim, a física social. A primeira considera os fenômenos mais gerais, mais simples, mais abstratos e mais afastados da humanidade, e que influenciam todos os outros sem serem influenciados por estes. Os fenômenos considerados pela última são, ao contrário, os mais particulares, mais complicados, mais concretos e mais diretamente interessantes para o homem; dependem, mais ou menos, de todos os precedentes, sem exercer sobre eles influência alguma. Entre esses extremos, os graus de especialidade, de complicação e de personalidade dos fenômenos vão gradualmente aumentando, assim como sua dependência sucessiva. Tal é a íntima relação geral que a verdadeira observação filosófica, convenientemente empregada, ao contrário de vãs distinções arbitrárias, nos conduz a estabelecer entre as diversas ciências fundamentais. Este deve ser, portanto, o plano deste curso". (*Curso de filosofia positiva*, 2.ª lição, X.)

A estas cinco ciências, acrescenta, então, uma sexta, que vem a ser a base para todas as outras ciências fundamentais.

"É, de resto, evidente que, colocando a ciência matemática no topo da filosofia positiva, apenas estamos estendendo ainda mais a aplicação desse princípio de classificação, fundado na dependência sucessiva das ciências, resultante do grau de abstração de seus fenômenos respectivos." (. . .) "Vê-se que os fenômenos geométricos e mecânicos são, entre todos, os mais gerais, os mais simples, os mais abstratos, os mais irredutíveis e os mais independentes de todos os outros, de que constituem, ao contrário, a base". (. . .) "Como resultado definitivo temos a matemática, a astronomia, a física, a química, a fisiologia, e a física social; tal é a fórmula enciclopédica que, dentre o grande número de classificações que comportam as seis ciências fundamentais, é a única logicamente conforme à hierarquia natural e invariável dos fenômenos. Não preciso lembrar a importância desse resultado, com que o leitor deve familiarizar-se para dele fazer, em toda a extensão deste curso, uma aplicação contínua." (*Curso de filosofia positiva*, 2.ª lição, XII.)

Uma última característica significativa na proposta de Comte para a ciência é sua defesa de que todas as ciências devem se utilizar de um método único.

A unidade do método não significa que Comte defenda que todas as ciências devam submeter-se aos mesmos procedimentos de investigação; ao contrário, procedimentos específicos são vistos como adaptados estreitamente aos objetos a que se referem, assim, por exemplo, a química deve utilizar da experimentação, enquanto a biologia deve utilizar da comparação e classificação. Esta unidade refere-se, para Comte, à aplicação da filosofia positiva a todos os ramos do conhecimento, e, neste sentido, pode-se entender como unidade do método a aplicação de procedimentos que levem à descoberta e descrição das leis que regem os fenômenos, a partir dos fatos e do raciocínio que permitem relacioná-los segundo estas leis, a fim de alcançar um conhecimento positivo que, como já foi dito, deve ser: real, útil, certo, preciso, que busca organizar e não destruir e que é relativo.

"A única unidade indispensável é a unidade do método, que pode e deve evidentemente existir e já se encontra, na maior parte, estabelecida. Quanto à doutrina, não é necessário ser una, basta que seja homogênea. É, pois, sob o duplo ponto de vista da unidade dos métodos e da homogeneidade das doutrinas que consideraremos, neste curso, as diferentes classes de teorias positivas. Tendendo a diminuir o mais possível, o número das leis gerais necessárias para a explicação positiva dos fenômenos naturais, o que é, com efeito, a meta filosófica da ciência, consideraremos entretanto, como temerário aspirar um dia, ainda que para um futuro muito afastado, a reduzi-las rigorosamente a uma só." (*Curso de filosofia positiva,* 1.ª lição, X.)

A garantia de uma unidade do método a todas as ciências está associada ao que Comte talvez considere seu grande empreendimento: a criação de uma física social, ou uma sociologia, ou seja, a criação de uma ciência que se ocuparia da explicação da sociedade, possível pela aplicação do mesmo método já empregado nas outras ciências.

"Eis a grande mas, evidentemente, única lacuna que se trata de preencher para constituir a filosofia positiva. Já agora que o espírito humano fundou a física celeste; a física terrestre, quer mecânica, quer química; a física orgânica, seja vegetal, seja animal, resta-lhe, para terminar o sistema das ciências de observação, fundar a *física social.* Tal é hoje, em várias direções capitais, a maior e mais urgente necessidade de nossa inteligência. Tal é, ouso dizer, o primeiro objetivo deste curso, sua meta especial." (*Curso de filosofia positiva,* 1.ª lição, VI.)

Esta meta que Comte se coloca, a criação de uma nova ciência — a da sociedade — implica uma visão de sociedade e um conjunto de propostas para ela. Concepção e propostas que são marcadas por uma visão de história, por uma visão de conhecimento.

Assim como ocorre com as outras ciências que se ocupam de fatos que são regidos por leis naturais e imutáveis, também a sociedade é vista, por Comte, como governada por leis que são imutáveis em si mesmas e que são independentes da vontade dos indivíduos ou do coletivo.

Estas leis, que são da mesma natureza das que governam a física ou a biologia, são, no entanto, leis próprias e particulares aos fenômenos sociais. Estes são vistos como fenômenos mais complexos, como fenômenos regidos por suas próprias leis que não se constituem em mera extensão de outras, como da fisiologia, por exemplo. A fisiologia, que estuda os indivíduos, não substitui o estudo da sociedade, embora fundamente esse estudo.

"Em todos os fenômenos sociais observa-se, primeiramente, a influência das leis fisiológicas do indivíduo e, ademais, alguma coisa de particular que modifica seus efeitos e que provém da ação dos indivíduos uns sobre os outros, algo que se complica particularmente na espécie humana por causa da ação de cada geração sobre aquele que lhe segue. É, pois evidente que, para estudar convenientemente os fenômenos sociais, é preciso partir de início do conhecimento aprofundado das leis relativas à vida individual. Por outro lado, essa subordinação necessária dos dois estudos não prescreve, de modo algum, como certos fisiologistas de primeira ordem foram levados a crer, a necessidade de ver na física social simples apêndice da fisiologia. A despeito de os fenômenos serem por certo homogêneos, não são idênticos, e a separação das duas ciências é duma importância verdadeiramente fundamental. Pois seria impossível tratar o estudo coletivo da espécie como pura dedução do estudo do indivíduo, porquanto as condições sociais, que modificam a ação das leis fisiológicas, constituem precisamente a consideração mais essencial. Assim, a física social deve fundar-se num corpo de observações diretas que lhe seja próprio, atentando, como convém, para sua íntima relação necessária com a fisiologia propriamente dita." (*Curso de filosofia positiva*, 2.ª lição, IX.)

Aqui, Comte faz, também, uma distinção entre o indivíduo e o coletivo. Caracteriza o homem como ser inteligente e dotado de sociabilidade (o que o diferencia dos animais) e reivindica para o coletivo, para o grupo social, uma superioridade perante o indivíduo. É desta concepção que decorre sua noção de que os homens, enquanto indivíduos numa sociedade, existem como substitutos efêmeros de outros indivíduos e que, como tal, têm importância, apenas, como perpetuadores da espécie. É este caráter, o de um grupo constantemente modificado pela substituição de indivíduos particulares, mas que se perpetua e que permanece essencialmente o mesmo (apesar dos indivíduos particulares) por garantir a sobrevivência da espécie e por submeter-se às mesmas leis naturais, que garante, de um lado, a superioridade do coletivo sobre o individual, de outro lado, a preocupação da sociologia com o grupo social, e de outro, ainda, a noção de que os objetivos a serem alcançados pela sociedade são os objetivos relevantes ao grupo e não ao indivíduo. Ademais, isto leva à noção de que, no verdadeiro espírito positivo, a felicidade individual é obtida pela felicidade do grupo.

"O espírito positivo, ao contrário, é diretamente social, tanto quanto possível, e sem nenhum esforço, precisamente por causa de sua realidade característica. Para ele, o homem propriamente dito não existe, existindo apenas a humanidade, já que nosso desenvolvimento provém da sociedade, a partir de qualquer perspectiva que se o considere. Se a idéia de *sociedade* parece ainda uma abstração de nossa inteligência, é sobretudo em virtude do antigo regime filosófico, porquanto, a bem dizer, é à idéia de *indivíduo* que pertence tal caráter, ao menos em nossa espécie. O conjunto da nova filosofia sempre tenderá a salientar, tanto na vida ativa quanto na vida especulativa, a ligação de cada um a todos, sob uma multidão de aspectos diferentes, de maneira a tornar involuntariamente familiar o íntimo sentimento de solidariedade social, convenientemente desdobrado para todos os tempos e todos os lugares. Não somente a ativa procura do bem público será, sem cessar, considerada como o modo mais próprio de assegurar comumente a felicidade privada, graças a uma influência ao mesmo tempo mais direta e mais pura e, finalmente, mais eficaz; o mais completo exercício possível das tendências gerais tornar-se-á a principal fonte da felicidade pessoal, ainda que não devesse trazer excepcionalmente outra recompensa além de uma inevitável satisfação interior." (*Discurso sobre o espírito positivo*, 2.ª parte, XV.)

Para Comte, o desenvolvimento da humanidade, que passa pelos três estados (o teológico, o metafísico e o positivo) resume-se, essencialmente, no desenvolvimento do espírito, do conhecimento e, neste desenvolvimento, as estruturas básicas da sociedade — a família, a propriedade, a religião, a linguagem, a relação do poder espiritual e do poder temporal (Bréhier, 1980, p. 267) — se mantêm, fundamentalmente, inalteradas. Estas estruturas são consideradas definitivas e básicas em qualquer estágio do desenvolvimento social, só ocorrendo, na passagem de um momento a outro, aperfeiçoamentos em cada uma delas. Assim, mais uma vez, Comte subordina a dinâmica a uma estática, subordina o progresso à ordem; o progresso é um mero deslocamento, um mero aperfeiçoamento de estruturas que são perenes e imutáveis. A sociologia caracteriza-se, então, pela preocupação em descobrir que leis governam a sociedade e não, pela preocupação com a sua transformação.

"Não se pode primeiramente desconhecer a aptidão espontânea dessa filosofia a constituir diretamente a conciliação fundamental, ainda procurada de tão vãs maneiras, entre as exigências simultâneas da ordem e do progresso. Basta-lhe, para isso, estender até os fenômenos sociais uma tendência plenamente conforme a sua natureza e que tornou agora muito familiar em todos os outros casos essenciais.

Num assunto qualquer, o espírito positivo leva sempre a estabelecer exata harmonia elementar entre as idéias de existência e as idéias de movimento, donde resulta mais especialmente, no que respeita aos corpos vivos, a correlação permanente das idéias de organização com as idéias de vida e, em seguida, graças a uma última especialização peculiar ao organismo social, a solidariedade contínua das idéias de ordem com as idéias de progresso." (*Discurso sobre o espírito positivo*, 2.ª parte, X.)

Estas noções explicam por que Comte é um defensor ferrenho do poder estabelecido e um crítico de toda e qualquer tentativa de mudança de poder, seja nas suas estruturas, seja nos seus ocupantes.

"Sob essas condições naturais, a escola positiva tende, de um lado, a consolidar todos os poderes atuais, sejam quais forem seus possuidores; de outro, a impor-lhes obrigações morais cada vez mais conformes às verdadeiras necessidades dos povos." (*Discurso sobre o espírito positivo*, 3.ª parte, XVI.)

Para Comte, qualquer insubordinação ao poder corrompe uma ordem preestabelecida, além de levar à falsa noção de que o fato de existirem diferentes grupos sociais implicaria uma oposição insolúvel de interesses entre esses grupos. Qualquer proposta ou ação que dificulte ou impeça a aceitação da concepção de que os diferentes grupos sociais existentes são complementares e necessários uns aos outros (industriais e trabalhadores), e de que a harmonia entre eles é benéfica e indispensável à sociedade (cujo progresso depende da ordem), é vista como falsa e perigosa. Já que Comte supõe que a sociedade depende e necessita de ordem para progredir, supõe, como conseqüência, que depende também de instituições fortes e permanentes, depende da existência de diferentes grupos sociais e de uma coexistência pacífica e harmoniosa entre eles.

São estas concepções que dão origem a um programa social que não implica mudanças e transformações sociais, mas que implica, isto sim, criar condições para que estes elementos necessários à sociedade se mantenham. É desta forma que deve ser compreendido seu programa social, baseado em dois aspectos fundamentais — uma educação universal, que ensine e convença os homens (e especialmente os trabalhadores) da imutabilidade e inexorabilidade das leis naturais a que estão submetidos, e trabalho para todos, o que garante que cada indivíduo cumpra seu papel social. Neste sentido, são condições que preenchem um dever e não condições que garantem um direito.

São estas concepções que originam, também, a noção de que o poder a que os trabalhadores podem e devem aspirar, é o poder espiritual, que é defendido por Comte como o único que realmente importa e que supera todo poder material ou temporal.

"Se o povo está agora e deve permanecer a partir desse momento indiferente à posse direta do poder político, nunca pode renunciar à sua indispensável participação contínua no poder moral. Este é o único verdadeiramente acessível a todos, sem perigo algum para a ordem universal. Muito pelo contrário: traz-lhe grandes vantagens cotidianas, autorizando cada um, em nome duma comum doutrina fundamental, a chamar convenientemente as mais altas potências a seus diversos deveres essenciais. Na verdade, os preconceitos inerentes ao estado transitório ou revolucionário tiveram que encontrar também algum acesso em nossos proletários alimentando, com efeito, inoportunas ilusões sobre o alcance indefinido das medidas políticas propriamente ditas. Impedem de apreciar quanto à justa satisfação dos grandes interesses populares depende hoje muito mais das opiniões e dos costumes do que das próprias instituições, cuja verdadeira regeneração, atualmente impossível, exige, antes de tudo, uma reorganização espiritual. No entanto, podemos assegurar que a escola positiva terá muito maior facilidade em fazer penetrar este salutar ensino nos espíritos populares que em qualquer outra parte, seja porque a metafísica negativa aí não pode enraizar-se tanto, seja, sobretudo, por causa do impulso constante das necessidades sociais inerentes à sua situação necessária. Essas necessidades se reportam essencialmente a duas condições fundamentais, uma espiritual, outra temporal de natureza profundamente conexa. Trata-se com efeito, de assegurar convenientemente a todos, primeiro, uma educação normal, depois o trabalho regular. Tal é, no fundo, o verdadeiro *programa social dos proletários*. Não pode mais existir verdadeira popularidade a não ser para uma política que tenda necessariamente para esse duplo destino." (*Discurso sobre o espírito positivo*, 3.ª parte, XIX.)

A perspectiva e as propostas de Comte para a sociedade são completamente coerentes com sua noção de que a transformação, a evolução, o desenvolvimento são, antes de tudo, desenvolvimento e transformação do espírito. São coerentes, portanto, com a concepção que defende que a luta pela transformação é a luta pela transformação e pelo desenvolvimento das idéias e da moral.

"Atacando a desordem atual em sua verdadeira fonte, necessariamente mental, constitui, tão profundamente quanto possível, a harmonia lógica, regenerando, de início, os *métodos* antes das doutrinas, por uma tripla conversão simultânea da natureza das questões dominantes, da maneira de tratá-las e das condições prévias de sua elaboração. Demonstra, com efeito, de uma parte, que as principais dificuldades sociais não são hoje essencialmente políticas, mas sobretudo morais, de sorte que sua solução possível depende realmente das opiniões e dos costumes, muito mais do que as instituições, o que tende a extinguir uma atividade perturbadora, transformando a agitação política em movimento filosófico". (*Discurso sobre o espírito positivo*, 2.ª parte, X.)

Só quando a moral tiver completado sua evolução poder-se-ia pensar na reforma das instituições. Assim, para Comte, as únicas mudanças e transformações bem vindas e necessárias são morais, e só depois de completadas poder-se-ia pensar em mudanças materiais.

"A tendência correspondente dos homens de Estado a impedir hoje, tanto quanto possível, todo grande movimento político encontra-se aliás espontaneamente conforme as exigências fundamentais de uma situação que só comportará realmente instituições provisórias, enquanto uma verdadeira filosofia geral não vincular suficientemente as inteligências. Desconhecida pelos poderes atuais, essa resistência instintiva colabora para facilitar a verdadeira solução, ajudando a transformar uma estéril agitação política numa ativa progressão filosófica, de maneira a seguir, enfim, a marcha prescrita pela natureza, adequada à reorganização final, que deve primeiro ocorrer nas idéias para passar em seguida aos costumes e, finalmente, às instituições". (*Discurso sobre o espírito positivo*, 2.ª parte, IX.)

A partir daí não é difícil compreender por que Comte propõe, ao invés de mudanças nas estruturas e instituições sociais, mudanças que resultariam em/de uma nova religião. Ao invés de mudar a vida material, muda-se, desenvolve-se, trabalha-se a vida moral. Isto é feito através de uma nova religião, a *religião da humanidade* que, se permite as reformas morais necessárias, mantém, de resto, a própria estrutura das religiões — cultos, igrejas, *santos, preces* etc. — e não interfere nas estruturas da sociedade.

Se a *religião da humanidade* permite as reformas necessárias ao desenvolvimento do espírito positivo, ela deve ser perfeitamente conforme com os princípios do conhecimento científico positivo. Com admirável coerência, Comte consegue combinar ciência positiva e religião positiva. ao erigir em ente supremo da *religião da humanidade*, ao sustentar como dogma de sua religião, os princípios e leis imutáveis da natureza que, se são descobertos pela investigação científica, são popularizados e propagados, na forma de dogma, através de sua religião.

"A fé positiva expõe diretamente as *leis* efetivas dos diversos fenômenos observáveis, tanto interiores como exteriores; isto é, suas relações constantes de sucessão e de semelhança, as quais nos permitem prever uns por meio dos outros. Ela afasta, como radicalmente inacessível e profundamente ociosa, toda pesquisa acerca das *causas* propriamente ditas, primeiras ou finais, de quaisquer acontecimentos. Em suas concepções teóricas, ela explica sempre *como* e nunca *porque*. Quando, porém, indica os meios de dirigir nossa atividade, ela faz, pelo contrário, prevalecer constantemente a consideração do fim, já que, então, o efeito prático dimana com certeza de uma vontade inteligente". (. . .)

"O dogma fundamental da religião universal consiste, portanto, na existência constatada de uma ordem imutável a que estão sujeitos os acontecimentos de todo gênero. Esta ordem é, ao mesmo tempo, *objetiva* e *subjetiva*: por outras palavras, diz igualmente respeito ao *objeto* contemplado e ao *sujeito* contemplador. Leis físicas supõem, com efeito, leis lógicas, e reciprocamente. Se o nosso entendimento não seguisse espontaneamente regra alguma, não poderia ele nunca apreciar a harmonia exterior. Sendo o mundo mais simples e mais poderoso que o homem, a regularidade deste seria ainda menos conciliável com a desordem daquele. Toda fé positiva assenta, pois, nesta dupla harmonia entre o objeto e o sujeito." (*Catecismo positivista*, pp. 143 e 144.)

Por suas concepções a respeito do conhecimento e da sociedade, e por sua capacidade de unir em um sistema coerente suas noções, é que Comte é visto como o grande representante de uma burguesia que, na segunda metade do século XIX, já havia perdido seu caráter libertário e progressista e havia, ao se entrincheirar no poder, assumido um caráter conservador. As estruturas econômicas, sociais e políticas estabelecidas por esta burguesia e que lhe permitiam um contínuo acúmulo de capital, para serem perpetuadas e desenvolvidas precisavam ser acrescidas de ideário, de um sistema explicativo, que afastasse as ameaças contidas nas lutas sociais e políticas emergentes e nas propostas de transformação que o próprio capitalismo gerara. Comte cumpre este papel com maestria.

CAPÍTULO 22

A PRÁTICA, A HISTÓRIA E A CONSTRUÇÃO DO CONHECIMENTO: KARL MARX (1818-1883)

"... e toda ciência seria supérflua, se a forma de manifestação e a essência das coisas coincidissem imediatamente."

(Marx)

O século XIX foi um século de grande desenvolvimento do capitalismo e de mudanças radicais no mundo. Este período poderia ser dividido em dois grandes momentos.

O primeiro deles — até 1848 — caracterizou-se pela expansão do capitalismo nos países industrializados, pelo seu impulso inicial nos países não-desenvolvidos e pela sua primeira grande crise nos países desenvolvidos (1830-1840). Neste período assistiu-se à expansão e ao crescimento das forças produtivas, da economia, e, portanto, da riqueza; associados ao imenso avanço da ciência. A par com o crescimento econômico e com o crescimento da riqueza, cresceu também, a classe trabalhadora: cresceu em número, cresceu em pobreza e cresceu em consciência política (como o atestam o surgimento de propostas de cunho socialista).

O crescimento sem limites e obstáculos do capitalismo era visto, por seus defensores, como o único caminho de solução para suas crises e para a pobreza. Simultaneamente surgiam propostas que defendiam que a crise e a pobreza eram inerentes ao sistema capitalista e que apenas através de uma reordenação econômica e política seria possível superá-las. É também característico deste momento a consciência de cada um dos grupos (trabalhadores e burguesia) de que suas propostas eram incompatíveis entre si, mas que cada uma delas exigia mudanças urgentes. Mudanças que são buscadas em 1848, quando explode um período revolucionário por quase toda a Europa.

Neste momento, os trabalhadores lutavam por transformações de cunho socialista, enquanto a burguesia e as classes médias procuravam uma solução menos radical. O momento revolucionário de 1848, do ponto de vista das propostas dos trabalhadores, foi um fracasso; do ponto de vista do sistema capitalista permitiu mudanças, de cunho político e econômico, que traziam soluções a muitos dos problemas até então enfrentados.

A segunda metade do século defrontou-se com um novo momento de desenvolvimento do capitalismo: com a expansão do sistema a nível mundial, com uma segunda fase de expansão da indústria nos países industrializados e com a formação de um sistema capitalista internacional. Do ponto de vista político, o período foi marcado por propostas e governos de cunho nacionalista e liberal, e foi neste momento que vários países da Europa, como a Alemanha e a Itália, completaram sua unificação econômica e política e entraram, definitivamente, no quadro dos países capitalistas avançados. Para a classe trabalhadora, esta metade de século foi marcada por um grande avanço na sua organização e nas suas propostas. A partir da organização iniciada nos cinqüenta anos anteriores, e se irradiando desde os centros mais avançados do capitalismo — como a Inglaterra e a Alemanha — surgiram, não apenas propostas de transformação econômica e política, mas também, níveis mais elaborados de organização — como a Primeira Internacional — e mesmo tentativas revolucionárias imediatas — como a Comuna de Paris.

Foi nesse contexto que Marx viveu e desenvolveu seu pensamento. Vivendo nos centros nevrálgicos dos acontecimentos, tanto seu trabalho intelectual, como sua atuação prática, são construídos ao longo dos anos, em íntima relação com os acontecimentos econômicos, políticos e históricos de seu tempo, e tanto seu conceitual teórico como sua prática política estão comprometidos com, e são colocados a serviço da classe trabalhadora.

Karl Marx nasceu, em 1818, em Trier (Trèves), na Renânia, cidade que então fazia parte da Prússia, próxima à fronteira com a França. Estudou Direito em Bonn e Berlim. Foi durante sua estada em Berlim (1837-1841) que entrou em contato com a filosofia de Hegel. Nesta época, os seguidores de Hegel encontravam-se divididos, basicamente, em dois grupos distintos: os chamados hegelianos de direita e os chamados hegelianos de esquerda. Os primeiros enfatizavam, do sistema de Hegel, o Espírito Absoluto como criador da realidade, uma criação, então, com um fim previsto, carregando uma visão teleológica da história; esse grupo destacava os aspectos mais conservadores da filosofia de Hegel, em especial o papel preponderante que era atribuído ao Estado. Os segundos, ao contrário, procuravam libertar-se destes traços conservadores e destacar o papel crítico da filosofia de Hegel, opondo uma concepção liberal e democrática a uma concepção de Estado forte. Enfatizavam o homem como sujeito, vendo nele um ser consciente e ativo.[1] Marx participou ativamente do debate entre os dois grupos, defendendo o pensamento da esquerda hegeliana.

Em 1841, defendeu sua tese de doutoramento que tinha como tema a comparação das filosofias de Demócrito e Epicuro. Nessa época, em função da situação política, que obrigou o afastamento dos hegelianos de esquerda da vida universitária, Marx abandonou o projeto de ensinar na universidade e, a partir de 1842, passou a trabalhar na *Gazeta Renana*, jornal liberal, como redator-chefe. Permaneceu nesta atividade até 1843, quando o jornal foi fechado por ordem do governo da Prússia. Foi este trabalho que permitiu a Marx um contato mais direto com problemas sociais e políticos de sua época e com as diferentes alternativas que, para eles, eram apresentadas; este contato parece ter sido decisivo no interesse que Marx viria demonstrar por tais questões.

A esquerda hegeliana encontrava dificuldades: o governo prussiano cerceava a liberdade destes pensadores, censurava suas idéias. Marx foi, então, para a França e, em Paris, ao lado de outros hegelianos de esquerda, participou da publicação de uma revista que tinha como objetivo divulgar as reflexões filosóficas e políticas que este grupo de pensadores vinha desenvolvendo. A revista — *Anais Franco-Alemães* — teve somente um número publicado (fevereiro de 1844). Dentre os artigos publicados neste número, encontrava-se um artigo de Friedrich Engels que desenvolvia uma crítica à economia política. Este artigo impressionou profundamente Marx que, a partir de então, passou a se dedicar ao estudo da economia política, em íntima colaboração com Engels. Em 1844, escreveram *A sagrada família*; uma crítica a Bruno, Edgard e Egbert Bauer, que enfatizavam o papel das elites intelectuais na transformação da sociedade e des-

---

1 Henri Lefebvre (1983), afirma a existência de um terceiro grupo de hegelianos — os hegelianos de centro —, que conservariam na íntegra o sistema de Hegel e que se concentravam na universidade.

privilegiavam o papel dos trabalhadores nesta mudança. O livro marcou seu rompimento com a esquerda hegeliana.

Mais uma vez, por razões políticas, Marx foi obrigado a mudar de país; foi para a Bélgica (Bruxelas) onde permaneceu até 1848. Durante este período, Marx e Engels desenvolveram intensa atividade intelectual e política; participaram da Liga dos Comunistas, para a qual escreveram o *Manifesto comunista*; datam também deste período textos importantes na constituição do pensamento marxista, como, por exemplo, *A ideologia alemã*. Ainda em 1848, Marx retornou à Alemanha, onde prosseguiu com suas atividades políticas e fundou o jornal *Nova Gazeta Renana*. Em 1849, mais uma vez, com o fechamento do jornal, Marx se exilou. Foi para Londres, onde deu continuidade a sua produção intelectual e à atuação política. Marx viveu em Londres até sua morte, em 1883.

A vida de Marx não foi marcada apenas por um intenso trabalho intelectual. Marx sempre esteve presente na cena política, participando da organização e das reivindicações da classe trabalhadora, colaborando de uma maneira ou outra nos principais acontecimentos do período. Alguns de seus textos mais conhecidos atualmente demonstram esta relação ativa e profunda com o movimento operário de sua época e com a luta política pela transformação da sociedade. Neles estão presentes questões que eram, então, centrais ao debate político e à alternativa política proposta por Marx para tais questões, ao mesmo tempo que neles se entrevê o processo de elaboração do pensamento de Marx. São análises históricas, sociais, econômicas e políticas que, se por um lado respondem a questões específicas, por outro, são parte integrante de seu trabalho e de seu pensamento. Exemplos destes textos, além do já citado *Manifesto comunista*, são: *Salário, preço e lucro*, que foi uma conferência dada por Marx na Organização Internacional dos Trabalhadores (OIT), em 1864; *A guerra civil na França*, de 1871, que apresenta uma análise da Comuna de Paris, e *Crítica ao programa de Gotha*, de 1875 que traz uma crítica às propostas social-democratas, então em voga na Alemanha.

A compreensão do pensamento de Marx se, por um lado, exige que se reconheça a íntima relação entre seu trabalho intelectual e sua atuação política, por outro lado, exige que se reconheça as influências, por assim dizer, teóricas que marcaram o desenvolvimento de seu pensamento.

Um marco indiscutível foi o contato com o sistema filosófico de Hegel. Na elaboração de seu pensamento, Marx estuda Hegel e recorre a categorias hegelianas na produção de sua própria concepção; poder-se-ia sintetizar a relação do pensamento de Marx com o de Hegel na recuperação e proposição da dialética como perspectiva para se compreender o real e para se construir conhecimento. É o próprio Marx quem afirma: (...) "Por isso confessei-me abertamente discípulo daquele grande pensador e, no capítulo sobre o valor, até andei namorando aqui e acolá os seus modos peculiares de expressão. A mistificação que a dialética sofre nas mãos de Hegel não impede, de modo algum, que ele tenha sido o primeiro a expor as suas formas gerais de movimento, de maneira ampla e consciente. É necessário invertê-la, para descobrir o cerne racional do invólucro místico." (...) (Posfácio da segunda edição d'*O capital*, pp. 20, 21.)

Feuerbach, um hegeliano de esquerda, foi o segundo marco. Ao formular a crítica do sistema hegeliano, em especial da concepção de religião nele contida, Feuerbach reconstrói o conceito de alienação: o homem se aliena ao atribuir a entidades, que são criações suas, qualidades e poderes que, na verdade, pertencem ao próprio homem. Com esta crítica Feuerbach expressa uma concepção materialista e naturalista de homem, ao invés da concepção idealista proposta por Hegel. Embora Marx critique e supere a visão feuerbachiana, o seu pensamento se marca por apresentar uma perspectiva materialista na compreensão do homem. Para Marx:

"A grande façanha de Feuerbach é:

1) a prova de que a filosofia nada mais é que a religião trazida para as idéias e desenvolvida discursivamente; que é, portanto, tão condenável como aquela e não representa mais que outra forma, outro modo de existência da alienação do ser humano.

2) a fundação do *verdadeiro materialismo* e da *ciência real* na medida em que Feuerbach faz, igualmente, da relação social 'do homem ao homem' o princípio fundamental da teoria.

3) a contraposição à negação da negação que afirma ser o positivo absoluto, o positivo que descansa sobre si mesmo e se fundamenta positivamente em si mesmo." (*Manuscritos economia y filosofia*, p. 184).

Marcaram ainda o pensamento de Marx os economistas clássicos ingleses (principalmente, Adam Smith e Ricardo) e os socialistas utópicos (Owen, Fourier e Saint Simon). Os economistas clássicos, pela crítica que Marx desenvolve sobre suas teorias e pela recuperação de algumas noções propostas por estas teorias e que, reinterpretadas por Marx, passam a integrar o corpo teórico marxista, como por exemplo a noção de valor trabalho.[2] Dos socialistas utópicos e da análise de suas propostas surge o problema, enfrentado por Marx, de basear a possibilidade de construção de uma nova sociedade numa abordagem científica da sociedade capitalista e das condições de sua transformação.[3]

Não é possível falar de Marx ou de seu trabalho sem destacar o papel fundamental que Engels desempenhou na sua vida. Difícil caracterizar Engels como uma influência análoga às anteriormente citadas. Engels foi, como propõe Gorender (1983), o grande interlocutor de Marx; foi colaborador, foi co-autor em várias obras, foi editor, foi companheiro de lutas políticas, foi amigo.

Da obra de Marx destacam-se: *Manuscritos econômico-filosóficos* (1844), *Miséria da filosofia* (1847), *A ideologia alemã* (1848), *Manifesto comunista* (1848), *O dezoito brumário de Luís Bonaparte* (1852), *Esboços dos fundamentos da crítica da economia política* (1857/58), *Para a crítica da economia política* (1859) e *O capital* (Livro I, publicado em 1867, Livro II e III publicados, respectivamente, em 1885 e 1894, com edição de Engels, a partir de esboços deixados por Marx). Destes livros, *A ideologia alemã* e o *Manifesto comunista* foram escritos em co-autoria com Engels. Deve-se ressaltar que vários dos livros de Marx só chegaram a ser conhecidos e publi-

---

2 Segundo Gorender, Marx, a partir da publicação de *Miséria da filosofia,* passou a aceitar, com modificações que irão mais tarde ser elaboradas, a noção de valor trabalho de Ricardo. De modo muito esquemático, Marx supunha que na produção de todo bem (de toda mercadoria) estava contido um certo trabalho — abstrato porque seria a média do trabalho necessário para a produção daquele bem — que era parte da determinação do valor de troca da mercadoria.

3 Segundo Hobsbawn (1980), "os socialistas utópicos forneceram uma crítica da sociedade burguesa; o esquema de uma teoria da história; a confiança não só na realizabilidade do socialismo, mas também no fato de que ele representa uma exigência do movimento histórico atual; assim como uma vasta elaboração de pensamento sobre o que será a vida futura dos homens numa tal sociedade (inclusive o comportamento humano individual). E, apesar disso, suas deficiências teóricas e práticas foram surpreendentes." Entre as práticas Hobsbawn aponta: a excentricidade e o misticismo desenvolvido principalmente por seus seguidores e o caráter apolítico de suas concepções que os levava a não reconhecer "em nenhuma classe ou grupo específico o veículo das próprias idéias"; entre as teóricas Hobsbawn aponta "a falta de uma análise econômica da propriedade privada". (pp. 50, 51 e 52)

cados a partir da segunda dácada do século XX, como por exemplo os *Manuscritos econômico-filosóficos.*

Pode-se identificar, entre os textos escritos por Marx, textos que apresentam uma análise histórica (por exemplo, *O dezoito brumário de Luís Bonaparte*), textos que apresentam uma análise filosófica (por exemplo, A *ideologia alemã*), textos que, considerada a conjuntura na qual foram escritos, têm objetivos eminentementes políticos (por exemplo, *Manifesto comunista*) e uma grande parte de sua obra que se refere a análises econômicas (por exemplo, *Para a crítica da economia política, O capital*). Poder-se-ia afirmar que na análise do capitalismo, das leis que o constituem e regem e que, em seu desenvolvimento, levarão à sua superação, se encontra o cerne do trabalho e da contribuição de Marx. Vale notar que todos estes textos compõem uma unidade já que, para Marx, a compreensão da sociedade devia basear-se na compreensão de suas relações econômicas, mas não se esgotava aí: a compreensão real da sociedade implicava, também, o entendimento das suas relações históricas, políticas e ideológicas. "O resultado geral a que cheguei e que, uma vez obtido, serviu-me de fio condutor aos meus estudos, pode ser formulado em poucas palavras: na produção social da própria vida, os homens contraem relações determinadas, necessárias e independentes de sua vontade, relações de produção estas que correspondem a uma etapa determinada de desenvolvimento das suas forças produtivas materiais. A totalidade dessas relações de produção forma a estrutura econômica da sociedade, a base real sobre a qual se levanta uma superestrutura jurídica e política, e à qual correspondem formas sociais determinadas de consciência. O modo de produção da vida material condiciona o processo em geral de vida social, político e espiritual. Não é a consciência dos homens que determina o seu ser, mas, ao contrário, é o seu ser social que determina sua consciência. Em uma certa etapa de seu desenvolvimento, as forças produtivas materiais da sociedade entram em contradição com as relações de produção existentes ou, o que nada mais é do que a sua expressão jurídica, com as relações de propriedade dentro das quais aquelas até então se tinham movido. De formas de desenvolvimento das forças produtivas essas relações se transformam em seus grilhões. Sobrevém então uma época de revolução social. Com a transformação da base econômica, toda a enorme superestrutura se transforma com maior ou menor rapidez. Na consideração de tais transformações é necessário distinguir sempre entre a transformação material das condições econômicas de produção, que pode ser objeto de rigorosa verificação da ciência natural, e as formas jurídicas, políticas, religiosas, artísticas ou filosóficas, em resumo, as formas ideológicas pelas quais os homens tomam consciência desse conflito e o conduzem até o fim". (. . .) "Uma formação social nunca perece antes que estejam desenvolvidas todas as forças produtivas para as quais ela é suficientemente desenvolvida, e novas relações de produção mais adiantadas jamais tomarão o lugar, antes que suas condições materiais de existência tenham sido geradas no seio mesmo da velha sociedade. É por isso que a humanidade só se propõe as tarefas que pode resolver, pois, se se considera mais atentamente, se chegará à conclusão de que a própria tarefa só aparece onde as condições materiais de sua solução já existem, ou, pelo menos, são captadas no processo de seu devir. Em grandes traços podem ser caracterizados, como épocas progressivas da formação econômica da sociedade, os modos de produção: asiático, antigo, feudal e burguês moderno. As relações burguesas de produção constituem a última forma antagônica do processo social de produção, antagônicas não em um sentido individual, mas de um antagonismo nascente das condições sociais de vida dos indivíduos; contudo, as forças produtivas que se encontram em desenvolvimento no seio da sociedade burguesa criam ao mesmo tempo as condições materiais para a solução desse antagonismo. Daí que com essa formação social se encerra a pré-história da sociedade humana." (Prefácio de *Para a crítica da economia política*, pp. 25 c 26.)

Vale ressaltar, mais uma vez, que a base da sociedade, da sua formação, das suas instituições e regras de funcionamento, das suas idéias, dos seus valores são as condições materiais. É a partir delas que se constrói a sociedade, e é a compreensão destas condições que permite a compreensão de tudo o mais, bem como a possibilidade de sua transformação. Assim, para Marx, a base da sociedade, assim como a característica fundamental do homem, está no trabalho. É do e pelo trabalho que o homem se faz homem, constrói a sociedade, é pelo trabalho que o homem transforma a sociedade e faz a história. O trabalho torna-se categoria essencial que lhe permite não apenas explicar o mundo e a sociedade, o passado e a constituição do homem, como lhe permite antever o futuro e propor uma prática transformadora ao homem, propor-lhe como tarefa construir uma nova sociedade.

Ao lado disto, Marx retém na sua análise da sociedade, a noção de que a história, a transformação da sociedade, se dá através de contradições, antagonismos e conflitos. E que a transformação, o desenvolvimento da sociedade não é linear, não é espontâneo, não é harmônico, não é dado de fora da própria sociedade, mas é conseqüência das contradições criadas dentro dela, e é sempre dada por saltos, é sempre revolucionária, é sempre fruto da ação dos próprios homens: "Os homens fazem sua própria história, mas não a fazem como querem; não a fazem sob circunstâncias de sua escolha e sim sob aquelas com que se defrontam diretamente, legadas e transmitidas pelo passado." (*O dezoito brumário de Luís Bonaparte*, p. 1.)

Ao construir seu sistema explicativo da história e da sociedade, Marx elabora, explicita e estabelece as bases metodológicas, bem como os princípios epistemológicos que dirigem sua análise. A articulação destes dois conjuntos de conhecimento, o materialismo histórico e o materialismo dialético, tem sido interpretada de maneira diversa por diferentes comentadores e estudiosos de Marx e do marxismo. Enquanto que alguns autores, como Ianni (1982) e Lefebvre (1983), vêem os dois aspectos do trabalho de Marx como indissociáveis entre si, como desenvolvimento natural de sua proposta e como igualmente elaborado em seu trabalho, outros autores, como por exemplo Poulantzas (1981), fazem uma clara distinção entre eles e afirmam que o nível de elaboração do materialismo dialético e do materialismo histórico é muito diferente, estando o primeiro apenas esboçado, de forma que é a explicação do capitalismo que deve ser compreendida e discutida no trabalho de Marx.

Em qualquer das hipóteses, seus textos estão permeados de indicações das quais se pode extrair uma proposta para a produção de conhecimento científico. Mesmo que se discuta o grau de sistematização dessa proposta, é inegável que, a partir de Marx, tal proposta tem sido debatida (atacada ou defendida), estudada, adendada e completada. E é indiscutível que, desde então, se constitui numa nova visão, numa concepção alternativa para a produção de conhecimento científico.

Senão o primeiro, sem dúvida um dos aspectos fundamentais da proposta de Marx para a produção do conhecimento científico é decorrência da influência de Feuerbach sobre seu pensamento. Feuerbach afirma que os homens constroem as divindades à sua imagem e semelhança, e não o oposto, como se depreende do sistema hegeliano, que vê o homem como decorrência do Espírito Absoluto. Feuerbach afirma, assim, que as idéias são decorrência da interação do homem com a natureza, de um homem que faz parte da natureza e que a recria em suas idéias, a partir de sua interação com ela.

Com Feuerbach, Marx assume que a matéria existe independentemente da consciência e que as idéias são o material transposto para, traduzido pela consciência humana. Todavia em nenhum momento preocupa-se em discutir como se dá o processo "orgânico" que leva o homem a conhecer: não discute os mecanismos da sensação, da percepção, ou da razão que permitem, no homem, a transformação do mundo exterior em conhecimento. O que, para Marx, determina a consciência é o ser social, que adquire, assim, primazia sobre a consciência. São estas suposições que afastam Marx de Hegel e que permitem afirmar que seu ponto de partida é materialista. Marx parte do suposto que o conhecimento é determinado pela matéria, pelo mundo que existe independentemente do homem: "Por sua fundamentação, meu método dialético não só difere do hegeliano, mas é também a sua antítese direta. Para Hegel, o processo de pensamento, que ele, sob o nome de idéia, transforma num sujeito autônomo, é o demiurgo do real, real que constitui apenas a sua manifestação externa. Para mim, pelo contrário, o ideal não é nada mais que o material, transposto e traduzido na cabeça do homem." (Posfácio da segunda edição de *O capital*, p. 20.)

(...) "O modo de produção da vida material condiciona o processo em geral de vida social, política e espiritual. Não é a consciência dos homens que determina o seu ser, mas, ao contrário, é o seu ser social que determina a sua consciência." (...) (Prefácio de *Para a crítica da economia política*, p. 25.)

A concepção materialista de Marx carrega em sua base uma concepção de natureza e da relação do homem com esta natureza. Para Marx, o homem é parte da natureza mas não se confunde com ela. O homem é um ser natural porque foi criado pela própria natureza, porque está submetido a leis que são naturais (em oposição a sobrenaturais), porque depende da natureza, da sua transformação para sobreviver. Ao mesmo tempo o homem não se confunde com a natureza, o homem se diferencia da natureza já que usa da natureza transformando-a conscientemente segundo suas necessidades e, nesse processo, se faz homem. Assim, Marx, a um só tempo, identifica e distingue homem e natureza e, a um só tempo, naturaliza e humaniza o homem e a natureza. A simples compreensão da natureza não leva a compreensão do homem, mas, ao mesmo tempo, a compreensão do homem implica necessariamente a compreensão de sua relação com a natureza, já que é nesta relação que o homem constrói e transforma a si mesmo e à própria natureza. Por isto, pode-se afirmar que, a natureza torna-se natureza humanizada e o homem na sua relação com ela "deixa de ser um produzido puro para se tornar um produzido produtor do que o produz." (Vieira Pinto, p. 85.)

A respeito da relação homem-natureza, Marx afirma: "A vida genérica, tanto no homem como no animal, consiste fisicamente, em primeiro lugar, em que o homem (como o animal) vive da natureza inorgânica, e quanto mais universal é o homem que o animal, tanto mais universal é o âmbito da natureza inorgânica da qual vive. Assim como as plantas, os animais, as pedras, o ar, a luz etc. constituem, teoricamente, uma parte da consciência humana, em parte como objetos da ciência natural, em parte como objetos da arte (sua natureza inorgânica espiritual, os meios de subsistência espiritual que ele prepara para o prazer e assimilação) assim também constituem praticamente uma parte da vida e da atividade humana. Fisicamente o homem vive só desses produtos naturais, apareçam na forma de alimentação, calefação, vestuário, moradia etc. A universalidade do homem aparece na prática justamente na universalidade que faz da natureza toda seu corpo inorgânico, tanto por ser (1) meio de subsistência imediata, como por ser (2) a matéria, o objeto e o instrumento de sua atividade vital. A natureza é o *corpo inorgânico* do homem; a natureza enquanto ela mesma, não é corpo humano. Que o homem *vive* da natureza, quer dizer que a natureza é seu corpo, com a qual tem que se manter em processo contínuo para não morrer. Que a vida física e espiritual do homem está ligada com a natureza não tem outro sentido que o de que a natureza está ligada consigo mesma, pois o homem é uma parte da natureza." (. . .) "O animal é imediatamente uno com sua atividade vital. Não se distingue dela. É ela. O homem faz de sua própria atividade vital objeto de sua vontade e de sua consciência. Tem atividade vital consciente. Não é uma determinação com a qual o homem se funda imediatamente. A atividade vital consciente distingue imediatamente o homem da atividade vital animal." (. . .) (*Manuscritos economia y filosofia*, pp. 110 e 111.)

Este homem que através de sua atividade consciente transforma a natureza e a si mesmo não é compreendido, por Marx, como sujeito ou como indivíduo não comparável com outros, ou independente dos outros homens. O homem é compreendido como ser genérico, como ser que opera sobre o mundo, sobre os outros homens e sobre si mesmo enquanto gênero, enquanto espécie que busca sua sobrevivência. Mas o homem não busca apenas e meramente sua sobrevivência, busca a transformação de si mesmo e da natureza, e é capaz de fazê-lo porque se reconhece e reconhece ao outro neste processo.

O homem deve, então, ser compreendido como espécie natural; no entanto, na sua atividade se distingue de outras espécies animais, já que sua atividade é consciente e sua produção não é determinada unicamente por suas necessidades imediatas. Portanto, para Marx, embora a compreensão do homem deva ter como ponto de partida assumi-lo como espécie natural, não deve limitar-se a isto; é preciso ir além e assumir suas particularidades para compreendê-lo; sua universalidade dada por sua capacidade de consciente e deliberadamente, como ser genérico, transformar a natureza segundo as suas próprias necessidades e as necessidades de outras espécies, não só segundo necessidades urgentes, mas também segundo necessidades mediatas.

"A produção prática de um *mundo objetivo*, a elaboração da natureza inorgânica, é a afirmação do homem como um ser genérico consciente." (...) "É certo que também o animal produz." (...) "Porém produz unicamente o que necessita imediatamente para si ou para sua prole; produz unilateralmente, enquanto que o homem produz universalmente; produz unicamente por mandato da necessidade física imediata, enquanto que o homem produz inclusive livre da necessidade física e só produz realmente liberado dela; o animal se produz apenas a si mesmo, enquanto que o homem reproduz a natureza inteira; o produto do animal pertence imediatamente a seu corpo físico, enquanto que o homem se defronta livremente com seu produto. O animal produz unicamente segundo a necessidade e a medida da espécie a que pertence, enquanto que o homem sabe produzir segundo a medida de qualquer espécie e sempre sabe impor ao objeto a medida que lhe é inerente; por isto o homem cria também segundo as leis da beleza."

"Por isso precisamente é apenas na elaboração do mundo objetivo onde o homem se afirma realmente como um *ser genérico.* Esta produção é sua vida genérica ativa. Mediante ela a natureza aparece como *sua* obra e sua *realidade*." (...) (*Manuscrito economia y filosofia,* p. 112.)

Este ser genérico atua sobre a natureza através de uma atividade prática e consciente que lhe permite construir o mundo objetivo e lhe permite construir a si mesmo e satisfazer suas necessidades. O homem é visto, assim, como ser genérico que objetiva a si mesmo e constrói a própria natureza que se torna, ela também, produto do homem. A natureza humanizada não é portanto, construída a partir do nada e nem construída através ou pelas idéias, mas através de uma atividade prática e consciente: o trabalho.

"Podemos distinguir o homem dos animais pela consciência, pela religião ou pelo que se queira. Mas o homem mesmo se diferencia dos animais a partir do momento em que começa a *produzir* seus meios de vida, passo este que se acha condicionado por sua organização corporal. Ao produzir seus meios de vida, o homem produz indiretamente sua própria vida material.

O modo como os homens produzem seus meios de vida depende, antes de tudo, da natureza mesma dos meios de vida com que se encontram e que se trata de reproduzir. Este modo de produção não deve ser considerado somente enquanto a reprodução da existência física dos indivíduos. É já, mais que isto, um determinado modo da atividade destes indivíduos, um determinado modo de manifestar sua vida, um determinado *modo de vida* dos mesmos. Da forma como os indivíduos manifestam a sua vida, assim o são. O que são coincide, por conseguinte, com sua produção, tanto com *o que* produzem como com o modo *como* produzem. O que os indivíduos são depende, portanto, das condições materiais de sua produção." (*La ideologia alemana*, pp. 19 e 20).

Portanto, quando Marx fala da produção da vida pelo homem está se referindo a uma atividade produtiva concreta, a uma atividade produtora de bens materiais e, mais, a uma atividade que produz a maneira de viver do homem. Esta noção — da produção pelo trabalho — ocupa um papel central no pensamento de Marx. Não apenas diferencia o homem dos animais, mas também, num certo sentido, explica-o: é pela produção que se desvenda o caráter social e histórico do homem. É da produção que Marx parte para explicar a própria sociedade. E será a ênfase no caráter social e histórico do homem que afastará Marx de Feuerbach. Segundo Marx, Feuerbach também afirma o homem como ser genérico, no entanto não compreende que este homem não é abstrato, mas um ser histórico e social. Embora partindo do materialismo de Feuerbach, Marx o supera, ao propor que as próprias leis que regem o homem como ser genérico são construídas no decorrer da história, tornando-se, assim, leis que, num certo sentido, são leis humanas.

"Quanto mais se recua na História, mais dependente aparece o indivíduo, e portanto, também o indivíduo produtor, e mais amplo é o conjunto a que pertence. De início, este aparece de um modo ainda muito natural, numa família e numa tribo, que é família ampliada; mais tarde, nas diversas formas de comunidade resultantes do antagonismo e da fusão das tribos. Só no século XVIII, na 'sociedade burguesa', as diversas formas do conjunto social passaram a apresentar-se ao indivíduo como simples meio de realizar seus fins privados, como necessidade exterior. Todavia, a época que produz esse ponto de vista, o do indivíduo isolado, é precisamente aquela na qual as relações sociais (e, desse ponto de vista, gerais) alcançaram o mais alto grau de desenvolvimento. O homem é no sentido mais literal, um *zoon politikon,* não só animal social, mas animal que só pode isolar-se em sociedade. A produção do indivíduo isolado fora da sociedade — uma raridade, que pode muito bem acontecer a um homem civilizado transportado por acaso para um lugar selvagem, mas levando consigo já, dinamicamente, as forças da sociedade — é uma coisa tão absurda como o desenvolvimento da linguagem sem indivíduos que vivam juntos e falem entre si". (...) (Introdução de, *Para a crítica da economia política,* p. 4.)

"Mesmo quando eu atuo *cientificamente* etc. em uma atividade que eu mesmo não posso levar a cabo em comunidade imediata com outros, também sou *social,* porque atuo enquanto *homem.* Não apenas o material de minha atividade (como a língua, através da qual opera o pensador) me é dado como produto social, mas minha *própria* existência é atividade social, porque o que eu faço faço-o para a sociedade e com consciência de ser um ente social". (...)

"É preciso evitar antes de tudo fazer de novo da 'sociedade' uma abstração frente ao indivíduo. O indivíduo *é o ser social.* Sua exteriorização vital (ainda que não apareça na forma imediata de uma exteriorização vital coletiva, cumprida em união com outros) é assim uma exteriorização e afirmação da *vida social.*" (...) (*Manuscritos economia y filosofia,* p. 146.)

A própria relação do homem consigo mesmo só é possível pela relação com outros homens; além da relação entre homens ser fundamental para se poder falar de homem, esta relação é histórica, transforma-se transformando o próprio homem e alterando, inclusive, as suas necessidades: estas necessidades são tão mais humanas quanto mais o homem (mesmo mantendo sua individualidade) for capaz de se reconhecer no coletivo; neste sentido, a sociedade e o homem, que embora distintos se constituem em uma unidade, produzem-se reciprocamente, tanto social como historicamente; e mesmo quando a atividade humana imediata é individual, ela se caracteriza como social, seja porque as condições para a realização da atividade são produtos sociais, seja porque a própria existência do homem é social, seja porque o objetivo da atividade humana é sempre social.

O homem é um ser social e histórico, e o que leva este homem a transformar a natureza, e neste processo a si mesmo, é a satisfação de suas necessidades: (...) "A satisfação desta primeira necessidade (a necessidade de comer, vestir, ter um teto etc.), a ação de satisfazê-la e a aquisição do instrumento necessário para isto conduz a novas necessidades, e esta criação de necessidades novas constitui o primeiro fato histórico." (*La ideologia alemana*, pp. 28 e 29.)

É no processo de busca da satisfação de suas necessidades materiais que o homem trabalha, transformando a natureza, produzindo conhecimento e criando-se a si mesmo. Estas necessidades são necessidades históricas, necessidades que também se transformam, se alteram, se substituem no processo histórico; não são necessidades prontas e acabadas. Se o homem transforma-se e transforma a natureza, mudam neste processo também suas necessidades materiais.

No entanto, Marx salienta que este contínuo movimento de transformação das necessidades humanas não é linear ou unidirecional. À medida que o homem trabalha para satisfazer suas necessidades, o homem se organiza de forma tal, que pode criar, ao mesmo tempo que necessidades e condições de vida cada vez mais sofisticadas para alguns, condições de vida e portanto, necessidades, cada vez mais "simples" para outros, de forma que as necessidades existentes num determinado momento histórico podem, e freqüentemente o são, para alguns homens pelo menos, um "retrocesso", fazendo com que estes possam ser colocados, em casos extremos, abaixo dos animais, numa escala evolutiva. O movimento de criação e transformação das necessidades pode ocorrer em direções opostas num mesmo momento, como por exemplo nas sociedades capitalistas em que para alguns homens ocorre um refinamento das necessidades, e para outros, ocorre uma brutalização. Finalmente, este movimento expressará sempre as condições objetivas de um determinado momento histórico e, nesta medida, as contradições presentes neste momento.

"Esta alienação[4] se mostra parcialmente ao produzir de um lado, o refinamento das necessidades e de seus meios, enquanto que de outro produz selvagerismo bestial, simplicidade plena, brutal e abstrata das necessidades; ou melhor, simplesmente se faz renascer num

---

[4] Alienação é um conceito utilizado por Marx para explicar a relação dos homens entre si e dos homens com o produto de seu trabalho — uma relação de "estranhamento" — a partir do estabelecimento da propriedade privada. Sobre isto Marx afirma: "Esta propriedade privada *material,* imediatamente sensível, é a expressão material e *sensível* da vida *humana alienada.* Seu movimento — a produção e o consumo — é a manifestação sensível do movimento de toda a produção passada, isto é, da realização ou da realidade do homem" (...) "A superação positiva da *propriedade privada* como apropriação da vida humana é por isto a superação positiva de toda alienação, isto é, a volta humana da Religião, da família, do Estado etc. para sua existência *humana, isto é, social.*" (*Manuscritos, economia y filosofia,* p. 144.)

sentido oposto. Inclusive a necessidade de ar livre deixa de ser, no trabalhador, uma necessidade." (. . .) "A luz, o ar, etc., a mais simples limpeza *animal* deixa de ser uma necessidade para o homem." (. . .) "Não apenas o homem não tem nenhuma necessidade humana, mas inclusive as necessidades *animais* desaparecem." (. . .) (*Manuscritos economia y filosofia*, pp. 157 e 158.)

A noção da constituição do homem como ser histórico e social que no processo de sua relação com a natureza transforma-a, satisfazendo e criando necessidades materiais e, assim, transformando-se e criando a si próprio, carrega consigo a concepção de que não há uma essência humana dada e imutável, ou em outras palavras, a concepção de que a natureza humana é construída historicamente; e, em conseqüência, que o mundo, as instituições, a sociedade, a própria natureza também não têm uma essência dada, também se constituem historicamente.

Marx define as ações humanas como relações humanas com o mundo, relações humanas que constroem o próprio homem, quer seja no sentido biológico (isto é, no desenvolvimento de seu aparato perceptivo), quer seja nos sentidos "práticos e espirituais" (isto é, no desenvolvimento de seu aparato volitivo, afetivo, motivacional, em outras palavras, o comumente denominado aparado psicológico). Ao definir desta forma as ações humanas e seu desenvolvimento, nega a concepção de uma natureza humana pronta, imutável, resultado de algo exterior e independente ao próprio homem. Supõe não apenas a necessidade de um homem ativo na construção de si mesmo, da natureza ou de sua história, mas também de um homem envolvido num processo contínuo e infinito de construção de si mesmo.

(. . .) "O homem se apropria de sua essência universal de forma universal, isto é, como homem total. Cada uma de suas relações *humanas* com o mundo (ver, ouvir, cheirar, saborear, sentir, pensar, observar, perceber, desejar, atuar, amar), em resumo, todos os órgãos de sua individualidade, como órgãos que são imediatamente coletivos em sua forma, são, em seu comportamento *objetivo*, em seu *comportamento para o objeto*, apropriação deste."

(. . .) "Não apenas os cinco sentidos, mas também os chamados sentidos espirituais, os sentidos práticos (vontade, amor etc.), em uma palavra, o sentido *humano*, a humanidade dos sentidos constituem unicamente mediante a existência de *seu* objeto, mediante a natureza *humanizada*. A formação dos cinco sentidos é um trabalho de toda a história universal até nossos dias". (. . .) "A objetivação da essência humana, tanto no sentido teórico como no sentido prático, é, pois, necessária tanto para fazer *humano* o *sentido* do homem como para criar o *sentido humano* correspondente à plena riqueza da essência humana e natural." (*Manuscritos economia y filosofia*, pp. 147, 148 e 150.)

Dessa forma, as próprias coisas se constituem na sua relação com os homens, e não têm valor em si, já que não podem ser apreendidas independentemente desta relação.

Para Marx, a noção de que não há nas coisas uma essência dada aplica-se a tudo aquilo que cerca o homem. Abrange os fenômenos tidos como "materiais", "físicos" — (. . .) "a diferença entre *indústria* e *agricultura*, propriedade privada *móvel* e *imóvel*, é uma diferença *histórica*" (. . .) (*Manuscritos economia y filosofia*, p. 126) — abrange, também, os fenômenos tidos como "espirituais", "imateriais" — "A moral, a religião, a metafísica e qualquer outra ideologia e as formas de consciência que a elas correspondem perdem, assim, a aparência de sua própria substancialidade. Não têm sua própria história, nem seu próprio desenvolvimento, a não ser que os homens que desenvolvem sua produção material e seu intercâmbio material, ao mudar esta realidade, mudem, também, seu pensamento e os produtos de seu pensamento." (*La ideologia alemana*, p. 26.)

A gênese e desenvolvimento da história têm, assim, em Marx, um significado muito próprio. A compreensão da gênese e do desenvolvimento dos fenômenos deve partir da concepção de que nada, nenhuma relação, fenômeno ou idéia tem o caráter de imutável.

"Os mesmos homens que estabelecem as relações sociais de acordo com a sua produtividade material, produzem também os princípios, as idéias, as categorias, de acordo com suas relações sociais.

Assim, estas idéias, estas categorias são tão pouco eternas quanto as relações que exprimem. São *produtos históricos e transitórios*.

Há um movimento contínuo de aumento das forças produtivas, de destruição nas relações sociais, de formação nas idéias; de imutável não existe senão a abstração do movimento — *mors imortalis*". (*Miséria da filosofia*, pp. 94 e 95.)

Além disso, é um desenvolvimento que se opera a partir de e por contradições. Assim, os movimentos dos fenômenos, da sociedade e do próprio homem, são a sua história, história constituída pelas contradições que são inerentes a e operam em todos os fenômenos de forma a levar a sua constante transformação e, por que não dizer, à sua constante formação.

Qualquer fenômeno, qualquer objeto de conhecimento é constituído de elementos que encerram movimentos contraditórios, elementos e movimentos que levam necessariamente a uma solução, um novo fenômeno, uma síntese. No entanto, esta síntese não é solução definitiva, não significa que cessam as contradições, mas é apenas a solução de uma contradição, solução que já contém nova contradição. É Marx quem afirma: "Viu-se que o processo de troca das mercadorias encerra relações contraditórias e mutuamente exclusivas. O desenvolvimento da mercadoria não suprime essas contradições, mas gera a forma dentro da qual elas podem mover-se. Esse é, em geral, o método com o qual contradições reais se resolvem. É uma contradição, por exemplo, que um corpo caia constantemente em outro e, com a mesma constância, fuja dele. A elipse é uma das formas de movimento em que essa contradição tanto se realiza como se resolve." (*O capital*, Livro I, p. 93.)

Se o real é em si contraditório, e se seu eterno movimento, eterno fazer-se e refazer-se, é dado por este movimento de antagonismos, o pensamento, a ciência, devem buscar desvendar este movimento que é a chave da compreensão seja da economia, da história, ou de qualquer outra ciência. Dado que o movimento é a manifestação da contradição, esta necessita ser desvendada para que se compreenda o fenômeno, o que implica compreender seu movimento.

"Torna-se assim cada dia claro que as relações de produção nas quais se move a burguesia não têm um caráter uno, um caráter simples, mas um caráter de duplicidade; que, nas mesmas relações nas quais se produz a riqueza, a miséria também se produz; que, nas mesmas relações nas quais há desenvolvimento das forças produtivas, há uma força produtora de repressão; que estas relações não produzem a *riqueza burguesa*, ou seja a riqueza da classe burguesa, senão destruindo continuamente a riqueza dos membros integrantes desta classe e produzindo um proletariado sempre crescente". (*Miséria da filosofia*, p. 106.)

Embora seja de Hegel que Marx retira a noção de contradição, em Hegel a contradição se dá primordialmente no pensamento, ao passo que em Marx ela existe no pensamento, constitui sua lógica, porque aí se reflete o real; portanto a contradição existe antes, primeiro, como parte do real. Assim, as categorias do pensamento são elaborações construídas a partir dos fenômenos concretos, expressam tais fenômenos e relações mas não podem ser trocadas por eles, não os substituem e não os constituem. O que Marx busca é descobrir a contradição contida nos fenômenos, seus elementos antagônicos e o movimento que leva à sua solução, à negação da negação. Num trecho dos *Manuscritos econômicos e filosóficos* (1844), Marx esboça tal análise referindo-se à propriedade privada, à relação entre trabalho e capital sob a propriedade privada, apontando o desenvolvimento da contradição entre estes termos: (...) "A relação da propriedade *privada* é trabalho, capital e a relação entre ambos.

O movimento que estes elementos hão de percorrer é o seguinte: *Primeiro: Unidade imediata e mediata de ambos.* Capital e trabalho primeiro ainda unidos, logo separados, estranhados, mas exigindo-se e aumentando-se reciprocamente como condições *positivas.*
Segundo: Oposição de ambos, se excluem reciprocamente; o trabalhador sabe que o capitalista é a negação de sua existência e vice-versa; cada um deles trata de arrebatar sua existência ao outro.
Terceiro: Oposição de cada um deles *consigo* mesmo. Capital = trabalho acumulado = trabalho". (...)
"Trabalho como momento do capital, seus custos". (...)
"O próprio trabalhador um capital, uma mercadoria. Colisão de oposições recíprocas". (*Manuscritos economia y filosofia*, pp. 130 e 131.)

Em outra passagem do livro *Miséria da filosofia*, analisando o monopólio no capitalismo, Marx fornece outro exemplo de como compreende os processos econômicos e sociais como intrinsecamente contraditórios, e como seu movimento (seu desenvolvimento) só pode ser apreendido a partir desta noção: "Assim, primitivamente, a concorrência foi o contrário do monopólio, e não o monopólio o contrário da concorrência. Logo, o monopólio moderno não é uma simples antítese, é, ao contrário, a verdadeira síntese.
Tese: o monopólio feudal anterior à concorrência.
Antítese: a concorrência.
Síntese: o monopólio moderno que é a negação do monopólio feudal na medida em que ele supõe o regime da concorrência, e que é a negação da concorrência na medida em que é monopólio.

Assim, o monopólio moderno, o monopólio burguês, é o monopólio sintético, a negação da negação, a unidade dos contrários. É o monopólio no estado puro, normal, racional". (...)

(...) "Na vida prática, encontra-se não somente a concorrência, o monopólio e o antagonismo de ambos, mas também sua síntese, que não é uma fórmula, mas um movimento. O monopólio produz a concorrência, a concorrência produz o monopólio. Os monopólios fazem concorrência uns aos outros, os concorrentes tornam-se monopolizadores. Se os monopolizadores reduzem a concorrência entre eles por meio de associações parciais, a concorrência aumenta entre os operários; e quanto mais a massa dos proletários aumenta diante dos monopolizadores de uma nação, mais a concorrência se torna desenfreada entre os monopolizadores das diferentes nações. A síntese é tal que o monopólio não pode se manter senão passando pelos embates da concorrência." (*Miséria da filosofia*, pp. 129 e 130.)

As relações que carregam contradições que imprimem movimento aos fenômenos são constituídas por relações que estão contidas em outras relações mais gerais e que são determinantes na constituição dos fenômenos. Portanto, estes não existem de *per se* ou isolados ou unidos por relações fortuitas ou unilaterais. Assim, não é a ação isolada de variáveis que determina um fenômeno, não é também a somatória de um conjunto de variáveis isoladas quaisquer que o determina, como se de um lado existisse um fenômeno e de outro um conjunto de forças que uma a uma se imprimissem no fenômeno, e que por sua soma o determinassem.

Os fenômenos se constituem, se fundam e se transformam a partir de múltiplas determinações que lhe são essenciais. Tais determinações são constitutivas do fenômeno, fazem parte dele e por sua vez, são determinadas por e fazem parte de outras relações; qualquer fenômeno faz, assim, parte de uma totalidade que o contém, o determina. É Marx quem afirma: "As relações de produção de toda sociedade formam um todo". (*Miséria da filosofia*, p. 95.) Esta totalidade é, por sua vez, também ela multideterminada e constituída de relações e, se determina um fenômeno, é determinada por ele. A totalidade é entendida como totalidade de determinações, como totalidade de relações que constitui os fenômenos e é por eles constituída: "No corpo da sociedade todas as relações coexistem simultaneamente e se sustentam umas às outras". (*Miséria da filosofia*, p. 95.) Portanto, assim como um fenômeno não se constitui na soma de variáveis que nele interferem, a totalidade não se constitui na soma dos fenômenos que a compõem. Para Marx "o concreto é concreto porque é a síntese de muitas determinações, isto é, unidade do diverso". (Introdução de *Para a crítica da economia política*, p. 14.) E esta síntese que é a totalidade, a unidade, não pode ser vista apenas como a soma de partes ou como o mero conjunto de dados empíricos de um objeto. Se a totalidade é concreta e se o concreto é síntese de múltiplas determinações, como síntese deve conter as determinações do todo reordenadas em uma nova unidade.

Aqui torna-se necessário explicitar um suposto que será fundamental à proposta metodológica de Marx. As coisas se constituem de contradições e forças antagônicas, movimento e transformação constantes, existem em contínua relação e inter-relação com outros fenômenos constituindo-se em e constituindo as totalidades que as formam. Entretanto, conhecer, compreender os fenômenos que são assim constituídos não é tarefa fácil porque, para Marx, há uma distinção entre as coisas tal como aparecem e tal como são na realidade, a forma de manifestação das coisas e a sua real constituição, ou uma diferença entre *aparência e essência.*

Ao discutir a mercadoria, no capitalismo, Marx torna clara esta distinção, apontando o quanto a produção de conhecimento deve caminhar no sentido de desvendar as determinações, de modo algum transparentes no fenômeno, tal como ele aparece.

"O misterioso da forma mercadoria consiste, portanto, simplesmente no fato de que ela reflete aos homens as características sociais do seu próprio trabalho como características objetivas dos próprios produtos de trabalho, como propriedades naturais sociais dessas coisas e, por isso, também reflete a relação social dos produtores com o trabalho total como uma relação social existente fora deles, entre objetos. Por meio desse quiproquó os produtores do trabalho se tornam mercadorias, coisas físicas, metafísicas ou sociais. Assim, a impressão luminosa de uma coisa sobre o nervo ótico não se apresenta como uma excitação subjetiva do próprio nervo ótico, mas como forma objetiva de uma coisa fora do olho. Mas, no ato de ver, a luz se projeta realmente a partir de uma coisa, o objeto externo, para outra, o olho. É uma relação física entre coisas físicas. Porém, a forma mercadoria e a relação de valor dos produtos de trabalho, na qual ele se representa, não têm que ver absolutamente nada com sua natureza física e com as relações materiais que daí se originam. Não é mais nada que determinada relação social entre os próprios homens que para eles aqui assume a forma fantasmagórica de uma relação entre coisas. Por isso, para encontrar uma analogia, temos de nos deslocar à região nebulosa do mundo da religião. Aqui, os produtos do cérebro humano parecem dotados de vida própria, figuras autônomas, que mantêm relações entre si e com os homens. Assim, no mundo das mercadorias, acontece com os produtos da mão humana. Isso eu chamo o fetichismo que adere aos produtos de trabalho, tão logo são produzidos como mercadorias, e que, por isso, é inseparável da produção de mercadorias". (*O capital*, livro I, p. 17.)

O conhecimento não se produz, portanto, a partir de um simples reflexo do fenômeno, tal como este aparece para o homem; o conhecimento tem que desvendar, no fenômeno, aquilo que lhe é constitutivo e que é em princípio obscuro; o método para a produção deste conhecimento assume, assim, um caráter fundamental: deve permitir tal desvendamento, deve permitir que se descubra por trás da aparência o fenômeno tal como é realmente, e mais, o que determina, inclusive, que ele apareça da forma como o faz.

Na *Ideologia alemã*, ao discutir o método que propõe para a história, Marx o diferencia tanto do dos empiristas como dos racionalistas. O método, porque parte dos fenômenos reais, porque busca descobri-los em seu desenvolvimento, deixa de ser uma mera coleta de dados empíricos abstratos e deixa de ser um mero exercício de reflexão sem compromisso com os dados de realidade: (...) "não se parte do que os homens dizem, representam ou imaginam, nem tampouco do homem predicado, pensado, representado ou imaginado, para chegar, partindo daqui, ao homem de carne e osso; parte-se do homem que realmente atua e, partindo de seu processo de vida real, se expõe também o desenvolvimento dos reflexos ideológicos e dos ecos deste processo de vida" (...) "E este modo de considerar as coisas não é algo incondicional. Parte das condições reais e não as perde de vista nem por um momento. Suas condições são os homens, mas não vistos e plasmados através da fantasia, mas em seu processo de desenvolvimento real e empiricamente registrável, sob a ação de determinadas condições. Tão logo se expõe este processo ativo de vida, a história deixa de ser uma coleção de fatos mortos, ainda abstratos, como o é para os empiristas, ou uma ação imaginária de sujeitos imagináveis como o é para os idealistas". (*La ideologia alemana*, pp. 26 e 27.)

Do ponto de vista de Marx o método proposto leva à produção de um conhecimento que não é especulativo porque parte do e se refere ao real, ao mundo tal como ele é, e não é um conhecimento contemplativo exatamente porque, ao referir-se ao real, pressupõe, exige, implica a possibilidade de transformar o real. Daí a noção de que o conhecimento científico envolve "teoria" e "práxis", envolve uma compreensão do mundo que implica uma prática e uma prática que depende deste conhecimento. Daí também a noção de que o conhecimento deve prover os meios para se transformar o mundo, de que o conhecimento, pelo menos para Marx, é um conhecimento comprometido com uma determinada via de transformação: "Esta concepção da história consiste, pois, em expor o processo real de produção, partindo para isso, da produção material da vida imediata, e em conceber a forma de intercâmbio correspondente a este modo de produção e engendrada por ele", (...) "e explicando, com base nela, todos os diversos produtos teóricos e formas da consciência, a religião, a filosofia, a moral etc. assim como estudando, a partir destas premissas seu processo de nascimento, o que, naturalmente, permitirá expor as coisas em sua totalidade (e também, por isso mesmo, a ação recíproca entre estes diversos aspectos). Não se trata de buscar uma categoria em cada período, como faz a concepção idealista de história, mas de manter-se sempre sobre o terreno histórico real, de não explicar a prática partindo da idéia, de explicar as formações ideológicas sobre a base da prática material, através do que se chega, conseqüentemente, ao resultado de que todas as formas e todos os produtos da consciência não brotam por obra da crítica espiritual," (...) "mas que só podem dissolver-se pela destruição prática das relações sociais reais, das quais emanam estas quimeras idealistas, (e ao resultado) de que a força propulsora da história, inclusive a da religião, da filosofia, e de toda outra teoria, não é a crítica, mas a revolução." (*La ideologia alemana*, p. 40.)

Estes pressupostos que Marx explicita no estudo da história podem estender-se também para outros campos de investigações e, neste sentido, podem ser considerados pressupostos metodológicos gerais. Na Introdução de *Para a crítica da economia política,* o método de investigação empregado por Marx no estudo da economia política é exposto (e num certo sentido detalhado) através da comparação com o método que vinha sendo utilizado até então. Também os aspectos do método propostos neste trecho podem ser utilizados como indicação para outras áreas do conhecimento.

"Quando estudamos um dado país do ponto de vista da Economia Política, começamos por sua população, sua divisão em classes, sua repartição entre cidades e campo, na orla marítima; os diferentes ramos da produção, a exportação e a importação, a produção e o consumo anuais, os preços das mercadorias, etc. Parece que o correto é começar pelo real e pelo concreto, que são a pressuposição prévia e efetiva; assim, em Economia, por exemplo, começar-se-ia pela população, que é a base e o sujeito do ato social de produção como um todo. No entanto, graças a uma observação mais atenta, tomamos conhecimento de que isso é falso. A população é uma abstração, se desprezarmos, por exemplo, as classes que a compõem. Por seu lado, essas classes são uma palavra vazia de sentido se ignorarmos os elementos em que repousam, por exemplo: o trabalho assalariado, o capital, etc. Estes supõem a troca, a divisão do trabalho, os preços, etc. O capital, por exemplo, sem o trabalho assalariado, sem o valor, sem o dinheiro, sem o preço, etc., não é nada. Assim, se começássemos pela população, teríamos uma representacão caótica do todo, e através de uma determinação mais precisa, através de uma análise, chegaríamos a conceitos cada vez mais simples; do concreto idealizado passaríamos a abstrações cada vez mais tênues até atingirmos determinações as mais simples. Chegados a esse ponto, teríamos que voltar a fazer a viagem de modo inverso, até dar de novo com a população, mas desta vez não com uma representação caótica de um todo, porém com uma rica totalidade de determinações e relações diversas. O primeiro constitui o caminho que foi historicamente seguido pela nascente economia. Os economistas do século XVII, por exemplo, começam sempre pelo todo vivo: a população, a nação, o Estado, vários Estados etc.; mas terminam sempre por descobrir, por meio da análise, certo número de relações gerais abstratas que são determinantes, tais como a divisão do trabalho, o dinheiro, o valor etc. Esses elementos isolados, uma vez mais ou menos fixados e abstraídos, dão origem aos sistemas econômicos, que se elevam do simples, tal como trabalho, divisão de trabalho, necessidade, valor de troca, até o Estado, a troca entre as nações e o mercado mundial. O último método é manifestamente o método cientificamente exato. O concreto é concreto porque é a síntese de muitas determinações, isto é, unidade do diverso. Por isso o concreto aparece no pensamento como o processo da síntese, como resultado, não como ponto de partida, ainda que seja o ponto de partida efetivo e, portanto, o ponto de partida também da intuição e da representação. No primeiro método, a representação plena volatiliza-se em determinações abstratas, no segundo, as determinações abstratas conduzem à reprodução do concreto por meio do pensamento. Por isso é que Hegel caiu na ilusão de conceber o real como resultado do pensamento que se sintetiza em si, se aprofunda em si, e se move por si mesmo; enquanto que o método que consiste em elevar-se do abstrato ao concreto *não é senão a maneira de proceder do pensamento* para se apropriar do concreto, para reproduzi-lo como concreto pensado. Mas este não é *de modo nenhum* o processo da gênese do próprio concreto". (Introdução de *Para a crítica da economia política*, p. 14.)

Esse é o trecho, segundo vários comentadores de Marx, em que o autor mais claramente explicita o seu método de investigação, afirmando a necessidade de partir do real para se produzir conhecimento, de se buscar a lei de transformação do fenômeno, de se buscar as relações e conexões deste fenômeno com a totalidade que o torna concreto, reconhecendo o momento de análise como o momento de abstração, o que torna a reinserção do fenômeno na realidade passo imprescindível do método; e, finalmente, afirmando a necessidade de se reconhecer no sujeito produtor de conhecimento a atividade presente em cada momento do método, que torna o conhecimento, a um só tempo, representativo do real e produto humano, marcado pela atividade do homem. Em outros momentos da sua obra Marx se refere a aspectos aqui contidos de forma que é possível aclará-los.

Para apreender o real deve-se, assim; partir dos fenômenos da realidade, dos fenômenos que existem e que são externos ao homem, que são concretos, e não daquilo que existe na cabeça dos homens, as suas idéias, os seus pensamentos: "Se o elemento consciente desempenha papel tão subordinado na história da cultura, é claro que a crítica que tenha a própria cultura por objeto não pode, menos ainda do que qualquer outra coisa, ter por fundamento qualquer forma ou qualquer resultado da consciência. Isso quer dizer que o que lhe pode servir de ponto de partida não é a idéia, mas apenas o fenômeno externo". (. . .)

(. . .) "É, sem dúvida, necessário distinguir o método de exposição formalmente, do método de pesquisa. A pesquisa tem de captar detalhadamente a matéria, analisar as suas várias formas de evolução e rastrear sua conexão íntima. Só depois de concluído esse trabalho é que se pode expor adequadamente o movimento real. Caso se consiga isso, e espelhada idealmente agora a vida da matéria, talvez possa parecer que se esteja tratando de uma construção *a priori*." (Posfácio da segunda edição d' *O capital*, pp. 19 e 20.)

Para "expor adequadamente o movimento do real" o conhecimento deve sempre refletir aquilo que é a lei fundamental de todo e cada fenômeno: a sua transformação; a lei de seu desenvolvimento, ou seja, a(s) lei(s) que origina(m) a conduz(em) a transformação dos fenômenos que deve(m) ser descoberta(s) pelo conhecimento. E exatamente por se tratar de descobrir nos fenômenos as leis que regem a sua transformação, não é possível, para Marx, buscar-se leis abstratas, imutáveis, atemporais e a-históricas, que não existem. Trata-se de descobrir as leis que sob condições históricas específicas são as determinantes de um fenômeno que tem existência em condições dadas e não uma existência que independe da história. No Posfácio à segunda edição de *O capital*, o próprio Marx cita um crítico seu dizendo que a análise que faz reflete seu pensamento: "Para Marx, só importa uma coisa: descobrir a lei dos fenômenos de cuja investigação ele se ocupa. E para ele é importante não só a lei que os rege, à medida que eles têm forma definida e estão numa relação que pode ser observada em determinado período de tempo. Para ele, o mais importante é a lei de sua modificação, de seu desenvolvimento, isto é, a transição de uma forma para outra, de uma ordem de relações para outra. Uma vez descoberta essa lei, ele examina detalhadamente as conseqüências por meio das quais ela se manifesta na vida social. (...) Por isso, Marx só se preocupa com uma coisa: provar, mediante escrupulosa pesquisa científica, a necessidade de determinados ordenamentos das relações sociais e, tanto quanto possível, constatar de modo irrepreensível os fatos que lhes servem de pontos de partida e de apoio. Para isso, é inteiramente suficiente que ele prove, com a necessidade da ordem atual, ao mesmo tempo a necessidade de outra ordem, na qual a primeira inevitavelmente tem que se transformar, quer os homens acreditem nisso, quer não, quer eles estejam conscientes disso, quer não. (...) Mas, dir-se-á, as leis da vida econômica são sempre as mesmas, sejam elas aplicadas no presente ou no passado. (...) É exatamente isso o que Marx nega. Segundo ele, essas leis abstratas não existem. (...) Segundo sua opinião, pelo contrário, cada período histórico possui suas próprias leis. Assim que a vida já esgotou determinado período de desenvolvimento, tendo passado de determinado estágio a outro, começa a ser dirigida por outras leis". (Posfácio à segunda edição de *O capital*, pp. 19 e 20.)

A compreensão e explicação de um fenômeno depende, portanto, da descoberta das relações e conexões que lhe são intrínsecas, que o formam e que inserem este fenômeno em uma totalidade, totalidade esta que acaba, também, por determiná-lo e da qual não pode ser subtraído, sob pena de se perder a compreensão do movimento que constitui o fenômeno, e nesse caso, a compreensão do próprio fenômeno: "O resultado a que chegamos não é que a produção, a distribuição, o intercâmbio, o consumo, são idênticos, mas que todos eles são elementos de uma totalidade, diferenças dentro de uma unidade. A produção se expande tanto a si mesma, na determinação antitética da produção, como se alastra aos demais momentos. O processo começa sempre de novo a partir dela. Que a troca e o consumo não possam ser o elemento predominante, compreende-se por si mesmo. O mesmo acontece com a distribuição como distribuição dos produtos. Porém, como distribuição dos agentes de produção, constitui um momento da produção. Uma [forma] determinada da produção determina, pois, [formas] determinadas do consumo, da distribuição, da troca, assim como *relações determinadas desses diferentes fatores entre si.* A produção, sem dúvida, *em sua forma unilateral* é também determinada por outros momentos; por exemplo, quando o mercado, isto é, a esfera da troca, se estende, a produção ganha em extensão e divide-se mais profundamente.

Se a distribuição sofre uma modificação, modifica-se também a produção; com a concentração do capital, ocorre uma distribuição diferente da população na cidade e no campo etc. Enfim, as necessidades do consumo determinam a produção. Uma reciprocidade de ação ocorre entre os diferentes momentos. Este é o caso para qualquer todo orgânico". (Introdução *Para a crítica da economia política*, pp. 13 e 14.)

Com isso, Marx quer dizer que o estudo de qualquer fenômeno da realidade implica compreendê-lo a partir *de* e *na* realidade concreta de que é parte, e não compreendê-lo abstraindo-se esta realidade, retirando-o dela como se o fenômeno dela independesse: "A mais simples categoria econômica, suponhamos, por exemplo, o valor de troca, pressupõe a população, uma população produzindo em determinadas condições e também certos tipos de famílias, de comunidades ou Estados. O valor de troca nunca poderia existir de outro modo senão como relação *unilateral*, abstrata de um todo vivo e concreto já dado". (Introdução *Para a crítica da economia política*, p. 15.)

Os elementos particulares constitutivos de uma relação só podem tornar-se compreensíveis se analisados dentro de uma totalidade. A compreensão desta totalidade, por outro lado, não pode prescindir da análise de suas partes e da análise de como se relacionam neste todo. Quaisquer destes dois aspectos implicariam, se desprezados, uma necessária apreensão inadequada do real.

Obviamente, o desvendar de um fenômeno inserido numa totalidade é tarefa que não se cumpre simplesmente. Implica um longo trabalho de investigação que passa pela análise do fenômeno e de suas determinações para, a partir desta análise, se recompor o fenômeno, agora, já descobertas estas determinações. Nesse processo, o sujeito do conhecimento parte do concreto e, com sua análise reconstrói o fenômeno no pensamento, descobrindo suas determinações, e, portanto, reconstruindo-o como fenômeno abstrato; torna-se, então, necessário reinseri-lo em sua realidade e em sua totalidade, reproduzindo-o como concreto, um concreto que, agora, é um produto do trabalho do conhecimento humano e, portanto, um concreto pensado.

O conhecimento, no entanto, não existe, não é construído, a despeito da realidade, já que dela depende como ponto de partida e a ela retorna e deve, nesta medida, ser representativo do real. Entretanto, ao mesmo tempo, para Marx, o sujeito produtor de conhecimento não tem uma atitude contemplativa em relação ao real, o conhecimento não é um simples reflexo, no pensamento, de uma realidade dada; na construção do conhecimento o homem não é um mero receptáculo, mas um sujeito ativo, um produtor que, em sua relação com o mundo, com o seu objeto de estudo, reconstrói no seu pensamento este mundo; o conhecimento envolve sempre um fazer, um atuar do homem.

Esta concepção de homem como produtor de bens materiais, de relações sociais, de conhecimento, enfim, como produtor de todos os aspectos que compõem a vida humana, e, portanto, como produtor de si mesmo, parece servir de base, de elo de ligação, a todos os aspectos do pensamento de Marx: é fundamento de sua proposta para a produção de conhecimento, de sua análise da história e de sua análise da sociedade.

A obra de Marx, indubitavelmente, representa um marco a partir do qual não mais é possível pensar ou agir em política, história ou qualquer ciência desconhecendo sua proposta. É possível, como afirma Hobsbawn (1980), opor-se ou alinhar-se ao marxismo, mas não é possível ignorá-lo. Talvez Marx se constitua em marco exatamente porque, como afirma Villar (1980) para ser marxista não basta uma relação intelectual com a obra de Marx e Engels, é necessário mais que isto: "Jamais alguém se torna marxista lendo Marx; ou pelo menos, apenas o lendo; mas olhando em volta de si, seguindo o andamento dos debates, observando a realidade e julgando-a: criticamente. É assim também que alguém se torna historiador. E foi assim que Marx se tornou." (p. 97.)

É possivelmente esta peculiaridade que tornou o marxismo, no século XX, objeto não apenas de discussões e de polêmicas dentro do próprio paradigma marxiano, mas também objeto das críticas mais acirradas. Polêmicas que surgem por problemas colocados pelo desenvolvimento posterior do capitalismo, ou por diferentes interpretações dos textos de Marx, mas que não são incompatíveis, enquanto possibilidade de discussão, com a visão de Marx, que não poderia, e não o fez, esperar que sua obra se constituísse num sistema fechado e acabado. Críticas esperadas e até, em certa medida, explicadas pelo próprio Marx que, já em 1859, afirmava, ao encerrar o Prefácio de *Para a crítica da economia política*: "Esse esboço sobre o itinerário dos meus estudos no campo da economia política tem apenas o objetivo de provar que minhas opiniões, sejam julgadas como forem e por menos que coincidam com os preconceitos ditados pelos interesses das classes dominantes, são o resultado de uma pesquisa conscienciosa e demorada. Mas na entrada para a Ciência — como na entrada do inferno — é preciso impor a exigência:

Qui si convien lasciare ogni sospetto
Ogni vilta convien che sia morta."[5]

De uma maneira ou de outra não há como desconsiderar que o próprio Marx constrói uma reflexão que não pode ser desvinculada de sua inserção histórica específica e que, portanto, não pode ser separada de sua intenção de transformar o mundo, de tornar o conhecimento parte constitutiva da própria vida, de estabelecer uma unidade dialética entre teoria e prática. É porque acredita que os homens e o mundo não estão prontos, porque supõe que as leis que regem a sociedade não são imutáveis, porque acredita que são os homens concretos, em condições determinadas, que fazem a história, que Marx pretende participar da transformação da sociedade e propõe aos homens que trabalhem por sua transformação — transformação que para ele virá, indubitavelmente, e que, portanto, deve ser direcionada pelos homens para que aconteça no sentido *"de uma sociedade sem classe."*

A sua proposta de conhecimento é coerente com esta visão. O conhecimento científico adquire, em Marx, o caráter de ferramenta a serviço da compreensão do mundo para sua transformação, transformação que deve ocorrer na direção que interessa àqueles que são os produtores reais da riqueza do homem — os trabalhadores — e que por sua própria condição histórica estão em antagonismo com os detentores dos meios de produção — os donos do capital. Por isto, o conhecimento adquire, em Marx, não apenas o caráter de um conhecimento comprometido com a transformação concreta do mundo, mas também com a transformação segundo os interesses e as necessidades de uma classe social, e a despeito da outra. Com esta concepção perde-se, com Marx, a expectativa de se produzir conhecimento neutro, conhecimento que serve igual e universalmente a todos, conhecimento que mantenha o mundo tal como é.

5 "Que aqui se afaste toda a suspeita
Que neste lugar se despreze todo o medo".
(Dante, *Divina comédia*) (N. da ed. alemã.)

REFERÊNCIAS BIBLIOGRÁFICAS

Abbagnano, N. *História da Filosofia.* Lisboa, Editorial Presença, 1978, vol. VII.

Alquié, F. Berkeley. Em Châtelet, F. (org.) *História da Filosofia.* Rio de Janeiro, Zahar, 1982, vol. 4.

———. A idéia de causalidade de Descartes a Kant. Em Châtelet, F. (org.) *História da Filosofia.* Rio de Janeiro, Zahar, 1982, vol. 4.

Aquino, R. S. L. A. e outros. *História das sociedades.* Rio de Janeiro, Ao Livro Técnico, 1982.

Bergenson, L. e outros. *La época de las Revoluciones Europeas. 1780, 1848,* México, Siglo Veintiuno, 1984.

Berkeley, G. Tratado sobre os Princípios do Conhecimento Humano. Em *Berkeley,* São Paulo, Abril Cultural, 1973, col. Os Pensadores.

———. Três Diálogos entre Hilas e Filonous em Oposição aos Céticos e Ateus. Em *Berkeley,* São Paulo, Abril Cultural, 1973, col. Os Pensadores.

———. Obéissance Passive, Em *Oeuvres Choisies de Berkeley,* Saint Amand, Éditions Montaigne, 1944, tomo I.

Bernal, J. D. *Ciência na História,* Lisboa, Livros Horizonte, 1976 (a), vol. 2.

———. *Ciência na história,* Lisboa, Livros Horizonte, 1976 (b), vol. 3.

Bréhier, E. *História da filosofia: a filosofia moderna.* São Paulo. Mestre Jou, 1977, III.

Bréhier, E. *História da Filosofia,* São Paulo, Mestre Jou, 1977 (a), tomo II, vol. II.

———. *História da Filosofia,* São Paulo, Mestre Jou, 1977 (b), tomo II, vol. III.

Burns, E. McN. *História da Civilização Ocidental,* Porto Alegre, Globo, 1978. vol. I.

Cassirer, E. *Filosofía de la Ilustración.* México, Fondo de Cultura Económica, 1950.

———. *Kant, Vida y doutrina.* México, Fondo de Cultura Económica, 1968.

Châtelet, François. G. W. F. Hegel in: Châtelet, François. *A filosofia e a história de 1780 a 1880.* Rio de Janeiro, Zahar Editores, 1981, vol. V. 170-201.

Cocho, F. *Ciência y Aprendizaje.* Madri, H. Blume Ediciones, 1980.

Comte, A. Curso de Filosofia Positiva. Em *Comte.* São Paulo, Abril Cultural, 1983, col. Os Pensadores.

———. Discurso sobre o Espírito Positivo. Em *Comte.* São Paulo, Abril Cultural, 1983, col. Os Pensadores.

———. Discurso Preliminar sobre o Conjunto do Positivismo. Em *Comte.* São Paulo, Abril Cultural, 1983, col. Os Pensadores.

———. Catecismo Positivista. Em *Comte.* São Paulo, Abril Cultural, 1983. col. Os Pensadores.

Corbisier, Roland, *Hegel. Textos escolhidos.* Rio de Janeiro, Civilização Brasileira, 1981.

Desné, R. A Filosofia Francesa no Século XVIII. Em Châtelet, F. (org.) *História da Filosofia,* Rio de Janeiro, Zahar, 1982, vol. IV.

D'Hondt, J. *Hegel e o hegelianismo.* Lisboa, Editorial Inquérito, 1982.

Efimov, Galkine e Zubok. *História Moderna.* Lisboa, Editorial Estampa, 1981, vol. I.

Florenzano, M. *As Revoluções Burguesas.* São Paulo, Brasiliense, 1982.

Fortes, L. R. *Rousseau.* São Paulo, Ática, 1986.

Goldman, L. *Origem da Dialética.* Rio de Janeiro, Paz e Terra, 1967.

Gorender, J. Apresentação. Em Marx, K. *O capital.* São Paulo, Abril Cultural, 1983, col. Os Economistas, vol. I.

Henderson, W. O. *A Revolução Industrial.* São Paulo, Ed. Verbo, 1979.

Hobsbawm, E. J. A Fortuna das Edições de Marx e Engels. Em Hobsbawm E. J. (org.). *História do Marxismo.* Rio de Janeiro, Paz e Terra, 1980, vol. I.

———. *A Era das Revoluções.* Rio de Janeiro, Paz e Terra, 1981.

Huberman, L. *História da Riqueza do Homem.* Rio de Janeiro, Zahar, 1981.

Hume, D. Investigação sobre o Entendimento Humano. Em *Hume.* São Paulo, Abril Cultural, 1973. col. Os Pensadores.

———. Ensaios Morais, Políticos e Literários. Em *Hume,* São Paulo, Abril Cultural, 1973, col. Os Pensadores.

Ianni, O. (org.) Karl Marx. *Sociologia.* São Paulo, Ática, 1982.

Kant, I. Crítica da Razão Pura. Em *Kant.* São Paulo, Abril Cultural, 1983, col. Os Pensadores.

———. Prolegômenos. Em *Kant,* São Paulo, Abril Cultural, 1983, col. Os Pensadores.

———. *Idéia de uma história universal de um ponto de vista cosmopolita.* São Paulo, Brasiliense, 1986.

Körner, S. *Kant.* Madri: Alianza Editorial, 1983.

Kolakowski, L. *Positivist Philosophy: from Hume do the Vienna Circle.* Middlesex. Penguim Books, 1972.

Lefebvre, A. Marx. Em Belaval. Y. (org.) *História de la Filosofia.* México, Siglo Veintiuno Editores, 1983.

Leroy, A. Prefáce. *Em Oeuvres Choises de Berkeley.* Saint-Amand, Éditions Montaigne, 1944, tomo I.

Maar, W. L. O positivismo no Brasil. Em Mendes Jr. A. e Maranhão R. (org.) *Brasil história.* São Paulo, Brasiliense, 1981, vol. III.

Marcuse, H. *Razão e revolução.* Rio de Janeiro, Paz e Terra, 1978.

Martin, G. *Science Moderne et Ontologie Traditionnelle chez Kant,* Paris, PUF, 1963.

Marx, K. *Manuscritos Economia y Filosofia.* Madri, Alianza Editorial, 1984.

———. *Miséria da Filosofia.* São Paulo, Livraria Exposição do Livro, s.d.

——— e Engels, F. *La Ideologia Alemana.* Barcelona, Ediciones Grijalbo, 1974.

——— e Engels, F. *A Ideologia Alemã I.* Lisboa, Editorial Presença, 1980.

———. O Dezoito Brumário de Luís Bonaparte. Em *Marx.* São Paulo, Abril Cultural, 1985, col. Os Pensadores.

———. *Para a crítica da Economia Política.* Introdução e Prefácio, São Paulo, Abril Cultural, 1982, col. Os Economistas.

———. *O Capital.* São Paulo, Abril Cultural, 1983, tomo I, vol. I, col. Os Economistas.

———. *Posfácio da segunda edição de O Capital.* São Paulo, Abril Cultural, 1983, col. Os Economistas.

Monteiro, J. P. *Hume e a Epistemologia.* Imprensa Nacional, Casa da Moeda, coleção Estudos Gerais, série universitária, 1984.

Montesquieu. Do Espírito das Leis. Em *Montesquieu.* São Paulo, Abril Cultural, 1983. col. Os Pensadores.

Morton, A. L. *A História do Povo Inglês.* Rio de Janeiro, Civilização Brasileira, 1970.

Oliveira, C. B. A. *Considerações sobre a Formação do Capitalismo.* tese de mestrado não publicada, apresentada ao Instituto de Filosofia e Ciências Humanas da UNICAMP, 1977.

Pascal, G. *O Pensamento de Kant.* Petrópolis, Editora Vozes, 1985.

Pinto, A. V. *Ciência e Existência.* Rio de Janeiro, Paz e Terra, 1979.

Ponce, A. *Educação e luta de classes.* São Paulo, Cortez Editora, 1982.

Poulantzas, N. Marx e Engels. Em Châtelet F. (org.) *História da Filosofia.* Lisboa, Publicações Dom Quixote, 1981, vol. III.

Silva, F. L. Teoria do Conhecimento. Em Chauí, M. e outros *Primeira Filosofia.* São Paulo, Brasiliense, 1984.

Vazquez, A. S. *Filosofia da Práxis,* Rio de Janeiro, Paz e Terra, 1977.

Verdenal, R. A Filosofia Positiva de Auguste Comte. Em Châtelet, F. (org.) *História da Filosofia.* Rio de Janeiro, Zahar, 1974, vol. V.

Vergez, A. *David Hume.* Lisboa, Edições 70, 1984.

Vilar, P. Marx e a História. Em Hobsbawm, E. J. (org.) *História do marxismo.* Rio de Janeiro, Paz e Terra, 1980, vol. I.

BIBLIOGRAFIA CONSULTADA

Acton, H. B. The Englihtenment y sus adversários. Em Belaval, Y. *História de la filosofia. México,* Siglo Veintiuno, 1977, vol. 6.

Alquié, F. *La critique kantienne de la métaphisique.* Paris, PUF, 1968.

———. A idéia de causalidade de Descartes a Kant. Em Châtelet, F. (org.) *História da Filosofia.* Lisboa, Publicações Dom Quixote, 1983, vol. 4.

Belaval, Y. *História de la Filosofia.* México, Siglo Veintiuno, 1977, vol. 6.

Benda, J. *O pensamento vivo de Kant.* São Paulo, Livraria Martins Editora, 1943.

Bensande, B. e outros. Augusto Comte y el Positivismo. Em Belaval, Y. *História de la Filsofia.* México, Siglo Veintiuno, 1983, vol. 8.

Deleuze, G. Hume, Em Châtelet, F. (org.) *História da Filosofia,* Rio de Janeiro, Zahar, 1982, vol. 4.

———. *A filosofia crítica de Kant.* Lisboa, Edições 70, 1983.

Edwards, P. (ed.). *The Encyclopedia of Philosophy.* Nova Iorque, Macmillan Publishing Co. Inc. & The Free Press, 1972, vol. 2.

Flickinger, H. *Marx: nas portas da desmifisticação filosófica do capitalismo.* Porto Alegre, L&PM Editores, 1985.

Gianotti, J. A. Apresentação. Em *Karl Marx.* São Paulo, Abril Cultural, 1985, col. Os Pensadores.

Haupt, G. Marx e o marxismo. Em Hobsbawm, E. J. (org.) *História do Marxismo.* Rio de Janeiro, Paz e Terra, 1980, vol. I.

Marcuse, H. *Razão e Revolução.* Rio de Janeiro, Paz e Terra, 1984.

Mészáros, I. Marx "Filósofo" Em Hobsbawm, E. J. (org.) *História do marxismo.* Rio de Janeiro, Paz e Terra, 1980.

Rousseau, J.-J. *Discurso sobre as essências e as artes.* São Paulo, Cultrix, s.d.

———. *Discurso sobre a origem da desigualdade.* São Paulo, Cultrix, s.d.

———. *O contrato social.* São Paulo, Brasil Editora, 1960.

Salomon-Bayet, C. Jean-Jacques Rousseau. Em Châtelet, F. (org.) *História da Filosofia.* Rio de Janeiro, Zahar, 1982, vol. 4.

Scruton, R. *Introdução à Filosofia Moderna.* Rio de Janeiro, Zahar, 1982.

POSFÁCIO

Ciência hoje é algo aparentemente conhecido de qualquer pessoa e todos nós temos alguma coisa a dizer sobre ela; no mínimo, parecemos ser capazes de avaliá-la. Há, pelo menos, dois tipos de opinião muito difundidos sobre a ciência: de um lado, a avaliação que a considera como uma força de progresso, como fonte de benefício para a humanidade, enfim como "necessária e boa"; de outro lado, uma avaliação que a considera como uma força de opressão, como fonte de destruição do homem e da natureza, enfim como "perigosa e má". Sem considerar o mérito destas avaliações, ou mesmo se são as únicas existentes, elas revelam o fato de que tendemos a avaliar a ciência primordialmente por seus produtos tecnológicos. Esta é, sem dúvida, uma possibilidade e, indiscutivelmente, se deve à própria atividade científica hoje desenvolvida. É fato que os produtos tecnológicos, frutos da atividade científica, estão presentes em nosso cotidiano e são marca da vida do século XX.

Entretanto, se esta pode ser considerada marca da ciência contemporânea, sua própria compreensão implica não apenas a análise daquilo que aparece como produto da ciência — a técnica — mas, depende principalmente da análise das condições que determinam a ciência como produtora de tecnologia. Além disso, o binômio ciência-tecnologia caracteriza a ciência dos nossos dias, isto é, não é marca que permite falar de ciência através da história, a não ser como característica negativa — do que a ciência não produziu em outros momentos da história; e, mais, mesmo em nossos dias, não é, em absoluto, a única marca da ciência.

Ao olhar mais de perto a ciência, ao olhar mais de perto seu produto, percebe-se que ele não se esgota na tecnologia, que uma parte integrante e essencial do empreendimento científico, no que se refere ao seu resultado, é a explicação. A tentativa de explicar — de descobrir as leis que regem os fenômenos — tem se constituído em marca fundamental da ciência nos diferentes momentos da história. Este explicar científico tem também, nos diferentes momentos da história, sido adjetivado como um explicar racional, o que significa que a explicação deve, através de um trabalho humano, desvendar as leis que devem expor o fenômeno à compreensão humana, isto é, eliminar seus segredos: ao explicar racionalmente não se busca a explicação no mistério, ao contrário, a explicação elimina o mistério, revelando, a um só tempo, aquilo que se sabe e aquilo que não se sabe, tornando a relação do homem com o conhecimento uma relação em que o homem passa, por assim dizer, a ter o fenômeno em suas mãos, o que, em última instância, permite ao homem interferir naquilo que conhece.

Se esta é uma marca que nos permite falar da ciência no decorrer da história, porque é uma marca que se encontra em todos os momentos, enunciá-la diz pouco sobre o que foi a ciência em cada momento e quase nada sobre seu desenvolvimento, sua história. Apesar da explicação racional buscar, pela via do esforço humano, o desvendamento dos fenômenos, o significado preciso que isto tem em cada momento, e até mesmo dentro de um mesmo período histórico, é diferente. E é, exatamente, o reconhecimento destas diferenças e de suas raízes que permite compreender a história da ciência, compreender como ela chegou, em nosso século, a estar tão intimamente vinculada à tecnologia, a ponto de parecer secundário, ao caracterizá-la hoje, o explicar racional.

Este reconhecimento implica, primeiramente, admitir que o apontar a explicação racional como marca fundamental da ciência já se constitui em uma possibilidade, entre outras diferentes, de caracterização da ciência. Poder-se-ia, por exemplo, apontar como marcas fundamentais do empreendimento científico: a busca de precisão, a mensuração e a experimentação como procedimentos para produção de conhecimento, a utilização de modelos lógico-matemáticos na construção e expressão do conhecimento, a verificabilidade do conhecimento produzido, a falseabilidade do conhecimento produzido a satisfação da curiosidade humana, enquanto tal, como fonte da produção de conhecimento, a compreensão dos fenômenos como fruto da intuição ou da inteligência humana ou, ainda, o conhecimento como fruto de uma capacidade interpretativa. Estas outras possibilidades, consideradas isoladamente ou combinadas entre si, podem ser tomadas por, ou defendidas como características fundamentais da ciência em algum momento da história ou por grupos de indivíduos em diferentes períodos. Entretanto, mesmo sem discutir sua validade, estas não se constituem em marcas que permitem abordar a história da produção científica porque assumir qualquer uma delas significaria eliminar, desta história, todas as alternativas diferentes que, eventualmente, tenham sido produzidas ou, até mesmo, desconsiderar períodos históricos nos quais o conhecimento produzido não apresentava a(s) característica(s) assumida(s) como fundamental(is).

Reconhecer a ciência como tentativa de explicar racionalmente os fenômenos, ao contrário, vincula-se à perspectiva de assumir a ciência como atividade humana que se desenvolve a partir das primeiras tentativas do homem de conhecer o mundo à sua volta, de nele intervir, e que está presente em toda história humana, fazendo parte integrante dela, desde o momento em que este conhecimento, de uma origem prática, passa a ser elaborado com algum grau de abstração. Ao mesmo tempo, vincula-se à perspectiva de assumir a ciência como uma atividade humana que não permanece idêntica, porque é historicamente determinada, que é produto do homem em condições históricas dadas, que se transforma à medida que o homem se transforma e que simultaneamente, interfere na própria história. Não será demais enfatizar que, se dentro desta alternativa a ciência pode ser discutida no decorrer da história humana, nem por isso ela passa a ser uma alternativa universalmente aceita, uma vez que, por definição, ela implica assumir o homem e seus produtos como determinantes e determinados por condições históricas concretas.

Deste ponto de vista, torna-se necessário, para compreender a ciência hoje, recuperar sua história, reconhecer em sua historicidade as raízes que originam e determinam o movimento que hoje lhe é peculiar, e mais, buscar neste movimento a construção da própria história — reconhecer a ciência como construção que é infinita e que pode ser direcionada a partir do conhecimento de seus determinantes; compreender a ciência em sua própria história implica, assim, a possibilidade de compreendê-la hoje e a possibilidade de dar uma direção à construção de seu futuro. O exame destes determinantes conduz às condições materiais que, em cada momento, ao configurar uma determinada sociedade, caracterizam o viver do homem e conduz, também às condições decorrentes do desenvolvimento do próprio conhecimento, que, ao ser produzido, gera novas questões porque aponta os seus limites, permitindo descortinar os problemas e as alternativas existentes na explicação dada e revelando o que ainda não é conhecido. Se há a necessidade de distinguir estes dois conjuntos de determinantes, distingui-los não deve significar tomá-los como estanques, pelo contrário, há entre eles uma íntima relação. A própria afirmação, bastante difundida, de uma relativa autonomia do conhecimento científico já expressa a noção de que se existe um desenvolvimento da ciência que é determinado pelo próprio conhecimento produzido, ele não é ilimitado, não é indefinido; as fronteiras, no sentido de direção e possibilidade, deste desenvolvimento advém das condições históricas em que este conhecimento é produzido. O caráter mesmo de crítica, que é uma das alternativas do conhecimento científico, se inscreve nas possibilidades de superação contidas no seio da sociedade. Enquanto a caracterização da ciência como atividade humana que busca explicações racionais permite falar de ciência no decorrer da história, é a análise de outra característica essencial do empreendimento científico — o método — que permite, de maneira mais radical, compreender esta história, já que ao revelar a historicidade do método, revela-se, ao mesmo tempo e definitivamente, a historicidade de todo o empreendimento científico, eliminando, assim, o último reduto daquilo que se poderia considerar a-histórico na ciência. A análise dos métodos que originam as explicações científicas permite desvendar as exigências com as quais a ciência se defrontou, as possibilidades de soluções que se entreviam e os rumos efetivamente trilhados pelo empreendimento científico. Isto porque, ao expressar a maneira do homem se relacionar com seu objeto de estudo para produzir conhecimento, ao constituir o caminho necessário para a explicação, o método carrega concepções de homem, de natureza, de sociedade, de história, de conhecimento que trazem a marca do momento histórico no qual o conhecimento é produzido, explicitando, assim, quais as exigências atendidas, quais as possibilidades realizadas.

Se o caminho para compreender a ciência hoje está em recuperar o caminho percorrido pela elaboração dos seus métodos, não é simples decidir em que momento se inicia tal recuperação. Talvez a única decisão não arbitrária fosse acompanhar a elaboração do pensamento humano desde o momento em que os vestígios deixados pelo homem permitissem identificar como se dava a relação homem-natureza, como o homem nela intervia, como concebia esta própria relação, a si mesmo e o mundo a seu redor. Já contendo algum grau de arbitrariedade, poder-se-ia iniciar tal percurso, pelas antigas civilizações, como as do Egito, da Mesopotâmia, da Índia e da China, que indiscutivelmente, conheceram um enorme avanço técnico e produziram conhecimentos em várias áreas, utilizando, para isto, métodos que poderiam ser pelo menos inferidos a partir do estudo de sua realidade e do conhecimento que produziram. No entanto, nestas civilizações, as características econômicas e a organização política e social não tornaram possível que o conhecimento produzido e que as técnicas utilizadas fossem ponto de partida para uma reflexão sobre os métodos que permitiram tais realizações. É exatamente esta característica, é o fato de o povo grego ter sido capaz por condições históricas muito especiais, de refletir sobre o método que está necessariamente contido na produção de conhecimento, que torna a civilização grega um ponto de partida privilegiado para a recuperação da historicidade dos métodos. Embora essa característica não elimine a arbitrariedade da decisão tomada, pelo menos auxilia na possibilidade de compreendê-la. Ao lado disso, não se pode perder de vista dois outros fatores que interferiram nesta decisão. A preocupação em discutir a história dos métodos com o objetivo de compreender a ciência aqui e hoje também remete à Grécia, já que é deste povo que se deriva — em linha quase que direta — a construção racional de conhecimento. E, finalmente, não se pode perder de vista que não é possível olhar para a história completamente despojados das marcas que são as de nosso tempo, e estas marcas, dentre elas a complexidade e extremada abstração do método científico hoje, acabam por nos remeter àqueles que parecem ter dado início a este estado de coisas.

Se as características econômico-sociais tornaram possível o surgimento na Grécia, da preocupação com o método na produção de conhecimento, é fundamentalmente, a partir do desenvolvimento e da transformação destas características, das contradições nelas contidas e das formas de superação que se efetivaram que se pode entender as grandes transformações por que passaram os métodos científicos. Transformações que não foram, e não poderiam ser linearmente cumulativas e que não foram únicas ou homogêneas dentro de um mesmo período, que se expressavam, freqüentemente, através do embate de diferentes posturas e diferentes concepções, a um só tempo refletindo tais contradições e tornando-se mais um elemento dentre as condições de reprodução ou superação das próprias contradições materiais de que se originaram. As diferentes concepções metodológicas e as contraposições que nelas se desenvolveram, no entanto, não podem ser tomadas como reflexo mecânico das condições materiais em que se inserem, não apenas por causa de uma relativa autonomia do conhecimento, mas também, e principalmente, porque cada aspecto que marca uma dada concepção, se considerado em sua generalidade, não se mantém idêntico e não se mantém na mesma relação com os demais aspectos de uma dada concepção; mais que isto, seu significado, ao refletir as condições históricas a que responde, não é sempre o mesmo. Considere-se, a título de exemplo, algumas contraposições, que freqüentemente são utilizadas para ilustrar os embates que de alguma forma marcaram a história da elaboração dos métodos científicos.

Uma dessas contraposições refere-se ao conceito de causalidade. A explicação racional envolve, num determinado momento, a busca das causas dos fenômenos, com conotação teleológica, qualitativa e que envolve a procura de essências. A busca das causas vai, gradativamente, sendo substituída pelo estudo das propriedades dos objetos do conhecimento, mais condizente com a construção de leis gerais universais que expressem clara e matematicamente essas propriedades. Num primeiro momento, as leis expressam as relações mecânicas entre os fenômenos para, finalmente, na proposta de estudo do social, aparecer como indicação de leis históricas, não mecânicas. Isto significa mostrar os fenômenos (sociais) como parte de um movimento. Esta proposta teórica não segue nem o modelo a-histórico da mecânica, nem um modelo histórico que envolva apenas a compreensão da seqüência de ocorrência do fenômeno.

Intimamente vinculada às diferentes noções de causa e de lei, possivelmente sustentando-as, encontram-se diferentes concepções de mundo. Partindo de uma visão de mundo fechado, acabado, finito e hierarquizado, visão que preponderou por muitos séculos, somente a partir do século XVI, surge, para logo se tornar hegemônica, uma visão de mundo que, apesar de pronto em seu essencial, era visto como infinito, eterno e passível de ser conhecido quantitativamente. E é no século XIX que se encontra, por um lado, o auge desta concepção, estendendo-a dos fenômenos da natureza para os homens e a vida social e, por outro lado, seu mais forte contraponto, com a concepção de que o mundo é não apenas infinito, mas está em contínua construção, que é algo que se transforma e que tem história.

Uma outra contraposição que surge refere-se ao meio através do qual se chega ao conhecimento. Com relação a este aspecto, parte-se, na trajetória do conhecimento, de um momento impregnado de misticismo, em que a crença é a via para a construção do saber, para dar lugar a um momento de ênfase na racionalidade, em que se passa a refletir sobre a validade da observação, do uso dos sentidos, e da razão como vias para o saber, com nítida preferência pela razão, enquanto tendência geral do período; segue-se, na Europa ocidental, um momento de retorno à fé como caminho para o conhecimento, que dá lugar, depois, à volta da valorização da racionalidade, sendo que aqui observação e razão disputam o reconhecimento como a via mais adequada para a verdade. Nesse momento, aparecem diferentes ênfases a uma e outra: desde uma total ênfase aos sentidos, à observação, a ponto de excluir a razão do processo de conhecimento, até uma ênfase total à razão. Entre essas posturas extremas, há uma série de outras, que não desconsideram qualquer dos dois elementos, embora os valorizem distintamente. Essa contraposição sentidos-razão permanece em nossos dias, sendo que à defesa da razão como caminho para o conhecimento associam-se preocupações com a lógica e a linguagem, enquanto a observação aparece associada à experimentação definitivamente incorporada à atividade científica, e entendida tanto como experiência organizada e controlada quanto como experiência oferecida pela produção.

Esta contraposição entre razão e observação, para ser completamente compreendida, necessita ser inserida dentro de uma contraposição mais geral: a que se refere às diferentes maneiras de se conceber o papel do sujeito na produção de conhecimento. Se, de um lado, parece que a suposição de um sujeito que é ativo na produção do conhecimento esteve sempre associada a uma valorização da razão, por outro, não se pode dizer o mesmo de uma associação entre sujeito passivo e observação. Em alguns momentos, a defesa da observação como procedimento para produzir conhecimento refletiu uma concepção de um sujeito a que cabia meramente reproduzir o mundo tal como este era e se imprimia no homem; em outros, esteve associada a uma concepção que via o sujeito como possuidor de determinados mecanismos não meramente sensoriais, que lhe permitiam, através da observação, estabelecer relações sobre o real. O problema desta contraposição entre sujeito ativo e passivo — associado ao uso da razão ou da observação — só é superado no século XIX, quando se reconhece no sujeito um papel ativo, sem tirar do conhecimento seu caráter de ser representativo do real, ao mesmo tempo que condiciona este sujeito a determinações históricas, buscando as raízes objetivas da subjetividade. Ao fazer isto, supera também a dicotomia entre razão e observação, estabelecendo um novo nível de colocação do problema na relação entre teoria e prática.

Estreitamente vinculada aos aspectos já discutidos, aparece a contraposição relativa ao papel que se atribui à ciência, que ora é vista como uma atividade contemplativa — em que o conhecimento é um fim em si mesmo, visando à satisfação do impulso humano de saber e não à aplicação prática — ora como atividade cujo objetivo é a melhoria das condições de vida do homem, como se deu a partir do momento em que houve intenso desenvolvimento da produção, aliado à ascensão da burguesia. A partir de então, surge a concepção de que a ciência deve servir ao progresso, ao bem-estar do homem, embora para alguns pensadores este não seja um objetivo da atividade científica, ainda que considerem esta possibilidade; num momento seguinte, passa-se a considerar a ciência como uma necessidade prática, para a solução dos problemas produtivos; até que, em nossos dias, ela aparece como força produtiva, não sendo mais possível a separação entre ciência e indústria.

Estas são apenas algumas das contraposições que foram surgindo ao longo da história da ciência e que nos ajudam a compreender como a atividade científica, em determinados momentos impregnada de misticismo, indistinta da filosofia, não reconhecida e desvinculada da prática, chega a ser o que hoje é: uma atividade em que a racionalidade atinge alto grau, ocupando um lugar próprio, distinta da filosofia, reconhecida e valorizada, e com um vínculo tão estreito com a produção que hoje em dia não é possível falar em ciência sem falar em tecnologia e vice-versa.

Embora tais características tornem a produção de conhecimento científico em nossos dias um empreendimento sofisticado e diferenciado em relação ao que foi em outros momentos históricos, parece lícito supor que as concepções metodológicas hoje em confronto têm suas origens nas idéias produzidas no século passado. Ainda que se acredite que até o fim do século XIX as grandes marcas metodológicas necessárias para compreender a ciência hoje, estavam elaboradas, isto não quer dizer que o século XX não tenha produzido nada além. Quer dizer apenas que até aquele momento histórico estavam presentes as bases das concepções que hoje se confrontam. As outras alternativas metodológicas que o século XX tem produzido, apresentam-se como derivações ou rupturas em relação às grandes marcas produzidas até o século XIX, derivações ou rupturas que, entretanto, não ultrapassam os limites dos paradigmas já colocados. O retomar daquelas idéias se dá, porém, num contexto diferenciado de desenvolvimento do capitalismo, o que gera a colocação de novos problemas que encontram solução nas idéias antes produzidas, mas que agora, redimensionadas, ganham novas feições.

Num contexto onde diferentes métodos coexistem, cada um deles parece estar sendo explorado ao máximo; é como se se levasse às últimas conseqüências os modelos metodológicos até então produzidos: surgem novas teorias, que revolucionam áreas inteiras do saber, no que se refere às explicações produzidas; surgem novas áreas do conhecimento; o conhecimento é produzido em uma velocidade e em um volume jamais imaginados; a variedade e quantidade de aplicações tecnológicas advindas da atividade científica aumentam imensamente, na mesma medida em que diminui a distância entre a produção da explicação e sua aplicação tecnológica. Obviamente tais mudanças colocam problemas metodológicos novos que, entretanto, ainda encontram o fundamento de suas respostas nos paradigmas até então elaborados. A discussão desses novos problemas, entretanto, pode exatamente constituir-se em condição para a geração de novos modelos metodológicos em resposta às questões que hoje se colocam. Novos modelos que, ao responderem tais questões, o façam superando as alternativas até então propostas e gerando novos problemas que, certamente, irão refletir circunstâncias históricas próprias ao momento em que forem produzidos.

Todas as transformações que aparecem como as marcas da ciência do século XX são, na verdade, produtos daquilo que se constitui sua principal característica: ser força produtiva direta. No atual estágio de desenvolvimento do capitalismo, a ciência está colocada a serviço do aparato produtivo, atendendo suas exigências e antecipando-se a elas. A relação ciência-produção se estreita a tal ponto que, pode-se dizer, sofre uma mudança qualitativa: o produto da atividade científica além de atender a necessidades imediatas pelo aparato produtivo, de antecipar estas necessidades, em muitos casos, impõe transformações na produção, transformações cuja origem extrapola a própria produção. Dizer da íntima relação entre ciência e produção no capitalismo é dizer da relação entre ciência e capital, o que coloca claramente uma determinada direção para o empreendimento científico. Por esta razão, mesmo quando a ciência se antecipa à produção, ela o faz atendendo às exigências do capital. Não é por acaso que diferentes ramos da ciência desenvolvem-se desigualmente. Em função das possibilidades econômicas de aproveitamento de seu produto, são favorecidas, através de maior incentivo financeiro, e em detrimento de outras, aquelas ciências que geram tecnologia mais imediatamente passível de aplicação no processo produtivo. Não é também por acaso que freqüentemente, o desenvolvimento científico-tecnológico fica aquém das reais possibilidades teóricas da ciência, retardando-se soluções que, embora relevantes a determinadas parcelas da população, não interessam ao capital.

A divisão social do trabalho, que no capitalismo se caracteriza, entre outras coisas, por uma extremada fragmentação do trabalho e uma conseqüente agudização na distinção entre trabalho manual e intelectual, elitizando o trabalho intelectual desvalorizando o trabalho manual, encontra na ciência um recurso valioso para sua reprodução, ao mesmo tempo que interfere na organização e nos rumos do trabalho científico. As explicações científicas são apresentadas como se fossem neutras e plenamente objetivas e usadas como critério avalizador, além de criador, de idéias, valores e concepções tomados como verdadeiros e universais, o que serve para que se justifique o maior poder que se atribui àqueles que pretensamente detêm conhecimento, àqueles que a ele tem acesso. O crivo da "cientificidade" que separa o "certo" do "errado", o "verdadeiro" do "falso", o "Bem" do "Mal" é utilizado para apresentar justificativas 'objetivas' para a divisão e fragmentação do trabalho, ocultando o fato de que a ciência, também neste sentido, está a serviço dos interesses do capital. Tanto as chamadas ciências naturais quanto as ciências ditas humanas ou sociais se constituem segundo esta lógica.

Ainda assim, e lembrando a determinação histórica a que a ciência está sujeita, cabe acentuar que a sociedade capitalista gera também algumas condições que podem encaminhar sua superação e as idéias científicas não fogem a essa regra. No âmbito das contradições internas próprias ao capitalismo, a ciência produz idéias que escapam ao quadro de submissão ao capital até aqui descrito e as ciências humanas, dada a especificidade de seu objeto de estudo, encontram-se em privilegiada posição no que se refere à produção dessas idéias.

Também no que se refere à organização e produção do trabalho científico, é possível perceber o duplo movimento de referendar e negar aspectos essenciais do capitalismo. Assim, a divisão capitalista do trabalho tem seu reflexo na atividade científica, tornando-se ela também fragmentada, parcelada e hierarquizada. A atividade do cientista aborda parcelas progressivamente menores do real, levando-o à perda da visão de totalidade e do controle do produto de seu trabalho, dado que a própria ciência se divide em áreas cada vez mais especializadas e fragmentadas. Da mesma forma, o cientista, assim como os demais trabalhadores sob o capital, submete-se a relações de trabalho marcadas pela hierarquização e especialização, passando a responder a critérios, condições e funções que são impostos de fora do trabalho científico. Aí estão, talvez, algumas das razões por que a ciência hoje avança os limites metodológicos já colocados, uma vez que a superespecialização acaba por implicar que o método seja entendido como um conjunto de procedimentos, dificultando uma visão mais ampla dos reais problemas metodológicos colocados para a ciência.

Contraditoriamente, é através da realização de seu trabalho que o cientista pode criticar as condições em que este trabalho se desenvolve. É em sua dimensão de trabalhador sob o capital que ele pode identificar as determinações mais gerais a que está submetido e pode, por isso, ultrapassar tais limites, constituindo-se em produtor de um conhecimento crítico, que não apenas permita desvendar as contradições que subjazem aos interesses do capital, mas aponte as condições de sua superação.

Também do ponto de vista das alternativas metodológicas presentes na sociedade capitalista, é possível identificar tanto tendências que mais ou menos claramente se prestam à preservação das características desta sociedade, quanto concepções que remetem à sua transformação.

Em uma dessas concepções, da mesma forma como o produto da ciência, que é visto como neutro e objetivo, o método também, principalmente naqueles campos mais de perto a serviço da produção, passa a ser considerado desta forma. Esta noção, que acaba por restringir método a procedimento, é fortalecida pela fragmentação do conhecimento que pressupõe que o próprio real e seu conhecimento são a soma de suas partes isoladas, e tem na proposta de um único método de investigação uma de suas marcas fundamentais. Esta concepção de método, que consistiria apenas de um conjunto de regras de ação coroa a defesa do empreendimento científico como algo neutro, universal e a serviço do progresso e do bem-estar de toda a humanidade.

Ao lado desta concepção, mas igualmente compatível com os interesses do capitalismo, encontra-se a concepção que defende, principalmente nas áreas mais próximas do homem, a impossibilidade de qualquer conhecimento objetivo, que o conhecimento é uma relação pessoal e intransferível do homem individual com o objeto do conhecimento e que o método é, em última instância, um ato de compreensão intuitiva do sujeito, tornando, assim, o conhecimento incontestável. Ao retirar do conhecimento qualquer vínculo com as determinações materiais, ao retirar a possibilidade de crítica e de transformação da realidade, tal concepção aproxima-se daquela que defende a neutralidade do empreendimento científico.

Diferentemente dessas concepções, uma alternativa que aponte para a crítica e a ruptura com o capitalismo deve, necessariamente, supor o sujeito produtor de conhecimento, bem como seu objeto de estudo, como submetidos às determinações históricas advindas do momento em que o conhecimento é produzido. Supor que o sujeito e o objeto do conhecimento são historicamente determinados, significa reconhecer, como implicação, que o produto desta relação — o conhecimento que dela resulta, assim como o processo de sua construção, são igualmente determinados por condições históricas e, portanto, ideologicamente comprometidos.

O reconhecimento da historicidade da ciência e de seu método constitui-se em passo fundamental para instrumentar a análise crítica de um empreendimento largamente produzido, difundido e consumido nos dias atuais. Acreditar nesta possibilidade e em sua necessidade orientou a proposta e a elaboração deste livro.

As Autoras

Este livro foi composto na Linolivro S/C Composições Gráficas Ltda., Rua Dr. Odilon Benévolo, 189 — Benfica — Rio de Janeiro e impresso nas oficinas da Graphos Industrial Gráfico Ltda., Rua Santo Cristo, 78 — Rio de Janeiro, com filmes fornecidos pela Fotolivro Arte e Fotolito Ltda.

2750-

Este livro foi composto em Linotype [illegible] S/C Composições Gráficas Ltda., Rua D. [illegible], 139 — Benfica — Rio de Janeiro e impresso nas oficinas da Graphos Industrial Gráfica Ltda., Rua Santo Cristo, 76 — Rio de Janeiro, com filmes fornecidos pela Fotolito Arte e Fotolito Ltda.